水泥工艺、设备及技术发展趋势

杨　丹　吴祖德　谢剑峰　编著

华中科技大学出版社

中国·武汉

内 容 简 介

　　本书主要介绍了水泥行业工艺、设备、技术状况和未来发展趋势,全面介绍了生产水泥所需的工艺知识,如水泥原料配制、熟料烧成、水泥粉磨和破碎、研磨和焙烧、除尘等现代化工艺流程及未来发展方向,清晰地描绘出中国现代水泥生产线数字智能化、绿色低碳化转型升级情况,并探讨了水泥行业未来工艺技术发展趋势,期望通过交流互鉴,为哈萨克斯坦水泥行业转型升级和高质量发展提供参考和借鉴。

图书在版编目(CIP)数据

　　水泥工艺、设备及技术发展趋势 / 杨丹,吴祖德,谢剑峰编著. -- 武汉 : 华中科技大学出版社,2025.6. -- ISBN 978-7-5772-1764-2

　　Ⅰ. TQ172.6

　　中国国家版本馆 CIP 数据核字第 2025WD5354 号

水泥工艺、设备及技术发展趋势　　　　　　　　　　　　　　　　杨　丹　吴祖德　谢剑峰　编著
Shuini Gongyi,Shebei ji Jishu Fazhan Qushi

策划编辑:简晓思

责任编辑:段亚萍

封面设计:张　靖

责任监印:朱　玢

出版发行:华中科技大学出版社(中国·武汉)　　　　电话:(027)81321913
　　　　　武汉市东湖新技术开发区华工科技园　　　　邮编:430223

录　　排:武汉正风天下文化发展有限公司

印　　刷:湖北金港彩印有限公司

开　　本:787mm×1092mm　1/16

印　　张:19.5

字　　数:427千字

版　　次:2025年6月第1版第1次印刷

定　　价:98.00元

序　言

　　水泥是一种重要的胶凝材料,水泥及混凝土是目前地球上消费量仅次于水的资源性材料。水泥工业肩负着"大国基石"的重要责任,在国家工业化、城镇化、现代化进程中发挥着重要作用。当前,科技革命的新浪潮正深刻地重塑着生产方式,水泥制造业亦在此背景下逐步迈向数字化、智能化及绿色化的全新发展阶段。置身于一个前所未有的大变革时代,如何促进水泥工业实现更高质量标准、更高生产效率及可持续发展,已成为全球水泥行业共同面临的重大时代课题。

　　近半个世纪以来,水泥工业实现了从以立窑生产为主到全面新型干法水泥技术的升级,以预分解窑为代表的新型干法水泥生产技术在国际上备受推崇。进入新世纪,中国水泥工业新工艺、新技术、新设备正在不断地创新和升级,并且带动"一带一路"沿线国家水泥工业发展。

　　中国是世界水泥工业发展的主导力量。在独联体国家,中国企业建设了数十座现代化水泥工厂。在哈萨克斯坦,中国能建、西部水泥等中国企业在克孜勒奥尔达、阿拉木图、东哈萨克斯坦等地投资新建、并购了 4 座水泥工厂,总产能近 500 万吨。在乌兹别克斯坦,中国能建、海螺水泥、华新水泥等中国企业在撒马尔罕、安集延、吉扎克等地投资建设了 5 座水泥工厂,总产能超千万吨。在俄罗斯,中国建材建设了 LASSELSBERGER 水泥工厂,年产 21 万吨白水泥。

　　本书主要介绍了水泥行业工艺、设备、技术状况和未来发展趋势,全面介绍了生产水泥所需的工艺知识,如水泥原料配制、熟料烧成、水泥粉磨和破碎、研磨和焙烧、除尘等现代化工艺流程及未来发展方向,清晰地描绘出中国现代水泥生产线数字智能化、绿色低碳化转型升级情况,并探讨了水泥行业未来工艺技术发展趋势,期望通过交流互鉴,为哈萨克斯坦水泥行业转型升级和高质量发展提供参考和借鉴。

　　希望依托中国能建的中国葛洲坝集团水泥有限公司(简称"中国能建葛洲坝水泥公司")五十多年的生产技术以及国内外专家学者的论文著作,为水泥同行、专业院校提供教材和参考资料。

　　本书编写过程中得到了多位行业专家及同事的支持和指导。特别是中国能建葛洲坝水泥公司的专家参与了编写,南哈萨克斯坦大学的教授进行了校稿,他们为本书的出版付出了辛勤劳动,在此表示谢意。

1943 年以来,南哈萨克斯坦大学为苏联、哈萨克斯坦水泥行业培养输送了上千名优秀专家及教授,被誉为哈萨克斯坦水泥行业工程师的摇篮,为水泥工业的发展作出了巨大贡献。该校毕业生中有 3 名任地区州长,4 名担任建材工业部部长,多名校友成为全国劳模、高校教授、水泥行业领军人士。

希望本书能为您提供参考借鉴。

译者 Таймасов Бахытжан Таймасович

2024 年 9 月

寄 语 一

亲爱的朋友们：

在你们面前的是《水泥工艺、设备及技术发展趋势》一书，它将为哈萨克斯坦未来水泥行业工程技术人员培养开启新的篇章。

本书的作者在水泥工业领域深耕多年，拥有扎实的理论知识和丰富的实践经验，他们付出巨大努力，在这本教材中汇集了最前沿的水泥工艺技术，将引领水泥行业未来多年的发展方向。

本书对哈萨克斯坦水泥工业的发展至关重要。它不仅回答了关于行业现代化和可持续发展的紧迫问题，还为行业未来发展和技术创新指明了方向。书中描述的技术创新不仅有助于提高生产效率和质量，还将极大减少对环境的影响。

水泥行业在哈萨克斯坦乃至全球的建筑工业中起着关键作用。水泥生产的现代化技术变得越来越先进且逐步进入智能化发展阶段，因此要求高素质的工程技术人员勇于创新，不断提高生产效率和质量。作为未来的行业领导者，你们能够获得该领域最前沿的知识是非常重要的。

本书将为你们提供一个深入了解水泥工业的绝佳机会，同时为解决未来职业生涯中将面临的复杂问题做好准备。你们获得的知识和技能，将成为未来在所选专业领域进一步发展的坚实基础。

亲爱的朋友们，我真诚地相信，本书将激励你们取得新的成就，并为你们开启水泥工业创新的精彩世界。愿你们的学习硕果累累，愿这本书中的知识能够帮助你们成为真正的行业专业人士，并为哈萨克斯坦水泥行业的发展作出重要贡献。

祝你们学业顺利，收获丰硕的成果！

哈萨克斯坦水泥及混凝土生产商协会

阿克姆巴耶夫·叶尔波会长

2024 年 9 月

寄 语 二

　　早在 2000 多年前,古老的丝绸之路就把中哈两国紧紧联系在一起,中国也是最早与哈萨克斯坦建交的国家之一,哈萨克斯坦更是共建"一带一路"倡议的首倡之地,中哈友谊源远流长。近年来,中哈关系驶入快车道,特别是两国元首就共同打造中哈关系新的"黄金 30 年"达成广泛共识,推动两国关系达到了前所未有的永久全面战略伙伴新高度。

　　中哈在水泥领域的产能合作也取得了突破性进展,结出累累硕果。由中国能建葛洲坝水泥公司在克孜勒奥尔达州投资兴建的西里水泥项目,是中哈产能合作首批重点项目之一和中哈产能合作标杆示范项目,填补了哈萨克斯坦油井水泥产业空白,为促进当地经济社会发展作出了积极贡献。

　　水泥是重要的基础建筑原材料,自诞生以来为加速城市化、工业化、现代化进程作出了不可磨灭的贡献,在未来很长一段时间内,水泥仍将为世界发展和人类进步发挥不可替代的作用。同时,新一轮科技革命的浪潮对生产方式产生了深刻影响,水泥生产制造方式也逐步向高端化、智能化、绿色化方向转型,迫切需要我们掌握新技术、新设备发展情况。

　　本书聚焦水泥行业工艺、设备和技术,以水泥行业的过去、现在和未来为主线,回顾了水泥工业发展历程,围绕当前中国水泥生产工艺、设备总体情况及数字智能化、绿色低碳化转型升级情况,全面介绍了当前世界水泥工业的先进技术和装备,探讨了水泥行业未来工艺技术发展趋势,是一本具有很强专业性、实用性的工具书。希望通过交流互鉴为哈萨克斯坦水泥行业转型升级和高质量发展提供参考和借鉴。

　　我们也衷心期待两国水泥行业进一步加强技术交流合作,共同打造更多的"一带一路"合作新典范、新标杆,更好助力两国经济社会发展,为全球水泥产业绿色发展贡献积极力量。

中国水泥协会秘书长　王郁涛
2024 年 9 月

前　言

　　水泥产业是一个古老而又现代的产业。自 1824 年具有现代意义的水泥产生以来，水泥产业发展已走过了 200 年历程，为人类文明进步作出了重要贡献。进入 21 世纪以来，各类新思路、新技术、新设备层出不穷，水泥产业加速转型升级，逐步从传统低效高污染模式向现代高效环保模式转变。

　　特别是当前，新一轮科技革命和产业变革纵深推进，数智化浪潮正以不可阻挡之势席卷各行各业，全球水泥行业正加速变革。在这一时代浪潮中，中国水泥企业通过数十年的不断创新升级，无论是数字化、智能化、低碳化发展水平，还是工艺装备、管理水平、技术标准、商业模式等，都走在了世界前列，铸就了"世界水泥看中国"的美誉。

　　近年来，哈萨克斯坦水泥行业随着经济快速发展呈现出蓬勃生机，基础设施建设加速推进，催生巨大水泥需求，未来发展空间十分广阔。同时也必须看到，在全球科技创新空前密集活跃、减碳行动深入推进的背景下，行业面临的技术装备升级、节能降碳改造、数智发展等转型压力将逐步加大，迫切需要一批高素质从业人员引领支撑行业发展。

　　鉴于此，为更好助力哈萨克斯坦水泥行业发展，我们面向水泥专业院校师生和水泥行业工程技术人员，聚焦水泥工艺、设备、技术等重点，编制了理论和实操系列丛书，以期为哈萨克斯坦水泥行业技术装备进步、高校人才培养提供中国经验。

　　本书为系列丛书的第一本，系统介绍了水泥生产工艺，展示了行业前沿设备的技术亮点，包括智能工厂、水泥窑协同处置、替代燃料、光伏发电、储能等，并展望了行业未来发展方向，是一本专业、实用的工具书，可供广大高校师生和工程技术人员学习、参考，希望能为大家把握行业趋势、解决实际问题带来启发。此外，另有一本关于实操的图书《水泥新型干法生产线操作指南》正在编辑中，不久将与大家见面。

　　本书的编写和出版得到了哈萨克斯坦水泥及混凝土生产商协会、中国水泥协会的大力指导和支持，南哈萨克斯坦大学及 Таймасов Бахытжан Таймасович 教授团队为本书的出版付出了艰辛努力，在此表示衷心的感谢。本书还得到了多位行业专家及同事的支持，赵凤菊为翻译俄语版本付出一定辛劳，在此深表谢意。本书参考了部分专家学者的著作和研究成果，可能由于疏忽，引用了一些资料而未注明出处，若有此类情况发生，在此深表歉意。

　　由于时间仓促、水平有限，本书虽精心编写，但难免有些论述不够严谨或有待商榷，恳请批评指正。

编　者

2024 年 10 月

目　　录

第一章　水泥行业概览

▶▶▶ 1.1　水泥的定义、分类及命名

加入适量水后可形成塑性浆体，既能在空气中硬化又能在水中硬化，并能将砂、石等材料牢固地胶结在一起的细粉状水硬性胶凝材料，通称为水泥。

哈萨克斯坦水泥的种类很多，根据水泥产品标准可分为普通水泥、抗硫酸盐水泥、低早强高炉水泥和抗硫酸盐低早强高炉水泥。普通水泥根据掺入混合材品种及掺量不同分为 5 大类 27 个品种：CEM Ⅰ硅酸盐水泥、CEM Ⅱ混合硅酸盐水泥、CEM Ⅲ高炉水泥、CEM Ⅳ火山灰水泥和 CEM Ⅴ复合水泥。混合材涵盖矿渣、硅灰、粉煤灰、火山灰、烧页岩、石灰石等。在世界范围内，根据分类标准的不同和应用条件的需求，当前水泥品种已达到 100 多种。

▶▶▶ 1.2　水泥的起源与发明

1.2.1　胶凝材料的演变

水泥的研究发明是人类在长期生产实践中不断积累的成果，是在古代建筑胶凝材料的基础上归纳总结出来的，经历了一个漫长的历史过程，最早可追溯到人类史前时期。它先后经历了天然产出的黏土、石膏-石灰、石灰-火山灰及人工配料制得水硬性胶凝材料等多个阶段。公元前 5000 年—公元前 3000 年的新石器时代，中国古人使用"白灰面"涂抹岩穴的边壁，提高其光滑度和硬度。公元前 3000 年—公元前 2000 年间，古埃及人开始采用煅烧石膏做建筑胶凝材料。古罗马人对石灰使用工艺进行了改进，不仅在石灰中掺砂子，还掺磨细的火山灰，创造了"石灰-火山灰-砂子"三组分的"罗马砂浆"，实现了水中硬化和更长的耐久性。在公元 5 世纪的中国，出现了以石灰与黄土或其他火山灰质材料做胶凝材料，以细砂、碎石或炉渣做填料的名为"三合土"的胶凝材料。"三合土"与"罗马砂浆"有许多类似之处。

1.2.2 水泥的发明

1796年，英国人派克（Parker J.）将黏土质石灰岩磨细后制成料球，在高于烧石灰的温度环境下煅烧，然后磨制成粉末状水泥。派克称这种水泥为"罗马水泥"（Roman cement），并取得了该制备方法的专利权。"罗马水泥"凝结较快，可用于与水接触的工程，在英国曾得到广泛应用，直至被"波特兰水泥"所取代。

1824年，英国的一位泥水匠阿斯普丁（Aspdin J.）获得了英国第5022号的"波特兰水泥"（硅酸盐水泥）专利证书，其制造方法是：把石灰石捣成细粉，配合一定量黏土，掺水后以人工或机械搅拌成均匀泥浆。置泥浆于盘上，加热干燥。将干料打击成块，然后装入石灰窑煅烧，烧至石灰石内二氧化碳全部逸出。再将煅烧后的烧块冷却和打碎磨细，制成水泥，使用水泥时加入少量水，拌和成适当稠度的砂浆，可应用于各种不同的工作场合。

在英国，另一位水泥研究人员强生（Johnson I. C.）确定了水泥制造的两个基本条件：第一是煅烧温度，窑内温度必须达到使烧块含一定量玻璃体并呈黑绿色；第二是原料比例，其成分必须正确且固定，烧成物内部不能含过量石灰，水泥硬化后不能开裂。这些条件确保了"波特兰水泥"的质量，从此现代水泥生产的基本参数得以确定下来。

▶▶▶ 1.3 水泥工业的发展概况

1.3.1 世界水泥工业的发展概况

现代水泥问世以来，其生产技术历经了多次变革。水泥生产中最重要的煅烧环节，最初是使用间歇作业的土立窑，1885年出现了湿法回转窑，1930年德国伯利休斯公司研制出了半干法的立波尔窑。其相关图片如图1.3-1～图1.3-4所示。

图1.3-1 早期的土立窑

图1.3-2 湿法回转窑

图 1.3-3 早期立波尔窑

图 1.3-4 预热器窑

自 1950 年德国 KHD 公司成功研制悬浮预热窑、1971 年日本 IHI 公司成功研制预分解窑以来,水泥工业熟料煅烧技术进入新型干法生产时代,并推动了水泥生产全过程的技术创新。70 多年来,新型干法水泥生产技术发展经历了五个阶段。

1. 第一阶段:20 世纪 70 年代初期至中后期

随着预分解窑的诞生与发展,新型干法水泥技术向水泥生产全过程发展。同时,随着预分解技术日趋成熟,各种类型的旋风预热器与各种不同的预分解方法相结合,发展成为许多类型的预分解窑。在此阶段,悬浮预热窑的发展优势逐渐被预分解窑所替代。但是必须认识到,悬浮预热窑是预分解窑的母体,预分解窑是悬浮预热窑发展的最高阶段。至此,各种新型旋风预热器在预分解窑发展的同时仍在继续发展完善,并发挥着重要作用。

2. 第二阶段:20 世纪 70 年代中后期至 80 年代中期

20 世纪 70 年代,随着国际市场油价大幅上涨,出于成本考虑,多数预分解窑开始使用燃煤代替燃油,以石油为燃料研发的分解炉逐步退出市场。通过总结改进,各种第二代、第三代分解炉应运而生,提高了预热分解系统的功效。

3. 第三阶段:20 世纪 80 年代中期至 90 年代中期

随着悬浮预热和预分解技术的成熟发展,水泥生产中的预分解窑旋风筒、换热管道、分解炉、回转窑、篦冷机及挤压粉磨机等设备,以及与它们配套的耐热、耐磨、耐火、隔热材料,自动化控制,环保等技术全方面发展和提高,使新型干法水泥生产的各项技术指标得到进一步提升。

4. 第四阶段:20 世纪 90 年代中期至 21 世纪初

生产工艺得到进一步优化,环境负荷进一步降低,开始研发使用各种替代原燃料及废弃物的技术,水泥工业向生态环境材料型产业转型。

5. 第五阶段：21 世纪初至今

中国水泥工业已开始引领世界，新型干法水泥生产技术出现进一步革新，在以悬浮预热和预分解为主要特征的工艺技术基础上，进一步创新与拓展窑体功能，优化与提升系统预热预分解和烧成技术，提高固废协同处置、垃圾替代燃料的效能和利用率，充分运用和推广料床粉磨技术，提高产品质量和降低能耗；融入现代智能技术，使新型干法水泥生产的技术、装备、资源能源利用效率、节能减排效能、自动化水平、经济技术指标都得到较大幅度的提升。新一代水泥生产线如图 1.3-5 所示。

图 1.3-5　采用第二代新型干法水泥生产技术的 5000 t/d 水泥熟料协同处置生产线

在水泥工业生产技术发展的过程中，以节能、环保为方向的绿色化成为越来越重要的考量因素。新型篦冷机、立式辊磨机、斗式提升机系列设备，水泥窑低氮燃烧、氮氧化物减排、水泥窑协同处置、燃料替代技术，高性能保温耐火材料等也逐步得到推广应用。新型设备及系统如图 1.3-6～图 1.3-10 所示。

图 1.3-6　立式辊磨机　　　图 1.3-7　辊压机　　　图 1.3-8　第四代篦冷机

图 1.3-9　球磨机

图 1.3-10　预分解窑和余热发电系统

1.3.2　全球水泥行业的现状

　　1948—2023年,全球水泥产量实现从1亿吨到40亿吨规模之跨越,年复合增速达到5.1%。其中,1948—1968年水泥行业年复合增速达8.4%,保持较快速增长,随后增速有所放缓。进入21世纪,中国水泥工业技术与装备形成系列化、大型化并向生态化迈进。中国企业水泥单线产能向大型化发展,在世界水泥装备和工程承包市场创设了国际驰名品牌,在全球拥有近一半的市场份额,在国际市场竞争中充分展露优势。从1985年起,中国水泥产量一直稳居世界第一,2015年中国水泥总产量达23.48亿吨,已占世界水泥总产量的60%以上。随着中国对其国内生产线节能降耗要求的提高以及碳达峰、碳中和政策的实施,其产能增长受到控制。至2023年,中国水泥产能为20.23亿吨,全球占比为49.68%,印度水泥产能全球占比增长至10%,这两国占比遥遥领先于其他国家。根据2022年中国水泥网公布的全球水泥产能数据,全球前十企业及其相应产能如表1.3-1和图1.3-11所示。

表 1.3-1　2022年全球水泥产能前十排名[①]

国家	企业简称	英文名称	水泥产能/万吨
中国	中国建材	CNBM	51800
中国	海螺水泥	Conch Cement	38400
瑞士	豪瑞	Holcim	29290
中国	金隅冀东	BBMG	17600
德国	海德堡水泥	Heidelberg Cement	16330

①数据来源于水泥大数据(data.ccement.com)。

续表

国家	企业简称	英文名称	水泥产能/万吨
印度	超科水泥	UltraTech Cement	12145
中国	山水集团	Sunnsy Group	9479
中国	红狮控股集团	Hongshi Group	9359
墨西哥	西麦斯	CEMEX	8900
中国	华润水泥	CR Cement	8530

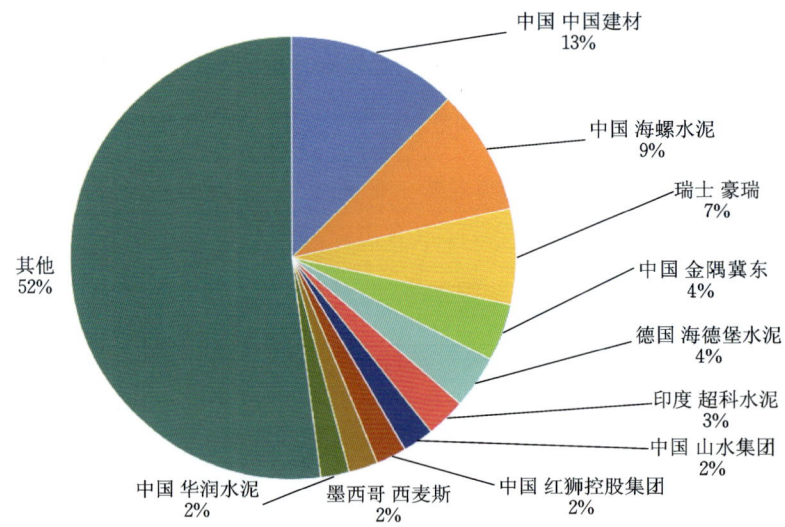

图 1.3-11　2022 年全球水泥产能占比

　　从全球水泥产能占比来看,中国建材集团和安徽海螺水泥分别为世界排名第一、第二的水泥生产商,产能为 5.18 亿吨与 3.84 亿吨,分别占据全球水泥产能的 13％以及 9％。豪瑞集团产能超过 2 亿吨,达到2.93 亿吨,占据全球水泥产能的 7％左右。中国的金隅水泥与冀东水泥重组后,水泥总产能达到 1.76 亿吨,占据全球水泥产能的 4％左右。德国海德堡水泥产能为 1.63 亿吨,占据全球水泥产能的 4％左右。2022 年全球水泥产能前十排名中,中国企业占据其中六位,同时近些年中国水泥企业在海外发展势头强劲,产能规模不断提升。

　　中国水泥产业发展方面,自 1984 年在《建材工业技术政策》中明确提出水泥工业要发展预分解窑新型干法后,中国水泥的"干湿"技术之争结束了,中国水泥工业有了明确的发展方向。2001 年重组后的中国建材工业协会、水泥协会等行业组织,在协助企业、政府实施行业管理等方面,发挥了积极作用,实现了建材行业管理体制新的转变。2004 年,中国首条万吨生产线投产,成为中国水泥发展史上的里程碑。近几十年,中国水泥市场经历了由少变多又由多变少的过程。2012 年开始,供给侧改革逐步实施。2015 年后,产能置换政策依次发布并逐步严格实施,供给侧改革全面开始,行业开始逐步进行结构性调整,去产能与增效益已成为行业深化改革的主旋律。政府开始取缔能耗、排放不达标的小企业,解决产能过剩问题以及水泥生产过程中的环保问题。同时在全球市场,中国水泥企业与多个国家开展合作,参与国际市场竞争,由产品输出向资本、装备、技术、管理、服务等配套输出的国际化经营方向发展。众多中国水泥生产企业中,中国能建葛洲坝水泥公司拥有高度一体化的生产线、优异的能耗控制水平及先进的水泥生产技术。近年来,该公司大力调整结构,创新商业模式,延伸产业链条,积极介入协同业务,有序推进国际业务,致力于发展成为集水泥、商品混凝土、砂石骨料、物流运输、技术研发、咨询服务、水泥窑协同处置废弃物等业务于一体的一流建材供应商。由其在克孜勒奥尔达州西里县投资兴建的 2500 t/d 熟料水泥生产线,是哈萨克斯坦第一条专业化油井水泥生产线,被列入中哈产能合作早期收获项目清单。项目总投资 1.69 亿美元,年水泥产能 100 万吨,2017 年 4 月开建,2019 年 5 月投产,该项目创造了哈萨克斯坦同类规模工程建设最快纪录,荣获哈萨克斯坦第五届"杰出投资贡献奖"。

纵观中国建材、海螺水泥、豪瑞、海德堡水泥等水泥巨头百年发展历史以及印度水泥企业的快速崛起,可以发现当前世界水泥行业经营发展拥有共同主线:

(1) 聚焦水泥主业,剥离非核心资产并横向整合水泥业务(提升规模和市场份额);

(2) 注重纵向整合,产业链延伸至骨料和混凝土业务;

(3) 深化经营区域结构调整,全球化扩张的同时不断提升新兴市场业务权重。

1.3.3　水泥工艺技术的分类

水泥生产方法可简单概括为"两磨一烧",即生料粉磨、熟料煅烧、水泥粉磨。原料经破碎后,按一定比例配合,经粉磨设备磨细,得到成分合适、质量均匀的生料;生料在水泥窑内煅烧至部分熔融,得到以硅酸钙为主要成分的熟料;熟料加入适量石膏和混合材,按一定比例配合,经粉磨设备磨细,即为水泥。

粉磨生料和熟料的设备主要有球磨机、立式磨机两大类。立式磨机通常采用烘干兼粉磨系统,即系统通入热风,在粉磨生料的同时进行烘干;球磨机可采用烘干兼粉磨系统,也可采用原料预先烘干后再入磨粉磨的工艺。

熟料煅烧的设备有立窑和回转窑两大类。立窑由于生产规模小、熟料质量不均匀、劳动生产率低和劳动强度大等缺点,已被逐步淘汰出局。

水泥的生产方法按生料制备方法的不同,分为湿法、半干法、干法三大类。

将原料加水粉磨成生料浆后喂入湿法回转窑煅烧成熟料,称为湿法生产。湿法生产的主要设备有湿法长窑、中空湿法窑及湿法短窑。湿法生产时由于水分蒸发需要吸收大量汽化潜热,因而熟料热耗较高。但湿法粉磨的电耗较低、生料易于均化、成分均匀、熟料质量较高,且输送方便、扬尘少,在 20 世纪 30 年代得到迅速发展。湿法回转窑煅烧熟料的能耗很高,在各国水泥行业内均被限制使用,已被淘汰出局。

在生料粉中加入适量水制成生料球,喂入立窑或立波尔窑内煅烧成熟料的生产方法为半干法生产。半干法生产的设备主要为立波尔窑,它的产生是水泥生产史上的重大发展,将原回转窑的热耗降低了50%以上。由于炉箅子加热机的结构和操作比较复杂,生产事故较多,并且加热机内料球受热不均匀,半干法生产的熟料质量较差。

随着均化技术的发展、收尘设备的改进和一系列新技术的应用,新型干法生产的熟料质量与湿法相当。由于热耗的大幅度降低和单机生产能力的大幅度提高,以悬浮预热和窑外预分解技术为代表的新型干法水泥生产技术已经成为水泥工业的主导技术,特别是新型干法窑已经成为水泥窑的发展方向。

1.3.4　新型干法水泥生产技术的发展趋势

随着原料预均化、生料均化、高功能破碎与粉磨、环境保护技术和 X 射线荧光分析等在线检测方法的配套发展逐步完善,加上计算机和自动化控制仪表等技术的广泛应用,新型干法生产的水泥熟料质量明显提高,能耗明显下降,生产规模不断扩大。新型干法水泥生产技术的发展趋势如下。

1. 生产线能力大型化

新型干法水泥生产技术为提高水泥设备的单机生产线能力和功能提供了技术可能性,而该技术追求高效率、高性能、低成本,又促进了水泥生产设备大型化的进程。发达国家水泥生产线建设规模在 20 世纪 70 年代为 1000~3000 t/d,80 年代为 3000~4000 t/d,90 年代达到 4000~10000 t/d。目前,5000 t/d 以上水泥生产线已成建设主流(图 1.3-12),世界上最大的生产线产能已达 12000 t/d。随着单机生产线能力的大型化,年产数百万吨乃至上千万吨的水泥厂开始形成,大型水泥集团的生产能力也达到年产数千万吨到一亿吨以上。

2. 生产管理信息化

水泥生产管理信息化对水泥企业至关重要。生产系统高度信息化有利于水泥企业有效管控生产全过程,确保稳定连续作业,预防故障与人为失误导致的中断;精准调控生产参数,提升产品质量稳定性,提高产品合格率,节约成本并增强市场竞争力。此外,生产管理系统精准监控能耗,助力节能降耗,减少能源成本。在盈利提升上,生产管理信息化通过科学管理原材料采购、库存与生产计划,优化资源配置,辅以数据驱动的决策支持,助力企业灵活应对市场,实现利润最大化。生产管理远程监测画面如图 1.3-13 所示。

图 1.3-12　乌兹别克斯坦葛洲坝撒马尔罕 7500 t/d 熟料项目

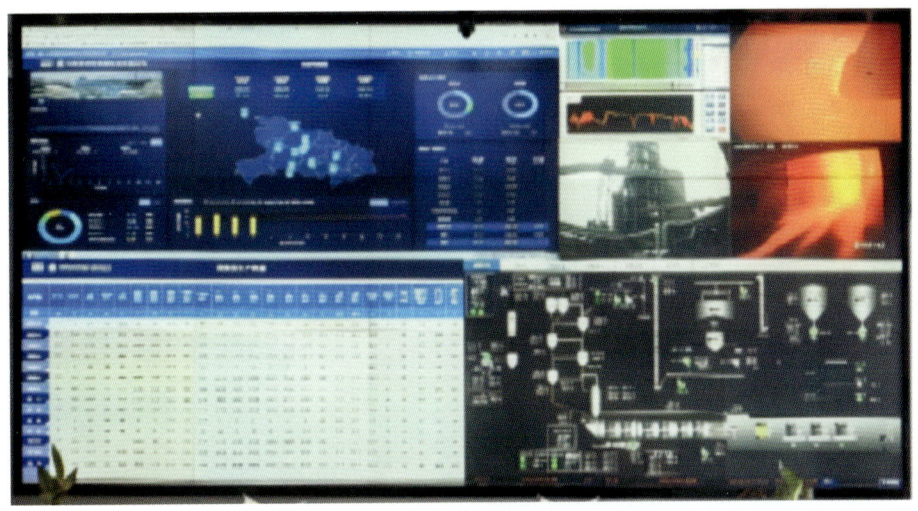

图 1.13-13　生产管理远程监测画面

3. 生产设备智能化

　　未来的水泥行业,包括矿山开采、生料粉磨、熟料烧成、水泥粉磨,甚至还有混凝土物流发运等都将出现颠覆性的变化。随着智能化生产的发展,水泥生产技术已日趋精密、智能,出现了一批高度自动化和智能化的设备。如以前的高耗能磨机、风机和装车机等,逐渐被功能越来越完善和高效的智能化机械所代替(图 1.3-14)。水泥产品的制造过程将日益严格规范,工艺设备数字化,物联网技术越来越便捷,设备与计算机、设备与云端系统间实时连接,机器在线运行,故障率极低。

图 1.3-14　智能化装车系统

4. 生产工艺节能化

现代辊磨机、辊压机两种新型挤压粉磨装置显示了巨大的节能潜力和技术优越性。在生料粉磨中采用带磨外循环的辊磨机已成为首选方案,在水泥粉磨工艺中采用料间挤压粉磨设备逐步取代球磨机已经成为一种趋势,而与之配套的各种高效节能的新型选粉机使生产效率提高,系统电耗进一步降低。另外,新型纯低温余热发电和改进型分解炉、新型多通道燃烧器及第四代篦式冷却机实现了高效冷却和高效热回收,使得熟料热耗进一步降低。余热电站管路如图 1.3-15 所示。

图 1.3-15　余热电站管路

5. 水泥生产绿色化

20 世纪 70 年代,一些水泥公司开始研究和推进废弃物替代自然资源的工作。随着科学技术的发展和人们环保意识的增强,可持续发展理念越来越得到重视。20 世纪 90 年代中期日本出现了 eco-cement(生态水泥),在其水泥原料的配合比中,城市垃圾焚烧灰和下水道污泥所占比例已接近50%。日本有一半水泥厂处理各种废弃物,2002年,全日本水泥厂的平均废弃物利用量为每吨水泥355 kg以上。欧洲的水泥公司每年要处理100多万吨有害废弃物。许多水泥厂还把可燃性废弃物作为替代燃料,用于水泥回转窑的煅烧。例如,瑞士豪瑞集团使用可燃废弃物代替燃料已达80%以上,美国大部分水泥厂利用可燃废弃物煅烧水泥,一般水泥厂替代率也在10%~20%。此外,随之出现了用于处理废弃物的破碎机、分选机、燃烧器、外置燃烧炉、环境状态检测装置和仪器、防止二次污染技术,以及生态水泥混凝土性能的研究与开发热潮。污染土处置项目如图1.3-16所示。

图1.3-16　污染土处置项目

▶▶▶ 1.4　"一带一路"水泥产业共同发展

哈萨克斯坦自独立以来,坚持实行积极吸引外资的政策,并加强有关立法工作。2003年4月,哈萨克斯坦颁布新的《投资法》,不断完善修订投资立法,已与中国、英国、美国、法国、俄罗斯等国家签订了双边保护投资协议。2014年,哈萨克斯坦推行"光明之路"新经济政策,为进一步提高本国投资吸引力,哈萨克斯坦政府制定新版《2026年前投资政策愿景》,主要内容包括:大型企业现代化改造;向经济优先发展领域引资,加快发展经济特区和工业区;培育国家创新体系;提高能源使用效率;有效利用矿产资源;推动非原料出口;提高本地化率,大力发展运输业等。这些综合措施均表达了哈萨克斯坦吸引外国投资的强烈意愿。

中国作为产能庞大、富有优势的国家,在2013年提出的共建"一带一路"倡议(OBOR)及随后发布的《国务院关于推进国际产能和装备制造合作的指导意见》中,包括水泥在内的基建关联产业都被确立为中国对外开展国际产能合作的主导产业,与哈萨克斯坦吸引投资的计划愿景一拍即合。

"一带一路"倡议贯穿欧亚大陆,东接亚太经济圈,西入欧洲经济圈,致力于亚欧非大陆及附近海洋的互联互通,建立和加强沿线各国互联互通伙伴关系,构建全方位、多层次、复合型的互联互通网络,实现沿线各国多元、自主、平衡、可持续的发展。吉尔吉斯斯坦、塔吉克斯坦、乌兹别克斯坦、土库曼斯坦和哈萨克斯坦等"中亚五国"作为"一带一路"沿线的主要国家,自公元前 2 世纪至公元 16 世纪,就作为古代亚欧大陆间开展长距离商业贸易与文化交流的交通大动脉,发挥着东西方文明与文化融合、交流对话的桥梁作用。哈萨克斯坦是中亚五国之中经济总量最大的国家,一直与中国具有良好邦交睦邻关系,目前哈萨克斯坦经济发展速度逐渐加快,基础建设需求增加,水泥市场潜力大。2023 年 5 月中亚峰会期间,哈萨克斯坦总统高度评价建交 31 年来两国关系发展成果,表示愿进一步提升两国关系水平、深化各领域合作。中哈两国元首签署了有关经贸、能源、交通、农业、互联互通、人文、地方等领域的多项双边合作文件。2023 中国—中亚峰会会场如图 1.4-1 所示。

图 1.4-1　2023 中国—中亚峰会会场

从投资国别来看,"一带一路"倡议下中国投资流量最多的也是哈萨克斯坦,自 2013 年至 2023 年 10 年间的总投资额占中亚五国总投资额的 56.32%;其次是塔吉克斯坦和吉尔吉斯斯坦,分别占 17.78%、16.93%;对乌兹别克斯坦的投资额占总投资额的比例约为 7.60%;最后为土库曼斯坦,占 1.36%。从投资流量变化趋势来看,中国对哈萨克斯坦的投资流量变化最大。2012 年和 2017 年,中国对哈萨克斯坦的直接年投资流量都超过了 20 亿美元。在"一带一路"框架下,中哈已形成涵盖 52 个项目、总金额逾 212 亿美元的项目清单,并不断向绿色、数字和科技等领域拓展。奇姆肯特炼油厂现代化改造工程、阿特劳州石油化工综合体项目等建成投产,提高了哈萨克斯坦的工业水平。由中企参与建设的札纳塔斯风电场、图尔古松水电站、阿拉木图光伏电站等新能源项目,切实助力当地产业向低碳转型。由中方投资的 2500 t/d 葛洲坝西里水泥公司(图 1.4-2)、里海年产 100 万吨沥青厂等建材生产公司,助力哈萨克斯坦基建项目的建材供应。

图 1.4-2　葛洲坝西里水泥公司厂区图

通过参与"一带一路"建设,中哈两国就建材行业优势产能充分展开国际合作,发挥中国工程建设企业的作用,以投资为主,结合设计、工程建设、设备供应等多种方式,建设水泥、平板玻璃、建筑卫生陶瓷、新型建材、新型房屋等生产线,提高哈萨克斯坦工业生产能力,增加当地市场供应,实现产能合作双赢。

第二章　水泥生产工艺及设备

▶▶▶ 2.1　原料选择与处理

2.1.1　水泥原料

水泥熟料的主要成分是钙、硅、铝、铁,原则上含有这些元素的矿物均可作为水泥原料,包括地球构造中的沉积岩、火成岩、变质岩。然而水泥产品用量大、质量稳定、价格低廉的要求,限制了它的取料范围。

水泥生料一般由三种类型的原料构成:主要原料——钙质原料(石灰岩)、辅助原料——硅铝(黏土)质原料及校正(硅、铝、铁质)原料。

2.1.1.1　钙质原料

钙质原料是生产水泥的主要原料,它主要提供 CaO。生产 1 t 熟料约需 1.5 t 生料,其中钙质原料在生料配比中占 80% 左右。钙质原料分为天然钙质原料和工业废渣两大类。目前使用最多的还是自然界储存量较丰富的石灰石。

1. 天然钙质原料

天然钙质原料常用于生产水泥的有石灰岩、大理岩、泥灰岩、白垩等,多数水泥厂使用石灰岩,也有厂家使用大理岩和泥灰岩。石灰岩由化学与生物化学作用沉积形成,一般石灰岩含有白云石$[CaMg(CO_3)_2]$、硅酸盐矿物(石英或燧石)和黏土等杂质。

石灰石(图 2.1-1)是石灰岩的一种天然石灰质原料,一般为细粒晶体结构的致密岩石;由于含有各种杂质,颜色常呈灰色、黑色、褐色等,最纯的石灰石为白色。石灰石的硬度取决于地质年代,通常地质年代越老,石灰石越硬。石灰石的硬度为莫氏硬度 1.8～3.0,相对密度为 2.6～2.8 t/m³。用小刀易划出白色痕迹,具有贝壳状断口。

天然钙质原料的种类和成因类型对水泥制造工艺过程的矿石开采、破碎、粉磨、煅烧等阶段有直接影响。诸如石灰石的矿物形态、结晶度、颗粒尺寸、胶结介质、密实程度、杂质存在类型和矿物形态,对生料粉磨物理加工、化学反应活性和烧结性能都有重大影响。

2. 工业废渣

综合利用工业废渣,是水泥工业绿色化和降低成本的关键举措。电石渣(图 2.1-2)作为常用的钙质废渣之一,来源为水解电石产生的消石灰浆。1 t电石约可产生1.15 t干渣。

图 2.1-1 石灰石

图 2.1-2 电石渣

3. 石灰质原料的选择

1) 石灰质原料的质量要求

最常用的石灰质原料是石灰石,其主要成分为 $CaCO_3$,纯石灰石的 CaO 含量最高为 56%,其品位由 CaO 的含量来确定。石灰石的有害成分为 MgO、R_2O(Na_2O、K_2O)和游离二氧化硅(f-SiO_2)。

石灰质原料的质量要求如表 2.1-1 所示。

表 2.1-1 石灰质原料的质量要求(%)

品位		CaO	MgO	燧石或石英	SO_3	R_2O	Cl^-
石灰石	一级品	≥48	≤2.5	≤4.0	≤1.0	≤1.0	≤0.015
	二级品	45~48	≤3.0	≤4.0	≤1.0	≤1.0	≤0.015
泥灰岩		35~45	≤3.0	≤4.0	≤1.0	≤1.0	≤0.015

2) 石灰质原料的选择要求

(1) 质量好的和差的要搭配使用。石灰石二级品和泥灰岩在一般情况下均须与石灰石一级品搭配使用,当以煤为燃料时,搭配后的 CaO 含量不得小于 48%。

(2) 限制 MgO 的含量。白云石是 MgO 的主要来源,含有白云石的石灰石在新敲开的断面上可以看到粉粒状的闪光。用 10%盐酸滴在白云石上有少量的气泡产生,滴在石灰石上则剧烈地产生气泡。

(3) 限制燧石的含量。燧石含量高的石灰石,表面常有褐色凸起或呈结核状的夹杂物。

(4) 新型干法水泥生产,还应控制 K_2O、Na_2O、SO_3、Cl^- 等微量组分,防止窑尾预热系统结皮。

2.1.1.2 黏土质原料

黏土质原料是含碱和碱土的铝硅酸盐，主要化学成分依次是 SiO_2、Al_2O_3，以及少量的 Fe_2O_3，主要是提供熟料所需要的酸性氧化物。

1. 黏土质原料类型

水泥工业中使用的天然黏土质原料种类较多，有黏土、黄土、页岩、粉砂岩等。

1）黏土

黏土（图 2.1-3）是多类微细的呈蓬松或胶状密实的含水铝硅酸盐矿物的混合体，它是由富含长石等铝硅酸盐矿物的岩石经悠久地质年代风化而成的。

2）黄土

黄土是没有层理的黏土与微粒矿物的天然混合物，成因以风积为主，也有因冲积、坡积、洪积和淤积而形成的，颜色以黄褐色为主。

3）页岩

页岩（图 2.1-4）是黏土经长期胶结而成的黏土岩，一般形成于海相或陆相沉积，或海相与陆相交互沉积而成。其化学成分类似于黏土，可作为黏土使用，但其硅率较低，通常配料时需掺加硅质校正原料。页岩的颜色有灰黄、灰绿、黑色及紫色等，结构致密坚实，层理发育明显，通常呈页状或薄片状。

图 2.1-3 黏土

图 2.1-4 页岩

4）粉砂岩

粉砂岩是由直径为 0.01～0.1 mm 的粉砂长期胶结硬化后的碎屑形成的沉积岩。其主要矿物是石英、长石、黏土等，胶结物质有黏土质、硅质、铁质及碳酸盐质；颜色呈淡黄、淡红、淡棕色、紫红色等，质地一般疏松，但也有硬度较高的。粉砂岩的硅率较高，一般大于 3.0，可作为硅铝质原料使用。

5）工业废渣

工业废渣包括热电厂粉煤灰、增钙渣及煤矿产出的煤矸石、炼铝厂赤泥、钢铁厂熔渣和矿渣等。这些物料一般硅率较低,需要同硅质校正原料配合使用。

2. 黏土质原料的质量要求及选择

黏土质原料的质量要求如表 2.1-2 所示。

表 2.1-2 黏土质原料的质量要求

品位	SM(硅率)	IM(铝率)	MgO/(％)	R₂O/(％)	SO₃/(％)	塑性指数
一级品	2.7～3.5	1.5～3.5	<3.0	<4.0	<2.0	>12
二级品	2.0～2.7 或 3.5～4.0	不限	<3.0	<4.0	<2.0	>12

（1）硅率 SM 和铝率 IM 需适当。

（2）含碱量要低,含砂量要少。尽量不含碎石、卵石,粗砂含量应小于 5％。黏土中石英砂含量超标,不但会使生料磨细难度增加,而且会使其易烧性变差,因为 α-石英不易与氧化钙化合。

（3）当 SM＝2.0～2.7 时,一般需要掺用硅质原料;当 SM＝3.5～4.0 时,一般需要与一级品或 SM 低的二级品黏土质原料搭配使用,或掺用铝质原料。

（4）回转窑生产时对可塑性不做要求。

2.1.1.3 校正原料

当钙质原料与硅铝质原料配合难以得到符合要求的生料成分时,要根据欠缺的组分,加入相应的校正原料。

1. 硅质校正原料

硅质校正原料主要有石英岩、砂岩(图 2.1-5)、粉砂岩、河砂、砂质灰岩等。一般要求硅质校正原料的 SiO₂ 含量为 70％～90％,或 SM≥4。最理想的矿物为风化程度较高、结构疏松的硅质粉砂岩、砂岩、河砂等,硅石、石英砂岩、石英岩状砂岩等硬度较高的物料,磨蚀性大,易磨性较差,会给生料粉磨和熟料煅烧带来困难。

砂岩中的矿物主要是石英,其次是长石,结晶 SiO₂ 对粉磨和煅烧都有不利影响,所以要减少此类物质的含量。河砂的石英结晶尺寸更大,在没有砂岩等矿源时才可考虑将其作为替代。最好采用风化砂岩或粉砂岩,其 SiO₂ 含量不太低,且易于粉磨,对煅烧影响小。

图 2.1-5 砂岩

2. 铝质校正原料

当生料中 Al₂O₃ 含量不足时,可通过增加铝质校正原料进行补充。常用的铝质校正原料有铝矾土、粉煤灰(图 2.1-6)、煤矸石、陶土等含铝较高、含铁较少的硅铝质原料。铝质校正原料的质量要求是 Al_2O_3 含量大于30%。

3. 铁质校正原料

铁质校正原料主要有铁矿石(粉)、硫酸渣(图2.1-7)、铜矿渣等,用于补充生料配料中 Fe_2O_3 的含量。常用的铁矿石有赤铁矿、菱铁矿。它们的化学成分分别为 Fe_2O_3 和 $FeCO_3$。硫铁矿渣是硫铁矿经过煅烧脱硫余下的废渣。另外,铜矿渣、铅矿渣的 Fe_2O_3 含量也较高,都可作为水泥工业中的铁质校正原料。铁质校正原料的质量要求是 Fe_2O_3 含量大于40%。

图 2.1-6　粉煤灰

图 2.1-7　硫酸渣

4. 校正原料的质量要求

校正原料的质量要求如表2.1-3所示。

表 2.1-3　校正原料的质量要求

校正原料	常用品种	质量要求
硅质校正原料	硅藻土、硅藻石,含 SiO_2 多的河砂、砂岩、粉砂岩	SM>4.0; SiO_2 含量70%～90%; R_2O 含量小于4.0%
铝质校正原料	粉煤灰、煤矸石、铝矾土	Al_2O_3 含量大于30%
铁质校正原料	低品位的铁矿石、炼铁厂尾矿、硫酸渣(俗称铁粉)、铅矿渣、铜矿渣(还兼做矿化剂)	Fe_2O_3 含量大于40%

2.1.2　燃料

2.1.2.1　燃料分类

所谓燃料,通常指能与氧发生剧烈的氧化反应,放出大量的热,且在经济上合理的一类物质。水泥生产中需使用大量燃料,燃料按其物理状态不同可分为固体、液体和气体三种。当前水泥工业中,回转窑厂燃料常采用煤、重油或渣油,很少采用煤气。立窑厂则常采用无烟煤或焦炭屑。近年来,可燃的垃圾作为替代性固体燃料也得到了开发利用。

煤主要是由高等植物经过长期地质年代的一系列化学变化,在高温高压作用下逐渐演化而成的。其煤化程度的差异代表了不同的煤种——无烟煤、烟煤和褐煤。

(1)无烟煤(图 2.1-8)又叫硬煤、白煤,是一种煤化程度最高,干燥无灰基挥发分产率小于 10% 的煤。其收到基低位热值 $Q_{net,ar}$ 为 20900~29270 kJ/kg(5000~7000 kcal/kg)。无烟煤结构致密,坚硬,有金属光泽,密度较大,含碳量高,着火温度为 600~700 ℃,燃烧火焰短,是立窑煅烧熟料的主要燃料。

(2)烟煤(图 2.1-9)是一种煤化程度较高,干燥灰分基挥发分产率为 15%~40% 的煤。其收到基低位热值 $Q_{net,ar}$ 一般为 20900~31400 kJ/kg(5000~7500 kcal/kg)。烟煤结构致密,较为坚硬,密度较大,着火温度为 400~500 ℃,是回转窑煅烧熟料的主要燃料。

(3)褐煤(图 2.1-10)是一种煤化程度较低的煤,有时可清楚地看出原来的木质痕迹。其挥发分产率较高,可燃基挥发分产率可达 40%~60%,灰分含量 20%~40%,收到基低位热值 $Q_{net,ar}$ 为 1884~8374 kJ/kg。褐煤中自然水分含量较大,性质不稳定,易风化或粉碎。

图 2.1-8　无烟煤　　　　　　图 2.1-9　烟煤　　　　　　图 2.1-10　褐煤

确定煤品种时应对其性能、水泥熟料的质量要求、当地的供应情况以及燃料工艺系统的简化和保证生产控制方便等因素进行综合考虑,正确选择煤的品种。

2.1.2.2　煤的组分及其换算

煤是一种性质相当复杂的固体可燃矿物。由于形成煤的原始物质和沉积环境的不同,煤的性质和成分也各不相同,可采用元素分析法将其组成用碳(C)、氢(H)、氧(O)、氮(N)、硫(S)、灰分(A)和水分(M)来表示。元素分析法的特点是简单明了,便于理论分析。但是,由于其分析过程比较复杂,一般工厂难以进行,因此,便有了另一种表示固体燃料组成的简单方法——煤的工业分析法。这种表示方法是将煤的组成用挥发分(V)、固定炭(F)、灰分(A)及水分(M)来表示。在四项总量以外还需测定硫分,作为单独的百分数提出。对煤的灰分应该做全分析,包括 SiO_2、Al_2O_3、Fe_2O_3、CaO、MgO 等化学成分以及煤的热值(发热量以每千克煤能发出多少千焦的热量表示,单位为 kJ/kg)。

对于煤来说,另一个重要的概念就是基准。由于煤在发掘、输送和储存过程中的条件不同,即使是同种煤,其组成往往也会有大幅的波动,因此,在表明煤的组成时,必须指明所选用煤的基准,才能确切地说明问题。这四个基准如下。

(1)收到基,是指工厂实际收到的煤,即实际使用的煤的组成。其组成表示为:

$$C_{ar}+H_{ar}+O_{ar}+N_{ar}+S_{ar}+A_{ar}+M_{ar}=100 \tag{2.1-1}$$
$$V_{ar}+F_{ar}+A_{ar}+M_{ar}=100$$

(2)空气干燥基,是指将煤样干燥(风干)后,水分与大气达到平衡状态时的煤的组成。由于空气不可能是绝对干燥的,因此空气干燥基的煤也不是绝对干燥的,这个平衡水分就是空气干燥基水分。由化验室给出的测量结果都是空气干燥基(化验室将煤样在 20 ℃、相对湿度为 75% 的空气中连续干燥 1 h,质量变化不超过 0.1% 后进行分析测量)。其组成表示为:

$$C_{ad}+H_{ad}+O_{ad}+N_{ad}+S_{ad}+A_{ad}+M_{ad}=100 \tag{2.1-2}$$
$$V_{ad}+F_{ad}+A_{ad}+M_{ad}=100$$

(3)干燥基,是指绝对干燥的煤的组成。这一基准可以比较稳定地反映出成批的煤的真实组成。其组成表示为:

$$C_{d}+H_{d}+O_{d}+N_{d}+S_{d}+A_{d}=100 \tag{2.1-3}$$
$$V_{d}+F_{d}+A_{d}=100$$

(4)干燥无灰基,是假想的无水无灰的煤的组成。它代表煤中的可燃成分,通常用它来表征煤质的优劣。一般来说,同一矿区的煤,其干燥无灰基组成基本相同。其组成表示为:

$$C_{daf}+H_{daf}+O_{daf}+N_{daf}+S_{daf}=100 \tag{2.1-4}$$
$$V_{daf}+F_{daf}=100$$

不同基准煤之间的换算关系如表 2.1-4 所示。

表 2.1-4 不同基准煤的换算关系

基准煤	收到基	空气干燥基	干燥基	干燥无灰基
收到基	1	$\dfrac{100-M_{ad}}{100-M_{ar}}$	$\dfrac{100}{100-M_{ar}}$	$\dfrac{100}{100-(M_{ar}+A_{ar})}$
空气干燥基	$\dfrac{100-M_{ar}}{100-M_{ad}}$	1	$\dfrac{100}{100-M_{ad}}$	$\dfrac{100}{100-(M_{ad}+A_{ad})}$
干燥基	$\dfrac{100-M_{ar}}{100}$	$\dfrac{100-M_{ad}}{100}$	1	$\dfrac{100}{100-A_{d}}$
干燥无灰基	$\dfrac{100-(M_{ar}+A_{ar})}{100}$	$\dfrac{100-(M_{ad}+A_{ad})}{100}$	$\dfrac{100-A_{d}}{100}$	1

注:①此表适用于除水分以外的各种成分及高位发热量的换算;

②此表中换算系数的推导原则是在不同基准下同一成分的绝对量相等。

关于燃料的成分,有一点需要特别指明,这就是氢和硫。燃料中的氢包括可燃氢和化合氢。可燃氢也称净氢,是指可以参与燃烧反应的氢;化合氢则是指与燃料中的氧结合成水的氢,化合氢不能进行燃烧反应,但工程中为了计算方便,在进行燃烧计算时,所有的氢均按可燃氢处理。燃料中的硫以三种形式存在:一是有机硫;二是硫化铁中的硫;三是硫酸盐中的硫。前两种为可燃硫,最后一种为不可燃硫。可燃硫在工业中是有害成分,因为它对产品质量、设备正常运转以及环境都有不良的影响,而硫酸盐中的硫则基本上没有不良影响。在工程中,为计算方便,在进行燃烧计算时,所有的硫均按可燃硫处理。

2.1.2.3　发热量与标准燃料

1. 煤的高、低位热值

煤的发热量(也称热值)是指单位质量的煤完全燃烧时产生的热量。煤的发热量有高位发热量(Q_{gr})和低位发热量(Q_{net})之分。高位发热量是指煤完全燃烧且燃烧产物中的水蒸气全部冷凝为水时所放出的热量。低位发热量是指燃料完全燃烧后,其燃烧产物中的水蒸气仍为气态时所放出的热量。两者之间的差别在于燃烧产物中水的汽化热。

1 kg 煤(收到基)所产生的水蒸气量为:

$$\frac{M_{ar}}{100} + \frac{H_{ar}}{100} \times \frac{18}{2} \text{ (kg)} \tag{2.1-5}$$

而 1 kg 水的汽化热为 2500 kJ,因此:

$$Q_{gr,ar} - Q_{net,ar} = 2500 \times \left(\frac{M_{ar}}{100} + \frac{H_{ar}}{100} \times \frac{18}{2} \right) \tag{2.1-6}$$
$$= 25M_{ar} + 225H_{ar}$$

同理可以推导出:

$$Q_{gr,ad} - Q_{net,ad} = 225H_{ad} + 25M_{ad} \tag{2.1-7}$$
$$Q_{gr,d} - Q_{net,d} = 225H_d \tag{2.1-8}$$
$$Q_{gr,daf} - Q_{net,daf} = 225H_{daf} \tag{2.1-9}$$

关于煤的高位热值和低位热值在不同基准之间的换算,高位热值可以直接利用表 2.1-4 中的换算系数进行换算;而低位热值换算,可以先将其转换为高位热值,利用表 2.1-4 中的换算系数换算后,再转换为低位热值。实际转换时,可采用更为简便的方法,即将低位热值加上 25 倍的水分,然后利用表 2.1-4 中的换算系数换算,最后再减去换算后基准下的 25 倍水分,即为转换后的低位热值。

2. 煤发热量和标准燃料

煤的发热量可以根据煤的元素分析或者工业分析结果,利用回归公式进行计算。计算煤发热量的回归公式较多,均有一定的误差。

不同种类的燃料,其发热量差别很大,即使同一种燃料也会因水分、灰分的不同而有所差异,为了便于统计和评价燃料的消耗量,人们便引进了"标准燃料"的概念。

标准煤是指低位发热量(收到基)为 29270 kJ/kg(即 7000 kcal/kg)的煤。

标准油是指低位发热量为 41820 kJ/kg（即 10000 kcal/kg）的油。

标准气是指低位发热量为 41820 kJ/m³（即 10000 kcal/m³）的气体燃料。

2.1.2.4　回转窑对燃煤的质量要求

（1）热值：燃煤的热值愈高愈好，这可以提高燃烧效果和煅烧温度。热值较低的煤使煅烧熟料的单位热耗增加，同时限制窑的单位产量。一般要求煤的低位发热量不低于 21772 kJ/kg（5200 kcal/kg）。

（2）挥发分：煤的挥发分和固定炭是可燃成分。挥发分低的煤，着火点高，窑内会出现较长的黑火头，高温带比较集中。为使回转窑内火焰长些，煅烧均匀些，常用烟煤的挥发分产率在 22%～32%。当煤的挥发分不适宜时，应该采用配煤的方法，将高挥发分和低挥发分的煤搭配使用。

（3）灰分：煤的灰分是回转窑、分解炉烧成及分解用煤的重要参数指标。灰分的大小和成分还直接影响配料。煤的灰分高，热值低，会降低窑的煅烧能力，影响熟料的产量、质量。

由于煤灰增加，在烧成温度下物料液相量增加，黏度增大，易结圈，影响窑系统的通风，增加排风机电耗。再者，煤灰增加，相应地增加煤粉用量，改变窑内煅烧物料平衡，同时会影响煤磨产量，有时需要放宽煤粉细度，这样容易产生不完全燃烧，出现恶性循环。

总的来说，煤灰对水泥生产有着多方面的影响。结合水泥工业工艺设备和控制情况，一般对窑外分解窑，要求煤粉的灰分含量低于 27%。

（4）水分：煤粉水分高，会减缓燃烧速度，降低火焰温度。但少量水分的存在能促进碳和氧的化合，并且在燃烧后能提高火焰的辐射能力，因此水分含量一般控制在 3.0% 以下，最好控制在 0.5%～1.0%。

（5）细度：回转窑用烟煤做燃料时，须将块状煤磨成煤粉再投入窑中。煤粉太粗，则燃烧不完全，增加燃料消耗；同时，煤粉太粗，则煤灰落在熟料表面，使熟料成分不均匀，对熟料的质量造成不利影响；而且燃烧不完全的煤粉落入熟料后因和氧气接触不佳，难以继续燃烧，会形成还原焰，使熟料中 Fe_2O_3 还原成 FeO，造成黄心料、黄皮料。因此，煤粉细度最好控制在 80 μm 筛余小于 15%，控制时也可结合挥发分含量，一般工业生产煤粉细度控制原则为不大于收到基挥发分的 $\frac{1}{2}$。

根据不同水泥生产工艺，水泥工业用煤的质量要求如表 2.1-5 所示。

表 2.1-5　水泥工业用煤的质量要求

窑型	灰分/（%）	挥发分/（%）	硫/（%）	低位发热量/（kJ/kg）
立波尔窑	≤25	18～30	—	≥23000
机立窑	≤35	≤15	—	≥18800
预分解窑	≤28	23～33	≤1	≥21740

2.1.2.5　液体燃料和气体燃料

在国际上,部分生产线采用液体或气体燃料。使用液体和气体燃料时,由于没有灰分落入熟料中,熟料质量较好,并且调节简单。液体燃料多为重油、渣油,重油的热值一般不低于 40530 kJ/kg(9683 kcal/kg)。煅烧水泥熟料所用重油的杂质含量一般要求:硫分<3%,水分<2%,机械杂质<3%。泵送时为了降低其黏度,一般需要预热到 60～70 ℃。

气体燃料分天然气和人造煤气两种。水泥工业主要使用天然气作为回转窑煅烧燃料,天然气的热值为 33440～37620 kJ/Nm³,无灰分,不需预热,供气系统简单,操作控制灵便,是一种理想的燃料。但人造煤气火焰亮度不高,辐射能力较低,烟气量大,与用煤做燃料的同规格窑相比产量约低 15%。

2.1.3　原料的开采与运输

水泥工业以石灰石、黏土等矿产资源为原料,但必须拥有储量、质量均符合要求的石灰石、黏土等矿产资源才能建设水泥厂。水泥厂在开采矿山资源前必须对矿山进行勘查,同时要评估可用矿的储蓄量,便于对不同品位的矿石实行有计划的分区开采、搭配使用,从而保障进厂原料成分稳定,既可以满足生产配料要求,又可以经济合理地充分利用矿山资源。

2.1.3.1　矿山选择

按照长期建设规划,资源地质单位要预先完成找矿或初步勘查工作,在此基础上提出推荐矿点的意见,经主管部门组织研究,待项目建议书批准后,选定进一步勘查的矿点。主管部门提出储量勘查工业技术指标和储量要求,以便资源地质单位进行详细勘查,并提供详细勘查汇报。详细勘查汇报经过审查批准,即可确定矿山资源。

在矿点选择过程中,首先,设计部门的原料专业人员必须与地质部门密切配合,在不断积累数据、总结经验的基础上,与地质部门一起制定和修改水泥原料地质勘查规范,以指导地质部门的普查和初步勘查工作。其次,应结合工艺、设备、原燃料初步情况、厂址选择等综合因素,向地质部门提出具体的工业勘查指标及高级储量位置,并应随时检查地质工作质量,对地质报告进行评价并提出补充勘查的要求。

水泥生产所用原料主要为石灰质原料和黏土质原料,它们需经过配料计算,符合预期要求后才能使用。因此,在寻找及勘查原料时要注意配套找矿。从某种意义上说,对黏土质原料的选择有时会更重要,其原因是:第一,黏土质原料一般储藏条件变化较大,质量不够稳定,常常因有害成分(如 K_2O、Na_2O、Cl^- 等)过量引起较大的质量波动,影响配料使用;第二,常需使用大片农业用地,即面临与农业争地问题。假如在选择石灰质原料的同时,不注意黏土质原料(尤其是可以代替黏土配料的其他硅、铝质原料)的选择,往往容易造成资源不配套,同样也影响矿产资源的利用,这种情况在水泥厂基建历史上不乏实例。

对于水泥厂的建设,矿山选点是十分重要的环节。从生产经济的角度出发,常选择在石灰石矿山附近建厂,但最好能同时兼顾靠近消费区、靠近交通线、靠近电力网等其他条件。特别要注意到矿山附近有无可供建厂的场地(可选定若干个厂址方案)。

2.1.3.2　矿山开采

由于石灰石、黏土矿层不像煤、石油矿那样深埋地下,所以水泥厂矿山多是露天开采。为了采出可用矿石,必须先进行覆盖层的剥离工作,也就是"采剥并举、剥离先行"。若覆盖层是硬质的,就需要对覆盖层先爆破再剥离。随着新型干法水泥技术和原料均化技术的发展,水泥生产对原料品质的要求逐渐放宽,从节能降耗、充分利用资源的角度出发,应该对覆盖层尽可能搭配利用,减少其废弃量,提高矿石的利用率。

1. 露天开采

水泥厂的矿山开采一般采用露天开采。露天开采(图 2.1-11)分为机械开采和水力开采。开采工艺有循环作业、连续作业及半连续作业三种,目前最常见的开采工艺是竖直挖取的水平分段循环作业方式。

露天开采时,为了采出矿石,一般需要剥离一定数量的岩石。剥离的岩石量与矿石量之比,即每采出单位矿石所需要剥离的岩石量,称为剥采比,其单位用 m^3/m^3 表示。从技术经济角度出发,建议平均剥采比不大于 $0.5:1(m^3/m^3)$。因此,在开采有用矿之前,必须先进行覆盖层的剥离工作(图 2.1-12)。覆盖层如果是松散状的浮土,则可以直接用人工或电铲剥离,也可以采用水力冲洗的方法;覆盖层如果是硬质废矿,则在剥离工作开始之前,要先进行覆盖层的爆破工作。覆盖层的剥离工作应在原料开采前六个月内进行,且剥离工作不宜在冬季进行。

图 2.1-11　露天开采

图 2.1-12　覆盖层剥离

有用矿如果是松散的白垩、黏土等,可以用电铲直接挖掘,也可采用人工挖掘。有用矿如果是硬质物料,如石灰石,则首先要进行爆破工作,包括钻孔(图 2.1-13)及爆破(图 2.1-14)。钻孔的深度、数目及位置分布,要根据矿山的具体情况及岩石的物理性质决定,最适宜的爆破工作是利用最少的炸药消耗,获取大小符合要求的最多的矿石。

图 2.1-13　钻孔

图 2.1-14　爆破

露天开采时,通常把露天矿田内的矿岩划分成一定厚度的水平层,自上而下逐层开采,并保持一定的超前关系,在开采过程中和开采终了时在空间上形成台阶状,这样的水平层称为台阶或阶段。台阶是露天矿场的基本构成要素之一,是进行独立采掘作业的单元体。台阶的构成要素见图2.1-15。台阶的上部平台与下部平台是相对的,一个台阶的上部平台同时又是其上一个台阶的下部平台。

台阶通常是以开采该台阶的下部平台(即装运设计站立水平)的标高来命名的,通常把台阶称为水平。

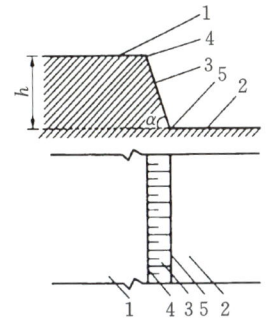

图 2.1-15　台阶示意图

1—台阶的上部平台;2—台阶的下部平台;3—台阶坡面;4—台阶坡顶线;5—台阶坡底线;α—台阶坡面角;h—台阶高度

2. 采掘带

在开采时,将工作台阶划分成若干具有一定宽度的条带顺次开采,这些条带称为采掘带,见图2.1-16。

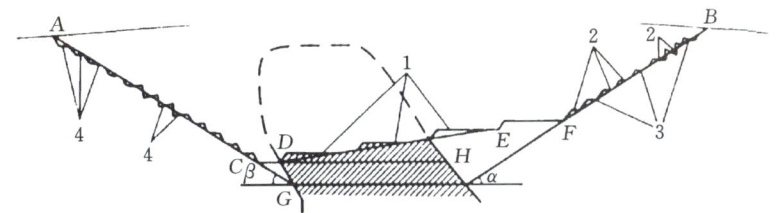

图 2.1-16　采掘带示意图

1—工作平台;2—安全平台;3—清扫平台;4—运输平台

安全平台(见图2.1-16中2)用于缓冲和阻截滑落的岩石,还可用以减缓最终帮坡角,增强最终边帮的稳定性和下部水平工作的安全性。它设在露天矿场的四周边帮上,宽度一般约为台阶高度的1/3。

清扫平台(见图2.1-16中3)用于阻截滑落的岩石并用清扫设备进行清理。每隔2个或3个台阶设一个清扫平台,其宽度取决于所用的清扫设备。

运输平台(见图2.1-16中4)作为工作台阶与出入沟之间运输联系的道路,客观上设在与出入沟同侧的非工作帮和端帮上,其宽度依据所采用的运输方式和线路数目而定。

在绿色化矿山建设时,对已完成的开采平台会实施植被修复和绿化工程,恢复原有的生态地貌。如图2.1-17的中国能建葛洲坝水泥公司某绿色矿山项目,下部正常开展矿山开采,上部采取"浅层块体锚索锚固＋系统锚杆＋主动防护网"的措施,在总体平台之间的坡面针对性地加固边坡、平整硬化场地,最大限度恢复原始生态,实现了矿产资源开发利用与生态环境保护协调发展。

图 2.1-17　中国能建葛洲坝水泥公司某绿色矿山项目

3. 开采装备

目前非金属矿床露天开采的技术装备水平一般比较高,其主要的装备和材料为钻孔中使用到的钻孔设备、爆破中使用到的爆破材料以及铲装作业中的铲装设备。

1) 钻孔设备

钻孔设备根据岩层硬度、台阶高度及爆破孔径等因素确定。中硬岩层及硬岩层应选用牙轮钻机、高风压潜孔钻机、顶锤式钻机;软岩层可使用回转切削钻机、低风压潜孔钻机。

潜孔钻机(图2.1-18):潜孔钻机是利用潜入孔底的冲击器与钻头对岩石进行冲击破碎,特点是活塞打击钎杆时的能量损失不随钻孔的延伸而加大。潜孔钻机钻孔直径通常在80～250 mm,可以在中硬以上的岩石中钻孔。潜孔钻机广泛应用于冶金、矿山、铁路、水电建设、国防施工及土石方

图 2.1-18　潜孔钻机

等露天工程的爆破孔钻凿及水下钻孔爆破炸礁工程中。近年来,潜孔钻机普遍采用高风压(风压大于 1.7 MPa,甚至达到 3.5 MPa),穿孔效率显著提高,是普通潜孔钻机穿孔效率的 2～3 倍。

牙轮钻机(图 2.1-19):牙轮钻机是大型露天矿山爆破的主要钻孔设备。随着露天矿山大型化和数字化,牙轮钻机也在向大型化和自动化、智能化方向发展,穿孔直径由早期的 270 mm、311 mm 逐步向更大孔径发展。牙轮钻机钻孔时,依靠加压、回转机构,通过钻杆为牙轮钻头提供足够大的轴压力和回转扭矩,牙轮钻头在岩石上同时钻进和回转,对岩石产生静压力和冲击压力作用。牙轮在孔底滚动中连续地挤压、切削、冲击破碎岩石,有一定压力和流量、流速的压缩空气经钻杆内腔从钻头喷嘴喷出,将岩渣从孔底沿钻杆和孔壁的环形空间不断地吹至孔外,直至形成所需孔深的钻孔。

顶锤式钻机(图 2.1-20):顶锤式钻孔是把产生冲击作用的凿岩机安装在钻杆的顶部,直接冲击钻杆,冲击能量通过钻杆传递到钻头进行钻孔。顶锤式钻机的优点是钻孔速度快、作业成本低;缺点是钻孔直径较小、易偏斜,不宜钻超深孔,特别是在破碎带和裂缝层钻进时成孔困难。目前,在大型露天矿山使用的顶锤式钻机多应用于边坡控制爆破;建筑骨料矿山为了改善爆破块度级配,减少粉料的产生,也采用顶锤式钻机。

图 2.1-19 牙轮钻机

图 2.1-20 顶锤式钻机

上述三种钻机的应用特点如表 2.1-6 所示。钻孔直径应根据矿山规格进行选用:大型露天矿山宜采用 250～380 mm;中型露天矿山宜采用 120～250 mm;小型露天矿山宜采用 80～115 mm。

表 2.1-6 矿山常用钻机特点

钻机类型	适宜岩层	钻孔尺寸	优势	缺点
潜孔钻机	中硬、硬岩	$\phi 80～250$ mm	孔径变化范围大,具有较强适用性,便宜可靠	不适合在 200 MPa 以下的岩层作业
牙轮钻机	中硬、硬岩	$\phi 270～559$ mm	凿岩效率高、穿孔作业劳动效率高,适用于大型矿山	初始投资大,灵活性不如潜孔钻机

钻机类型	适宜岩层	钻孔尺寸	优势	缺点
顶锤式钻机	中硬、硬岩	小于 $\phi127$ mm	钻孔速度快、作业成本低	钻孔直径较小,易偏斜,不宜钻超深孔

2) 爆破材料

用于矿山开采爆破、工程施工爆破作业的工业炸药,质量和性能均会对爆破的效果和安全性产生较大的影响。因此,为保证获得较好的爆破效果,选用的工业炸药应满足如下基本要求。

（1）具有较低的机械感度和适度的起爆感度,既能保证生产、储存、运输和使用过程中的安全,又能保证使用操作中方便、顺利地起爆。

（2）爆炸性能好,具有足够的爆炸威力,以满足不同矿岩的爆破需要。

（3）其组分配合比应达到零氧平衡或接近零氧平衡,以保证爆炸后有毒气体生成量少,同时炸药中应不含或少含有毒成分。

（4）有适当的稳定储存期,在规定的储存期内不应变质失效。

（5）原料来源广泛,价格便宜。

（6）加工工艺简单,操作安全。

对水泥原料矿山的开采爆破,常用允许在露天矿山使用的第二类或第三类工业硝铵类炸药和乳化炸药,如铵油炸药、膨化硝铵炸药、粉状乳化炸药和乳化炸药。几种炸药的优缺点比较见表 2.1-7。

表 2.1-7　常用硝铵、乳化炸药比较

种类	优点	缺点
铵油炸药	原料广泛,工艺简单,生产成本低	抗吸湿性较差,不具有雷管感度;不利于长期储存;爆速较低
膨化硝铵炸药	自敏化,生产效率高,具有雷管感度,成本低,使用方便	抗水性差,炸药密度较小,单位体积做功能力较低
粉状乳化炸药	有一定的抗水性和储存稳定性,具有雷管感度,粉尘爆炸危险性较小	生产成本较高,工艺复杂,安全性较差
乳化炸药	爆炸性能好,抗水性能强,安全性能好,加工工艺较简单,生产成本较低	内部间隙小,感度低,不能经受长距离运输

现场混装炸药车也在更多大型矿山开采的装药施工作业中应用,可以大大提高效率,降低炸药运输过程中的安全风险。起爆器材常用非电毫秒雷管、数码电子雷管、导爆索等。

随着技术进步,液化空气破岩技术也逐渐在水泥原料矿山的爆破施工中推广应用。

液化空气破岩技术的全称为超临界液化空气能（LAES）非补燃破岩，其优势十分明显。首先，将空气压缩并冷却至低温再使之膨胀就会得到一种神秘的淡蓝色液体"液态空气"，再以深冷的液化空气等为介质，利用其可迅速膨胀数倍的物理性传导到岩石或混凝土结构中实现破坏。其流程设备见图 2.1-21～图 2.1-24。爆破没有使用任何化工材料，做到了绿色低碳，使用可再生资源。其次，它的使用过程是低爆速、无振动或低振动的，有效地控制了砂石骨料的粉化率。最后，它属于新能源技术，无易制爆危险化学品，能量来源于空气释放，对环境没有污染。

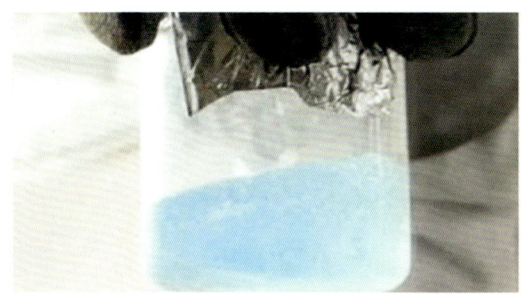

图 2.1-21　液态空气

图 2.1-22　投放储能罐

图 2.1-23　连网排气

图 2.1-24　释能爆破

3）铲装设备

铲装工作是指用采装机械从工作面将矿岩从整体中（中等硬度以下的矿岩）或自爆堆中将爆破成适当尺寸的矿岩装入运输工具，或直接卸放到一定地点的工作。它是露天开采全部生产过程的中心环节，其效率直接影响矿山生产能力、矿床开采强度及最终经济效益。

现代大型露天矿山使用的铲装设备主要有电铲（图 2.1-25）、液压挖掘机（图 2.1-26）和

图 2.1-25　电铲

轮式装载机(图 2.1-27)三种。电铲一直是大型和超大型露天矿山的主导铲装设备,但液压挖掘机和轮式装载机具有机动灵活、作业效率高、设备更新快、易于实现自动控制等特点。随着近代挖掘机和轮式装载机制造技术的进步,大斗容轮式装载机和液压挖掘机这两种铲装设备已经开始进入大型露天矿山市场。

图 2.1-26　液压挖掘机

图 2.1-27　装载机

常用挖掘机型号对比如表 2.1-8 所示。

表 2.1-8　常用挖掘机型号对比[1]

型号	铲斗容量/m³
XE35U(微型)	0.12
XE75G(小型)	0.32
XE75GH(小型)	0.35
XE155GA(中型)	0.32~0.72
XE200GH(中型)	1
XE310GA(中型)	1.6~1.8
XE335GK(中型)	1.6~1.9
XE420GX(大型)	2.2
XE700GK(大型)	4.5/5.0
XE480WGM(轮式抓料机)	1~3.5

2.1.3.3　原料运输

石灰质原料和黏土质原料经开采后便经运输进入下一道生产工序。根据运距、地形、生产规模等的不同,可采用不同的运输方式,主要有公路、铁路、斜坡卷扬道、平硐溜井(槽)、带式输送机道及联合运输等。具体选择何种运输方式应进行综合比较,选择既

---

[1]该型号数据来源于中国路面机械网(www.lmjx.net),挖掘机品牌为徐工挖掘机。

经济又实用的运输方式。常见的几种运输方式及适用条件如表 2.1-9 所示。

表 2.1-9 石灰石常用运输方式和适用条件

道路和通路	主要运输方式	适用条件	主要特征
公路	自卸汽车运输（图 2.1-28）	1.运距不长的石灰石矿（运距不大于 3 km,小矿可适当延长）； 2.运距较长的辅助原料矿山； 3.地形和矿体产状复杂或零星分布的矿山； 4.小尺寸的深凹露天矿； 5.陡帮开采的矿山； 6.外部采购的各种原料	1.线路工程量小,施工快,投资较省； 2.有利于分采分运； 3.便于发挥挖掘机效率； 4.便于采用高、近、分散的废石场； 5.有些深凹露天矿可减少剥离量； 6.运距长时成本较高； 7.汽车较多、维修量大、燃油消耗多
铁路	窄轨电机车（内燃机车）牵引侧卸矿车运输（图 2.1-29）	1.地形平坦、矿体产状简单的大中型水泥厂石灰石矿； 2.高差一般在±50 m 以内； 3.具有适于敷设铁路的地形和场地	1.运输量大、成本较低； 2.线路工程量大,施工期长,投资较高； 3.采场内和废石场上移道,工作量大； 4.经济运距较长
斜坡卷扬道（图 2.1-30）	斜坡矿车组	1.高差在 100 m 以内的中小型水泥厂石灰石矿； 2.斜坡道倾角 5°~20°	1.设备较简单； 2.斜坡道工程量较小,投资较省； 3.人工摘挂钩,劳动条件差,效率低
	斜坡台车	1.大中型水泥厂石灰石山坡或深凹露天矿,高差 100 m 及以上； 2.斜坡道倾角 20°~30°	1.设备较简单； 2.修筑斜坡道工程量小,投资较省； 3.上下台车工作麻烦,效率较低
	斜坡箕斗	1.大中型水泥厂石灰石山坡或深凹露天矿,高差 100 m 及以上； 2.斜坡道倾角 10°~25°； 3.因工程地质差,不适于开凿溜井(槽)的山坡矿	1.可大大缩短运距,减少运输设备； 2.采场内多用汽车运输,具有转载工序,生产较复杂； 3.降段麻烦

道路和通路	主要运输方式	适用条件	主要特征
平硐溜井	采场内自卸汽车,下部窄轨电机车或破碎后带式输送机	1.大中型水泥厂石灰石矿; 2.高差大于 100 m 的山坡矿床; 3.具有适用于开凿溜井(槽)的岩层	1.设备少,运距短,成本低; 2.采场内用汽车运输,机动性高; 3.需要开凿井巷,施工复杂
带式输送机道 (图 2.1-31)	挖掘(装载)机—破碎—带式输送机	1.特大型水泥厂石灰石矿; 2.矿石质量稳定; 3.采场尺寸大,地形比较规整; 4.矿山服务年限较长	1.规模越大,经济效益越好; 2.用人少、劳动生产效率高; 3.燃油消耗少; 4.降段较复杂
	挖掘(装载)机—汽车—破碎—带式输送机	1.特大型水泥厂石灰石矿; 2.允许多晶级矿石搭配开采; 3.矿山服务年限较长	1.规模越大,经济效益越好; 2.用人少、劳动生产效率高; 3.降段较复杂

图 2.1-28　自卸汽车运输

图 2.1-29　窄轨电机车(内燃机车)牵引侧卸矿车

图 2.1-30　斜坡卷扬道运输

图 2.1-31　带式输送机道运输

校正原料、其他辅助性原燃材料一般可根据运输距离、交通便利条件、经营费用等考虑采用铁路或公路运输进厂。

2.1.4　破碎工艺及破碎设备

破碎是用机械的方法减小物料粒度的过程。破碎比通常是由物料破碎前的最大粒度与破碎后的最大粒度的比值来确定的。过去破碎作业一般分为粗碎、中碎和细碎，随着破碎机破碎比的加大，现在基本不提及"中碎"这个概念，大多采用一段破碎。破碎机可以一次性将直径等于 1100 mm 甚至更大的石灰石破碎至直径小于 25 mm 的小块石灰石，这样可使破碎系统大幅简化，不仅减少资金投入和扬尘点，而且提高劳动生产率。

破碎工艺根据不同的破碎机理分为颚式、锤式、反击式、圆锥式、旋回式等形式。生产中根据要求的生产能力、破碎比、物料的物理性质（如块度、硬度、杂质含量与形状）和破碎设备特性来确定破碎机类型。不同类型破碎机原理见表 2.1-10。

表 2.1-10　不同类型破碎机原理

类别	颚式破碎机	锤式破碎机	反击式破碎机	圆锥式破碎机	旋回式破碎机
破碎比范围	3～5	10～50	10～50	3～6	5～10
破碎机理	挤压、摩擦	冲击、剪切	冲击、剪切	挤压、摩擦	挤压、劈裂

2.1.4.1　颚式破碎机

颚式破碎机在水泥生产线中被广泛应用，主要用来破碎石灰石、铁矿石、石膏和大块熟料等，其结构如图 2.1-32 所示。活动颚板在偏心轴带动下，有规律地做往复运动，物料在固定颚板和活动颚板之间被挤压破碎。大块物料由进料口喂入，破碎后的小块物料由出料口排出。颚式破碎机有粗碎和细碎之分，其规格按进料口的长宽尺寸来表示，最大入料粒度为进料口宽度的 0.85，如进料口宽度为 250 mm 的最大入料粒度约为 210 mm。当生料磨为立磨时，出料粒度一般为 75 mm，占比 90%。

颚式破碎机的优点是：构造简单，制造维护容易，机体坚固，能破碎高强度的矿石，进料口大，能装大料块。其缺点是：破碎比不大，粗碎式颚式破碎机出料粒度不能满足入磨要求；片状岩石不宜用颚式破碎机进行破碎；运转时呈往复运动，效率较低；当破碎湿的和可塑性的物料时，出料口容易堵塞。

水泥矿山原料破碎工艺中，由于颚式破碎机出料很难直接达到生料磨入料要求，因此如果选择颚式破碎机，一般设计成两段破碎的破碎工艺，二段破碎搭配圆锥式破碎机或反击式破碎机进行。

部分颚式破碎机型号及其生产能力如表 2.1-11 所示。

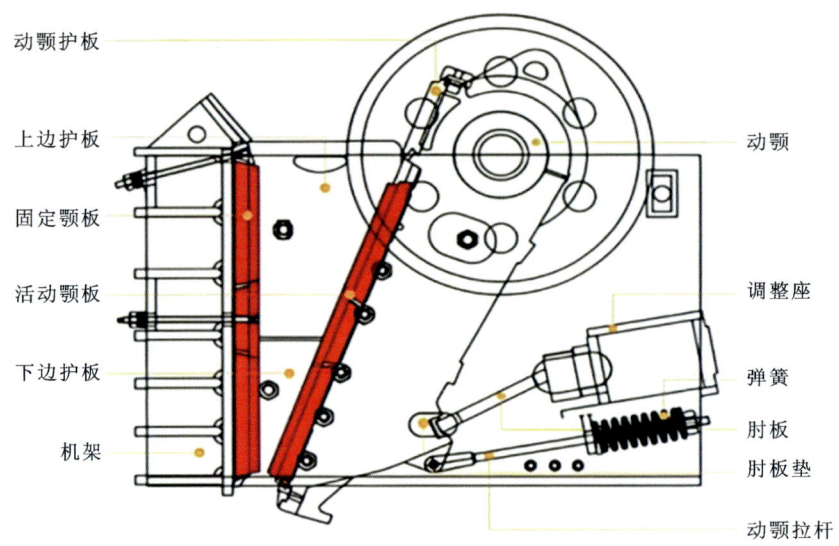

图 2.1-32　颚式破碎机结构图

表 2.1-11　部分颚式破碎机型号及其生产能力

类型	名称及规格	给料口尺寸 $B \times L$(mm×mm)	最大入料粒度 D_{max}/mm	排料口调整范围 /mm	生产能力 /(t/h)
简摆式	PJ900×1200	900×1200	650	150～180	140～180
	PJ1200×1500	1200×1500	850	130～180	170
	PJ1500×2100	1500×2100	1100	170～220	460～600
	JC4060	400×600	340	35～100	20～70
复摆式	PE400×600	400×600	350	40～160	17～115
	PE-600A	600×900	500	75～200	56～192
	PE-900	900×1200	750	100～200	150～300
	PE250×400(移动式)	250×400	180	20～80	5～20

2.1.4.2　锤式破碎机

　　水泥工业中广泛地采用锤式破碎机来破碎石灰石、泥灰岩、熟料和煤块等。锤式破碎机可分为单转子和双转子两种类型。单转子锤式破碎机构造和工作原理如图 2.1-33 所示。

　　工作时,主轴被皮带轮上皮带拖着转动,离心力作用将自由悬挂的锤头沿着十字头旋转的方向抛出,进到弧形篦条上的料块被通过篦条间的锤头猛烈冲击破碎后从弧形篦

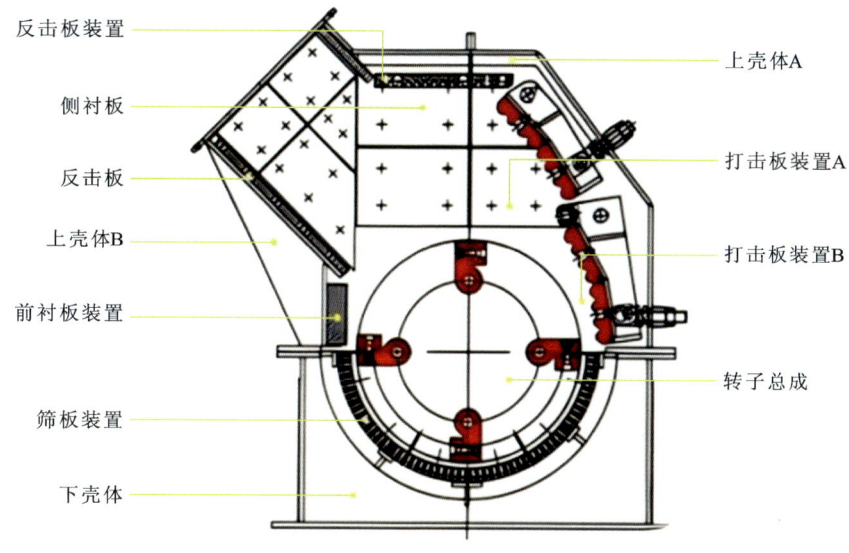

反击板装置

侧衬板

反击板

上壳体B

前衬板装置

筛板装置

下壳体

上壳体A

打击板装置A

打击板装置B

转子总成

图 2.1-33　单转子锤式破碎机

条间落下,在降落过程中再被高速旋转的锤头破碎,落到三角形篦条上。小于篦条空隙的碎粒被排出机体,大于篦条空隙的大颗粒继续受到破碎,料块在弧形篦条上只受到锤头旋转的冲击力,而在三角形篦条上还受到锤头打击和研磨作用。出料粒度则借助于三角形篦条间的空隙宽度及篦条工作面和锤头端面间的距离来调节。

　　双转子锤式破碎机(图 2.1-34)的工作原理与单转子锤式破碎机的工作原理相似。与单转子单段锤式破碎机不同的是,双转子锤式破碎机有两个相向转动的转子和一个位于两个转子之间的承击砧。它具有其他单段锤式破碎机的主要特点,并且由于破碎主要发生在两个转子之间,黏湿的物料附着在固定腔壁的机会大大减少,同时配用整体铸造的篦子板对物料的适应性更强,可以用来破碎石灰石和黏土的混合物料,黏土的掺入量可以达到 20%,且不堵塞。

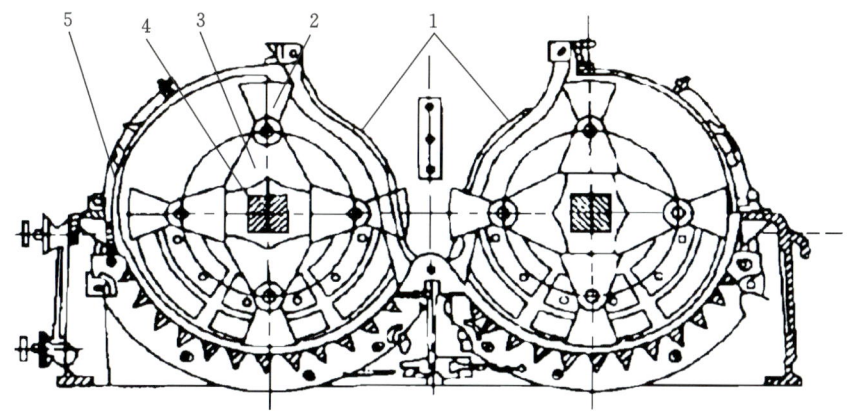

图 2.1-34　双转子锤式破碎机

1—篦子调节装置;2—承击砧;3—排料篦子;4—壳体;5—转子

中国能建葛洲坝水泥公司原料矿山的破碎系统全部采用的是锤式破碎机系统,其常用锤式破碎机参数见表 2.1-12。

表 2.1-12 部分锤式破碎机规格及产量

型号	转子直径×长度 /(mm×mm)	最大入料粒度 /mm	出料粒度 /mm	生产能力 /(t/h)	锤头个数
单转子	400×600	100	10	12~15	20
单转子	600×800	100	10	18~24	36
单转子	800×1000	80	15	20~50	48
单转子	1300×1200	250	<19	200	27
单转子	1600×1600	350	<20	350	40

注:双转子相当于2个单转子尺寸,台产相当于2倍单转子台产。在实际应用中,根据不同厂家、不同原材料,该参数会有所变化。

锤式破碎机的优点是:生产能力大,破碎比高,最大可达 70;构造简单,机体小,产品粒度均匀,零件易检修、拆换。其缺点是:锤头、篦条、衬板磨损快;工作时产生的粉尘大;不适合破碎潮湿及黏性物料,当破碎水分大或破碎黏性物料时,产量会大大下降,且易堵塞出料口。

2.1.4.3 反击式破碎机

反击式破碎机在水泥工业中被广泛采用,它适用于破碎石灰石等脆性物料,是一种高效率的破碎设备。反击式破碎机如图 2.1-35 所示,它的破碎过程是:物料经装料口处的导板(或称筛板)落在转子上,物料被高速旋转的转子上的打击板打到上面悬挂的反击板上,从反击板上掉下来的物料与转子陆续打击上去的物料互相冲击,如此,物料在转子、导板、反击板及链幕所组成的破碎空间内做反复强烈的碰撞和冲击而被破碎。破碎后的成品由出料口排出。出料粒度的大小靠上下调节反击板尾部的螺栓来控制。

反击式破碎机利用冲击原理,通过回转板锤击打硬脆性矿石,如粉砂岩、砂岩、花岗岩、玄武岩等,使之破碎,或通过各反击板的进一步碰撞而破碎。破碎比较大,多适用于骨料生产。其特点为:对高磨蚀性物料有较好的适应性;板锤可换边使用,材质多样化;坚固、刚性转子,两道反击板+研磨板,优化破碎效果。

部分反击式破碎机型号及产能如表 2.1-13 所示。

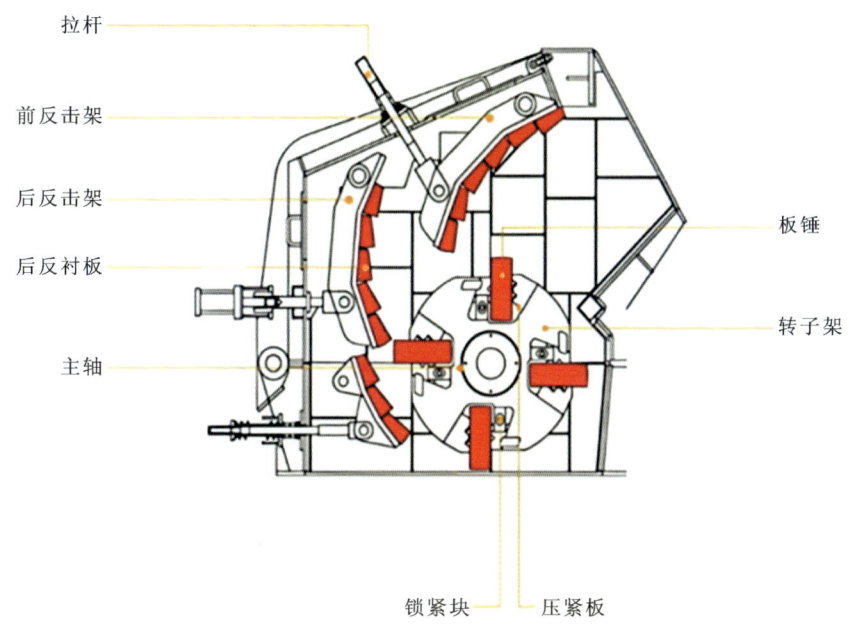

拉杆

前反击架

后反击架

后反衬板

主轴

板锤

转子架

锁紧块 压紧板

图 2.1-35 反击式破碎机

表 2.1-13 部分反击式破碎机型号及产能

型号	转子直径×长度 /(mm×mm)	入料粒度 /(mm×mm×mm)	出料粒度 /mm	生产能力 /(t/h)	锤头个数
DPC14.12	1420×1194	500×500×800	90%不大于25	80～150	28
DPC16.16	1650×1630	800×800×900	90%不大于25	150～200	32
DPC18.18	1850×1730	800×800×1000	90%不大于25	240～400	40
DPC20.18	2018×1802	1000×1000×1000	90%不大于25	350～450	40
DPC20.22	2018×2227	1000×1000×1200	90%不大于25	400～600	50
DLPC20.22-1	2018×2227	1000×1000×1500	90%不大于25	600～800	50

2.1.4.4 圆锥式破碎机

圆锥式破碎机采用挤压原理工作,多用于多段破碎系统的二破,物料通过给料斗进入由动锥衬板和定锥衬板组成的破碎腔。电动机通过水平轴和一对伞齿轮带动偏心轴套旋转,破碎圆锥轴心线在偏心轴套的带动下摆动,使得动锥衬板表面时而靠近又时而离开定锥衬板的表面,从而使进入破碎腔内的物料在破碎腔内不断地受到挤压和弯曲而被破碎。

需要特别指出的是,只有满腔破碎时,才能实现物料与物料间的层压破碎原理。采用挤满给料方式产量更大，产品粒度更细、更均匀，能耗明显降低。圆锥式破碎机如图 2.1-36 所示。

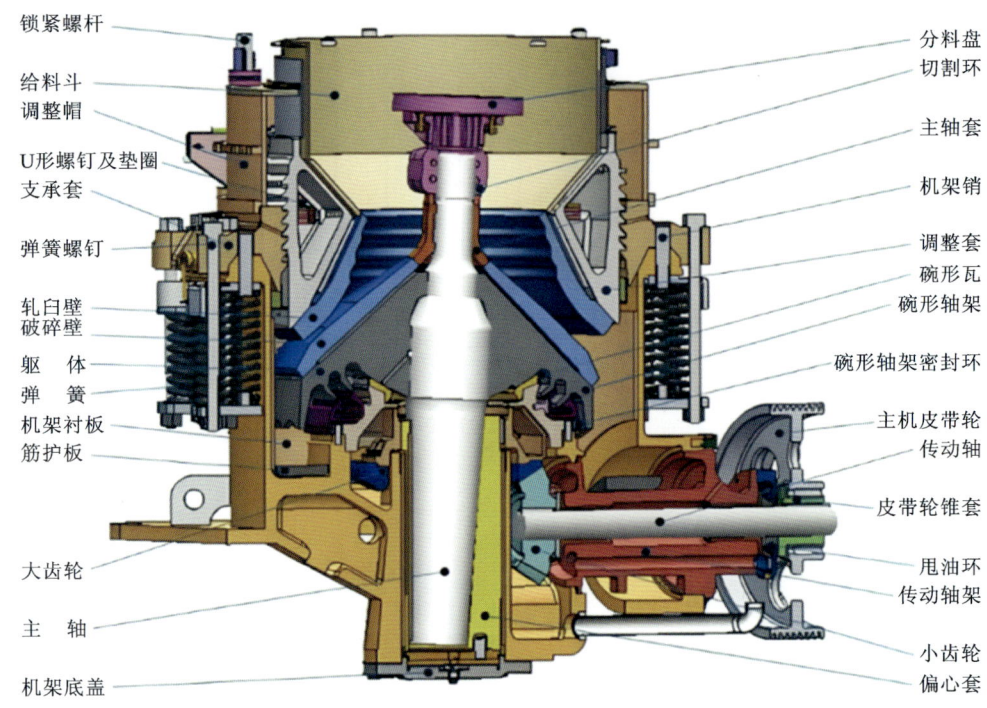

锁紧螺杆
给料斗
调整帽
U形螺钉及垫圈
支承套
弹簧螺钉
轧臼壁
破碎壁
躯体
弹簧
机架衬板
筋护板
大齿轮
主轴
机架底盖

分料盘
切割环
主轴套
机架销
调整套
碗形瓦
碗形轴架
碗形轴架密封环
主机皮带轮
传动轴
皮带轮锥套
甩油环
传动轴架
小齿轮
偏心套

图 2.1-36　圆锥式破碎机

部分液压圆锥式破碎机规格及产能如表 2.1-14 所示。

表 2.1-14　部分液压圆锥式破碎机规格及产能

名称及规格	给料口尺寸 B/mm	破碎大端直径 e/mm	最大入料粒度 D_{max}/mm	生产能力 /(t/h)
PYY-900/135	135	900	115	40～100
PYY-900/75	75	900	65	17～55
PYY-900/60	60	900	50	15～50
PYY-1200/150	150	1200	130	45～120
PYY-1200/190	190	1200	160	90～200
PYY-1750/250	250	1750	215	280～480
PYY-1850/315	315	1850	270	315～580
PYY-2200/350	350	2200	300	450～900
PYY-3000/415	415	3000	350	980～1680

2.1.4.5　旋回式破碎机

　　旋回式破碎机是指利用破碎锥在壳体内锥腔中的旋回运动,对物料产生挤压、劈裂、弯曲作用,粗碎各种硬度的矿石或岩石的大型破碎机械。旋回式破碎机的结构和工作原理如图 2.1-37 所示。这种破碎机的主要部分是固定锥体和安装于主轴上的做偏心旋转的活动锥体,主轴悬挂于上部横梁上。主轴的下端插入偏心轴套的偏心孔中,伞形齿轮带动偏心轴套旋转,引起活动锥体做旋回运动。

　　主轴与垂直中心线的夹角是 2°～3°,安装于主轴上的活动锥体靠近固定锥体,物料在固定锥体和偏心旋转的活动锥体之间受挤压作用而被破碎。

　　在水泥工业中,旋回式破碎机用于粗碎或中碎石灰石等硬质物料。它与颚式破碎机比较有以

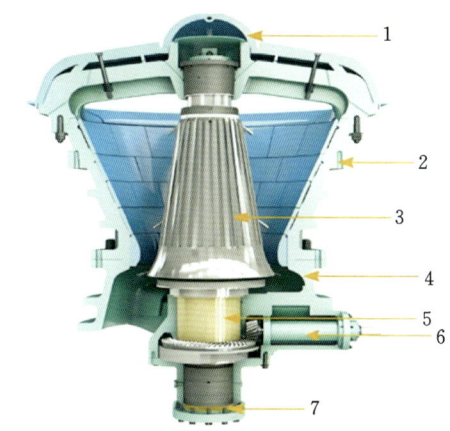

图 2.1-37　旋回式破碎机示意图
1—上机架;2—中机架;3—动锥部件;4—下机架;
5—偏心部件;6—传动部;7—液压部

下优点:①旋回式破碎机的破碎内锥做回转运动,其破碎作业是连续的,而颚式破碎机是间歇作业,所以旋回式一般比颚式的破碎效率高,即产量较高而单位电耗较低;②成品粒度均匀;③对于片状石灰石,旋回式破碎机较适用。

　　部分旋回式破碎机型号及生产能力如表 2.1-15 所示。

表 2.1-15　部分旋回式破碎机型号及生产能力

名称及规格	给料口尺寸 B/mm	出料口宽度 e/mm	最大入料粒度 D_{max}/mm	生产能力 /(t/h)
500/75 旋回	500	75	400	170
900/150 旋回	900	150	750	500
1200/180 旋回	1200	180	1000	1000
1500/300 旋回	1500	300	1200	3700
500/60 液压旋回	500	60	420	140～170
700/100 液压旋回	700	100	580	310～400
900/100 液压旋回	900	100	750	380～700
900/130 液压旋回	900	130	750	500
1200/160 液压旋回	1200	160	1000	1200～1720
1400/220 液压旋回	1400	220	1200	1750～2060

旋回式破碎机的缺点是：①旋回式比颚式允许的入料粒度小，这是水泥厂广泛采用颚式破碎机的主要原因；②构造复杂，需要精密加工零件，重要零件不易检修，磨损零件较多。

旋回式破碎系统一般均要设置成两段破碎——旋回式破碎机＋圆锥式破碎机或反击式破碎机，二破之前可以增加预筛分系统，以减小二破的设备选型参数，根据原料情况，也可考虑一破之前增加预筛分，从而减小一破的型号参数，以减少投资成本。基本原则是满足下一工序要求的原料能提前筛除的，尽可能预先筛分出来，减少进入破碎机的不合格料，从而延长破碎机易损件的寿命，减少运行维护成本。

▶▶▶ 2.2 生料制备与均化

2.2.1 生料配料

2.2.1.1 配料的基础知识

根据水泥品种、原材料的物理化学性质与具体生产条件确定所用原料的配合比，以得到煅烧水泥熟料所要求的适当成分的生料，称为生料的配料。在学习配料计算之前，需要了解以下基本知识。

1. 硅酸盐水泥熟料的率值

主要成分为 CaO、SiO_2、Al_2O_3、Fe_2O_3 的原料，按适当比例磨成细粉烧至部分熔融所得的以硅酸钙为主要矿物成分的水硬性胶凝物质称为硅酸盐水泥熟料，硅酸盐水泥熟料中各氧化物之间的比例关系的系数称作率值。

硅酸盐水泥熟料中各氧化物并非以独立状态存在，而是由各种氧化物化合成的多矿物集合体。因此，在水泥生产中不仅要控制各氧化物含量，还应控制各氧化物之间的比例，即率值。

在一定工艺条件下，率值是质量控制的基本要素，因此，国内外水泥厂都将率值作为生产的主要控制指标，这其中主要采用石灰饱和系数（KH）、硅率（SM）、铝率（IM）三个率值。

1）石灰饱和系数

石灰饱和系数象征熟料中全部氧化硅生成硅酸钙所需的氧化钙含量与氧化硅生成硅酸三钙（C_3S）所需氧化钙最大含量的比值，即表示熟料中氧化硅被氧化钙饱和形成硅酸三钙的程度。

一般水泥企业生产的熟料中 $f\text{-}SiO_2$ 和 SO_3 含量很少，再略去游离氧化钙（$f\text{-}CaO$），石灰饱和系数的表达式一般简化为：

$$KH = \frac{w(CaO) - [1.65w(Al_2O_3) + 0.35w(Fe_2O_3)]}{2.8w(SiO_2)} \qquad (2.2\text{-}1)$$

KH=1 时，熟料中硅酸盐矿物全部为 C_3S；KH=2/3≈0.667 时，硅酸盐矿物全部为硅酸二钙(C_2S)，故 KH 值应介于 0.667～1。KH 值大，C_3S 含量多，有利于提高水泥质量，但煅烧困难，热耗高，易产生 f-CaO。KH 值小，则 C_2S 含量多，易烧性好，水化热低，但水泥凝结硬化慢，早期强度低。为保证熟料质量，同时不出现过量 f-CaO，通常将 KH 值控制在 0.85～0.96。

2）硅率

硅率象征水泥熟料中 SiO_2 与 Al_2O_3、Fe_2O_3 之和的比值，也表示熟料中硅酸盐矿物与熔剂矿物的比值，常用 n 或 SM 表示。

$$SM = \frac{w(SiO_2)}{w(Al_2O_3 + Fe_2O_3)} \tag{2.2-2}$$

硅率高，硅酸盐矿物含量多，熟料质量高，但烧成困难；硅率低，液相量多，易烧性好，但熔剂矿物含量高，硅酸盐矿物含量减少，会降低熟料强度，硅率过低时易结大块。硅酸盐水泥熟料的硅率值应控制在 1.7～2.7。

3）铝率

铝率象征熟料中氧化铝和氧化铁之比，也表示熟料熔剂矿物中铝酸三钙(C_3A)与铁铝酸四钙(C_4AF)的比例，用 p 或 IM 表示。

$$IM = \frac{w(Al_2O_3)}{w(Fe_2O_3)} \tag{2.2-3}$$

IM 值的大小，一方面关系到熟料水化速度的快慢，另一方面关系到熟料液相的黏度，从而影响熟料煅烧的难易。铝率高，C_3A 含量高，C_4AF 含量降低，水泥趋于早凝早强，但液相黏度大，不利于 C_3S 形成；铝率低，C_3A 含量低，C_4AF 含量提高，水泥趋于缓凝，早强低，煅烧时液相黏度小，有利于 C_3S 形成，但铝率过低时易结大块。硅酸盐水泥熟料的铝率值应控制在 0.9～1.7。

4）石灰饱和率

在国外，尤其是欧美国家经常使用石灰饱和率(LSF)来作为生产控制参数之一，用于限制水泥中的最大石灰含量，其表达式为：

$$LSF = \frac{100w(CaO)}{2.8w(SiO_2) + 1.18w(Al_2O_3) - 0.65w(Fe_2O_3)} \tag{2.2-4}$$

LSF 的含义是熟料中 CaO 的含量与全部酸性组分需要结合的 CaO 含量之比，一般 LSF 高，水泥强度也高。硅酸盐水泥熟料的 LSF 值在 66～102 波动，一般控制在 85～95。

影响熟料组成制定的因素很多，一个合理的配料方案既要考虑熟料质量，也要考虑物料的易烧性；既要考虑各率值或矿物组成的绝对值，又要考虑它们之间的相互关系。原则上，三个率值不能同时偏高或偏低。不同窑型硅酸盐水泥熟料各率值的参考范围如表 2.2-1 所示。

表 2.2-1　不同窑型硅酸盐水泥熟料率值的参考范围

窑型	KH	SM	IM	单位熟料热耗/(kJ·kg^{-1})
预分解窑	0.88～0.92	2.4～2.8	1.4～1.9	2920～3750
湿法长窑	0.88～0.91	1.8～2.4	1.1～1.7	5833～6667
干法窑	0.86～0.89	2.0～2.4	1.0～1.6	5850～7520
立波尔窑	0.85～0.88	1.9～2.3	1.0～1.8	4000～5850
立窑(无矿化剂)	0.88～0.92	1.9～2.2	1.1～1.4	4200～5430
立窑(掺复合矿化剂)	0.92～0.97	1.7～2.2	1.1～1.7	3750～5000

注：现在主流生产方式的预分解窑熟料热耗基本为 2920～3200 kJ/kg。

2. 配料的基本概念

熟料组成确定后，即可根据所用原料进行配料计算，求出符合熟料组成要求的原料配合比。配料计算的依据是物料平衡，即反应物的量应等于生成物的量。

1）全黑生料、半黑生料、白生料

在制备生料时，把全部煤与原料一起粉磨而得到的生料，称为全黑生料；只把一部分煤与原料一起粉磨（其余的煤在煅烧时再加到生料中）而得到的生料称为半黑生料；不含煤的生料称为白生料（煤通过喷煤管自窑头、窑尾加入）。全黑生料、半黑生料仅在立窑生产时采用，新型干法水泥生产全部采用白生料。

2）干燥基

物料烘干后，处于干燥状态，以物料干燥状态的质量为计算单位时，称为干燥基。生料配合比及原料的化学成分通常以干燥基表示。

3）灼烧基

去掉烧失量（结晶水、二氧化碳及挥发物质等）以后，生料处于灼烧状态，以灼烧状态的质量为计算单位时，称为灼烧基。如果不考虑生产损失，则有以下关系：

灼烧全黑生料的质量＝熟料的质量

灼烧半黑生料（或白生料）的质量＋掺入熟料的煤灰的质量＝熟料的质量

生料配料计算方法繁多，有代数法、图解法、尝试误差法（包括递减试凑法和累加试凑法）、矿物组成法、最小二乘法等。随着科学技术的发展，计算机的应用已逐渐普及到各个领域，当前开发并推广使用的水泥厂化验室专家系统中已配置有成熟的智能化配料计算程序。

2.2.1.2　配料方案的设计

配料方案的设计，要考虑原料、燃料的质量，水泥品种及具体的生产工艺流程，保证优质、高产、低消耗生产水泥熟料。合理的配料方案既是工厂设计的依据,又是正常生产的保证。

1. 配料依据

1)原料质量

原料的质量对熟料组成的选择有较大的影响。如石灰石品位低,而黏土氧化硅含量不高,就无法提高 KH 值和 SM 值。如石灰石中含燧石多,黏土中含砂多,生料易烧性差,就要适当降低 KH 值以适应原料的实际情况。生料易烧性好,可以选择高 KH 值、高 SM 值的配料方案。

2)燃料质量

燃料的质量对煅烧熟料所需的煅烧温度和保温时间有很大的影响。煤燃烧后的灰分几乎全部掺入熟料中,直接影响熟料的成分和性质。因此,煤质好、灰分小,可适当提高熟料的 KH 值。若煤质差、灰分高,应相应降低熟料的 KH 值。当煤质变化较大时,可通过进行煤的预均化平衡煤的成分。

3)生料质量

生料细度、化学成分、均匀性对熟料的煅烧和质量有很大影响。若生料细度大、均匀性差,不利于固相反应的进行,则 KH 值不宜过高。若生料细度小,原料预均化较好,则可适当提高 KH 值。

4)水泥品种

水泥品种不同,对熟料矿物组成的要求也不同。如生产低热水泥时,应适当降低熟料中发热量较高的 C_3S 和 C_3A 的含量,相应提高 C_2S 和 C_4AF 的含量。生产快硬硅酸盐水泥时,需适当提高早期强度较高的 C_3A 和 C_3S 的含量。

5)生产工艺

物料在不同类型窑内的受热情况和煅烧过程也有一定差别,率值的选择应有所不同。窑外分解窑,由于物料预热好,热工制度稳定,一般考虑采取中 KH 值、高 SM 值、高 IM 值的配料方案。一般回转窑,由于物料不断翻滚,受热均匀,煤灰掺入均匀,配料可选用较高的 KH 值。立窑由于通风、煅烧均匀度差,因此 KH 值、SM 值应适当降低。

2. 熟料率值的选择

上一小节已简单介绍了熟料三率值的概念及其各自影响,下面对生产中三率值的搭配和选择思路做进一步介绍。

1)KH 值的选择

生产工艺先进,入窑生料均匀稳定,看火操作水平高,燃料稳定或使用了矿化剂,KH 值可高些;反之,KH 值应适当降低。适当提高 KH 值,熟料中的 C_3S 含量也可适当增加。但 KH 值过高,往往使 f-CaO 含量偏高,造成安定性不良,熟料质量反而下降。最佳的 KH 值可根据生产经验综合考虑熟料的煅烧难易程度和熟料质量等确定。

2）选择与 KH 值相适应的 SM 值

为使熟料有较高的强度,选择 SM 值时,既要保持一定数量的硅酸盐矿物,又必须与 KH 值相适应。一般应避免以下几种情况。

（1）KH 值高,SM 值偏高。熟料中硅酸盐矿物含量高,熔剂矿物含量必然少,生料易烧性差,易造成熟料中 f-CaO 偏高,熟料质量差。

（2）KH 值低,SM 值偏高。熟料中 C_3S 含量低,C_2S 含量高,熟料强度不高,易造成熟料发生"粉化"现象。

（3）KH 值低,SM 值也偏低。熟料中硅酸盐矿物含量少,熔剂矿物含量高,熟料强度低。烧成时由于液相量太多,易结皮、结大块,物料不易烧透,f-CaO 含量还是高。

3）IM 值的选择

在选择 IM 值时,也要与 KH 值相适应。一般情况下,当提高 KH 值时,要相应地降低 IM 值,即提高 C_4AF 的含量,有利于 C_3S 的形成。

（1）高铝配料方案。

熟料中 C_3A 含量高,熟料早期强度高。C_3A 含量高,会使液相黏度增加,不利于 C_3S 的形成。但液相黏度的增加,可使立窑底火结实稳定,不易破裂,不易产生风洞、呲火等现象。对于煤的热值较高、风机的风压较大、操作水平较高的机立窑厂,可采用高铝配料方案。

（2）高铁配料方案。

熟料中 C_4AF 含量较高,可降低液相出现的温度和液相黏度,有利于 C_3S 的形成,提高熟料强度。但烧成范围窄,易结大块。对于立窑而言,底火较脆弱。当煤质较差,KH 值又较高时,宜采用高铁配料方案。

4）矿化剂

配料时是否采用矿化剂,对率值的选择影响很大。使用矿化剂,KH 值可略取高些。新型干法水泥企业使用较多的是萤石-石膏复合矿化剂。各企业应根据原燃材料的特点,确定适宜的氟硫比,一般 CaF_2 与 SO_3 比值控制在 $0.4 \sim 0.6$ 比较合适。

2.2.1.3　配料计算

（1）熟料中煤耗的计算。

$$P = \frac{Q}{Q_{\text{net,ar}}} \tag{2.2-5}$$

式中:P——熟料煤耗,kg 煤/kg 熟料;

Q——熟料热耗,kJ/kg 熟料;

$Q_{\text{net,ar}}$——煤的收到基低位发热量,kJ/kg 煤。

（2）熟料中煤灰掺入量的计算。

$$q = \frac{P \cdot A_{ar} \cdot B}{100} = \frac{Q \cdot A_{ar} \cdot B}{Q_{net,ar} \times 100} \qquad (2.2\text{-}6)$$

式中：q——熟料中煤灰掺入量，kg 煤灰/100 kg 熟料；

$\quad Q$——熟料热耗，kJ/kg 熟料；

$\quad Q_{net,ar}$——煤的收到基低位发热量，kJ/kg 煤；

$\quad A_{ar}$——煤的收到基灰分含量；

$\quad B$——煤灰分沉降率；

$\quad P$——熟料煤耗，kg 煤/kg 熟料。

说明：水泥厂煤的分析资料为分析基数据，但计算过程需要的是收到基数据，故应将分析基 A_{ad}、$Q_{net,ad}$ 分别换算成收到基 A_{ar}、$Q_{net,ar}$ 数据，其换算公式是：

$$A_{ar} = A_{ad} \times \frac{100 - M_{ar}}{100 - M_{ad}} \qquad (2.2\text{-}7)$$

$$Q_{net,ar} = Q_{net,ad} \times \frac{100 - M_{ar}}{100 - M_{ad}} - 25.09\left(M_{ar} - M_{ad} \times \frac{100 - M_{ar}}{100 - M_{ad}}\right) \qquad (2.2\text{-}8)$$

配料计算时，若无 M_{ar}（收到基水分）数据，也可用 A_{ad}、$Q_{net,ad}$ 计算熟料中煤灰掺入量，其计算结果与利用 A_{ar}、$Q_{net,ar}$ 计算结果相比有一定的误差，但误差在配料计算的误差范围之内。煤灰分沉降率 B 与窑型有关，其值如表 2.2-2 所示。

表 2.2-2　不同窑型的煤灰分沉降率 B（%）

窑型	无电收尘器	有收尘器
干法短窑带立筒、旋风预热器	90	100
预分解窑	90	100
立波尔窑	80	100
立窑	100	100

（3）理论料耗的计算。

① 白生料煅烧工艺的理论料耗。

$$S = \frac{1 - 熟料中煤灰掺入量（\%）}{1 - 白生料烧失量（\%）} = \frac{1 - q}{1 - L_白}（\text{kg 白生料/kg 熟料}） \qquad (2.2\text{-}9)$$

② 全黑生料煅烧工艺的理论料耗。

$$S = \frac{1}{1 - L_黑}（\text{kg 全黑生料/kg 熟料}） \qquad (2.2\text{-}10)$$

③ 立窑半黑生料煅烧工艺的理论料耗。

$$S = \frac{1 - q_{半黑}}{1 - L_{半黑}}（\text{kg 半黑生料/kg 熟料}） \qquad (2.2\text{-}11)$$

式中：$q_{半黑}$——外加煤掺入熟料中的煤灰百分含量，%。

$$q_{半黑} = \frac{外加煤掺入量}{总掺入量} \times 熟料中煤灰掺入百分数 \qquad (2.2\text{-}12)$$

（4）实际料耗的计算。

$$实际料耗 = 理论料耗 \times \frac{1}{1-生料水分（\%）} \times \frac{1}{1-生产损失（\%）} \qquad (2.2\text{-}13)$$

（5）生料掺煤量的计算。

$$p_1 = \frac{100p}{S} \qquad (2.2\text{-}14)$$

式中：p_1——生料掺煤量，kg 煤/100 kg 生料；

     p——熟料煤耗，kg 煤/kg 熟料；

     S——理论料耗，kg 生料/kg 熟料。

（6）物料平衡与基准的换算。

不考虑生产损失时，其计算及换算的关系如下：

$$干石灰石 + 干黏土 + 干铁粉 + 其他干基物料 = 干白生料$$

$$灼烧生料 + 掺入生料中的煤灰 = 熟料$$

$$灼烧基成分 = 干燥基成分 \times \frac{100}{100-L} \qquad (2.2\text{-}15)$$

$$灼烧基用量 = \frac{(100-L) \times 干基用量}{100} \qquad (2.2\text{-}16)$$

$$干基用量 = \frac{100 \times 灼烧基用量}{100-L} \qquad (2.2\text{-}17)$$

$$干基用量 = 湿基用量 \times \frac{100-M}{100} \qquad (2.2\text{-}18)$$

$$湿基用量 = 干基用量 \times \frac{100}{100-M} \qquad (2.2\text{-}19)$$

式中：L——物料烧失量；

     M——物料水分。

2.2.1.4 尝试拼凑法

该方法是先假定原料配合比，计算熟料矿物组成及率值，若计算结果不符合要求，则尝试调整原料配合比，再进行计算，直至计算结果符合要求为止。下面以白生料配料的计算为例，详细说明尝试拼凑法的计算过程。

1. 计算步骤

（1）列出各原料、燃料的化学成分及煤的工业分析结果。

（2）确定熟料矿物组成或率值。

（3）计算煤灰掺入量。

（4）假设干基原料配合比，计算生料、灼烧生料、熟料化学成分。

（5）验算熟料率值并与确定值进行比较。

（6）如率值不符合要求，重复调整配合比计算，直至率值符合要求为止。

（7）将干燥原料配合比换算为湿原料配合比。

2. 白生料配料计算实例

例1 某厂原燃料的有关分析数据如表 2.2-3、表 2.2-4 及表 2.2-5 所示；率值要求为 $KH=0.92\pm0.01$，$SM=2.2\pm0.1$，$IM=1.3\pm0.1$；熟料的热耗为 4215 kJ/kg 熟料；煤灰分沉降率为 100%，应用尝试拼凑法计算白生料的配合比。

表 2.2-3 原料与煤灰的化学成分

原料名称	烧失量	SiO_2	Al_2O_3	Fe_2O_3	CaO	MgO	其他	总和
石灰石	38.78	5.63	1.70	0.58	50.86	0.48	1.97	100
黏土	6.81	66.84	14.19	2.72	2.58	3.33	3.53	100
校正原料	2.56	84.68	3.75	1.65	1.50	2.50	3.36	100
铁粉	8.97	7.47	19.21	57.99	0.69	0.60	5.07	100
煤灰	—	54.89	30.48	5.73	4.98	0.89	3.03	100

表 2.2-4 煤的工业成分分析

M_{ad}	A_{ad}	V_{ad}	F_{ad}	$Q_{net,ad}$
0.83	14.21	31.19	53.76	23408 kJ/kg 煤

表 2.2-5 入磨物料的水分

名称	石灰石	黏土	校正原料	铁粉	煤
水分	1.25	5.10	4.10	21.20	2.0

白生料配料计算的步骤如下。

（1）计算煤灰掺入量 q。

$$q=\frac{Q\cdot A_{ar}\cdot B}{Q_{net,ar}\times100}\approx\frac{Q\cdot A_{ad}\cdot B}{Q_{net,ad}\times100}$$

$$=\frac{4215\times14.21\times100\%}{23408\times100}=2.56\%$$

（2）假设原料配合比，计算生料、灼烧生料、熟料化学成分。

假设原料配合比如下：石灰石为 85.60%；黏土为 5.71%；校正原料为 5.31%；铁粉为 3.38%。其计算结果列于表 2.2-6。

表 2.2-6 配料的计算结果（%）

原料名称	配合比	烧失量	SiO$_2$	Al$_2$O$_3$	Fe$_2$O$_3$	CaO	MgO	其他
石灰石	85.60	33.20	4.82	1.46	0.50	43.54	0.41	1.67
黏土	5.71	0.39	3.81	0.81	0.16	0.15	0.19	0.20
校正原料	5.31	0.14	4.49	0.20	0.09	0.08	0.13	0.18
铁粉	3.38	0.30	0.25	0.65	1.97	0.02	0.02	0.17
白生料	100.00	34.03	13.37	3.12	2.72	43.79	0.75	2.22
灼烧基生料[①]	100	—	20.27	4.72	4.11	66.37	1.14	3.39
灼烧生料	97.44[②]	—	19.75	4.60	4.00	64.67	1.11	3.31
煤灰	2.56	—	1.41	0.78	0.15	0.13	0.02	0.07
熟料[③]	100.00	—	21.16	5.38	4.15	64.80	1.13	3.38

注：①灼烧基生料成分 $= \dfrac{100}{100 - L_{白}} \times$ 白生料中各氧化物含量

例：灼烧基成分中 SiO$_2$ 的百分含量 $= \dfrac{100}{100 - 34.03} \times 13.37\% = 20.27\%$

②灼烧生料配合比 = 熟料量 - 掺入熟料中的煤灰量

$\qquad\qquad\qquad = 100\% - 2.56\% = 97.44\%$

③熟料成分 = 灼烧基配合比 × 灼烧基生料中各氧化物百分含量

$\qquad\qquad\quad$ + 煤灰成分中各氧化物百分含量 × 煤灰掺入量

例：熟料中 SiO$_2$ 的百分含量 $= 19.75\% + 1.41\% = 21.16\%$

（3）计算熟料率值。

$$KH = \frac{w(CaO) - 1.65w(Al_2O_3) - 0.35w(Fe_2O_3)}{2.8w(SiO_2)}$$

$$= \frac{64.80 - 1.65 \times 5.38 - 0.35 \times 4.15}{2.8 \times 21.16} = 0.92$$

$$SM = \frac{w(SiO_2)}{w(Al_2O_3) + w(Fe_2O_3)} = \frac{21.16}{5.38 + 4.15} = 2.22$$

$$IM = \frac{w(Al_2O_3)}{w(Fe_2O_3)} = \frac{5.38}{4.15} = 1.30$$

计算所得的三个率值均在要求范围内，配料计算成功，其原料的配合比如下：石灰石为 85.60%，黏土为 5.71%，校正原料为 5.31%，铁粉为 3.38%。如计算出的三个率值与设计值不符，需调整原料配合比，再进行计算，直至符合要求为止，在实际应用中往往利用计算机软件工具建立快捷计算表格进行快速推算。

（4）计算湿物料配合比。

$$湿物料量＝干物料量×\frac{100}{100-M}$$

$$湿石灰石＝85.60×\frac{100}{100-1.25}＝86.68（份）$$

$$湿黏土＝5.71×\frac{100}{100-5.10}＝6.02（份）$$

$$湿校正原料＝5.31×\frac{100}{100-4.10}＝5.54（份）$$

$$湿铁粉＝3.38×\frac{100}{100-21.20}＝4.29（份）$$

将质量比换算为百分比，其结果如下：

$$湿石灰石＝\frac{86.68}{86.68＋6.02＋5.54＋4.29}×100\%＝84.54\%$$

$$湿黏土＝\frac{6.02}{86.68＋6.02＋5.54＋4.29}×100\%＝5.87\%$$

$$湿校正原料＝\frac{5.54}{86.68＋6.02＋5.54＋4.29}×100\%＝5.40\%$$

$$湿铁粉＝\frac{4.29}{86.68＋6.02＋5.54＋4.29}×100\%＝4.18\%$$

2.2.2 生料粉磨

粉磨是将小块状（粒状）物料碎裂成细粉（直径 100 μm 以下）的过程。所谓生料粉磨，是将原料配比后粉磨成生料的工艺。适宜的粉磨流程及设备和合适的粉磨产品细度，对保证生料质量与产量、提高熟料质量与产量、降低单位产品电耗及提升操作管理便捷度等都具有十分重要的意义。

2.2.2.1 生料粉磨技术特点

随着新型干法水泥技术日趋完善，生料粉磨工艺得到了极大发展，其发展经历了两大阶段：第一阶段，20 世纪 50 年代至 70 年代，烘干兼粉碎钢球磨机发展阶段（包括风扫尾卸磨、中卸提升循环磨）；第二阶段，20 世纪 70 年代至今，辊式磨及辊压机粉磨工艺发展阶段。生料粉磨技术特点如下。

（1）原料的烘干和粉磨作业一体化，烘干兼粉碎磨机系统得到了广泛的应用，并且由于结构及材质方面的改进，辊式磨获得新的发展。20 世纪 90 年代中期以来，辊式磨及辊压机终粉磨已成为首选设备。

（2）磨机与新型高效的选粉、输送设备相匹配，组成各种新型干法闭路粉磨系统，以提高粉磨效率和粉磨设备的有效利用率。

（3）设备日趋大型化，设备和工艺流程简化，同窑的大型化相匹配。钢球磨机直径已达 5.5 m 以上,电机功率达 6500 kW 以上,台时产量 300 t 以上;辊式磨系列中磨盘直径已达 5 m 以上,电机功率达 5000 kW 以上,台时产量 500 t 以上。

（4）采用电子定量喂料秤、X 荧光分析仪或 γ 线分析仪、电子计算机自动调节系统,有效控制原料配料,使入窑生料成分稳定均齐。

（5）磨机系统操作自动化,应用自动调节回路及电子计算机控制生产,代替人工操作,力求生产稳定。

2.2.2.2 湿法与干法粉磨系统

随生产方法不同,生料粉磨流程可分为湿法和干法两大类,而无论是湿法还是干法,都有开路系统和闭路系统之分。湿法分为湿法开流生料管磨与湿法圈流生料管磨（带弧形筛）制备生料浆入库。当前新型干法水泥生产中为干法粉磨,干法生料粉磨圈流系统较多,常见的有风扫磨系统、尾卸提升循环磨系统、中卸提升循环磨系统、预破碎烘干系统以及立式磨系统。

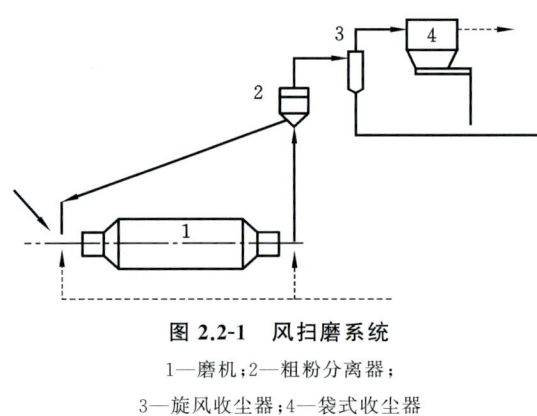

图 2.2-1　风扫磨系统
1—磨机;2—粗粉分离器;
3—旋风收尘器;4—袋式收尘器

目前部分水泥企业使用风扫磨（图 2.2-1）制备煤粉,热源来自窑头篦冷机,用来烘干水分含量 15% 以下的物料,主要借助气力提升料粉,磨内风速可高达 5 m/s,其喂料粒度一般宜小于 18 mm,大型风扫磨喂料粒度可达 25 mm。而尾卸提升循环磨（图 2.2-2）与风扫磨的基本区别在于入磨物料通过烘干仓到粉磨仓的尾端用机械方式卸出,用提升机送入选粉机分选,粗粉再回磨粉磨,烘干废气经磨尾抽出,通过分离器、收尘器排出。这种系统的烘干能力较差,热风从磨头供入,磨机的通风阻力较大。对于大型磨机,由于磨内风速随其有效内径的 1.5 次方增加,且磨内风速实际受限,生产能力愈大的磨机,其烘干效率愈差。没热风炉时,入磨物料水分仅允许为 4%～5%,而增设热风炉时,入磨物料水分也只在 8% 左右。鉴于此,生产中往往增加其他烘干设施来提高烘干粉磨效率。例如,将热风分别引入选粉机、提升机以及磨前的破碎机等设备,使其各自在完成作业过程的同时进行物料烘干,这实际上是不同烘干工艺的组合。粉磨仓有单仓和双仓两种,如果粉磨仓为单仓,一般要求入磨物料粒度小于 18 mm;如果粉磨仓为双仓,则入磨物料粒度可达 25 mm。由于尾卸提升循环磨系统采用提升循环、选粉机分选,故选粉效率较高,电耗比风扫磨系统约低 10%。

中卸提升循环磨（图 2.2-3）从烘干原理来看是风扫磨和尾卸提升循环磨的结合,从粉磨原理来看相当于两级闭路系统。物料由磨头喂入,细磨后由中间卸料仓排出。选粉回料分别从磨头、磨尾返回粗磨仓和细磨仓,细粉即为成品。磨内物料的烘干热源由窑尾废气提供或另设高温热风炉提供,热风大部分从磨头进入,少部分通入磨尾。通风量较大,粗磨仓风速高于细磨仓,既可产生良好的烘干效果,又避免了过粉磨的情况。这种系统具有较强的烘干能力,可以通入大量热风。利用低温废气可烘干水分含量为 $6\%\sim7\%$ 的物料,如另设高温热源,可烘干水分含量为 $12\%\sim14\%$ 的物料。中卸提升循环磨粉磨生料的电耗较低,磨机耗电为 $16\ kW\cdot h/t$,系统耗电为 $20\ kW\cdot h/t$ 左右,但其供热送风系统较为复杂,密封困难,漏风量大。为了简化流程,近年来发展了组合式选粉机,将粗粉分离器和选粉机合二为一,它也可以用于中卸提升循环磨系统。该系统的主要缺点是密封困难,漏风大,流程复杂。

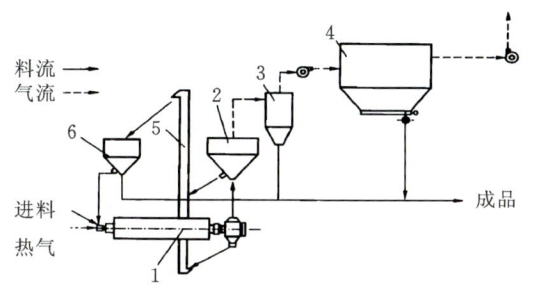

图 2.2-2　尾卸提升循环磨系统

1—磨机;2—粗粉分离器;3—细粉分离器;
4—收尘器;5—提升机;6—选粉机

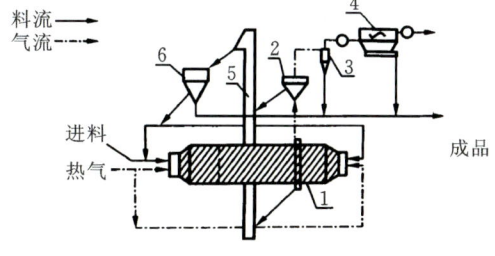

图 2.2-3　中卸提升循环磨系统

1—磨机;2—粗粉分离器;3—细粉分离器;
4—收尘器;5—提升机;6—选粉机

　　预破碎烘干系统是在一般烘干兼粉磨系统的基础上增设一个烘干破碎机。物料先喂入破碎机内破碎,同时在破碎机内通入热风。物料边破碎边烘干,故扩大了对原料水分的适应范围。根据所使用的破碎机类型和烘干兼粉磨系统的基本形式,可以组成各种不同的流程。图 2.2-4 为带预破碎的坦登(Tanden)磨系统。该系统进破碎机物料粒度可达 100 mm,破碎后的物料与磨机的出料一起由气力提升至分离器分选,分离器回料的水分一般小于 2%。这种系统保留了风扫磨烘干能力强的优点,又采用了破碎、烘干同时进行的方式,烘干效率较高。如采用高温热

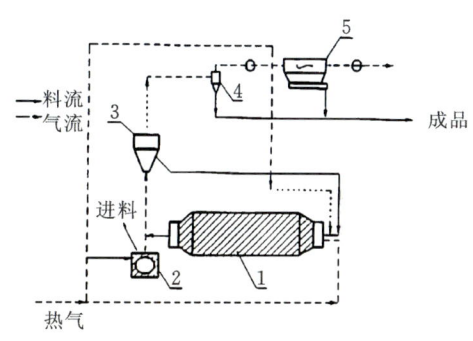

图 2.2-4　坦登磨系统

1—磨机;2—破碎机;3—粗粉分离器;
4—旋风筒;5—收尘器

气体可烘干含 15% 以上水分的物料。但该系统遇硬质、磨蚀性大的物料时,破碎机锤头磨损大,检修将影响系统运转率,而且系统复杂。

　　循环磨三种钢球磨系统,选型时需注意物料的水分、粉磨电耗及磨机规格大小。当物料水分较低,要求磨机规格较小时,以尾卸磨经济效益较好;当物料水分较高,要求磨机规格较大时,可选风扫磨或立式辊磨;中卸磨烘干能力较尾卸磨好,且适用于中型磨。

　　对于钢球磨系统和立式磨系统(下节会重点介绍),选型时应注意物料水分、易磨性、

电耗和维修条件。当粉磨水分较高、易磨性较好的非磨蚀性物料时应优先用立式磨;钢球磨对物料的易磨性和磨蚀性要求不高,适应性和可靠性较好,维修费用较低,但电耗较高,且输送和选粉等设备的电耗随物料水分的增加而增大,因此当粉磨水分较少、易磨性较差的物料时,宜选用钢球磨系统。

对于其他烘干粉磨系统,如粉磨水分高而磨蚀性不大的物料,也可采用预破碎烘干系统(坦登磨系统物料水分最高可达 15%);如物料水分更高或容易在运输储存过程中黏结堵塞,则应考虑采用单独的预烘干装置或设备先行烘干。表 2.2-7 所示为几种烘干生料磨系统的比较,表 2.2-8 所示为不同粉磨系统技术经济对比,以供参考。

表 2.2-7　几种烘干生料磨系统的比较

	风扫磨	单仓尾卸提升循环磨	双仓尾卸提升循环磨	双仓中卸提升循环磨	辊式磨
工艺流程	简单	中	中	复杂	简单
烘干湿原料的能力	好	中等	较差	好	很好
处理黏性原料的能力	好	中等	中等	好	好
处理硬质原料的能力	中等	好	好	好	对金属夹杂物敏感
处理中硬质原料的能力	粒度太粗就差	粒度太粗就差	好	好	中等
处理中硬到较硬原料的能力	好	中等	差	好	好
适宜进磨粒度/mm	10~15	10~15	23~30	23~30	50~100
粉磨电耗	较高	中等	中等	低	最低
耐磨损性能	很好	很好	很好	很好	对磨琢性物料敏感
漏风量	较少	较少	较少	较多	少
基建投资	低	高	高	高	高
噪声	大	大	大	大	较小
占地面积和空间	中等	大	大	大	小
自动化程度	好	很好	很好	很好	很好
利用窑尾废气的能力	好	较差	较差	较差	好
产品质量	均匀	均匀	均匀	均匀	各种原料易磨性差别大时产品粒度组成变化较大

表 2.2-8 不同粉磨系统技术经济对比

规模 /(t/h)	Bi指数 /(kW·h/t)	粉磨系统	磨体规格 /(m×m)	烘干仓长度 /m	破碎机规格 /m	磨机功率 /kW	风机 风量 /(m³/h)	风机 风压 /kPa	风机 功率 /kW	单位电耗 /(kW·h/t)	维修费用 /(%)
90	17.1	风扫磨	φ4×7.5	—	—	1540	210000	5.9	525	22.95	100
		辊压磨	φ4×6.25	—	φ2×1.8	1300 135	195000	5.9	485	21.33	105
		提升循环磨	φ3.6×9.25	1.75	—	1500	95000	5.9	230	21.66	110
		立式磨	—	—	—	860	200000	9.8	700	17.33	120
150	13.8	风扫磨	φ4.4×8	—	—	2090	280000	5.9	700	18.60	100
		辊压磨	φ4.4×6.5	—	φ2.2×2.2	1730 225	250000	5.9	620	17.16	105
		提升循环磨	φ4×13	2.25	—	2070	190000	5.9	480	19.10	110
		立式磨	—	—	—	1110	300000	9.8	1110	14.80	120
300	10	风扫磨	φ4.8×9	—	—	3000	440000	5.9	1095	13.65	100
		辊压磨	φ4.8×7.25	—	φ2.8×2.6	2400 450	380000	5.9	945	12.65	105
		提升循环磨	φ4×15.25	3.5	—	3000	390000	5.9	950	15.37	110
		立式磨	—	—	—	1650	500000	9.8	1850	11.67	120

2.2.2.3　生料立式磨与辊压机终粉磨

立式磨种类较多，但粉磨过程基本相同，即含水物料入磨，通过引入的热风烘干，经磨辊研磨后被风环处高速气流带起，合格细粉由收尘器收集为成品，收尘器排出的部分气体随热风再次入磨使用。烘干热源由热风炉提供，或者直接利用窑废气余热。因此，生产中对立式磨粉磨工艺流程的选择，通常根据供热条件而定。当利用预热器窑废气做热源，且物料入磨水分偏大时，一般选用排风量大的系统；原料水分较少的立窑厂无热废气可用，则适宜选用风量较小的工艺流程。

HRM1250 立式磨系统主要设备如表 2.2-9 所示。

表 2.2-9　HRM1250 立式磨系统主要设备

序号	名称	型号规格	台数	装机功率/kW
1	热风炉	（长×宽×高） 2.5 m×1.8 m×2.8 m	1	—
2	圆盘喂料机	DB1300,5～24 m³/h	1	3.0
3	回转锁风喂料机	ϕ450 mm×450 mm,15 m³/h	1	2.2
4	立式磨	HRM1250,16～18 t/h	1	135
5	旋风收尘器	ϕ1.7 m	1	—
6	锁风分隔轮	ϕ300 mm×300 mm,15 m³/h	1	1.0
7	主风机	M7-29-11 No14.5 26300 m³/h,8889 Pa	1	135
8	布袋收尘器	FD340/148 处理风量 20460 m³/h	1	9
9	排风机	4-72-11 No8C 26440 m³/h,2195 Pa	1	22
10	螺旋输送机	GX300 m×21.0 m,18.5 t/h	1	2.6

生料立式磨工艺流程（图 2.2-5）如下：石灰质原料、黏土质原料及校正原料由电子皮带秤计量后，落到混合皮带上输送至生料立磨系统，入磨前要通过除铁器进行除铁，经除铁器除铁后，通过立磨喂料器喂到立磨磨盘上，通过磨盘的旋转，物料沿着粉磨轨迹在磨辊下被粉碎。碾磨力由液压加载系统产生，窑尾热风由两个方向进入刮板腔，通过喷嘴环均匀进入磨环周围，将经过碾磨的通过挡料环的物料烘干（涡流风对物料进行预热烘干）并输送到磨机上部的选粉机，经选粉机分选，粗粉被分离出来返回磨盘重磨。而未被涡流风带起来的物料穿过喷嘴环进入排渣提升机，进入外循环系统。其中合格的细粉随气流沿风管进入旋风除尘器，经旋风除尘器捕集，收集的生料粉通过斜槽输送到生料均

化库,完成生料制备的全过程。

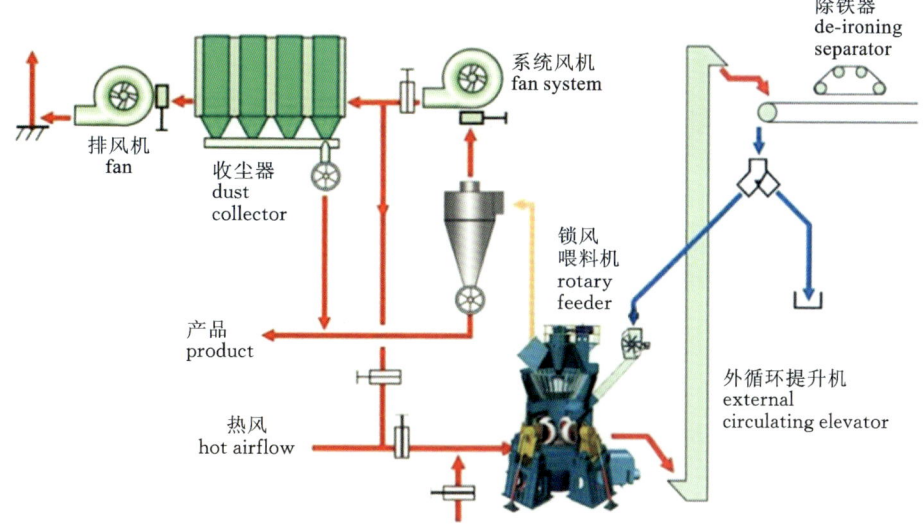

图 2.2-5　立磨工艺流程图

　　立式磨选粉机采用由下而上边侧进风进料,再由侧顶部出料出风,底锥部回粉的结构,整体由壳体、转子部件、衬板及耐磨部件、驱动装置等部件组成(图 2.2-6)。其中选粉机壳体主要由选粉机静态部分组成,包括上壳体、中壳体、下壳体、灰斗、导流片、密封环等。转子部件是选粉机的转动部件,主要由转子、主轴、上下轴承、上下轴承座、拉杆张紧装置等组成。衬板及耐磨部件主要由耐磨浇铸材料、模块化的耐磨堆焊复合衬板等组成。驱动装置主要由电机、减速机、联轴器、传动底座等组成,其剖视图如图 2.2-7 所示。

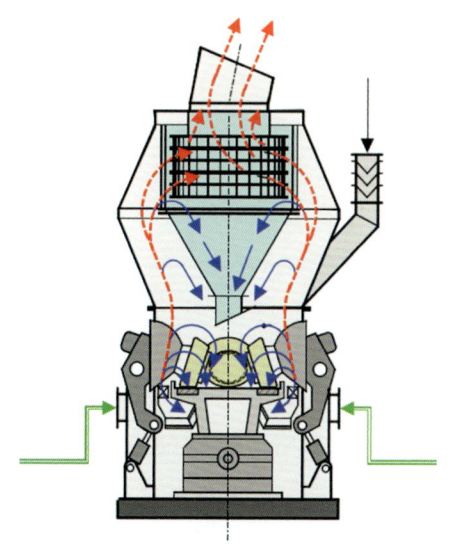

图 2.2-6　立式磨选粉机工作原理图

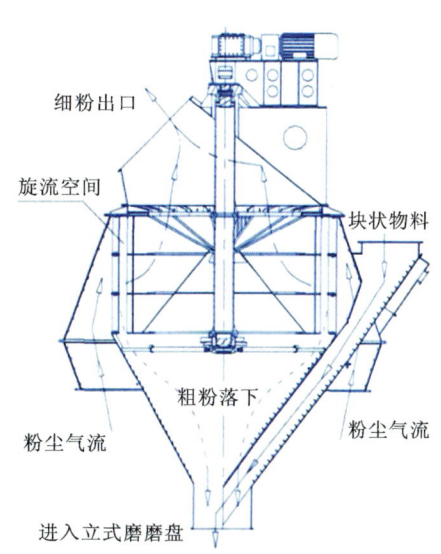

图 2.2-7　立式磨选粉机剖视图

立式磨可根据型号选择相匹配的选粉机,如表 2.2-10 所示。

表 2.2-10　磨机与选粉机型号

磨机型号	选粉机型号	选粉机减速机型号
LM48.4	LSKS82(动态选粉机)	B3SV11C
LM56.4	LSKS93	
CLF200160	XR4000	
CLF180-120	SRV3060R	

LM 型立式磨采用圆锥形磨辊和水平磨盘,有 2～6 个磨辊,磨辊轴线与水平线夹角为 15°,各磨辊可以由液压系统单独加压,在检修时可以用液压系统将磨辊翻出磨外。其优点是对粉磨物料的适应性强,操作稳定。LM 型立式磨主要由选粉机、壳体、磨辊、翻辊装置、液压加压装置、摇臂、圆柱销、磨盘、传动装置、机座、磨机振动监视装置和喷水系统等组成。锥形辊套不能翻转重复使用,磨机设有磨辊和磨盘间隙限位装置,可空载启动,不需要另设高扭矩辅助启动装置。此磨机开机启动也无须进行磨盘布料操作。莱歇磨机结构如图 2.2-8 所示。

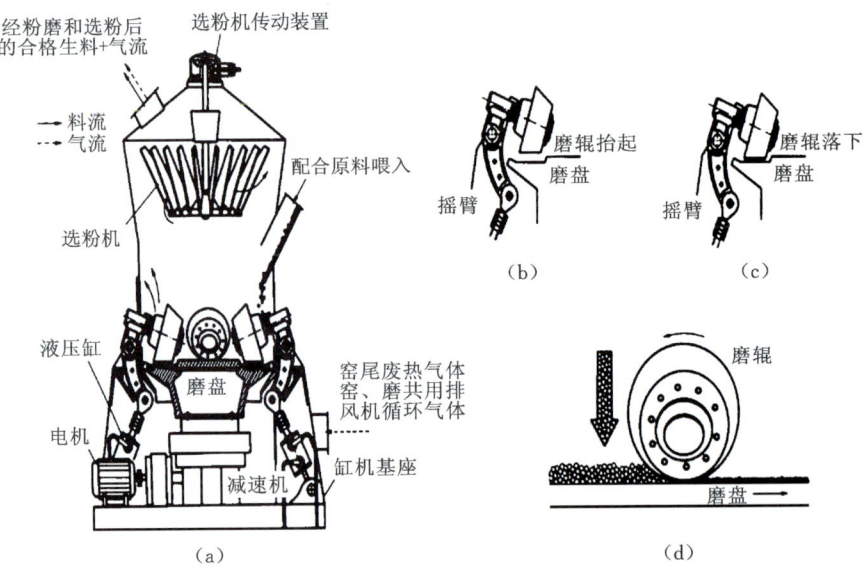

图 2.2-8　莱歇磨机构造及工作原理

中国能建葛洲坝水泥各子公司立式磨主要有德国莱歇磨 LM 立式磨(图 2.2-9)、中国合肥 HRM 立式磨、沈阳重型 MLS 立式磨。立式辊磨主要根据生产线设计能力进行匹配,两台 HRM3400 产量接近一台 LM48.4～56.4,各自匹配的循环风机风量跟设计产能、磨机大小等有关;生料辊压机终粉磨设计产能跟两个辊子大小有关。从粉碎研磨角度来看,相同设计生产能力,辊压机工序电耗要比立式辊磨工序电耗低 $2\sim4\ kW\cdot h/t$。

图 2.2-9 莱歇磨实体图

中国能建葛洲坝水泥各子公司生料制备主机对比如表 2.2-11 所示。

表 2.2-11 葛洲坝水泥各子公司生料制备主机对比

公司名称	设计台产能力/(t/h)	磨机名称	磨机主机型号及规格	循环风机型号及规格	生料工序电耗/(kW·h/t)
ZX-2	500	辊压机（V 选）	CLF200160-D-SD 功率:2240 kW 转速:992 r/min 通过量:1400～1800 t/h	风量:900000 m³/h 全压:7200 Pa	10～12
DY-2	500	辊压机（V 选）	CLF200160-D-SD 功率:2240 kW 转速:992 r/min 通过量:1400～1800 t/h	风量:900000 m³/h 全压:7200 Pa	10～12
SZ-2	500	辊压机（V 选）	CLF200160-D-SD 功率:2240 kW 转速:992 r/min 通过量:1400～1800 t/h	风量:900000 m³/h 全压:7200 Pa	10～12

续表

公司名称	设计台产能力/(t/h)	磨机名称	磨机主机型号及规格	循环风机型号及规格	生料工序电耗/(kW·h/t)
DY-1	450	莱歇磨	LM56.4 功率:4000 kW 转速:995 r/min	风量:900000 m³/h 全压:11000 Pa	14~16
LHK	450	莱歇磨	LM56.4 功率:4000 kW 转速:995 r/min	风量:867581 m³/h 全压:10196 Pa	13.8~15.5
JM	450	莱歇磨	LM48.4 功率:3150 kW 转速:995 r/min	风量:720000 m³/h 全压:12400 Pa	15~16
YC	450	莱歇磨	LM48.4 功率:3150 kW 转速:995 r/min	风量:730000 m³/h 全压:12000 Pa	14~16
JY	450	莱歇磨	LM48.4 功率:3150 kW 转速:995 r/min	风量:720000 m³/h 全压:11000 Pa	14~16
XS	220	沈阳重工立式辊磨	MLS3626 功率:2300 kW 转速:995 r/min	风量:430000 m³/h 全压:11000 Pa	15~16.5
西里	≥220	辊压机	CLF180-120 功率:1250 kW 通过量:610~850 t/h	风量:400000 m³/h 风压:7800 Pa	10~12

辊压机终粉磨工艺流程(图 2.2-10)如下:从配料站来的混合料由带式输送机送至生料粉磨车间,带式输送机上悬挂有除铁器,将物料中混入的铁件除去;经过除铁的物料由气动三通经下料溜槽喂入 V 型选粉机,在 V 型选粉机中预烘干后,通过提升机提升进入稳流仓,稳流仓设有荷重传感器检测仓内料位,物料从稳流仓过饱和喂入辊压机中进行料床粉碎的挤压过程,挤压后料饼通过提升机提升后送入 V 型选粉机中打散、烘干、分级,细小颗粒被热风分选出来,粗颗粒与新喂入的混合料一同进入循环挤压过程。辊压机终粉磨实体图如图 2.2-11 所示。

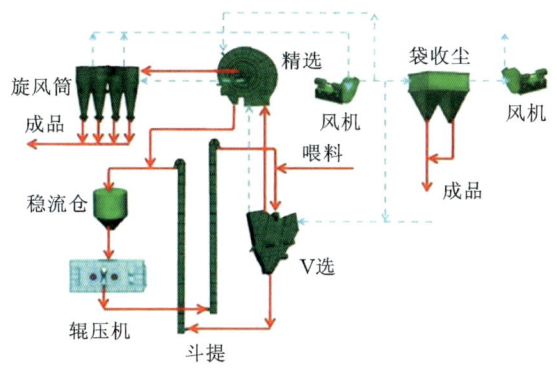

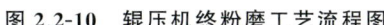

图 2.2-10　辊压机终粉磨工艺流程图

图 2.2-11　辊压机终粉磨实体图

克孜勒奥尔达州葛洲坝西里水泥公司使用的辊压机粉磨系统参数如表 2.2-12 所示。

表 2.2-12　西里公司辊压机粉磨系统

辊压机型号	CLF180-120
轧辊直径	1800 mm
轧辊宽度	1200 mm
通过量	610～850 t/h
喂料粒度/最大	95％≤40 mm/最大 60 mm
生产能力	≥220 t/h
分散后产品平均粒度	<2 mm 占 75％，<0.09 mm 占 25％～35％
电动机功率	1250 kW×2
电压	10 kV（50 Hz）
加热器供电机功率	1.2 kW×2
减速机速比	44.468
辅传电机功率	3 kW×2
液压油站电动机功率	7.5 kW
电加热器功率	1 kW
干油润滑系统电动机功率	0.25 kW
减速机稀油站电动机功率	7.5 kW×2
进料装置电动推杆电动机功率	1.5 kW×2

辊压机型号	CLF180-120
对应动态型选粉机型号	SRV3060R
系统生产能力	≥220 t/h
生料成品	80 μm 筛余≤12%，水分≤1%
转子转速	90～165 r/min
选粉风量	310000～410000 m³/h
设备阻力	2.5 kPa
变频电机功率	132 kW
稀油站型号	XYZ-10G
流量	10 L/min
冷却水量	0.6 m³/h
电机功率	0.55 kW×2
电加热器	1 kW×2

2.2.2.4　生料粉磨系统的发展趋势

近年来，国内外生料粉磨系统发展的主要特点是干法生料粉磨技术迅速发展，许多新技术和新设备应运而生，并不断得到改进，以适应新型干法水泥生产技术迅速发展的要求。其特点可以概括如下。

（1）利用废气进行磨内物料的烘干。随着新型干法水泥生产技术的发展，窑尾系统废气的低温余热用作烘干物料的热源，各种烘干兼粉磨的组合系统如预破碎烘干系统、风扫磨系统、中卸和尾卸提升循环磨系统、立式磨、选粉烘干与磨机组合烘干系统都得到了很大发展和广泛应用，其发展趋势是物料的烘干与粉磨作业一体化。

（2）粉磨设备日趋大型化。为使窑磨配套，简化工艺流程，磨机及其配套的选粉、输送、收尘等设备日益大型化。如钢球磨直径已达 5.8 m 以上，产量达 350 t/h；立式磨系列的磨盘直径已达 6.6 m，电机功率达 5600 kW，产量达 600 t/h。

（3）新型磨机、高效选粉机等以及由它们组合成的各种新型闭路粉磨系统，大大提高了粉磨效率，增加了粉磨功的有效利用，水泥生产综合能耗进一步下降。

（4）磨机系统操作自动化。无论是配料、喂料，还是系统控制等，广泛应用自动调节回路和电子计算机自动控制生产过程，使大型设备、复杂系统稳定高产成为可能。

（5）各种新型优质研磨体、锁风装置、密封材料、大型专用驱动装置等的广泛应用，为主机安全、高效运转提供了保证。

2.2.2.5 影响立式磨产量和质量的主要因素

1. 磨内料层的稳定

合适的料层厚度、稳定的料层是立式磨稳定运行的基础。料层太厚,粉磨效率降低;料层太薄,则磨机振动增大,不利于磨机安全运行。料层厚度受各操作参数的影响,如磨辊压力、喷淋水、合适出磨温度以及系统风量的匹配等因素均会影响料层的厚度与稳定。一般立式磨经磨辊压实后的料床厚度不宜小于 40 mm。

2. 磨辊压力

磨辊压力是稳定磨机运行的重要因素,也是影响磨机功率、产量和粉磨效率的因素,磨辊压力应根据磨机喂料量的多少和喂料粒度进行调节。此外,为了保持磨盘上一定厚度的料层(合适压差控制范围),减少振动,保证立式磨运转稳定,也必须控制好磨辊压力。

3. 出口气体温度

由于现代立式磨都是烘干与粉磨一体机,出磨温度根据磨机振动以及物料水分来考虑是否开喷水,喷水既能稳定料层又能控制出磨气体温度。出口气体温度跟入磨物料水分有关。

4. 系统通风量匹配

系统通风量根据磨机喂料量确定,当喂料量一定时,磨内通风量应保持稳定。一般可通过调节磨机循环风机功率或主排风机风门的开度,从而获得适宜的气流量。合理的通风量应和喂料量相联系。

5. 系统漏风

立式磨必须设有密封的进料装置,以防止冷空气漏入干扰磨内气流,影响磨机的烘干能力和粉磨效率。立式磨的进料装置应保证下料流畅均匀,防止外部冷风漏入。

2.2.3 均化

水泥生产中通过搭配或使用外力使物料达到均匀的过程称为均化。水泥生产的整个过程就是一个不断均化的过程,其中主要有四个环节——矿山搭配开采、原料和燃料预均化、粉磨过程配料与粉磨、生料均化,这四个环节构成了生料均化链。

2.2.3.1 原料采用预均化技术的条件

进厂原料和燃料的成分均匀性是相对的,而不均匀是绝对的。原料和燃料的化学成分、灰分及热值常常在一定范围内波动,有时波动还是比较大的。如果不采用必要的均化措施,尤其是当原料成分波动较大时,势必影响原料的准确配合,从而不利于制备成分高度均齐的生料;当煤质的灰分和热值波动较大时,必然影响到熟料煅烧时热工制度的稳定。

上述两方面情况单独或同时存在时,就无法保证熟料的质量和维持生产的正常及设备的长期安全运转。另一方面,某些品质略差的原料和燃料将受到限制而无法采用,不利于资源的综合利用。因此,当原料和燃料的成分波动较大时,预均化是必须采取的重要措施。目前的水泥生产过程一般都采用预均化措施。

1. 原料条件

对于水泥原料,若石灰石中 $CaCO_3$ 的规定值为 $\bar{X}$,原料中 $CaCO_3$ 的实际测定值为 X_i,那么标准偏差 S 可由下式表示:

$$S = \sqrt{\frac{1}{n} \sum (X_i - \bar{X})^2} \qquad (2.2\text{-}20)$$

式中:n—— 试样个数,一般 $n > 30$。

一般认为,$CaCO_3$ 的波动范围 $R < 5\%$ 时,表示原料均匀性较好,不需要采用预均化措施;$R = 5\% \sim 10\%$,表示原料均匀性一般,可以考虑也可不考虑预均化;$R > 15\%$ 时,表示原料均匀性差,必须进行预均化。波动范围的对象往往不是指原料矿的某一部分,而是整个矿山的波动情况。

如果原料中黏土或石灰石中某一原料成分波动大,可对该原料单独预均化或对两种原料分别预均化,也可以采用石灰石、黏土预先进行搭配,然后进行预均化。要求通过预均化后的成分波动范围控制在 $\pm 1\%$。

2. 标准偏差和均化效果

标准偏差是一个数学概念,预均化堆场或预均化库的进料和出料的偏差值是表示物料碳酸钙滴定值(%)均匀性的指标。此值越小,说明其成分越均匀。

均化效果是指进料和出料标准偏差之比,按倍数计,其比值越大表示均化效果越好。

$$e = \frac{S_i}{S_o} \qquad (2.2\text{-}21)$$

式中:e——均化效果;

S_i——进料成分的标准偏差;

S_o——出料成分的标准偏差。

2.2.3.2 原料和燃料的预均化堆场

预均化堆场是一种机械化、自动化程度较高的预均化设施。送入预均化堆场中的成分波动较大的原料和燃料,通过采用堆料机连续以薄层叠堆,形成多层(200～500 层)堆铺料层的具有一定长宽比的料堆;而取料机则按垂直于料堆的纵向实行对成分各异的料层同时切取,完成"平铺直取",实现各层物料的混合,使其标准偏差缩小,从而达到均化的目的。在进料成分波动较大的情况下,其均化效果可达 7～10。

1. 预均化堆场布置方式

预均化堆场的布置方式有矩形和圆形两种。

1) 矩形预均化堆场

矩形预均化堆场(图 2.2-12)的特点如下。

(1) 堆场内一般有两个料堆,一个堆料,一个取料,相互交替进行堆取料作业。料堆长宽比一般为 5～6。

(2) 两个料堆可根据地形采取平行布置或呈直线布置。图 2.2-13 所示为料堆呈直线布置的矩形预均化堆场示意图。

(3) 进料皮带机和出料皮带机分别布置在堆场两侧。取料机一般停在料堆之间,可向两个方向任意取料。堆料机通过活动的 S型卸料机在进料皮带机上截取原料,沿纵长方向向任何一个料堆堆料。有的堆场也采用顶部活动皮带堆料。

图 2.2-12　矩形预均化堆场

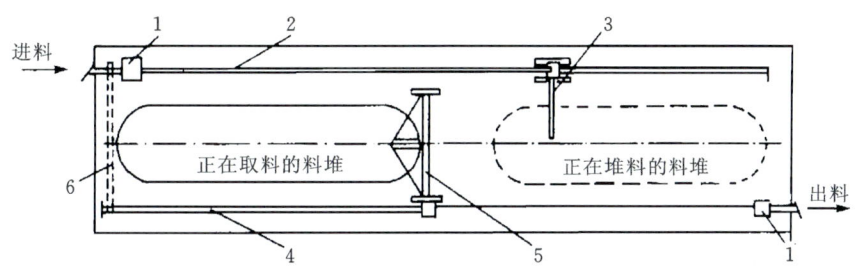

图 2.2-13　矩形预均化堆场示意图

1—取样器;2—进料皮带机;3—堆料机;4—出料皮带机;5—取料机;6—旁路皮带机

(4) 料堆平行布置虽然在总平面布置上比较方便,但是取料机要设置中转台车以便平行移动于两料堆间,堆料机也要选用回转式或双臂式以适用于平行的两个料堆,因此采用平行料堆的矩形预均化堆场较少。

2) 圆形预均化堆场

圆形预均化堆场的料堆为圆环状,如图 2.2-14 和图 2.2-15 所示。

(1) 原料由皮带机送到堆场中心,由可以围绕中心做 360°回转的悬臂皮带机进行堆料。

(2) 取料由桥式刮板取料机完成。桥架的一端连接在堆场中心立柱上,另一端则架设在料堆外围的圆形轨道上,可做 360°回旋。取出的原料经刮板机送到堆场底部的中心卸料口,由地沟内的出料皮带机送走。

(3) 20 世纪 80 年代初期圆形预均化堆场一般采用 3×120°作业法,即圆形堆场的 1/3 场地正在进行堆料作业,1/3 场地正在进行取料作业,1/3 场地作为储备料堆。实际上有

2/3 的料堆可作为取料料堆,因此圆形预均化堆场的 2/3 容量为有效容量。一般同样储量的圆形堆场比矩形堆场的占地面积可减小 30％。

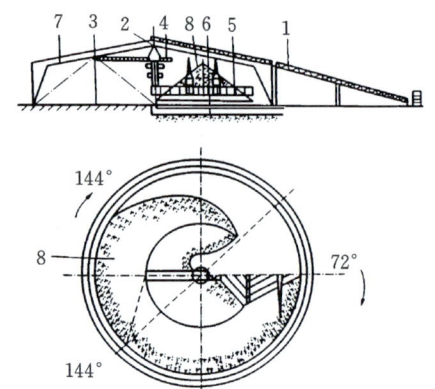

图 2.2-14　圆形预均化堆场示意图　　　　　图 2.2-15　圆形预均化堆场
1—进料带式输送机;2—固定溜子;3—堆料机;4—中心立柱;
5—取料机;6—接料带式输送机;7—厂房;8—料堆

圆形预均化堆场与矩形预均化堆场相比,优点是:在相同容量的条件下,占地面积少 30％～40％,投资低 20％～30％;由于圆形预均化堆场的取料机只向一个方向运动(顺时针方向或逆时针方向),而矩形预均化堆场取料机是往复运动,所以圆形预均化堆场不存在矩形预均化堆场中处理料堆端部堆积料的困难,即无“端锥”问题;操作方便,有利于自动控制。缺点是:圆形预均化堆场的均化效果不及矩形预均化堆场;圆形预均化堆场中圆环形料堆的物料分布不如矩形预均化堆场中长条形料堆对称而均匀;如果做预配料堆场并预均化,圆形预均化堆场总是在堆端布料,所以难以及时调整;圆形预均化堆场因受厂房直径的限制,堆存容量不及矩形预均化堆场大,且扩建困难。

2. 堆取料方式

预均化堆场的均化质量取决于堆放方法和取料方法,形式较多,其中以人字形堆料并用桥式刮板取料机端面取料的预均化堆场均化效果最好。

1) 人字形堆料法

下面简单介绍一下人字形堆料法的堆料和取料。

破碎后,粒度小于 25 mm 的原料有规则地输送到预均化堆场,沿着堆场纵向分层堆放,如图 2.2-16 和图 2.2-17 所示。人字形堆料法可以采用带活动卸料车的安装于料堆顶部的皮带输送机或者采用安装于地面上的堆料皮带机,这种堆料皮带机可以沿料堆侧面移动,堆料机的移动速度必须加以控制,以便得到预期的物料层厚度。

装有皮带堆料机的堆料设备要比安装于料堆顶部的皮带输送机贵得多,因此前一种堆料设备只在下列情况下采用:

(1) 预均化堆场没有顶棚,因为在这种情况下,屋脊皮带输送机的支撑结构太贵;

（2）所堆物料很干，容易产生粉尘，由于物料的落差大，几乎堆料一开始，粉尘污染就会十分严重。

为了保证良好的均化效果，料堆的长宽比应尽可能大，最少是 5∶1。

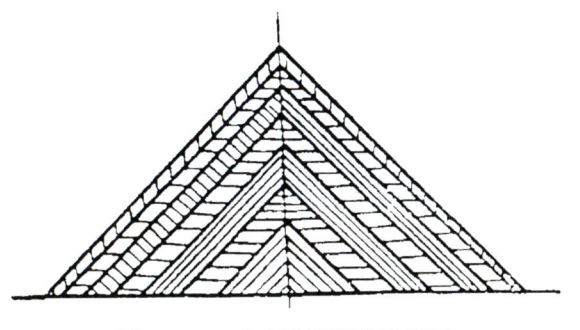

图 2.2-16 人字形堆料法示意图

图 2.2-17 人字形堆料现场图

2）水平层堆料法

水平层堆料法如图 2.2-18 所示。其特点如下。

（1）堆料时，首先要在最底层均匀地水平铺料，然后逐层上铺。由于物料休止角，上边各层铺料宽度需逐层减小，这样才可消除物料颗粒的离析作用。

（2）由于需要在整个料堆平面上均匀铺料，因此要求堆料机除横向移动外，还能在一定范围内回转，有的情况下还需要在卸料处安装撒料盘，故堆料装置比较复杂，投资较大。

（3）水平层堆料法主要用于物料的混合作业。当各种物料颗粒、休止角、水分等差别较大，而又需要均匀混合时，可选此堆料方式。

3）横向倾斜层堆料法

横向倾斜层堆料法如图 2.2-19 所示。其特点如下。

图 2.2-18 水平层堆料法

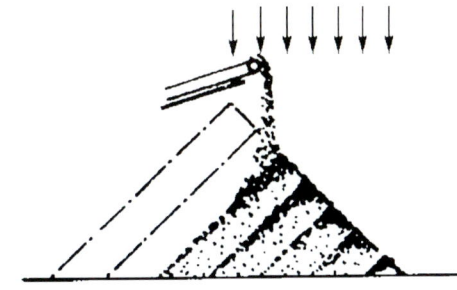

图 2.2-19 横向倾斜层堆料法

（1）该法是将料堆按自然休止角铺成许多平行的倾斜料层。第一层是先在堆场的一侧堆成一个三角形物料条带，然后将堆料机内移，在第一层三角形料带上铺料，依次铺至堆场中央，即可形成横向倾斜层料堆。

（2）要求堆料机必须在堆场宽度的 1/2 范围内伸缩回转作业。

（3）适合选用堆、取合一的装备，因此投资较少。

（4）缺点在于物料离析严重，大颗粒几乎全部落到料堆底部，因此均化效果不高，仅适用于对物料均化效果要求不高的作业。

4）桥式刮板取料机端面取料法

图 2.2-20 所示为桥式刮板取料机从料堆端部收取物料的工作方法。

在料堆两侧的轨道上架设刮板桥架，对称地设有取料料耙的耙车在桥架上沿料堆来回行驶。借助于手摇绞车将耙调整到适应于料堆斜面。在桥架的下面设有刮板出料机，它由链轮、滚子链、有耐磨衬板的刮板和传动装置组成。桥式刮板取料机以非常缓慢的工作速度移向料堆。与此同时，耙车在料堆前面来回行驶，在桥架和耙车两者结合的运动作用下，物料从料堆上耙下，然后向下掉到刮板链内，刮板链把物料运到取料皮带机上，运输收取的物料到磨机喂料仓或配料库。

5）断面切取式预均化库

断面切取式预均化库（简称 DJK）适用于原料来源多而复杂、成分波动大而无规律的中小型水泥厂。它具有投资省、占地少、管理方便、易于防尘处理等优点。DJK 的主体为矩形中空六面体结构。库顶安装一台 S 型带式输送机用以布料。库底设有若干电磁振动卸料器和一台或两台带式输送机用以卸料。为保证连续生产，库内由隔墙沿纵向将库一分为二。一侧布料时，另一侧出料，交替进行装料和卸料作业。详见图 2.2-21。

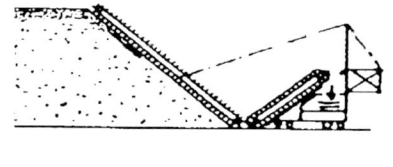

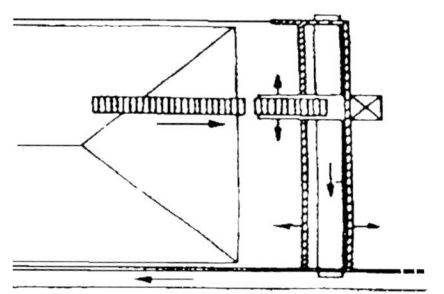

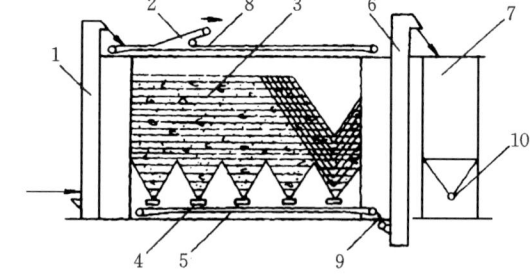

图 2.2-20　桥式刮板取料机从料堆端部收取物料

图 2.2-21　DJK 结构和工作过程示意图
1—提升机；2—S 型带式布料机；3—预均化库；
4—卸料机；5—带式输送机；6—提升机；
7—配料库；8—DJK 进料取样器；
9—DJK 出料取样器；10—配料库出料取样点

破碎后的物料由 S 型带式输送机向预均化库一侧纵向布料，形成许多层人字形料堆。装满后，从一端开始启动第一个卸料器，当第一个卸料器即将把物料卸空时，启动第二个卸料器。同样依次启动第三、四、五个卸料器，直至将物料卸空。这样利用物料的自然滑动卸出物料，实现断面上的切取，从而达到均化的目的。

3. 堆取料装置

根据不同的作业需求和场景，堆取料机可以分为多种类型，如门式堆取料机、悬臂式堆取料机、桥式堆取料机等。同时，随着科技的不断进步和应用，堆取料机也在不断更新换代，向着更加智能化、高效化、环保化的方向发展。当前部分堆取料机类型及规格如表 2.2-13 所示。

表 2.2-13　部分堆取料机类型及规格

名称	作用	适用物料	适用堆场	臂长/m	堆取料能力/(t/h)
侧式悬臂堆料机 （图 2.2-22）	堆料	各类松散物料	圆形、矩形	11～50	50～8000
天车堆料机	堆料	各类松散物料	矩形	12～30	max 13000
侧式刮板取料机 （图 2.2-23）	取料	较黏、湿物料	圆形、矩形	17～30 （最大 36）	60～600
桥式刮板取料机 （图 2.2-24）	取料	各类散状物料	圆形、矩形	16.4～65 （轨距）	40～2000
门式刮板取料机 （图 2.2-25）	取料	各类散状物料	矩形	22～65 （轨距）	40～4000
圆形桥式刮板混匀堆取料机 （图 2.2-26）	堆、取料	各类散状物料	圆形	55～130 （轨道直径）	100～3000（堆料） 100～1200（取料）
门式斗轮堆取料机	堆、取料	各类散状物料	矩形	50～55	300～2500（堆料） 150～2000（取料）

图 2.2-22　侧式悬臂堆料机

图 2.2-23　侧式刮板取料机

图 2.2-24 桥式刮板取料机

图 2.2-25 门式刮板取料机

图 2.2-26 圆形桥式刮板混匀堆取料机

2.2.3.3 生料的均化

粉磨后的生料通过合理搭配或气力搅拌等方式,使其成分趋于均匀一致的过程,称为生料的均化。如前所述,矿山搭配开采、原料和燃料预均化、粉磨过程配料与粉磨、生料均化四个环节构成生料均化链。生料的均化是这条均化链中的最后一道环节,主要功能就是消除出磨机生料所带来的成分波动,使生料满足入窑要求,保证入窑生料成分的高度均匀,从而稳定窑的正常热工制度,保证窑系统的长期安全运转,提高熟料的产量和质量。

目前,水泥行业生料均化系统中,普遍采用的是连续式生料均化库,它既是生料均化装置,又是生料磨机与窑之间的缓冲、储存装置。

1. 生料均化的意义

为了制成成分均齐而又合格的水泥生料,首先要对原料进行必要的矿山搭配开采和原料预均化。但即使原料预均化得非常好,由于在配料过程中的设备误差、各种人为因素及物料在粉磨过程中的某些离析现象,出磨生料仍会有一定的波动,因此,必须通过均化进行调整,以满足入窑生料的控制指标。如 $CaCO_3$ 含量波动 $\pm 10\%$ 的石灰石,均化后可缩小至 $\pm 1\%$。

生料均化得好,不仅可以提高熟料的质量,而且对稳定窑的热工制度、提高窑的运转率、提高产量、降低能耗大有好处。

1)生料均化程度对易烧性的影响

生料易烧性是指生料在窑内煅烧成熟料的相对难易程度。生产实践证明,生料易烧性不仅直接影响熟料的质量和窑的运转率,而且关系到燃料的消耗量。在生产工艺一定、主要设备相同的条件下,影响生料易烧性的因素有生料化学组成、物理性能及其均化程度。在配合比恒定和物理性能稳定的情况下,生料均化程度是影响其易烧性的重要原因,因为入窑生料成分(主要指 $CaCO_3$)的较大波动,实际上就是生料各部分化学组成发生了较大变化。因此,为确保生料具有稳定的、良好的易烧性,提高熟料质量,除选择制订合理的配料方案和烧成制度外,还应尽量提高生料的均化程度。

2)生料均化程度对熟料产量和质量的影响

生料在窑内煅烧成熟料的过程是典型的物理化学反应过程。生料中各化学组分之间的反应,取决于生料颗粒之间的接触机会和细度,而"颗粒接触机会"就是由生料的均化程度所决定的。当均化好的生料在合理的热工制度下进行煅烧时,由于各化学组分间的接触机会几乎相等,故熟料质量好;反之,均化不好的生料,会影响熟料质量,减少产量,导致窑运转不稳定,并引起窑皮脱落等内部扰动,缩短窑的运转周期,增加窑衬材料的消耗。

3)生料均化在生料制备过程中的重要地位

水泥工业的生料制备过程,包括矿山搭配开采、原料和燃料预均化、粉磨过程配料与粉磨和生料均化四个环节,这四个环节也是生料制备的"均化链"。其中生料均化周期较短,均化效果较好,又是生料入窑前的最后一个均化环节,特别是悬浮预热和预分解技术诞生以来,在同湿法生产模式的竞争中,"均化链"的不断完善支撑着新型干法生产的发展和大型化,保证生产"均衡稳定"进行,其功不可没。因此,在新型干法水泥生产的生料制备过程中,生料均化占有很重要的地位。有关专家对此做了归纳,见表 2.2-14。

表 2.2-14 生料制备系统的均化功能及工作量

	平均均化周期 /h	碳酸钙标准偏差		均化效果 S_i/S_o	完成均化工作量 /(%)
		进料 S_i /(%)	出料 S_o /(%)		
矿山开采	8~168	—	±2~±10	—	<10
原料预均化	2~8	±10	±1~±2	7~10	35~40
生料粉磨	1~10	±1~±2	±1~±2	1~2	0~15
生料均化	0.5~4	±1~±2	±0.1~±0.2	7~15	约40

2. 生料的均化方式

干法生产中出磨生料粉(简称生料)的均化可采用气力均化和机械均化两种基本方式。气力均化效果好,但投资高;机械均化是一种简单易行的均化措施,其投资省,操作简便,但均化效果差,仅用于小型水泥厂。通常,气力均化分间歇式均化库和连续式均化库两种;机械均化分机械均化库、多库搭配和机械倒库。下面重点介绍气力均化。

1）间歇式均化库

间歇式均化库是分区均化的一种，适用于生料成分波动小，且配料设备不够准确的生料制备系统。出磨生料入库装到适当高度后，即通过分配阀按时间顺序轮流充气搅拌、取样化验、校正、再搅拌，直至生料成分合格后出库。均化原理是：当压缩空气通入库底充气箱经透气层进入料层时，使库内粉体体积膨胀，呈流态化，再按一定规律改变各区进气压力（或进气量），则流态化粉料在库内也按同样规律产生上下翻滚的对流运动。经1～2 h的混合均化，全库粉料得到充分掺和，最终达到成分均匀的目的。其特点是调配操作灵活，均化效果好。

间歇式均化库是水泥工业最早使用的均化库，这种均化库一般为圆柱形钢筋混凝土结构，库底铺设充气箱。充气箱按一定次序排列组成若干充气区，工作时，根据需要经自动配气装置或人工控制，向各充气区轮流通入不同压力或不同流量的净化（除去油污、水分）压缩空气。

这种库的库容一般较小，个数较多。由于搅拌是一库一库间歇进行，故又称搅拌库。在入料到一定数量后开始搅拌，完成搅拌作业后即输送到储存库，这时，出磨生料改入另一个搅拌库，如此循环作业。一般每库搅拌时间约需 1 h，搅拌气压为 200～250 kPa，每吨生料需压缩空气 10～20 m³，电耗0.12～0.25 kW·h/t，均化效果可达 10～15。库底设有各种形式的充气装置，透气部件可选陶瓷多孔板或涤纶、尼龙等化纤织物。库底分区方法有扇形、条形和环形三种，如图 2.2-27 所示。

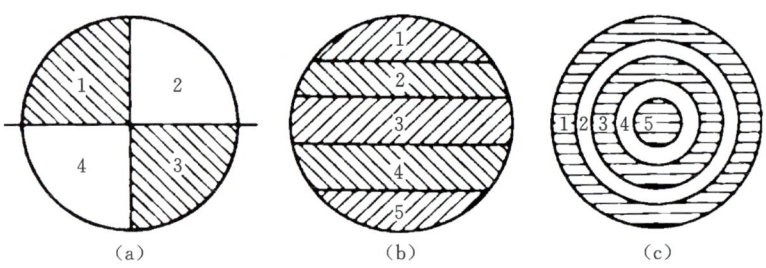

图 2.2-27　间歇式均化库分区方法
（a）富勒四分扇形；（b）SKET 五分条带；（c）Geyser 五分同心圆

扇形分区法是将库底等分成 4～8 块扇形区，每区由若干充气箱组成，充气面积占库底总面积的 60%以上。各充气箱之间互不相通，压缩空气经导气管通往箱内。透气层可选用陶瓷多孔板、水泥多孔板或纤维布。条形分区法是将库底分成若干条形区，相间各区分别组成两组。工作时，轮流向各组通入压缩空气，其均化原理同扇形分区法。环形分区法是将库底充气区分成若干同心圆环区，各环形区透气面积相等。它们适用于中心卸料的均化库。

双层式均化库是间歇式空气搅拌库的一种，它是为了缩短搅拌后的生料出料时间、简化流程而研发的。一般上层是多个空气搅拌库，下层为储存库，如图 2.2-28 和图 2.2-29 所示。

双层库在 20 世纪 60 年代研发出来后,70 年代在国外应用较多。但是由于双层库高度一般为 60～70 m,土建造价高,上下操作不方便,在 20 世纪 80 年代随着连续式均化库的出现而逐步被取代。

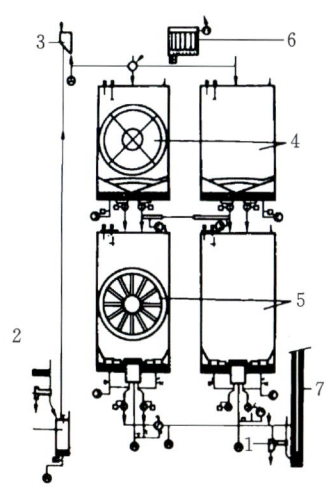

图 2.2-28　不连续均化装置

1—取样器;2—气力垂直输送机;3—缓冲仓;4—均化仓;
5—储存仓;6—收尘器;7—斗式提升机

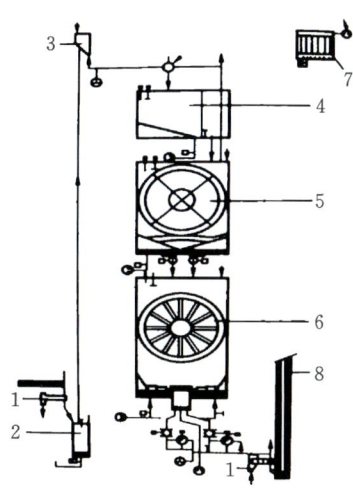

图 2.2-29　带前置仓的不连续均化装置

1—取样器;2—气力垂直输送机;3—缓冲仓;4—前置仓;
5—均化仓;6—储存仓;7—收尘器;8—斗式提升机

2)连续式均化库

随着水泥厂设备向大型化、自动化发展,以及原料预均化堆场的广泛使用,国外从 20 世纪 60 年代开始研究采用连续式均化库。连续式均化库系统的均化工艺特点是生料均化作业连续化,即出磨生料不断进入均化库的同时,库内进行均化作业,库底或库侧可以卸出符合要求的生料。它既可以只设一个库,也可以由几个库并联或串联;既可以使用空气压缩机,也可以由罗茨鼓风机供气。它的主要工艺特点是生料从库顶连续进料,进行充气搅拌的同时连续出料。该库在中心位置设一个圆柱形混合室,以降低库内卸料压力,消除漏斗流。混合室周围有 6～12 个卸料孔,混合室与库壁之间有 6～12 个充气区,卸料时轮流向混合室进料,进入混合室的物料因混合室连续充气而进一步混合,使合格的生料从高位溢流管卸出,多余气体则由排气管排至外环区,并抽至收尘器净化,使生料均化作业连续化,即在化学成分波动较大的出磨生料进库的同时,可从库底或库侧不断卸出成分均匀的生料供窑使用。它具有投资省、电耗低、工艺布置灵活、结构紧凑、操作简单等特点,其均化值为 5～9,电耗0.1～0.2 kW·h/t。

连续式均化库库底可设置不同类型的充气装置,库结构也各异,但均化原理都是以气力连续均化为主的综合均化。其系统均化与卸料合二为一,库容利用率高,甚至可以采用单库方案;其工艺流程简单,占地面积小,相对单位基建投资省;易实现自动化控制;单位气耗和电耗比较低;均化效果一般较间歇式均化库低,原则上要求入库生料成分的绝对波动值不能过大,因为它将影响出库生料成分的波动。因为连续式均化库只是将出磨或入库生料成分波动范围缩小，而不能起再校正、调配的作用，所以欲使出库生料成分符合控制指标，首先必须严格控制出磨（或入库）生料成分，并要保证入库生料在一定时间内的平均成分符合要求。它主要适宜于均化链中前三个环节控制较严、效果较好的工厂，或者是大中型的现代干法水泥生产企业使用。欲使连续式生料均化库达到预期的均化效果，必须具备下列条件：

① 对矿山实行计划开采，不同质量的原料搭配使用，当原料化学成分波动较大时，应采用原料预均化堆场；

② 严格控制生料磨头配料计量的准确度，并要保证出料成分的波动周期小于规定值。

连续式生料均化库有多种结构型号，多料流式均化库是目前使用比较广泛的库型。其均化原理侧重于库内的重力混合作用，而基本不用或减小气力均化作用，以简化设备和节省电力。在混合室库或均化室库内，仅设有一个轮流充气区，向搅拌仓内混合进料；而多料式均化库有多处平行的料流，漏斗料柱以不同流量卸料，在产生纵向重力混合作用的同时，还进行了径向的混合，因此一般单库也能使均化效果达到7。同时，也有许多类型的多料流式均化库在库底增加了一个小型搅拌仓（一般 100 m³ 左右），使经过库内重力切割料层均化后的物料，在进入小仓后再经搅拌后卸料，以改善均化效果。一般 60 kPa 压力的空气即可满足搅拌要求，故动力消耗不大。目前，多料流式均化库已得到广泛应用，以下重点介绍使用范围广或发展较快的几种。

（1）IBAU 型中心室均化库。

IBAU 库采用德国洪堡公司的连续均化技术，其结构形式如图 2.2-30 所示。

IBAU 库外部带一搅拌仓，库底中心设一大圆锥（图 2.2-31），库内生料的重量通过锥

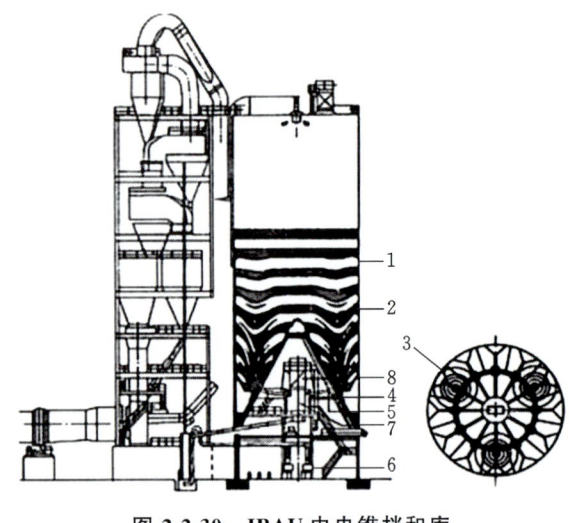

图 2.2-30　IBAU 中央锥拌和库
1—物料层；2—漏斗；3—充气区；4—阀门；
5—流量控制阀；6—空气压缩机；
7—中央斗；8—收尘器

图 2.2-31　中心锥

传递给库壁,库底环形空间被分成向中心倾斜10°的6~8个充气区,每区装有多种规格的充气箱。充气时生料首先被送至一条径向布置的充气箱,再经过锥体下部的出料口由空气斜槽送入库底中央搅拌仓中。卸料时,生料在自上而下的流动过程中切割水平料层产生重力混合作用,进入搅拌仓后又因连续充气搅拌而得到进一步均化。生料入库装置类似混合室均化库,由分料器和辐射形空气斜槽将生料基本平行地铺入库内。

减压锥虽较好地缓解了生料向下的冲力,但由于生料重量通过锥传递给库壁,库壁长期受到向外的压力,在使用较长年限后,库壁易出现纵向裂纹,形成安全隐患,需要后期进行加固。

这种库的均化机理与混合室库类似,当某一区充气时,该区上部物料下落成一漏斗状料流,料流下部横断面上包含好几层不同时间的料层。因此,当生料从库顶到达库底时,依靠重力发生混合作用。当生料进入搅拌仓后,又依靠连续空气搅拌得到气力均化。最后,均化后的生料从搅拌仓下部卸出。

IBAU型中心室均化库有以下特点。

① 库底被分成6~8个充气区,每个区有一个流量控制阀门,并为它配置了空气阀来控制卸料量。

② 充气部件的更换可以在设备运行时进行,在检修或者检查时,断流闸门保证不让生料进入充气部件,有了这样的装置,必须设置的备用库就可以省掉。因为即使在维修时,搅拌和均化作用也可以继续而不受干扰。

③ 中央料仓上面的收尘器可防止设备运行时产生的任何粉尘污染,装在锥体内的充气系统每小时做8~10次空气转换,为操作和维修提供了良好条件。所有的设备项目,包括库内部的充气部件都安装在锥体下面,这样维护人员可以很容易和安全地对它们进行维护。

④ 均化后的生料通过密闭的空气输送斜槽喂入称重斗中。该称重斗位于库内锥体下的中央,并支承在三个测力传感器上,传感器连接在生料自动喂料系统上。

⑤ 窑的连续运行所需要的生料,经过由生料自动喂料系统控制的流量控制闸门进行喂料,生料由空气输送斜槽送到气力提升泵内。

这种均化库的主要优点是:均化电耗较低,一般为0.36~0.72 MJ/t,库内物料卸空率较高。主要缺点是:施工复杂,造价较高,而且由于搅拌仓的容积较小,所以均化效果不够理想,一般单库的均化效果可达7,双库并联时的均化效果可达10。该库适用于有预均化堆场,而且出磨生料波动较小的水泥厂。

(2) CF型控制流式均化库。

F.L.史密斯公司开发的控制流式均化库,简称CF(controlled flow)库。CF库的生料入库方式为单点进料,这同其他均化库是不同的。物料从库底的若干出料口同时以不同的速度卸出。这个装置结合窑的喂料装置,可以保证用较小的动力消耗来达到窑的喂料成分稳定。为了在一个连续工作的径流库内,不用空气搅拌而达到生料高度均匀,必须具备以下两个条件:

图 2.2-32 CF 型控制流式
均化库操作示意图

① 库内所有的生料都必须向出口保持稳定的移动；

② 生料必须以不同的滞留时间通过储库。

生料从 CF 库库底的几个点以不同的速度卸出，再把这些从不同出口卸出的料流加以混合。事实上，储库中的生料被划分成一些流动的料流，并以不同的流速平行移动，随后在窑的小型充气喂料仓或搅拌仓内做最后的搅拌。这样，入窑生料的化学成分就稳定了。操作原理如图 2.2-32 所示。

CF 库的特点如下。

① 物料连续进料，库顶安装了人孔、过压阀、低压阀和料位指示器等部件。

② 库底分为 7 个完全相同的六边形卸料区，每个区的中心设置了一个卸料口，上边由减压锥覆盖。

③ 卸料口下部与卸料阀及空气斜槽相连，将生料送到库底中央的小混合室中。库底小混合室由负荷传感器支承，以此控制料位及卸料的开停。

④ 库底由 42 块小扇面组成，所有这些小扇面都装有充气装置，使库内卸料形成的 42 个漏斗流按不同流量卸出。物料卸出的过程中，产生重力纵向均化的同时，也产生径向混合均化。

⑤ 由于依靠充气和重力卸料，物料在库内实现纵向及径向混合均化，各个卸料区可控制不同流速，再加上小混合室的空气搅拌，因此均化效果较高，一般可达 10～16，电耗为 0.72～1.08 MJ/t，生料卸空率也较高。

CF 库的缺点是：库内结构比较复杂，充气管路多，虽然自动化水平高，但维修比较困难。

（3）MF 型多料流式均化库。

德国伯利休斯公司在 20 世纪 70 年代制造了多料流式均化库（Polysius multiflow silo），简称 MF 库，如图 2.2-33 所示。MF 库的生料采用分配器和六根斜槽呈辐射状卸入库内，基本形成水平料层，库底是锥形，略向中心倾斜，中部有一中心混合室，中心室与库壁之间的库底分为 6～14 个充气区，每区设 3 条充气斜槽和 3 个卸料孔，卸料时向两相对区轮流充气。在卸料过程中，上方出现多股漏斗凹陷，漏斗沿直径排成一列，随充气的交换而旋转角度，这样不但产生重力混合，而且生料从库底卸入中心室后，中心室底部连续充气，使生料又获一次均化。由于这种库的均化原理是以料流重力混合为主要手段，所以电耗极省，一般为 0.43～0.58 MJ/t。MF 库单库使用时，均化效果达 7 以上，两库并联时可达 10。

（4）TP 型多料流式均化库。

中国天津 TP 库是在总结引进的混合室、IBAU 型均化库实践经验的基础上研发的一种库型,如图 2.2-34 所示。

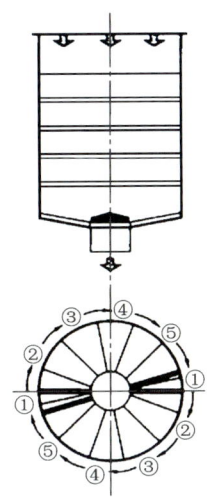

图 2.2-33 多料流式均化库(MF 库)

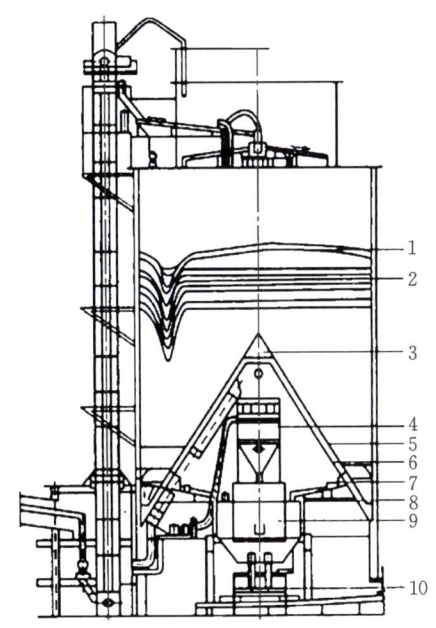

图 2.2-34 TP 型多料流式均化库

1—物料层;2—漏斗;3—库底中心锥;4—收尘器;5—钢制减压锥;
6—充气管道;7—气动流量控制阀;8—电动流量控制阀;
9—套筒式生料计量仓;10—固体流量计

这种库吸取了 IBAU 型和 MF 型库的经验,在库底部设置大型圆锥结构,使土建结构更加合理,同时将原设在库内的混合搅拌室移到库外,减少库内充气面积。圆壁与圆锥体周围的环形空间分 6 个卸料大区、12 个充气小区,每个充气小区向卸料口倾斜,斜面上装设充气箱,向各区轮流充气。当某区充气时,上部形成漏斗流,同时切割多层料面,库内生料流同时有径向混合作用。

这种库有以下特点。

① 在库顶采用溢流式生料分配器,向空气输送斜槽分配生料,生料入库后进行水平铺料。溢流式生料分配器分为内筒和外筒。内筒壁开有多个圆形孔洞,在外筒底部较高处开有 6 个出料口,与输送斜槽相连,将生料输送入库。

② 在库底卸料区上部设置减压锥,以降低卸料区的压力。生料由库中心的两个对称卸料口卸出。

③ 出库生料可经手动、气动、电动流量控制阀输送到计量小仓。小仓集混料、称量、喂料于一体。这个带称重传感器的小仓也由内、外筒组成。内筒壁开有孔洞,根据通管原理,进入计量仓外筒的生料与内筒生料会产生交换,并在内筒经搅拌后卸出。

TP 型多料流式均化库的电耗为 0.90 MJ/t,入窑生料的 CaO 含量标准偏差小于 0.25,均化效果 3~8,卸空率可达 98%~99%。

（5）NC 型多料流式均化库。

中国南京 NC 型多料流式均化库是在吸收 MF 型多料流式均化库经验的基础上研发的一种库型，如图 2.2-35 所示。

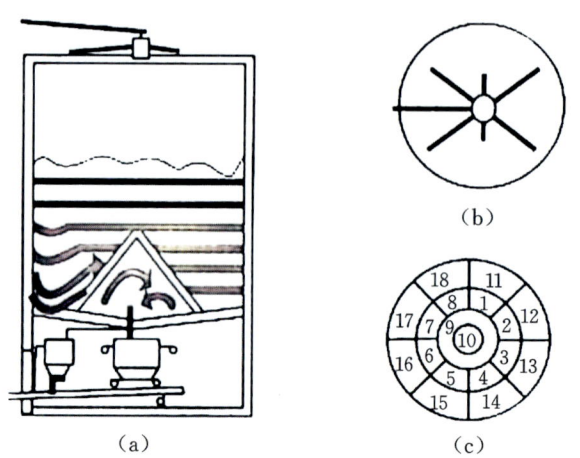

图 2.2-35 NC 型多料流式均化库

（a）剖面图；（b）库顶下料点分布图；（c）库内充气箱分布图

这种库有以下特点：

① 库顶多点下料，平铺生料。根据各个半径料点数量多少，确定半径大小，以保证流量平衡。各个下料点的最远作用点与该下料点距离相同，保证生料在平面上对称分布。

② 库内设有锥形中心室，库底共分 18 个区，中心室内为 1～10 区，中心室与库壁的环形区为 11～18 区。生料从外环区进入中心室，再从中心室卸入库下称重小仓。NC 库充气制度与 MF 库不同，在向中心室进料时，外环区充气箱仅对 11～18 区中的一个区充气，这会对更多料层起强烈的切割作用。物料进入中心仓后，在减压锥的减压作用下，中心区 1～8 区也轮流充气，并同外环区充气相对应，使进入中心区的生料能够迅速膨胀、活化及混合均化。9～10 区一直充气，进行活化卸料。卸料主要通过一根溢流管进行，保证物料不会在中心仓短路。

③ 库内中心仓未设料位计，而是通过充气管道上的压力测量反映中心仓内料位状况。实践证明这种方法可靠、有效。

NC 型多料流式均化库的电耗为 0.86 MJ/t，入窑生料的 CaO 含量标准偏差小于 0.2，均化效果不小于 8，生料卸空率也较高。

3）各种类型均化库的比较

各种类型均化库的综合比较见表 2.2-15。

表 2.2-15　各种类型均化库的综合比较

均化库种类	间歇式均化库		混合室均化库		多料流式均化库				
均化库名称	双层均化库	串联操作均化库	彼得斯混合室库	彼得斯均化室库	IBAU中心室库	伯利休斯MF库	史密斯CF库	天津TP库	南京NC库
均化空气压力/kPa	200~250	200~250	60~80	60~80	60~80	60~80	50~80	60~80	60~80
均化空气量/(m³/t生料)	9~15	16~29	10~15	18~25	7~10	7~10	7~12	7~10	7~10
均化电耗/(MJ/t生料)	1.44~2.34	2.52~4.32	0.54~1.08	1.80~2.16	0.36~0.72	0.54左右	0.72~1.08	0.9	0.86
均化效果	10~15	8~10	5~9	11~15	7~10	7~10	10~16	3~8	≥8
均化方式(主要作业)	上库空气搅拌	全库空气搅拌	多点布料,下漏斗效应,下部混合室空气搅拌	多点布料,下漏斗效应,下部均化室空气搅拌	多点布料,库内有6~8个充气区,多漏斗流向库底中心室卸料	多点布料,库内有6~14个充气区,多漏斗流向库底中心室卸料	单向下料,库内有42个充气区,分7个卸料区,向下部混合室卸料	多点布料,有6个卸料大区,12个充气小区,多漏斗流及径向混料,卸入库下小仓	多点布料,18个区,中心区为1~10区,外环形区为11~18区,多漏斗流,轴向及径向混料,卸入库下小仓
基建投资(相对比较)	很高	最高	低	低	较高	较低	较高	一般	一般
操作要求(相对比较)	复杂	简单	很简单	很简单	很简单	简单	简单	简单	简单
结构或均化库的特点(相对比较)	库高60~70 m,土建费用高,管理和操作都较复杂	土建费用很高,效率高,电力消耗量最大	建设费用低,管理方便,维护容易	建设费用低,管理方便,维护容易,电耗较大	土建结构较复杂,但电耗极低,操作很简单	管理方便,电耗也很低	均化效果很好,但控制系统较复杂,建设费较高	土建结构合理,电耗较低	土建结构合理,电耗低

▶▶▶ 2.3　熟料煅烧与冷却

水泥熟料的煅烧是水泥生产的中心环节。本节将对熟料煅烧的物理化学反应,新型干法水泥熟料煅烧的关键设备——预热器、分解炉、回转窑、冷却机、燃烧器,煤粉制备及微量元素对熟料的影响进行介绍。

2.3.1　熟料煅烧过程中的物理化学反应

生料在水泥窑内经过连续加热,高温煅烧至部分熔融,经过一系列的物理化学反应,得到以硅酸钙为主要成分的硅酸盐水泥熟料的工艺过程叫硅酸盐水泥熟料的煅烧,简称熟料煅烧。

熟料煅烧的物理化学反应环节主要有干燥、脱水、碳酸盐分解、固相反应、熟料烧结、熟料冷却。在新型干法水泥中各环节的热耗和反应部位如表 2.3-1 所示。

表 2.3-1　熟料煅烧中物理化学反应环节

物理化学反应环节	反应类型	反应部位
干燥(自由水蒸发)	吸热	预热器 C_1
黏土质原料脱水	吸热	预热器 $C_1 \sim C_4$
碳酸盐分解	强吸热	分解炉、回转窑
固相反应	放热	回转窑
熟料烧结	微吸热	回转窑
熟料冷却	放热	篦冷机

2.3.1.1　生料的干燥和脱水

干燥即自由水的蒸发过程。生料中都有一定量的自由水,生料中自由水的含量因生产方法与窑型不同而异。干法窑生料含水量一般不超过 1.0%;立窑、立波尔窑生料需加水 12%~14%成球;湿法生产的料浆水分为 30%~40%。自由水的蒸发温度为 100~150 ℃。生料加热到 100 ℃左右,自由水开始蒸发,当温度升到 150~200 ℃时,生料中自由水全部被排出。自由水的蒸发过程消耗的热量很大,每千克水蒸发热高达 2257 kJ。如湿法窑料浆含水 35%,每生产 1 kg 水泥熟料用于蒸发水分的热量高达 2100 kJ,占湿法窑热耗的 1/3 以上。降低料浆水分是降低湿法生产热耗的重要途径。

脱水即黏土中矿物分解放出结合水。黏土矿物的结合水有两种:一种以 OH^- 离子状态存在于晶体结构中,称为晶体配位水(也称结构水);另一种以分子状态吸附于晶层结构间,称为晶体层间水或层间吸附水。层间水在 100 ℃左右即可除去,而配位水则必须在 400～600 ℃范围才能脱去,具体温度范围取决于黏土的矿物组成。下面以高岭土为例,说明黏土的脱水过程。

高岭土主要由高岭石($2SiO_2 \cdot Al_2O_3 \cdot nH_2O$)组成。加热温度达 100 ℃时高岭石失去吸附水,温度升高至 400～600 ℃时高岭石失去结构水,变为偏高岭石($2SiO_2 \cdot Al_2O_3$),并进一步分解为化学活性较高的无定型氧化铝和氧化硅。黏土中的主要矿物高岭土发生脱水分解反应,如下式所示:

$$2SiO_2 \cdot Al_2O_3 \cdot nH_2O \xrightarrow{400～600 ℃} 2SiO_2 \cdot Al_2O_3 + nH_2O \tag{2.3-1}$$

$$2SiO_2 \cdot Al_2O_3 \xrightarrow{400～600 ℃} 2SiO_2 + Al_2O_3 \tag{2.3-2}$$

由于偏高岭石中存在着 OH^- 离子跑出后留下的空位,通常把它看成无定型的 SiO_2 和 Al_2O_3,这些无定型物具有较高的化学活性,为下一步与氧化钙反应创造了有利条件。

2.3.1.2 碳酸盐分解

碳酸盐分解是熟料煅烧的重要过程之一。石灰石中的碳酸钙($CaCO_3$)和少量碳酸镁($MgCO_3$)在煅烧过程中都要分解放出二氧化碳。其分解过程需要吸收大量的热,是熟料煅烧过程中消耗热量最多的一个过程,其反应式如下:

$$MgCO_3 \overset{600 ℃}{\Longleftrightarrow} MgO + CO_2 \uparrow \tag{2.3-3}$$

$$CaCO_3 \overset{900 ℃}{\Longleftrightarrow} CaO + CO_2 \uparrow \tag{2.3-4}$$

1. 碳酸盐分解反应特点

1)可逆反应

碳酸盐的分解过程受系统温度、周围介质中 CO_2 分压的影响较大。升温并供给足够的热量,及时排除周围介质中的 CO_2,降低周围介质中的 CO_2 分压,有利于分解反应的顺利进行。

2)强吸热反应

碳酸盐的分解过程是熟料形成过程中消耗热量最多的一个工艺过程,分解所需总热量约占湿法生产总热耗的 1/3,约占新型干法窑的 1/2。因此,为了使分解反应顺利进行,必须保持较高的反应温度,并提供足够的热量。

3)烧失量大

每 100 kg 纯碳酸钙分解后排除的挥发性 CO_2 气体为 44 kg,烧失量占 44%。但在实际生产中,由于石灰石含有其他成分,故烧失量一般在 40%左右。

4)分解温度与矿物晶体结构有关

石灰石中伴生矿物和杂质一般会降低分解温度。方解石的结晶程度高、晶体粗大,则分解温度高;反之,微晶的分解温度低。

通常碳酸钙在 600 ℃时已开始有微弱分解;800～850 ℃时分解速度加快;894 ℃时

分解出的 CO_2 分压达 0.1 MPa,分解反应快速进行;1100～1200 ℃时分解反应极为迅速。

2. 碳酸盐颗粒的分解过程

碳酸钙颗粒的分解过程如图 2.3-1 所示。颗粒表面首先受热,达到分解温度后分解放出 CO_2,表层变为 CaO,分解反应面逐步向颗粒内层推进,分解放出的 CO_2 通过 CaO 层扩散至颗粒表面并进入气流中。反应可分为五个过程,用等效电路来表示分解各个过程的阻力,如图 2.3-2 所示。

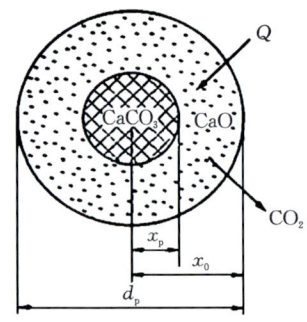

图 2.3-1　碳酸钙颗粒分解过程

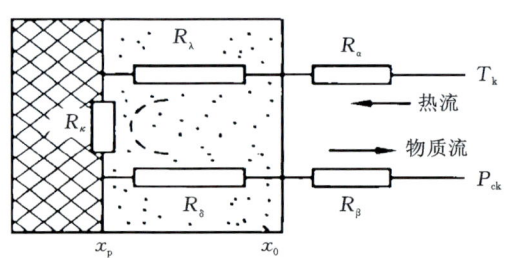

图 2.3-2　等效电路示意图

（1）气流向颗粒表面的传热过程,其阻值用 R_α 表示;
（2）颗粒内部通过 CaO 层向反应面导热,阻值为 R_λ;
（3）反应面上的化学反应,阻值为 R_κ;
（4）反应产物 CO_2 通过 CaO 层的传质,阻值为 R_δ;
（5）颗粒表面 CO_2 向外界的传质,阻值为 R_β。

这五个过程中,四个是物理传递过程,一个是化学动力学过程。显然,哪个过程的阻值最大,该过程即为控制因素。随着反应的进行,反应面不断向核心推移,各阻值也在不断变化。五个过程各受不同因素的影响,都可能影响分解过程,各因素影响的程度亦不相同。

3. 影响碳酸盐分解的主要因素

1) 石灰质性质

以最常见的石灰石为例。石灰石中伴生的其他矿物和杂质一般具有降低分解温度的作用,这是由于石灰石中的 SiO_2、Al_2O_3、Fe_2O_3 等增强了方解石的分解活力,但各种不同的伴生矿物和杂质对分解的影响是有差异的。方解石晶体越小,所形成的 CaO 缺陷结构的浓度越大,反应性越好,相对分解速度越快。一般来说,石灰石分解的活化能在 125.6～251.2 kJ/mol,当伴生有杂质、晶体细小时,其活化能将降低,一般在 190 kJ/mol 以下。石灰石分解活化能越低,CaO 的化合作用越强,β-C_2S 等的形成速度越快。

2) 生料细度和颗粒级配

生料细度也是影响碳酸盐分解的重要因素。生料颗粒粒径越小,比表面积越大,传热面积增大,分解速度加快;生料颗粒均匀,粗颗粒少,也可加速碳酸盐的分解。因此,适当提高生料的粉磨细度和生料的均匀性有利于碳酸盐的分解。

3) 生料悬浮分散程度

近年来,对细颗粒石灰石粉料在悬浮态下的分解机理、分解速率和影响因素的系统研究认为,在悬浮态反应器内,生料粉中石灰石颗粒 $CaCO_3$ 分解所需时间主要取决于化学反应速率。

一般生料的比表面积为 $200\sim400$ m²/kg,悬浮于气流中时,具有巨大的传热面积和 CO_2 扩散传质面积;又由于生料颗粒直径小,内部传热阻力和传质阻力均较小,相比之下,化学反应速率较慢,化学反应过程成为 $CaCO_3$ 分解的主要控制因素。回转窑分解带内的料粉颗粒虽细,但处于堆积状态,与气流的传热面积小;料层内部颗粒四周被 CO_2 包裹,CO_2 分压大,与气流的传质面积小,所以回转窑内 $CaCO_3$ 分解过程仍为传热、传质控制过程。只有将分解过程移至悬浮态或流化态的分解炉,才能使分解过程由物理控制过程转化为化学控制过程。

4) 温度

碳酸盐分解是吸热反应,每 1 kg 纯碳酸钙在 890 ℃时分解吸收热量为 1645 kJ,是熟料形成过程中消耗热量最多的一个工艺过程。分解所需总热量约占湿法生产总热耗的 1/3,约占悬浮预热器的 1/2,因此,提供足够的热量可以提高碳酸盐的分解速度。

温度升高使分解速度加快。通过实验得知,温度每升高 50 ℃,分解速度约增加一倍,分解时间约缩短 50%;当物料温度升到 900 ℃后,$CaCO_3$ 分解反应将迅速进行,分解时间缩短。在分解炉内,由于供热速度极快,一般分解炉的实际分解温度为 $820\sim850$ ℃,料粉分解率达 $85\%\sim95\%$,所需分解时间平均为 $4\sim10$ s。当分解温度较高时,分解速度受分解炉中 CO_2 浓度的影响较小,但当温度在 850 ℃以下时,其影响将显著增大(表 2.3-2)。

表 2.3-2　分解温度、CO_2 浓度与分解时间的关系

分解温度 /℃	炉气中 CO_2 浓度/(%)	特征粒径 30 μm 完全分解时间/s	平均分解率达 85% 的分解时间/s	平均分解率达 95% 的分解时间/s
820	0	12.3	6.3	14
	10	19.3	11.2	22.6
	20	45.1	25.1	55.2
850	0	7.9	3.9	8.7
	10	10.3	5.2	11.3
	20	15	7.5	16.5

分解温度/℃	炉气中 CO_2 浓度/(%)	特征粒径 30 μm 完全分解时间/s	平均分解率达 85% 的分解时间/s	平均分解率达 95% 的分解时间/s
870	0	5.6	2.8	6.1
	10	6.9	3.5	7.6
	20	8.7	3.9	9.6
900	0	3.7	1.9	3.9
	10	4.1	2.2	4.6
	20	4.7	2.5	5

5）窑内通风

碳酸盐分解是可逆反应,受系统温度和周围介质中 CO_2 的分压影响较大。为了使分解反应顺利进行,必须保持较高的反应温度和良好的通风,降低周围介质中 CO_2 的分压。如果将碳酸盐的反应放在密闭的容器中于一定温度下进行,随着碳酸钙的不断分解,周围介质中 CO_2 的分压不断增加,分解速度将逐渐变慢,直到反应停止。因此,加强窑内通风,减小窑内 CO_2 压力,及时将 CO_2 气体排出,有利于碳酸钙的分解。实验表明,废气中 CO_2 含量每减少 2%,可使分解时间约缩短 10%;若窑内通风不畅,CO_2 不能及时被排出,废气中 CO_2 含量增加,会延长碳酸盐的分解时间。因此,窑内通风对碳酸盐的分解起着重要作用。

6）黏土质原料性质

如果黏土质原料的主导矿物是高岭土,由于其活性大,在 800 ℃下能与氧化钙或直接与碳酸钙进行固相反应,生成低钙矿物,则可以促进碳酸钙的分解过程;反之,如果黏土质原料的主导矿物是活性差的蒙脱石和伊利石,则碳酸钙的分解速度慢。

2.3.1.3 固相反应

固相反应是指固相与固相之间所进行的反应。

1. 反应特点

黏土和石灰石分解以后分别形成了 CaO、MgO、SiO_2、Al_2O_3 等氧化物,在固相反应中,其主要特征为多级反应,这些氧化物将随着温度的升高而形成各种矿物:

800 ℃,开始形成 CA($CaO \cdot Al_2O_3$)、C_2F($2CaO \cdot Fe_2O_3$)、C_2S($2CaO \cdot SiO_2$);

800~900 ℃,开始形成 $C_{12}A_7$($12CaO \cdot 7Al_2O_3$);

900~1000 ℃,开始形成 C_2AS($2CaO \cdot Al_2O_3 \cdot SiO_2$)、$C_3A$($3CaO \cdot Al_2O_3$)、$C_4AF$($4CaO \cdot Al_2O_3 \cdot Fe_2O_3$);

1100~1200 ℃,大量形成 C_3A 与 C_4AF,同时 C_2S 含量达最大值。

2. 固相反应的主要影响因素

1）生料细度及其均匀程度

由于固相反应是固体物质表面相互接触而进行的反应,当生料细度较小时,组分之间接触面积增加,固相反应速度也就加快。理论上认为,生料越细对煅烧越有利,但生料细度过小会使磨机产量降低,同时电耗增加。因此,粉磨细度应考虑原料种类、粉磨设备及煅烧设备的性能,以达到优质、高产、低消耗的综合效益为宜。

通过实验发现,由于物料反应速度与颗粒尺寸的平方成反比,因而少量较大尺寸的颗粒存在也会显著延缓反应过程的完成。所以,控制生料的细度既要考虑生料中细颗粒的含量,也要考虑使颗粒分布在较窄的范围内,保证生料的均齐性。生料细度一般控制在 0.080 mm 方孔筛筛余 8%～12%,0.2 mm 方孔筛筛余 1.0%～1.5%。

生料均匀混合,使生料各组分之间充分接触,有利于固相反应进行。以前湿法生产的料浆由于流动性好,生料中各组分之间混合较均匀;干法生产则要通过空气均化达到生料成分均匀的目的。

2）原料性质

原料中含有石英砂(结晶型的 SiO_2)时,熟料矿物很难生成,会使熟料中游离氧化钙含量增加。因为结晶型 SiO_2 在加热过程中只发生晶型的转变,晶体未受到破坏,晶体内分子很难离开晶体而参加反应,所以固相反应的速度明显降低,特别是原料中含有粗颗粒石英砂时,影响更大。原料中含的燧石结核(结晶型的 SiO_2)硬度大,不易磨细,它的反应能力亦较无定型的 SiO_2 低得多,对固相反应非常不利,因此要求原料中不含或少含燧石结核。而黏土中的 SiO_2 情况不同,黏土在加热时,分解成游离态的 SiO_2 和 Al_2O_3,其晶体已经被破坏,因而容易与碳酸钙分解出的 CaO 发生固相反应,形成熟料矿物。

3）温度

温度提高使质点能量增加,从而提高了质点的扩散速度和化学反应速度,所以使固相反应速度加快。

4）矿化剂

能加速结晶化合物的形成,使水泥生料易烧的少量外加剂称为矿化剂。矿化剂可以通过与反应物作用而使晶格活化,从而增强反应能力,加速固相反应。

熟料形成过程中,固相反应次序虽如前所述,但实际上随着原料的性能、粉磨细度、加热速度等条件的变化,各矿物形成的温度有一定范围,而且会相互交叉。如 C_2S 虽然在 800～900 ℃内开始形成,但全部的 C_2S 形成要在 1200 ℃,而生料的不均匀性使交叉的温度范围更宽。

2.3.1.4 熟料烧结

物料加热到最低共熔温度(物料在加热过程中,两种或两种以上组分开始出现液相的温度称为最低共熔温度)时,物料中开始出现液相。液相主要由 C_3A 和 C_4AF 所组成,还有少量的 MgO、Na_2O、K_2O 等,在液相的作用下进行熟料烧结。

1. 熟料烧结过程

熟料的烧结包含三个过程:C_2S 和 CaO 逐步溶解于液相中并扩散;C_3S 晶核的形成;C_3S 晶核的发育和长大。

在液相出现后,C_2S 和 CaO 都开始溶于其中,在液相中 C_2S 吸收游离氧化钙形成 C_3S,其反应式如下:

$$C_2S(液) + CaO(液) \xrightarrow{1350\sim1450\ ℃} C_3S(固) \tag{2.3-5}$$

随着温度升高和时间延长,液相量增加,液相黏度降低,CaO 和 C_2S 不断溶解、扩散,C_3S 晶核不断形成,并逐渐发育、长大,最终形成直径几十微米、发育良好的阿利特晶体。与此同时,晶体不断重排、收缩、密实化,物料逐渐由疏松状态转变为色泽灰黑、结构致密的熟料(图 2.3-3)。

大量 C_3S 的生成是在液相出现之后,普通硅酸盐水泥物料一般在 1300 ℃左右时就开始出现液相,而 C_3S 形成的温度约在 1350 ℃,一般在 1450 ℃下绝大部分 C_3S 生成,所以熟料烧成温度一般为 1300~1450 ℃。正常熟料中的岩相如图 2.3-4 所示。

图 2.3-3　正常外观熟料

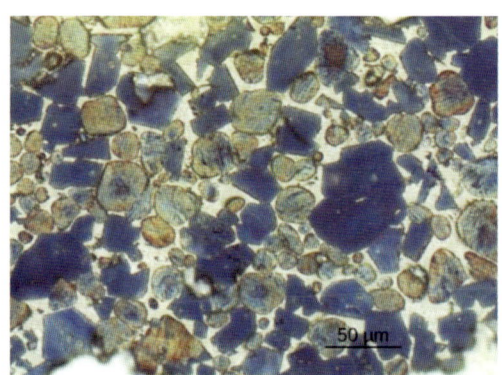

图 2.3-4　岩相下正常均布的 C_3S 和 C_2S

任何反应过程都需要有一定时间,C_3S 的形成也不例外。它的形成不仅需要有一定温度,而且需要在烧成温度下停留一段时间,使其能充分反应。在煅烧较均匀的回转窑内时间可短些,而在煅烧不均匀的立窑内时间需长些,但时间不宜过长,否则易使 C_3S 生成粗而圆的晶体,从而使其强度不仅发挥慢而且还要降低。一般需要在高温下煅烧 20~30 min。

2. 熟料烧结的影响因素

C_3S 的形成也可以通过固相反应来完成,但需要较高的温度(1650 ℃以上),在工业上没有实用价值。为了降低煅烧温度、缩短烧成时间、降低能耗,需要利用液相反应充分形成 C_3S。从上述烧结的流程可知,熟料烧结形成 C_3S 的过程,与液相形成温度、液相量、液相性质,以及氧化钙、硅酸二钙溶解于液相的速度和离子扩散速度等各种因素有关。

1) 最低共熔温度

最低共熔温度取决于系统组分的数目和性质。表2.3-3列出了一些系统的最低共熔温度。

表 2.3-3　最低共熔温度

系统	最低共熔温度/℃
$C_3S-C_2S-C_3A$	1455
$C_3S-C_2S-C_3A-Na_2O$	1430
$C_3S-C_2S-C_3A-MgO$	1375
$C_3S-C_2S-C_3A-Na_2O-MgO$	1365
$C_3S-C_2S-C_3A-C_4AF$	1338
$C_3S-C_2S-C_3A-Na_2O-Fe_2O_3$	1315
$C_3S-C_2S-C_3A-Fe_2O_3-MgO$	1300
$C_3S-C_2S-C_3A-Na_2O-Fe_2O_3-MgO$	1280

由表2.3-3可以看出,系统组分的数目和性质都影响系统的最低共熔温度。组分数愈多,最低共熔温度愈低。硅酸盐水泥熟料一般有氧化镁、氧化钠、氧化钾、硫酐、氧化钛、氧化磷等组分,最低共熔温度为1280℃左右。适量的矿化剂与其他微量元素等可以降低最低共熔温度,使熟料烧结所需的液相提前出现(约1250℃),但含量过多时,会对熟料质量造成影响,故对其含量要有一定限制。

2) 液相量

液相量不仅与组分的性质有关,也与组分的含量、熟料烧结温度有关。一般铝酸三钙和铁铝酸四钙在1300℃左右时,都能熔成液相,所以称C_3A与C_4AF为熔剂性矿物,而C_3A与C_4AF的增加必须是Al_2O_3和Fe_2O_3的增加,所以熟料中Al_2O_3和Fe_2O_3的增加使液相量增加,熟料中MgO、R_2O等成分也能增加液相量。

液相量与组分的性质、含量及熟料烧结温度有关,所以不同的生料成分与煅烧温度等对液相量有很大影响。一般水泥熟料煅烧阶段的液相量为20%~30%。

硅酸盐水泥熟料成分生成的液相量可用下式进行近似计算。

当烧成温度为1400℃时:

$$L = 2.95A + 2.2F + M + R \tag{2.3-6}$$

当烧成温度为1450℃时:

$$L = 3.0A + 2.25F + M + R \tag{2.3-7}$$

式中:L——液相百分含量,%;

A——熟料中 Al_2O_3 的百分含量,%;

F——熟料中 Fe_2O_3 的百分含量,%;

M——熟料中 MgO 的百分含量,%;

R——熟料中 R_2O 的百分含量,%。

从上述公式可知,影响液相量的主要成分是 Al_2O_3、Fe_2O_3、MgO 和 R_2O,后两者在含量较多时为有害成分,只有通过增加 Al_2O_3 和 Fe_2O_3 的含量来增加液相量,以利于 C_3S 的生成。但液相量过多,易结大块、结圈等,所以液相量要控制适当。MgO 含量过高时的熟料外观如图 2.3-5 所示,因煅烧温度高或者液相多造成的熟料孔洞偏圆形孔如图 2.3-6 所示。

图 2.3-5 MgO 含量过高时的熟料外观

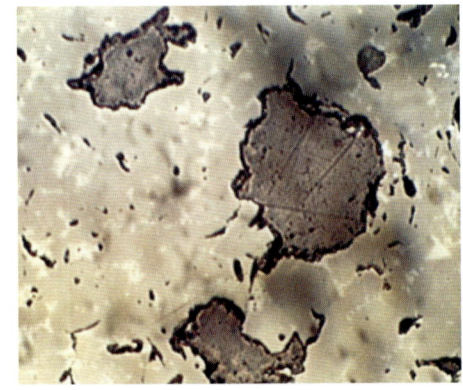

图 2.3-6 岩相中呈圆孔状孔洞(温度高或液相多)

3) 液相黏度

液相黏度对硅酸三钙的形成影响较大。黏度小,液相中质点的扩散速度增加,有利于硅酸三钙的形成。

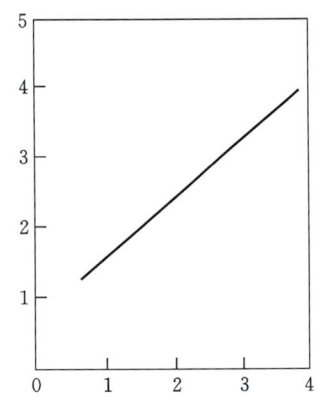

图 2.3-7 铝率对液相黏度的影响

C_3A 和 C_4AF 都是熔剂性矿物,但它们生成的液相黏度是不同的,C_3A 形成的液相黏度大,C_4AF 形成的液相黏度小。因此,当熟料中的 C_3A 或 Al_2O_3 含量增加,C_4AF 或 Fe_2O_3 含量减少时,即熟料的铝率增加时,生成的液相黏度增加;反之,则液相黏度减小。铝率与液相黏度的关系如图 2.3-7 所示。由图可知液相黏度随铝率增加而增加,几乎是呈直线增加。从烧成的角度看,铝率高对烧成不利,使 C_3S 不易生成;但从水泥熟料性能角度看,C_3A 含量高的熟料的强度发挥快,早期强度高,而且 C_3A 的存在对 C_3S 强度的发挥也有利,同时有适当含量的 C_3A 水泥熟料的凝结时间也易正常。所以铝率要适当,一般在 0.9~1.6 之间波动。

4）煅烧温度

通过提高温度，离子动能增加，减弱了相互间的作用力，也可以降低液相的黏度，有利于硅酸三钙的形成，但煅烧温度过高，物料易在窑内结大块、结圈等，同时会引起热耗增加，并影响窑的安全运转。温度与液相黏度的关系如图 2.3-8 所示。

由图可知，在 1450 ℃时 C_2S 与 CaO 所饱和的液相的组成随液相中离子状态和相互作用力的变化而异。同时部分微量成分也对液相黏度构成影响，例如随着 R_2O 含量的增加，液相黏度会增加，但 MgO、K_2SO_4、Na_2SO_4、SO_3 含量增加，液相黏度会有所下降。

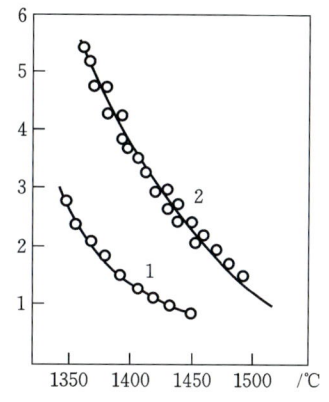

图 2.3-8　温度对液相黏度的影响

5）液相的表面张力

液相的表面张力越小，越易润湿固体物质或熟料颗粒，有利于固液反应，促进 C_3S 的形成。液相的表面张力与液相温度、组成和结构有关。液相中有镁、碱、硫等物质存在时，可降低液相表面张力，从而促进熟料烧结。

6）氧化钙溶解于液相的速度

C_3S 的形成也可以视为 C_2S 和 CaO 在液相中的溶解过程。C_2S 和 CaO 逐步溶解于液相的速度越快，C_3S 的成核与发展也越快。因此，要加速 C_3S 的形成，实际上就是提高 C_2S 和 CaO 的溶解速率，而这个速率大小受 CaO 颗粒大小和液相黏度所控制。实验表明，随着 CaO 粒径减小和温度升高，CaO 溶解速率增大。

2.3.1.5　熟料冷却

熟料烧成后就要进行冷却。冷却的主要目的是：回收熟料余热，降低热耗，提高热效率；改进熟料质量，提高熟料的易磨性；降低熟料温度，便于熟料的运输、储存和粉磨。熟料冷却的好坏及冷却速度，对熟料质量影响较大，因为部分熔融的熟料，其中的液相在冷却时往往还与固相进行反应。

1. 熟料冷却速度

熟料中矿物的结构决定于冷却速度、固液相中的质点扩散速度和固液相的反应速度等。如果冷却很慢，使固液相中的离子扩散足以保证固液相间的反应充分进行，称为平衡冷却；如果冷却速度中等，使液相能够析出结晶，由于固相中质点扩散很慢，不能保证固液相间的反应充分进行，称为独立结晶；如果冷却很快，使液相不能析出晶体成为玻璃体，称为淬冷。C_3S-C_2S-C_3A 系统冷却速度与矿物组成的关系见表 2.3-4。

表 2.3-4　C₃S-C₂S-C₃A 系统冷却速度与矿物组成的关系

冷却制度	$C_3S/(\%)$	$C_2S/(\%)$	$C_3A/(\%)$	玻璃体/(%)
平衡冷却	60	13.5	26.5	—
某点淬冷	68	—	—	32

2. 熟料急冷的作用

1）防止或减少 β-C₂S

C_2S 由于结构排列不同有不同的结晶形态，而且相互之间能发生转化。煅烧时形成的 β-C_2S 在冷却的过程中若慢冷就易转化成 γ-C_2S，β-C_2S 的相对密度为 3.28，而 γ-C_2S

图 2.3-9　因急冷不够而粉化的熟料

的相对密度为 2.97。β-C_2S 转变成 γ-C_2S 后体积增加 10%，由于体积的增加产生了膨胀应力，会引起熟料的粉化（图 2.3-9），而且 γ-C_2S 几乎无水硬性。当熟料快冷时可以迅速越过晶型转变温度，使 β-C_2S 来不及转变成 γ-C_2S 而以介稳状态保存下来，同时急冷时玻璃体较多，这些玻璃体包裹住了 β-C_2S 晶体使其稳定下来，因而防止或减少 β-C_2S 转化成 γ-C_2S，提高了熟料的水硬性，增强了熟料的强度。

2）防止或减少 C₃S 的分解

当温度低于 1280 ℃，尤其在 1250 ℃ 时，C_3S 易分解成 C_2S 和二次 f-CaO，使熟料强度降低。当熟料急冷时，温度迅速从烧成温度开始下降，越过 C_3S 的分解温度，使 C_3S 来不及分解而以介稳状态保存下来，从而防止或减少 C_3S 的分解，保证了水泥熟料的强度。

3）改善水泥的安定性

当熟料慢冷时，MgO 结晶成方镁石，水化速度很慢，往往几年后还在水化，水化后生成 $Mg(OH)_2$，体积增加 148%，使水泥硬化试体体积膨胀而遭到破坏，导致水泥安定性不良。当熟料急冷时，熟料液相中的 MgO 来不及析晶，或者即使结晶也来不及长大，晶体的尺寸非常细小，其水化速度相对于较大尺寸的方镁石晶体快，与其他矿物的水化速度大致相等，对安定性的危害很小。尤其当熟料中 MgO 含量较高时，急冷可以克服由其含量高所带来的不利影响，达到改善水泥安定性的目的。

4）减少熟料中 C₃A 结晶体

急冷时 C_3A 来不及结晶出来而存在于玻璃体中，或结晶细小。结晶型的 C_3A 水化后易使水泥快凝，而非结晶的 C_3A 水化后不会使水泥浆快凝。因此，急冷的熟料加水后不易产生快凝,凝结时间容易控制。实验表明,呈玻璃态的 C_3A 很少会受到硫酸钠或硫酸镁的侵蚀,有利于提高水泥的抗硫酸盐性能。

5）提高熟料易磨性

由于体积效应在颗粒内部不均衡地发生,熟料产生较大的内部应力,从而提高熟料易磨性。

从上述分析可知,熟料的急冷对熟料质量、充分利用能源及生产过程有重要的作用。如何使熟料快速冷却并尽可能回收熟料余热,一直是水泥熟料生产过程中的重要课题。从设备、操作入手,加速熟料的冷却是水泥生产中的重要环节。回转窑要选用高效率的冷却机,如现代新型篦式冷却机等对熟料进行高效冷却、回收余热;还可通过加强鼓风,使风机有足够的风量和风压,同时减小和均匀窑内通风阻力来实现对熟料的冷却,提高窑的热效率。

2.3.1.6 熟料热耗

熟料热耗是指生产熟料所需消耗的热能量。它通常用单位面积（或单位产量）的能耗来表示,单位为千焦耳/千克熟料。具体数值会因不同熟料生产工艺、设备、原材料等因素而有所不同。

1. 生成 1 kg 熟料的理论热耗

以 20 ℃ 为计算的温度基准。假定生成 1 kg 熟料所需理论生料量约为 1.55 kg,在一般原料的情况下,根据物料在反应过程中的化学反应热和物理热,可计算出生成 1 kg 普通硅酸盐水泥熟料的理论热耗:

$$理论热耗＝吸收总热量－放出总热量 \tag{2.3-8}$$

假定生产 1 kg 熟料的生料中石灰石和黏土配合比为 78：22,基准温度为 0 ℃,则熟料理论热耗的计算如表 2.3-5 所示。

表 2.3-5 生成 1 kg 硅酸盐水泥熟料的理论热耗

类别	序号	项目	热效应/(kJ/kg)	所占比例/(%)
吸收热量	1	干生料由 0 ℃ 加热到 450 ℃	736.53	17.3
	2	黏土在 450 ℃ 脱水	100.35	2.4
	3	生料自 450 ℃ 加热到 900 ℃	816.25	19.2
	4	碳酸钙在 900 ℃ 分解	1982.40	46.5
	5	物料自 900 ℃ 加热到 1400 ℃	516.50	12.0
	6	熔融净热	109	2.6
		合计	4261.03	100

续表

类别	序号	项目	热效应/(kJ/kg)	所占比例/(%)
放出热量	1	脱水黏土结晶放热	28.47	1.1
	2	矿物组成形成热	405.86	16.1
	3	熟料自 1400 ℃冷却到 0 ℃	1528.80	60.5
	4	CO_2 自 900 ℃冷却到 0 ℃	512.79	20.3
	5	水蒸气自 450 ℃冷却至 0 ℃	50.62	2.0
		合计	2526.54	100

理论热耗＝4261.03 kJ/kg－2526.54 kJ/kg＝1734.49 kJ/kg

由于原料和燃料不同，以及原料的配合比和熟料组成的变化，煅烧时的理论热耗有所不同，一般波动为 1630～1800 kJ/kg。

从表 2.3-5 可以看出，在水泥熟料形成过程中的吸热反应中，碳酸盐分解吸收的热量最多，约占总吸热量的一半；而在放热反应中，熟料冷却放出的热量最多，占放热量的 50% 以上。因此，降低碳酸盐分解吸收的热量和有效提高熟料冷却余热的利用率是提高热效率的有效途径。熟料形成热还可用下列经验公式进行计算：

$$Q_{形} = G_{干}[4.5w(Al_2O_3) + 29.6w(CaO) + 17w(MgO)] - 284 \qquad (2.3\text{-}9)$$

式中：$Q_{形}$——熟料形成热，kJ/kg；

$\quad G_{干}$——生成 1 kg 熟料所需理论干生料量，kg；

$\quad w(Al_2O_3)$、$w(CaO)$、$w(MgO)$——生料中各氧化物含量，%。

2. 影响熟料热耗的因素

在实际生产中，由于熟料形成过程中物料不可能没有损失，也不可能没有热量损失，而且废气、熟料不可能冷却到计算的基准温度(0 ℃或 20 ℃)，因此，熟料形成的实际消耗热量要比理论热耗大。每煅烧 1 kg 熟料，窑内实际消耗的热量称为熟料实际热耗，简称熟料热耗，也叫熟料单位热耗。其主要影响因素如下。

1）生产方法与窑型

生产方法不同，生料在煅烧过程中消耗的热量不一。如湿法生产需蒸发大量的水分而耗热巨大，而新型干法生料粉在悬浮态受热，热效率较高。因此，湿法热耗一般较干法高，而新型干法生产的熟料热耗较干法中空窑热耗要低。窑的结构、规格大小也是影响熟料热耗的重要因素，因为传热效率高，则热耗低。

2）废气余热的利用

熟料冷却时会放出大量热，虽然这部分热量是必须释放的，但可以设法最大限度地回收利用。熟料冷却时产生的废气可用作助燃空气或是利用窑尾废气余热发电；提高煅烧设备的热效率,最大限度降低窑尾排放的废气温度,则可以降低热损失,从而降低熟料热耗。

3）生料组成、细度及生料易烧性

生料的成分合适,细度小,颗粒级配均匀,则生料的易烧性好。易烧性好的生料,则热耗低;而易烧性差的生料,则热耗大。

4）燃料不完全燃烧热损失

燃料的不完全燃烧包括机械不完全燃烧和化学不完全燃烧。燃煤质量不稳定及质量差、煤粒过粗或过细、操作不当等均是引起不完全燃烧的原因。在立窑中,通风不良、料球碎裂等亦是造成煤燃烧不完全的重要原因。煤燃烧不完全,煤耗必然增加,熟料热耗增大。

5）窑体散热损失

窑内衬隔热保温效果好,则窑体散热损失小;否则散热损失大,熟料热耗增加。

6）矿化剂及微量元素的作用

适量加入矿化剂或复合矿化剂、晶种,或合理利用微量组分,可以改善易烧性或加速熟料烧成,从而降低熟料热耗。

此外,稳定煅烧过程的热工制度,提高煅烧设备的运转率和水泥窑的产量等均有利于提高窑的热效率,降低熟料热耗。

2.3.1.7 微量元素对熟料煅烧和质量的影响

水泥熟料煅烧时,原料和燃料除带入主要化学成分 CaO、SiO_2、Al_2O_3、Fe_2O_3 外,还会带入一些微量氧化物,如 $R_2O(Na_2O、K_2O)$、SO_3、MgO、TiO_2、P_2O_5 等。这些氧化物虽然含量不高,但对熟料的质量和煅烧会造成一定的影响,特别是挥发性成分(如 Na_2O、K_2O、Cl^-、SO_3 等)对新型干法水泥熟料煅烧的影响已引起了广泛的重视。

1. 挥发性组分的影响

碱、氯、硫主要存在于原料和燃料之中,它们在煅烧过程中的表现有利有弊。一方面,微量氧化物的存在可以降低最低共熔温度,增加液相量,降低液相黏度,有利于熟料的煅烧和 C_3S 的形成;另一方面,微量氧化物含量太高会影响新型干法回转窑熟料的煅烧,同时影响熟料的质量。

1）结皮与堵塞产生的原因

在预分解窑生产中,当生料及燃料中的碱、氯、硫等有害成分含量较高时,容易造成预热器系统的结皮与堵塞,影响窑系统的均衡稳定生产。

碱主要来源于黏土质原料及泥灰质的石灰岩和燃料,硫和氯化物主要由黏土质原料和燃料带入。这些挥发性有害成分通过"内循环"和"外循环"在系统中循环富集。由生料及燃料带入系统中的碱、氯、硫在窑内高温带挥发,随窑气至窑尾预热器系统,冷凝在温度较低的生料表面,随生料重新入窑,在预热器和窑之间循环富集,称为"内循环"。若冷凝在生料表面的碱、氯、硫等成分随飞灰排出预热器系统,在收尘器、生料磨等设备中被重新收集入窑,在窑系统和外部设备间循环富集,称为"外循环"。

系统内循环富集的挥发性有害成分熔点较低,多组分共存时,最低共熔温度可能下降到 650～700 ℃,在系统 650～1000 ℃区域内,均可能出现部分熔融物黏结生料颗粒,造成结皮和堵塞。

法国拉法基水泥公司研究中心认为,结皮的形成主要与下列三个因素有关:

(1) 与物料中碱、氯、硫的挥发系数有关,特别是在还原气氛中,挥发系数增大时,对结皮影响很大;

(2) 与物料易烧性有关,如果物料易烧性较好,则熟料的烧成温度相应降低,结皮就不易发生;

(3) 与物料中 SO_3 和碱的摩尔比(硫碱比)有关,物料中的可挥发物含量越大,窑系统的凝聚系数越大,则结皮形成的可能性越大。

此外,当系统密封不严出现漏风时,除影响煤的燃烧及温度的稳定外,在温度较高的部位,冷凝在生料表面的低熔点物质出现液相,漏风能在瞬间使物料表面的熔融物凝固,在漏风的周围形成结皮,而漏风处的结皮厚且强度高。

最容易发生结皮和堵塞的部位主要为窑尾烟室、下料斜坡、缩口、最下一级旋风筒锥体、最下两级旋风筒下料管等部位。当煤粉太粗或操作不当时,产生机械不完全燃烧,煤粉燃烧区域和系统温度分布将发生变化,结皮部位也随之改变。

2) 防止结皮与堵塞的措施

为防止系统的结皮与堵塞,可采取以下措施。

(1) 在合理利用资源的前提下,尽量采用碱、氯、硫含量低的原、燃料,避免使用高灰分和灰分熔点低的煤。

(2) 对窑和预热器精心操作,使各部位的温度、压力及喂料量稳定。

(3) 采用旁路放风。

(4) 丢弃一部分窑灰,减少氯的循环。

(5) 定期检查吹扫。分解炉前后的温度处于一些低熔点物质开始熔化的范围,难免产生结皮,可定期检查,用压缩空气吹扫或用空气炮吹击。

为防止有害成分在预热器系统中循环富集可能造成的结皮与堵塞及熟料质量下降,首先必须合理选用原、燃料。当原、燃料资源受到限制,有害成分含量超过允许限度,系统内富集严重,直接影响到操作可靠性和熟料质量时,可采取旁路放风措施。国外部分公司对生料中碱、氯、硫允许含量的规定如表 2.3-6 所示,超过允许含量时应采取旁路放风措施。

表 2.3-6　国外部分公司对生料中有害成分含量的规定

公司名称	$R_2O/(\%)$	$Cl^-/(\%)$	$S/(\%)$	硫碱比
丹麦史密斯	<1.0	<0.015	—	<1
德国洪堡	<1.0	<0.015	≤3	
德国伯利休斯	<1.2	<0.01	≤1.3	
日本川崎	<1.5	<0.02		
日本三菱	<1.5	<0.015		
英国兰圈	<1.0	<0.02	2	
法国拉法基		<0.015		<1

旁路放风是将碱、氯、硫含量较高的出窑气体在入分解炉、预热器之前引入旁路排出系统,减少内循环。放风口位置直接影响到放风效果,原则上应设在气流中碱浓度高、含尘量较少的部位。放出的含尘气体要掺冷风立即降温到 400 ℃ 左右再进行收尘处理。因此,旁路放风需要增加基建投资,增加能耗。经验表明,每放出废气量的 1%,熟料热耗增加 17~21 kJ/kg,因此放风量一般不超过 25%,通常仅为 3%~10%。

2. 碱含量过高对熟料质量的影响

1) 破坏熟料矿物 C_3S、C_2S、C_3A 的形成

由于 Na_2O、K_2O 的碱性比 CaO 强,当熟料中含硫量少时,碱主要取代 CaO,与 C_3S、C_2S、C_3A 起反应生成 $K_2O \cdot 23CaO \cdot 12SiO_2$ 和 $Na_2O \cdot 8CaO \cdot 3Al_2O_3$,从而阻止 C_2S 吸收 CaO 并促使 C_3S、C_3A 分解,析出游离氧化钙。

2) 水泥结块和快凝

由于碱含量高,易形成较多钾石膏($K_2SO_4 \cdot CaSO_4 \cdot H_2O$),或由于钠铝酸钙($NC_8A_3$)吸收水分,结果使水泥结块。同时由于水泥中石膏缓凝剂的消耗,水泥易发生快凝。

3) 水泥制品性能变差

碱能使混凝土表面起霜,更重要的是水泥中的碱能与活性物起反应形成含碱的硅酸盐凝胶,即碱-集料反应,引起混凝土局部膨胀,导致构筑物变形,甚至开裂。

3. 非挥发性组分的影响

熟料中的非挥发性组分如 MgO、P_2O_5、TiO_2 等微量氧化物,如含量过高,也会对熟料煅烧和质量造成一定的影响。

熟料煅烧时,MgO 有一部分与熟料矿物结合成固溶体并溶于玻璃体中,当熟料中含有少量的 MgO 时可以降低熟料的烧成温度,增加液相量,降低液相黏度,对熟料烧成有利。硅酸盐水泥熟料中,MgO 的固溶量与溶解于玻璃体中的 MgO 量总计为 2% 左右,其

余的 MgO 呈游离状态,并以方镁石的形式存在,影响水泥安定性。

P_2O_5 在熟料中的含量极少(磷渣水泥除外),一般不超过 0.2%。当熟料中 P_2O_5 的含量在 0.1%~0.3% 时,可提高熟料强度,但随着其含量增加,会导致 C_3S 分解,形成固溶体。有资料表明,每增加 1% 的 P_2O_5,将减少 9.9% 的 C_3S,增加 10.9% 的 C_2S,而且会促使 α-C_2S 转变为 β-C_2S。所以 P_2O_5 含量过高会使水泥强度下降,因此用含磷原料生产水泥时,应适当减少原料中氧化钙含量,以免游离氧化钙过高。

熟料中 TiO_2 主要来源于黏土,一般 TiO_2 含量不超过 0.3%。由于它能与熟料矿物形成固溶体,特别是对 β-C_2S 有稳定作用,故可提高水泥强度。但 TiO_2 含量过多会使硅酸盐矿物晶体被破坏,从而降低熟料强度。因此,熟料中 TiO_2 含量一般不要超过 1.0%。

上述 Na_2O、K_2O、SO_3、MgO、TiO_2、P_2O_5 等微量氧化物对熟料煅烧过程和熟料质量的影响不是绝对的,并且不是单独起作用。当微量氧化物含量在允许范围内时,起促进作用;当微量氧化物含量超过一定范围时,对熟料煅烧过程和熟料质量有一定的影响。认识和掌握这些微量组分的作用规律性,在熟料的最佳成分上控制得当,就能保证水泥生产质量,从而产生良好的经济效益和社会效益。

2.3.2 悬浮预热器

悬浮预热器是新型干法水泥生产工艺过程中最主要的设备之一,它主要承担生料的预热任务。随着时代发展,悬浮预热器在很多方面表现出很大的优越性,在水泥行业中取得优势地位。

2.3.2.1 悬浮预热器的作用原理

悬浮预热器(图 2.3-10)的主要功能在于充分利用回转窑及分解炉排出的炽热气流中所具有的热熔加热生料,使生料预热及部分碳酸盐分解,然后进入分解炉或回转窑内继续加热分解,完成熟料烧成任务,因此它必须具备使气固两相分散均布、迅速换热、高效分离三个功能。悬浮预热器只有兼备这三个功能,并且尽力使之高效化,方可最大限度地提高换热效率,为窑系统优质、高效、低耗和稳定生产创造条件。

预热器每级旋风筒(图 2.3-11)及其对应的上升管道构成一个热交换单元,在每一个热交换单元内,低温的生料颗粒总是经旋风筒之间的上升风管加入高温的烟气中,并通过撒料装置分散。分散状的低温生料首先被气流携带进行加速运动,而后进入同向运行阶段,并伴随强烈的气固两相热交换,气流和生料间的温度差不断减小,直至含尘烟气进入旋风筒实现气固分离而进入下一个换热单元。

图 2.3-10　悬浮预热器

含尘气流在旋风筒内做旋转运动时,气流主要受离心力和边壁摩擦力的作用,粉尘主要受离心力、边壁的摩擦力和气流的阻力作用。提高粉尘离心力有助于提高分离效率,但旋风筒的阻力也会上升。对于旋风筒而言,分离效率和压力损失需要平衡设计,既要保证较高的分离效率,又要控制系统的压力损失。其功能结构及物流的运动轨迹如图 2.3-12 所示。

图 2.3-11　旋风筒

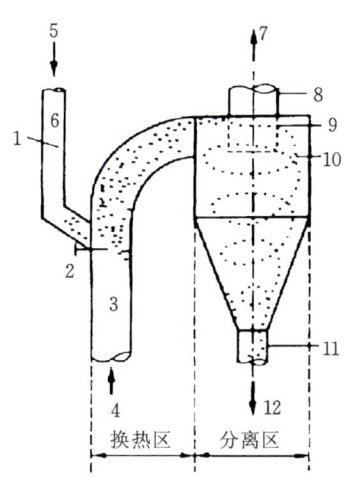

图 2.3-12　旋风筒原理示意图

1—锁风阀;2—撒料器;3—换热管道;4—气流;
5—料流;6—下料管;7—气流;8—出口;9—内筒;
10—旋风筒;11—下料管;12—料流

2.3.2.2　悬浮预热器的主要设计参数

1. 旋风筒直径

在旋风式悬浮预热器中,物料与气流之间的热交换主要在各级旋风筒之间的连接管中进行,而对旋风筒本身则要求具有合理的结构,以获得较高的分离效率和较低的压力损失。随着旋风筒的尺寸以及圆柱体和圆锥体之间比例的不同,构成了不同类型的旋风筒(图 2.3-13)。在旋风筒各部分尺寸的设计中,大多以旋风筒圆柱体部分的直径为基础,按下式计算:

$$D = \sqrt{\frac{Q}{0.785 V_A}}$$

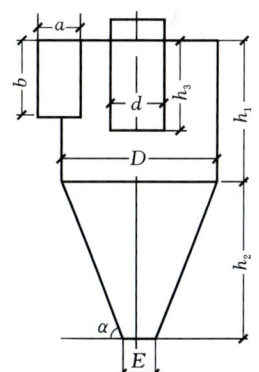

图 2.3-13　旋风筒尺寸示意图

式中:D——旋风筒圆柱体部分内径,m;

Q——通过旋风筒的气体流量,m³/s;

V_A——假想截面风速,即假定气流沿旋风筒全截面通过时的平均流速,一般为 3～5 m/s,但近年来各国有普遍提高的趋势,以缩小筒体规格。

2. 进风口的形式、尺寸和进风形式

进风管的结构一般为矩形，宽高比（a/b）一般为 0.4～0.7，进风口宽度缩小可提高分离效率，最上一级可取 $a/b=0.4～0.5$，其余各级可取 $a/b=0.55～0.65$。进口面积（$a \times b$）与旋风筒柱体直径平方（D^2）之比平均为 0.2 左右，中间级较大些，最下级较小些。进风口风速一般为 16～20 m/s，分离效率随风速的提高而提高，而旋风的阻力却随风速的提高而增加。因此，在近年来的旋风筒的设计中，往往是在保证分离效率的情况下，从改进旋风筒结构和进气方式上入手来降低进口风速，已有进口风速低至 15 m/s 的旋风筒出现。进口风速超过 20 m/s 后，分离效率提高不显著，而阻力损失却与风速的平方成比例增加，因此设计时应尽可能地保证旋风筒的进口风速不高于此值。

旋风筒的进风形式一般有直接切入式（进口气流外缘与圆柱相切）和涡卷式两种，如图 2.3-14 所示。直接切入式的优点是结构简单，外形较小，筒内不存在积料平面。涡卷式分为 90°、180° 和 270° 三种，这种形式能使进入旋风筒的气流通道逐渐变窄，有利于减小颗粒向筒壁移动的距离，增加气流通向排气管的距离，避免短路，从而可提高分离效率，尤其是最上一级旋风筒，几乎全部采用涡卷式。过去一般采用 180°，近年来开发的旋风筒都采用 270°。此外，涡卷式还具有处理风量大和压损小的优点，故常被采用。

进口蜗壳与旋风筒间的过渡变换有两种方式：一为等角变换，一为等高变换。这两种变换见图 2.3-15，两种过渡方式应用都较广泛，但现阶段等角变换用得较多。

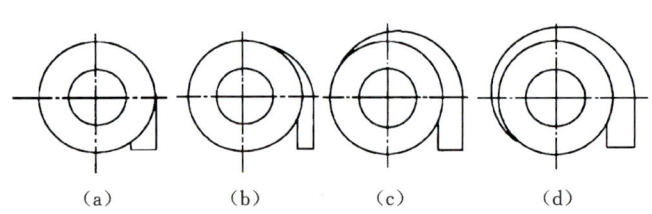

图 2.3-14　旋风筒的进风形式
（a）直接切入式；（b）涡卷式（90°）；（c）涡卷式（180°）；（d）涡卷式（270°）

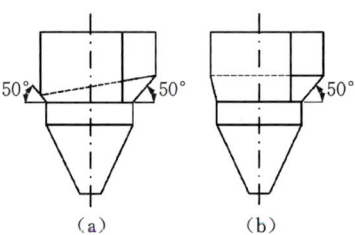

图 2.3-15　旋风筒进口蜗壳
至直筒间的过渡方式
（a）等角变换；（b）等高变换

3. 排气管尺寸和内筒插入深度

排气管结构一般为圆形。其结构尺寸对旋风筒的流体阻力及分离效率有很大影响。排气管的管径减小，带走的尘粒减少，分离效率提高，但阻力增大。一般排气管内径 d 平均为筒体内径 D 的 50%～55%。此外，排气管插入旋风筒内的深度 h_3，对分离效率和阻力损失亦有很大影响，插入深度深，分离效率高，但阻力损失大。因此第一级应插入深些，深度甚至可大于进风口高度 b，以提高分离效率；中间各级可取 $d/2$，以减小阻力损失；最下一级由于气流温度较高，除在材质上进一步改善外，插入深度可缩短到（1/4～1/3）d。近年来，有的厂开发了高温陶瓷挂片式内筒（图 2.3-16）和分块浇筑组合式内筒（图 2.3-17），多数采用耐热铸钢挂片结构内筒，寿命较长。最下级装内筒后，分离效率可

提高 5%~10%,系统出口气流温度降低约 25 ℃。

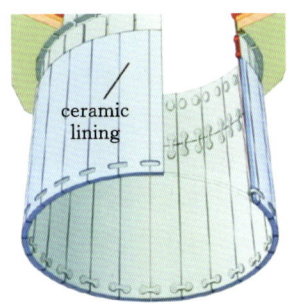

图 2.3-16 陶瓷挂片式内筒

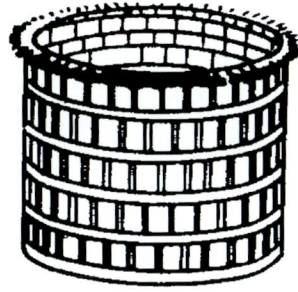

图 2.3-17 分块浇筑组合式内筒

4. 旋风筒之间连接管道的尺寸

在旋风预热器中,生料与气流之间的热交换约 80% 在连接管道内进行。因此,管道的设计也是十分重要的。如果管道内气流速度太低,虽然热交换时间延长,但传热效率降低,甚至会使生料难以悬浮而沉降积聚,并且使管道截面过大;气流速度过高,则系统阻力增大,电耗增加。连接管道风速一般以 15~20 m/s 为宜。连接管道的尺寸可按下式计算:

$$F_P = \frac{Q}{V_P}$$

式中:F_P——连接管道的截面积,m^2;

$\quad V_P$——需要的管道风速,m/s;

$\quad Q$——管道风单位时间通过的空气量,m^3/s。

5. 旋风筒高度

加大旋风筒高度 H 可以提高分离效率,减少压力损失。表 2.3-7 为部分水泥厂旋风筒高度与分离效率的关系。

表 2.3-7 旋风筒高度 H 与分离效率 η 的关系

工厂编号	分解炉形式		C_1		C_2		C_3		C_4	
			H/D	η_1	H/D	η_2	H/D	η_3	H/D	η_4
1#	NSF		2.76	94.84%	1.71	84.71%	1.70	86.07%	2.00	86.02%
2#	MFC		2.46	94.45%	1.65	86.73%	1.49	87.82%	1.95	89.09%
3#	SLC	窑列	2.54	93.9%	1.72	90.2%	1.72	85.5%	1.72	76.4%
		炉列		95.7%		85.0%		80.0%		79.6%
4#	RSP		3.00	94.9%	1.74	89.3%	1.78	87.0%	1.75	78.0%
平均			2.69	94.74%	1.71	87.0%	1.67	86.0%	1.86	83.0%

由表 2.3-7 可见，四个工厂 C_1 级筒 $H/D>2$，均有着较高的分离效率。从各级旋风筒分离效率的匹配看，1#厂 $\eta_1>\eta_3>\eta_4>\eta_2$，2#厂 $\eta_1>\eta_4>\eta_3>\eta_2$，而 3#、4# 两厂 $\eta_1>\eta_2>\eta_3>\eta_4$。$C_4$ 级筒保持较高的分离效率，有利于防止高温细颗粒物料的再循环，对降低热耗及防止黏结堵塞均有着良好的作用。过去认为 C_4、C_5 级这类最下一级筒设置内筒容易烧坏，且难以更换，对 C_4、C_5 级筒设置较低的分离效率，现由于新型高效低压损旋风筒的开发，认识已趋于统一。各级旋风筒分离效率的匹配，以 $\eta_1>\eta_4>\eta_3>\eta_2$ 或 $\eta_1>\eta_5>\eta_4>\eta_3>\eta_2$ 为好。

6. 圆柱体和圆锥体的尺寸

圆柱体的高度（h_1）关系到生料粉是否有足够的沉降时间，可根据各级旋风筒不同的分离需要，按它与旋风筒的直径（D）的相对比例关系确定。

圆锥体的高度（h_2）主要取决于旋风筒直径（D）、排料口尺寸（E）和锥边仰角（α），其关系式如下：

$$\tan\alpha=\frac{2h_2}{D-E} \quad \text{或} \quad h_2=\frac{D-E}{2}\tan\alpha$$

当 D 为定值时，h_2 将随 E 的减小和 α 的增大而增大。α 和 E 太大，排料口及其下部的下料管中物料的填充度过低，容易漏风，负压将引起二次飞扬，将分离下来的物料重新卷入旋流核心之中。反之，α 和 E 太小，容易造成物料向下流动困难，特别是在高温区物料发黏，更易引起结皮堵塞。

7. 系统配置要求

在预热器系统的选择和配置上，需满足以下要求。

（1）预热器系统应按窑能力的不同而确定采用单列、双列或三列。

（2）预热器级数可按下列原则确定：①当预热器废气用于烘干原燃料时，应根据入磨水分的大小，通过热平衡计算确定采用五级或四级；②若采用六级预热器，应根据工厂具体情况，通过技术经济比较确定；③当预热器废气直接引入破碎烘干系统或其他热交换装置时，应根据不同装置对废气温度的要求，确定预热器的级数。

（3）预热器技术性能应符合下列要求：①应采用高效低压损型预热器，系统的压损（包括分解炉的压损）应不大于 5.5 kPa；②要求物料在气流中的分散性好，热交换效率高，排出气体的温度低，采用四级预热器系统排出气体的温度不应高于 380 ℃，采用五级预热器系统排出气体的温度不应高于 335 ℃；③预热器的分离效率高，一级预热器的分离效率应不低于 92%；④系统的密闭性能好，锁风装置灵活；⑤预热器的风管和料管应有吸收热膨胀的措施；⑥预热器应有捅料和防堵措施。

（4）当原燃料中有害成分高，并影响窑系统生产或要求生产低碱水泥时，可采用旁路放风系统。

8. 分离效率对热耗的影响

在实际生产过程中，由于预热器旋风筒分离效率的限制，C_1 出口排出的废气中会携带一定量的粉尘逃离预热器,即飞灰。飞灰排出预热器会导致热量的损失,从而导致系统热耗上升。

从图 2.3-18 可知,随着各级旋风筒分离效率降低,系统热耗上升,特别是 C_1 筒的分离效率降低对热耗的影响最大。

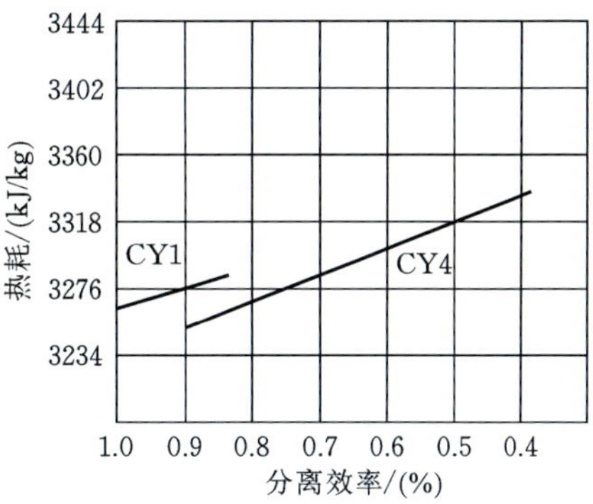

图 2.3-18　各级旋风筒分离
效率对热耗的影响

2.3.2.3　旋风筒的结构及类型

在国际上,预热器技术开发得到迅速发展,近年来国内外学者针对传统旋风筒存在的缺陷,采取各种改进措施,研制了许多新型高效低压损旋风筒。各种新型旋风筒的结构示于图 2.3-19。

其技术改进概括起来有以下五个方面。

(1)旋风筒入口或出口增设导向叶片,可防止入口气流与筒内循环气流碰撞,压缩入口气流贴壁,增大阻力,同时可以降低气流循环量,在保持旋风筒分离效率的前提下,降低阻力。例如:日本三菱公司 M-SP 型中间级旋风筒、日本宇部公司低压损旋风筒、丹麦史密斯公司 LP 型旋风筒、日本神户制钢公司 KOBEL 型旋风筒等,都采取了此项措施。

(2)旋风筒筒体结构改进。例如:FLS-LP 型旋风筒,筒体直径较洪堡型约减小 1/4,扩大了内筒直径,缩小了内筒长度,蜗壳下缘采用斜坡面,进风口截面增大等;M-SP 型旋风筒增加圆柱体高度;日本川崎型旋风筒采用锥形顶部,入风口采用向下倾斜结构等。

(3)旋风筒出风口内筒呈"靴型"结构,入风口水平外移以增加与内筒的间距;FLS-LP 旋风筒入口几何形状改变;轴流式旋风筒改变入风口位置,将入风口设置在筒体下部,以减小折流损失等。

(4)旋风筒下料口结构改进。例如:M-SP 最下级旋风筒及 FLS-LP 旋风筒下部均采用增大锥体倾角的措施,使下料畅通并防止二次飞扬,提高旋风筒分离效率;此外,日本水泥公司旋风筒底部增设膨胀仓,亦可收到同样效果。

(5)旋风筒旋流方式改进。例如:日本川崎公司 KS-5 型卧式旋风筒,气流从入口切向进入、切向排出,从而避免了普通旋风筒存在的气流折流阻力等。

通过以上改进,这些新型旋风筒的阻力可降低 30%～50%,分离效率可保持在一般普通旋风筒的水平(80%～85%)。除此之外,也有综合多项技术的高效低压损的新型旋风筒,如中国天津水泥工业设计研究院 TC 型旋风筒(图 2.3-20)出口风速低,进口为斜切角,减少了物料的堆积,对贴壁旋转的物料有向下导向作用,有利于气固分离,其结构简单,故障率低;采用耐热钢制的分片悬挂式内筒,使用寿命长,维修更换方便;采用固定的撒料装置,结构简单,物料分散均匀,气固换热效果好。

成都水泥工业设计研究院 NC 型高效低压损旋风筒采用多心大蜗壳、短柱体、等角变高过渡连接、偏锥防堵结构、内加挂片式内筒、导流板、整流器、尾涡隔离等技术,使旋风筒单体具有低阻耗（500～650 Pa）、高分离效率（C_2～C_5 在 86％～92％；C_1 在 95％以上）、低返混度等特点，以及良好的防堵塞性能和空间布置性能。其结构如图 2.3-21 所示。

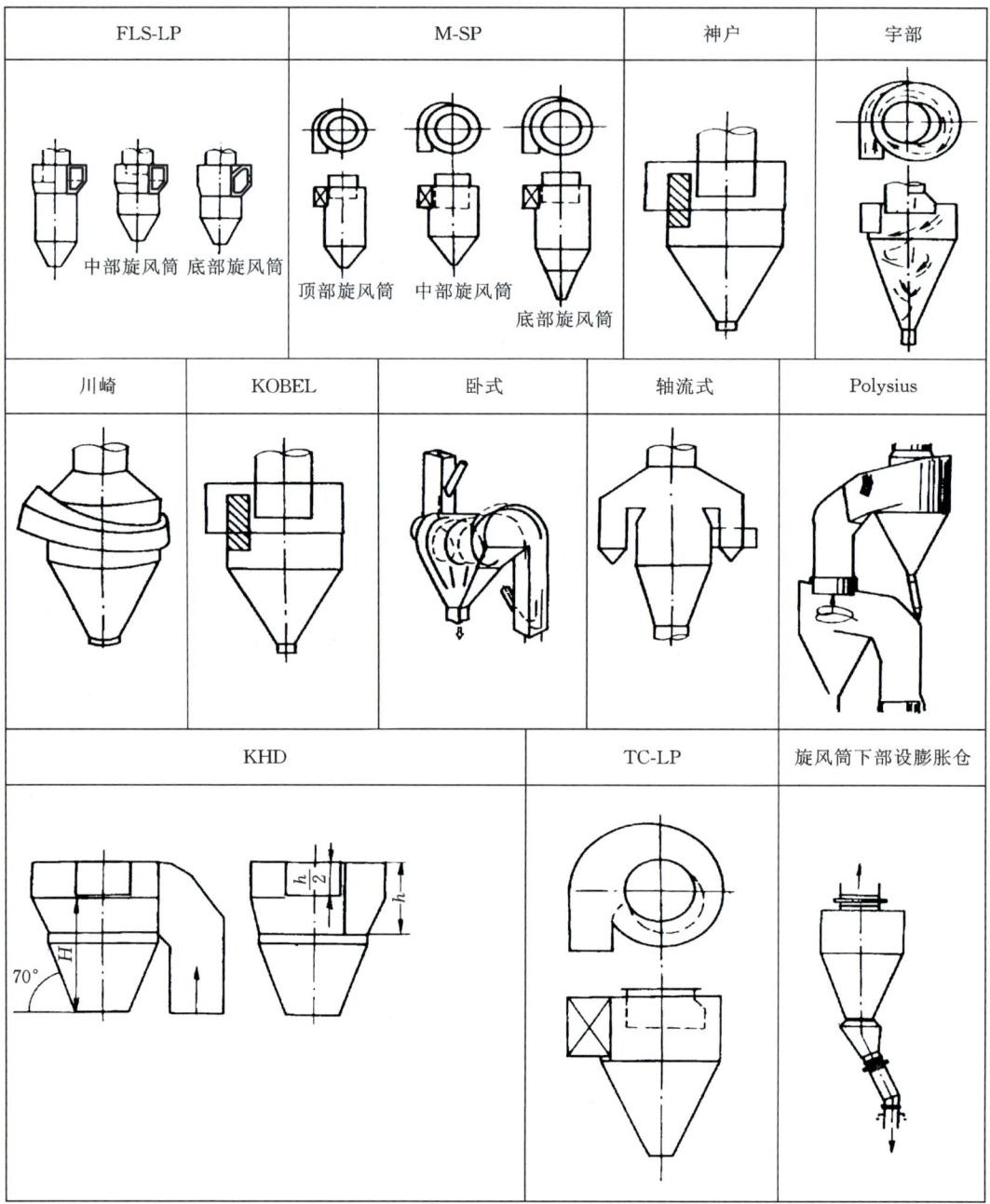

图 2.3-19　各种新型旋风筒示意图

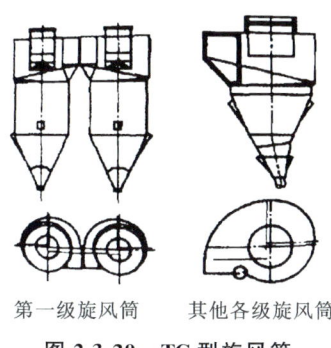
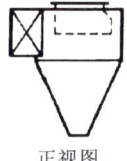

第一级旋风筒　　其他各级旋风筒　　　　　　正视图　　　俯视图

图 2.3-20　TC 型旋风筒　　　　　　图 2.3-21　NC 型旋风筒

2.3.3　分解炉

分解炉是预分解技术的核心设备,它承担着预分解系统中繁重的燃烧、换热和碳酸盐分解任务。

2.3.3.1　分解炉种类

分解炉的种类和形式很多,派生性很强,但其基本原理大同小异,均是在分解炉中同时喂入预热后的生料、适量的燃料和热空气,如图 2.3-22 和图 2.3-23 所示。

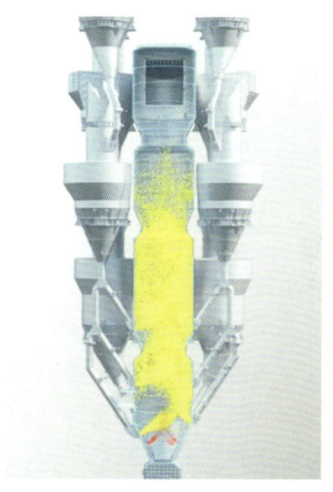

图 2.3-22　预分解窑中的分解炉　　　　　图 2.3-23　分解炉中的物料分散示意图

在约 900 ℃下,使生料在悬浮或沸腾状态下进行无焰燃烧,同时快速进行传热与碳酸钙分解过程。燃料燃烧和碳酸钙分解需 1～2 s,这时生料的碳酸钙分解可达 85％～95％,入窑生料温度约为 850 ℃。不同形式的分解炉与不同的预热器组成不同类型的窑外分解系统,如洪堡型预热器与 SF(皮莱克郎)分解炉组成 SF(皮莱克郎)窑外分解系统,多波尔型预热器与 MFC、KSV 分解炉可组成 MFC、KSV 窑外分解系统,还有 RSP、D-D

等各种不同的窑外分解系统。分解炉按其作用原理可分为喷腾、悬浮和流化床等三种方式。悬浮式分解炉按气流运动不同还有各种燃烧方式,如旋流式、紊流式、涡流燃烧式及复合式,但其原理是大致相同的。

1. SF 和 NSF 分解炉

图 2.3-24 是 SF 分解炉流态图,这是一种旋流式燃烧的分解炉。这种分解炉由涡流室和反应室组成。涡流室位于三次风管的末端,生料从反应室较高的顶部喂入,与上升气流混合并分散,迅速升温,直至碳酸钙高度分解。燃料喷管在反应室较低的部位,按120°周向均布。NSF 分解炉是在 SF 的基础上加以改进而成的,见图 2.3-25。NSF 分解炉主要是改进了燃料和来自冷却机新鲜空气的混合,使燃料能更充分燃烧;同时使预热后的生料分两路分别进入分解炉反应室和窑尾上升管道,以降低窑尾废气温度,减少结皮的可能,并使生料进一步预热且与燃料充分混合,提高传热效率和生料的分解率。

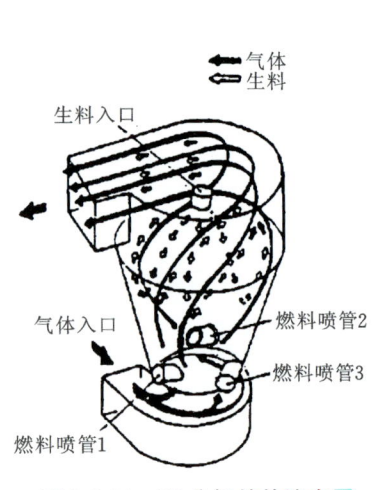

图 2.3-24　SF 分解炉的流态图

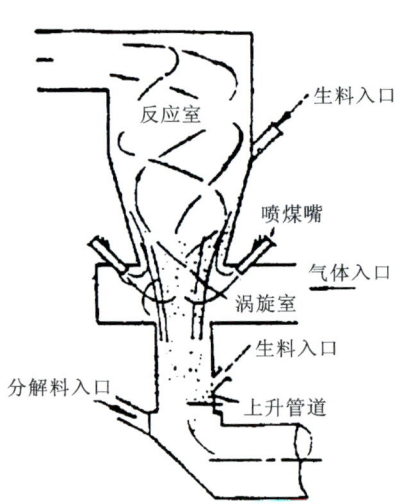

图 2.3-25　NSF 分解炉示意图

回转窑窑尾上升烟道与 NSF 分解炉底部相连,使回转窑的高温烟气从分解炉底部进入分解炉下蜗壳,并与来自冷却机的热空气相遇而上升,与生料粉、煤粉等一起沿着反应室的内壁做螺旋式运动,直至上升到上蜗壳经气体管道进入下级旋风筒。由于涡流旋风的作用,生料和燃料颗粒同气体发生混合和扩散。燃料一面悬浮一面燃烧,同时把燃烧产生的热量以强制对流的形式,立即传给生料颗粒,使生料碳酸钙快速分解,从而使整个炉内都形成燃烧区。炉内处于 800~900 ℃ 的低温无焰燃烧状态,温度比较均匀,传热效率很高,分解率可达 85%~90%。

2. RSP 分解炉

RSP 是强化悬浮预热器英文的缩写,它是日本小野田水泥公司和川崎重工业公司共同研制的。RSP 分解炉由三部分组成,顶部是起点燃或稳燃燃料作用的旋涡燃烧器,中部是用来燃烧、分解物料的旋涡分解室(SC),下部为使炉气与窑气混合并使物料继续分解的混合室(MC),见图 2.3-26。

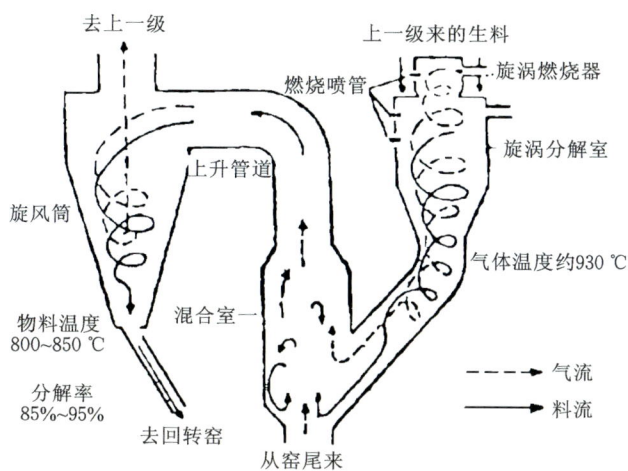

图 2.3-26　RSP 分解炉示意图

从第三级或第四级旋风筒来的生料喂入三次风的入炉口,由篦式冷却机中部来的热空气以切线方向进入 SC 中,同时由喷嘴喷入燃料进行燃烧。生料在沿 SC 筒壁回旋向下的运动中被加热分解,离开 SC 室时分解率为 45% 左右。生料随后进入 MC 室,受到高温窑气的喷腾冲击和未燃尽的燃料继续燃烧而加热并继续分解。生料大部分分解后,被气流带入第四级或第五级旋风筒,分离后入窑。RSP 窑系统有 55%～60% 的燃料在分解炉内燃烧,而 40%～45% 的燃料在回转窑内燃烧。入窑生料碳酸钙分解率高达 85%～95%,入窑生料温度约为 820 ℃。

3. MFC 分解炉

MFC 分解炉是一种带流化床的燃烧炉(图 2.3-27)。生料在流化床内煅烧有良好的热交换条件,生料、燃料与高温气体处于良好的混合状态之中,热交换迅速。

物料颗粒在流化床内有几分钟停留时间,因此 MFC 分解炉可以使用各种燃料,包括液体燃料、固体燃料甚至低品位的劣质燃料和废燃料等,这样就扩大了燃料的利用范围。燃料可喷入流化床层内,而燃烧空气则从篦式冷却机中抽取。另外,在分解炉的篦床之下,由冷却机供给净化过的热空气作为流态化空气。

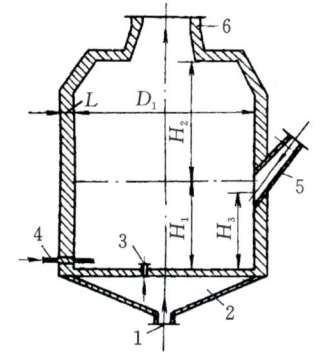

图 2.3-27　带 MFC 分解炉的预热器系统
1—流化床空气入口;2—空气室;3—风帽;
4—喷嘴;5—生料入口;6—废气出口

在一般的悬浮预热器窑系统中很容易增设 MFC 分解炉,可使窑的生产能力得到一定的提高。分解炉内燃烧 50% 以上的燃料,分解率可达 85%～90%。该流化床可维持稳定而较低的碳酸钙分解温度(约 830 ℃),并使系统废气温度维持在一般悬浮预热器窑的同等水平(340 ℃)。

4. KSV 分解炉

KSV 分解炉是一种喷腾层涡流炉,它是一个喷腾层和一个涡流室的结合体(图 2.3-28)。喷腾层由一个入口炉喉和一个圆筒形室组成。预热的生料喂入这个室,在该室上部生料最集中的地方装有几个燃料喷管。涡流室为喷腾层的扩大部分,它有两个口,一个是窑废气的入口,另一个是炉气和生料的出口,气体和生料就从这个出口进入预热器的最下一级旋风筒。三次风管的热空气在炉喉内以 20~30 m/s 的流速进入宽大的喷腾层,由于断面突然扩大,气流的断面风速降至 5~10 m/s,在靠近喷腾层的筒壁产生下降的气流,使气体和生料粉产生湍流(图 2.3-29)。三次空气和窑废气以切线方向进入分解炉,使生料在涡流室内形成环流,这样在喷腾层上部就产生一个集中混合区,该混合区也为生料的分解设置了燃料喷嘴。生料粉在涡流室内与沿切线方向进入涡流室的 1000~1100 ℃高温窑气相混合,进行最后阶段的分解。分解了的生料随气流进入悬浮预热器的最低一级旋风筒,分离后入窑。

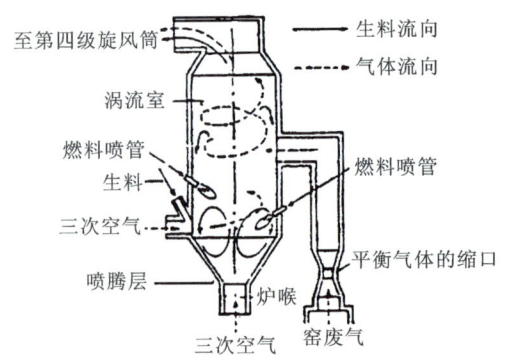

图 2.3-28　KSV 分解炉示意图

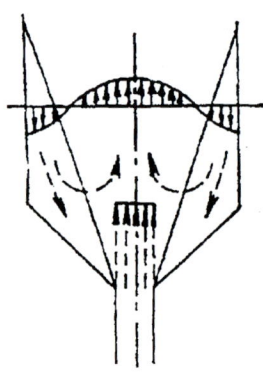

图 2.3-29　KSV 喷腾层内气体和生料粉的湍流

5. D-D 分解炉

D-D 分解炉(图 2.3-30)与其他形式的分解炉一样,安装在预热器和回转窑之间。按其作用,炉内可分成四个区域:下部锥体还原区(Ⅰ区),中间下部呈圆筒状的燃料分解、燃烧区(Ⅱ区),中间上部与分解、燃烧区连接的主燃烧区(Ⅲ区),以及最上部的圆筒状的完全燃烧区(Ⅳ区)。还原区与回转窑窑尾之间有一喉部,在主燃烧区和完全燃烧区之间有一缩口,在燃料分解、燃烧区的侧壁设有从冷却机来的高温燃烧用三次风的进口,完全燃烧区的侧壁设有与四级或五级旋风筒连接的气体出口,燃料分解、燃烧区的侧壁设有与三级或四级旋风筒连接的下料管和助燃用喷嘴,还原区的侧壁根据需要可安装脱硝用的辅助喷嘴。

窑尾废气通过 D-D 炉喉部和还原区进入燃料分解、燃烧区,从冷却机来的高温燃烧用三次风通过三次风管与上升的还原气流呈垂直方向进入 D-D 炉内。从侧壁加入的燃料在此处分解,并在后续的完全燃烧区内进行燃烧。

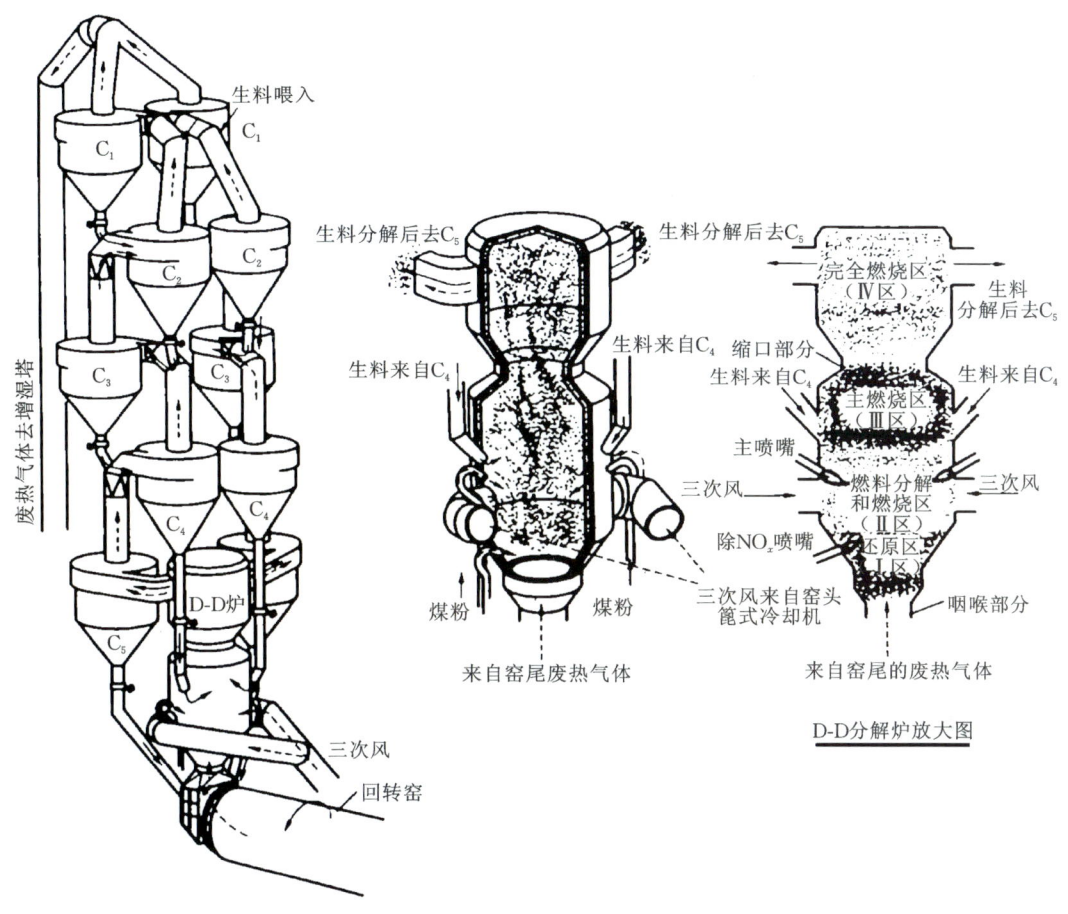

生料喂入
C_1
C_2
C_3
C_4
D-D炉
C_5
废热气体去增湿塔
三次风
回转窑

生料分解后去C_5
生料来自C_4
煤粉
来自窑尾废热气体

生料分解后去C_5
完全燃烧区（Ⅳ区）
生料分解后去C_5
缩口部分
生料来自C_4
生料来自C_4
主燃烧区（Ⅲ区）
主喷嘴
燃料分解和燃烧区（Ⅱ区）
三次风
除NO$_x$喷嘴
还原区（Ⅰ区）
三次风来自窑头篦式冷却机
咽喉部分
来自窑尾的废热气体

D-D分解炉放大图

图 2.3-30　D-D 分解炉的预分解系统

　　由主燃烧区排出的废气在后续的燃烧区内完全燃烧后进入四级或五级旋风筒。经预热的生料从三级或四级旋风筒进入 D-D 炉的燃料分解、燃烧区,经过预热分解后通过四级或五级旋风筒进入窑内。与窑尾直接连接的 D-D 炉喉部是个调节平衡的装置,可使回转窑的燃烧气体和通过三次风管的高温空气达到平衡。同时,由于向 D-D 炉喂入的生料在还原区内形成喷腾层,D-D 炉下部气体中的生料浓度增高,因而使进入炉内的窑尾废气温度急剧下降,防止炉底结皮。窑尾气体中的 NO$_x$ 通过喉部进入还原区,在辅助喷嘴喷入的燃料所产生的还原气氛中被还原。

　　在燃料分解、燃烧区和主燃烧区内,辅助燃烧喷嘴装在三次风入口附近,燃料在炉内旋流中瞬间进行分解、汽化和燃烧。此时,燃料燃烧产生的热量由于被悬浮在 D-D 炉内的高浓度生料所吸收,生料迅速进行分解反应。因此,热交换性能极高,并且没有一般辉焰燃烧时出现的高温区,炉内温度均匀,能保持 800～900 ℃ 的较低温度。由于这种燃烧机理,D-D 炉本身产生的 NO$_x$ 量相当低,特别是主燃烧区和完全燃烧区之间的缩口部的节流作用以及通过喉部的上升气流喷腾到完全燃烧区的顶盖后而翻转进入四级或五级旋风筒的作用,能使夹带于气体中的生料与气体混合,搅拌的效果显著提高,较少的过剩空气就能使燃料完全燃烧。D-D 炉和回转窑用燃料比例为 6：4,生料在炉内预热分解后,分解率可达 90％～95％。

6. FLS 分解炉

FLS 分解炉是由丹麦史密斯公司研制的,它的上部和中间是一个圆筒,下面是一个圆锥形的底部,锥体喉管直接与三次风管连接,如图 2.3-31 所示。

经过预热的生料在 700～750 ℃的温度下喂入分解炉底部附近,燃料由底部送入料流中。三次风以25～30 m/s的速度从喉管上喷,由于惯性,这股高速气流入炉后在分解炉中央一定高度内形成一上升的流股,把生料和煤粉不断地裹挟进去,形成许多喷腾涡流而产生喷腾效应。喷腾层的作用,使燃料、物料能与气流充分混合、悬浮,并造成生料与煤粉滞后于气流的效应,这有利于燃烧、传热及分解的进行。分解后的生料随气体从上部出口排出,进入四级或五级旋风筒,经收集后入窑。

7. FCB 分解炉

FCB 分解炉是一种旋风式分解炉,物料以悬浮状态进入热气流中,窑排出的烟气、热空气及物料以涡流状态进入分解炉上部,然后随气流向下进入四级或五级旋风筒,见图 2.3-32。

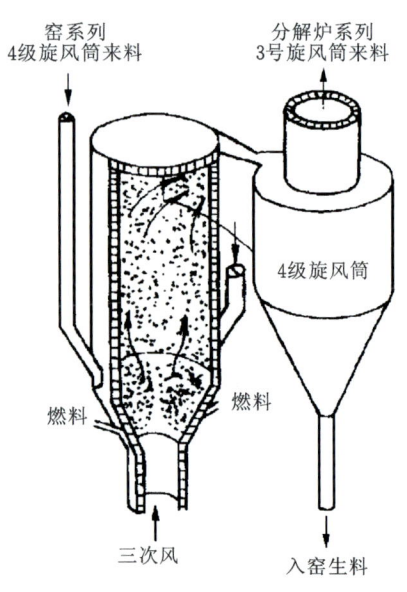

图 2.3-31 FLS-SLC 炉示意图

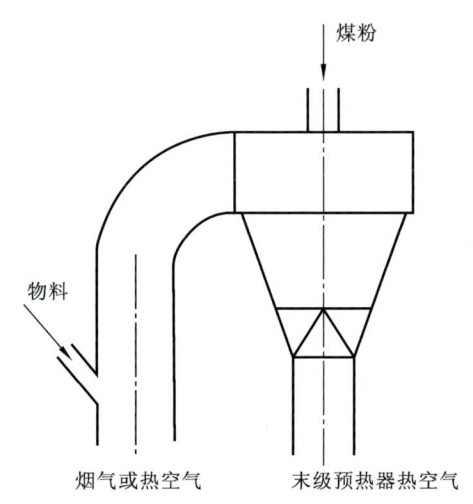

图 2.3-32 FCB 分解炉

燃料用几个喷嘴从分解炉顶部喷入,热气体和生料的混合物形成顺流而下的旋风运动。由于燃料在分解炉的中心部位燃烧,分解炉内壁的生料浓度很大,可防止内壁过热形成结皮。

这种分解炉可用单系列或双系列的悬浮预热器,在单系列的窑外分解流程中,燃烧所需的空气由窑送到分解炉中。分解炉设置在最末两级旋风筒之间,气体与物料一起进入末级旋风筒。双系列的窑外分解装置中,分解炉所需的全部燃烧空气由冷却机通过三次风管提供。这种流程具有两组旋风筒,一组为窑系列,另一组为分解炉系列。

8. TC 分解炉系列

TC 分解炉系列由中国天津水泥工业设计研究院研发,有 TDF 型、TSD 型、TWD 型、TFD 型、TSF 型等,采用了复合效应和预燃技术,提高了煤粉的燃尽率,增强了分解炉对低质煤的适应性。

1)TDF 分解炉

TDF 分解炉是在引进 D-D 型炉的基础上,针对燃料情况研发的双喷腾分解炉,如图 2.3-33 所示。其基本结构及特点是:

(1)分解炉坐落在窑尾烟室之上,炉与烟室之间的缩口尺寸优化后可不设调节翻板,结构简单。

(2)炉的中部设有缩口,保证炉内气固流产生第二次喷腾效应。

(3)三次风从锥体与圆柱体接合处的上部双路切线入炉,顶部径向出炉。

(4)生料入口设在炉下部的三次风入炉口处,从四个不同的高度喷入,有利于生料的均布和炉温的控制。

(5)煤从三次风入炉口的两侧喷入,炉的下部锥体部位设有脱硝燃料喷嘴,以还原窑气中的 NO_x,满足环保要求。

(6)容积大,阻力低,气流和生料在炉内滞留的时间延长,有利于燃料的完全燃烧和生料的碳酸盐分解。

(7)对于烟煤适应性较好,也适应于褐煤及低挥发分、低热值的无烟煤。

2)TSD 分解炉

TSD 分解炉是带旁置旋流预燃室的组合式分解炉,类似 RSP 预燃室与 TDF 炉的组合,如图 2.3-34 所示。它结合了 RSP 炉与 D-D 炉的特点,炉内既有强烈的旋转运动,又有喷腾运动。主炉位于烟室之上,中下部有与燃烧室相连接的斜管道。从冷却机抽来的三次风,以一定的速度从预燃室上部沿切线进入,由 C_4 下来的生料在三次风入炉前喂入气流中,由于离心力的作用,预燃室中心成为物料浓度的稀相区,为燃料稳定燃烧,从而提高燃尽率创造了条件。煤粉从预燃室上部喷入,与三次风混合燃烧,生料在预燃室内的碳酸盐分解率达 $40\%\sim50\%$,之后进入主炉继续分解。

3)TWD 分解炉

TWD 分解炉(同线型)是带下置涡流预燃室的组合分解炉(图 2.3-35),基本结构和特点是:应用 N-SF 分解炉结构作为该炉的涡流预燃室,将 D-D 炉结构作为炉区结构的组成部分(类似于 NSF 与 TDF 炉的组合),三次风沿切线入下蜗壳,燃煤从蜗壳上部多点加入,生料从蜗壳及炉下部多点加入,炉内产生涡旋及双喷腾效应。这种同线型炉适应于低挥发分或质量较差的燃煤,具有较强的适应性。

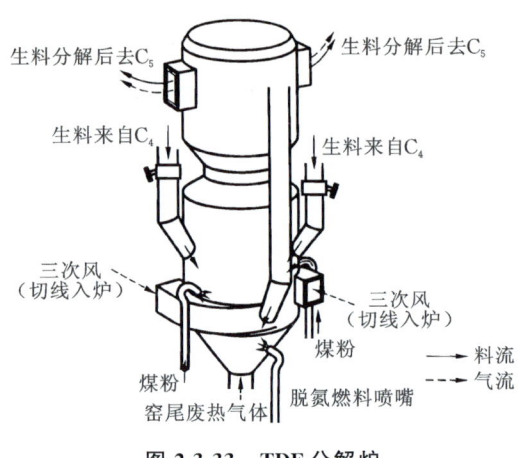

图 2.3-33　TDF 分解炉

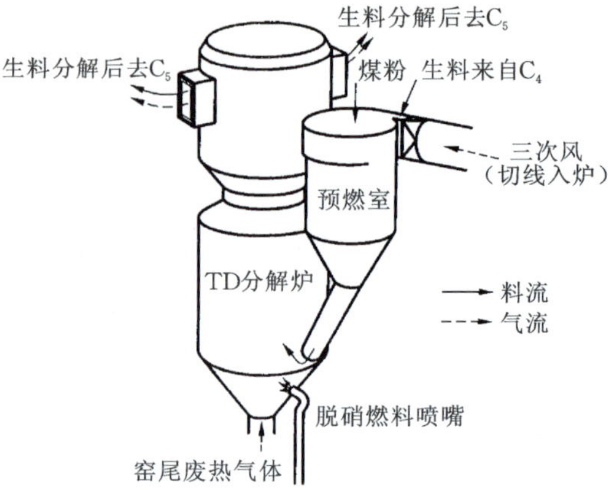

图 2.3-34　TSD 分解炉

4）TFD 分解炉

TFD 分解炉是带旁置流态化悬浮炉的组合型分解炉（图 2.3-36），将 N-MFC 分解炉结构作为该炉的主炉区，三次风从炉内流化区上部吹入，燃煤和生料从流化床区上部喂入，出炉气固流经鹅颈管进入窑尾 D-D 分解炉上升烟道的底部与窑气混合。炉下部为流态化，上部为悬浮流场。该炉实际上是 N-MFC 分解炉的优化改造，并将 D-D 分解炉结构用作上升烟道。

5）TSF 分解炉

TSF 分解炉与窑炉的对应位置为半离线旁置式组合型分解炉（图 2.3-37），类似于 N-MFC 经鹅颈管与上升烟道下部连接，三次风从炉内流化区上部吹入，窑气进入上升烟道，煤粉从流化床区下部喷入，生料从流化床区上部喷入。流场效应为：炉下部为流态化，上部为悬浮流场。

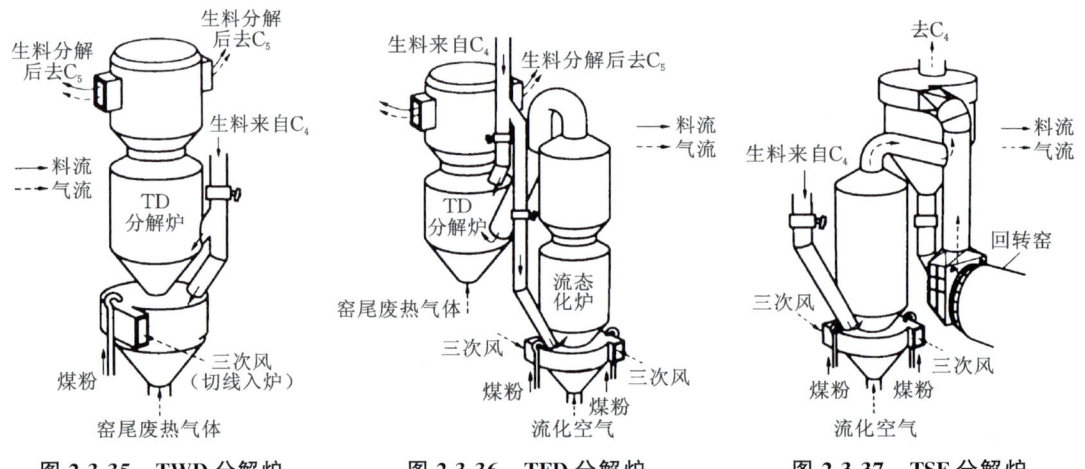

图 2.3-35　TWD 分解炉　　　　图 2.3-36　TFD 分解炉　　　　图 2.3-37　TSF 分解炉

2.3.3.2　分解炉的影响因素

分解炉预分解过程主要取决于化学反应过程,影响炉内 $CaCO_3$ 分解速度的因素如下。

(1) 分解温度:温度越高,分解越快。

(2) CO_2 浓度:炉内 CO_2 浓度越低,分解越快。

(3) 粉料的物理化学性质:结构致密、结晶粗大的石灰石分解速度较慢。

(4) 颗粒直径越大,接触表面积越小,分解所需的时间越长。

(5) 生料的分散悬浮程度:悬浮分散性差,相当于加大了颗粒尺寸,改变了分解过程性质,从而降低了分解速度。

2.3.3.3　分解炉料粉的分解时间

料粉的分解时间也是一个主要的性能参数。一般生产中对入窑生料的分解率要求以 85%～95% 为宜。分解率要求过高,料粉在炉内停留时间就要延长,炉的容积就要增大。分解率高时,分解速度就慢,吸热减少,容易引起物料过热,炉温升高,从而会导致结皮、堵塞等故障。而少量粗粒中心未分解的料粉,入窑进一步加热有足够的分解时间,而且分解所需热量又不多。对分解率要求过低(如低于 80%)也是不合适的,因为分解率低的生料入窑,在窑内吸热分解耗热较大,使窑的热负荷增大,窑外分解的优越性得不到充分发挥。

2.3.3.4　分解炉的热工特性

1. 分解炉内的燃烧特点

1)辉焰燃烧和无焰燃烧

当燃烧煤粉时,煤粉颗粒进入分解炉内,浮游于气流中,经预热、分解、燃烧发出光和热,形成一个个小火星。这些浮游小火星布满炉内,从整体上看,看不见一定轮廓的有形火焰,而是充满全炉的无数小火星组成的燃烧反应。在整个分解炉中,料粉和煤粉悬浮于高温的燃烧气流中,料粉颗粒受热达到一定温度后,固体颗粒也会发光,燃料燃烧发光参与其中,使整个炉体中不存在有形火焰,而且满炉发光,即辉焰燃烧。

当使用液体燃料时,油雾蒸发后油气附着在粉料颗粒表面或在其四周迅速燃烧,形成无焰燃烧。

2)分解炉内的温度分布

一般煤粉或燃油的喷燃温度可达 1500～1700 ℃,而分解炉内气流温度只有 850～900 ℃,这是因为燃料与料粉是以悬浮状态混合在一起的,燃料燃烧放出的热量立即被物料吸收。当燃料燃烧快、放热快时,料粉分解也就快;当燃烧慢时,则放热也慢,分解也就慢。所以分解反应也抑制了燃烧温度的提高。对于 RSP 型分解炉,在旋涡分解室内纵向温度由上而下逐渐升高,但变化幅度不大,由于炉的边缘向外界散热,存在散热损失,而且由于涡流效应,炉体中心物料较少,物料吸收的热量也较少,温度较高,边缘物料浓度较大,温度较低。

2. 分解炉内的传热

在分解炉内,燃料燃烧速度很快,发热能力很高。但由于料粉分散在气流中,在悬浮状态下,具有极高的传热效率,燃料燃烧放出的大量热量在很短的时间内被料粉所吸收,既达到了高的分解率,又防止了局部过热现象。

分解炉内以对流传热为主,其次是辐射传热。炉内燃料与料粉悬浮于气流中,燃料燃烧将气体加热至高温,高温气体同时以对流方式传热给物料。由于气、固两相充分接触,传热效率高。分解炉中气体温度达 900 ℃左右,其辐射能力较回转窑中烧成带差,但炉中有大量的 $CaCO_3$ 分解,放出很多 CO_2 气体,且气流中含有很多细颗粒,所以就增大了炉中气流的辐射传热能力,这种辐射传热对全炉温度的均匀分布极为有利。

2.3.3.5 分解炉的选型要求

综上,分解炉在窑上配置时需满足以下要求。

(1) 分解炉按照燃料燃烧用气的不同,分为在纯空气中燃烧和混合气体中燃烧两种方式,可根据燃料性质确定。当燃料的挥发分含量低时,宜采用纯空气燃烧型分解炉。

(2) 根据气流和物料在分解炉内的运动方式,分解炉可分为多种形式,设计选型时,宜根据原燃料性能及具体情况选择炉型和确定炉体结构尺寸。

(3) 分解炉中气体的停留时间可根据分解炉的形式及原燃料性能确定,其停留时间应不低于 2 s。

(4) 分解炉用煤量与总用煤量的比例应符合下列规定:①当采用三次热风从回转窑内通过时,分解炉用煤量宜占总用煤量的 10%～20%;②当采用三次风管时,分解炉的用煤量宜占总用煤量的 55%～65%;③当采用旁路放风时,应根据不同的放风量,使分解炉用煤比例相应变化。

(5) 分解炉的设计应符合下列规定:①对燃料的适应性强,要求燃料在分解炉内能完全燃烧;②入窑物料的表观分解率应达到 85%～95%;③分解炉内温度场应均匀;④物料和气体在分解炉内停留时间之比要大;⑤物料和燃料在分解炉内的分散性要好;⑥出分解炉气体中的 NO_x 含量要低;⑦压力损失要小;⑧炉体结构简单。

2.3.3.6 分解炉的发展趋势

1. 烟道式分解炉的推广

在分解炉种类的创新和发展中,烟道式分解炉的设计逐渐受到各个水泥生产企业的青睐,其主要特点为把窑尾分解炉与最低一级旋风筒之间连接烟道增高并弯曲向下,以及采取三次风管引入三次风进入分解。具代表性的烟道式分解炉有 PYROCLON 系列(图 2.3-38)以及中国南京水泥工业设计研究院的 NC 型分解炉(图 2.3-39)。

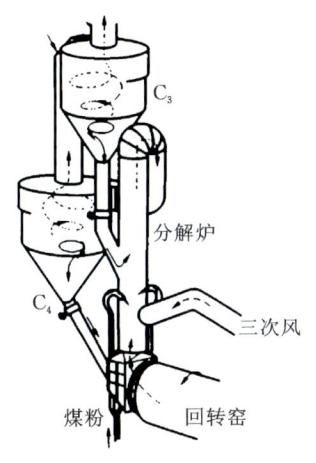

图 2.3-38　PYROCLON 系列分解炉

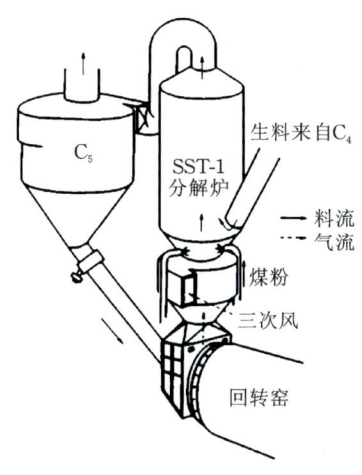

图 2.3-39　NC 型分解炉

　　烟道式分解炉的烟道设计对于其性能至关重要。烟道需要有效地将烟气从炉膛中引出,并确保烟气在排放过程中不会回流或产生其他不良影响。与其他分解炉相比,烟道式分解炉具有以下优势:分解炉内具备二氧化碳浓度低、氧气供应可通过三次风调节与分解温度高的良好分解条件,且烟道中料气流呈紊流的悬浮状态向上移动,烟道长度可根据需要增加,这就避免了筒式分解炉加大直径和加高高度带来的料气分布不均的问题;其烟道和鹅颈管的设计思路适合用于对各种分解炉进行相关改造;可控制分解炉内各区温度;使料气能很好混合;能降低废气中 NO_x 及 CO 的含量;使整个分解窑系统压降降低,且窑系统操作稳定,设备简单,生料分解率高,适合燃烧劣质燃料。

2. 高效低碳燃烧的同时发展低氮化

　　主要是在分解炉锥部形成强还原区来自主消减回转窑内部产生的 NO_x,同时也能抑制自身燃料型 NO_x 的形成。其核心理念在于分区设计(图 2.3-40):①底部汽化区(均相脱硝),利用燃料的挥发分在贫氧氛围中快速裂解(一般挥发分析出时间在 500 ms 以内),析出还原窑内热力型 NO_x,主要目的是降低窑内的 NO_x 含量。②中部的固定碳脱硝区(异相脱硝),设置适当气体停留时间的贫氧区,其一是析出挥发分的焦炭,在贫氧区析出 CO—CH 等还原剂用于还原 NO_x;其二是焦炭在贫氧状态下改变了燃烧路径,燃料型 NO_x 产生会下降。③上部的焦炭后燃区,一部分风(按 40% 的三次风设计)进入该区域,使焦炭燃尽。

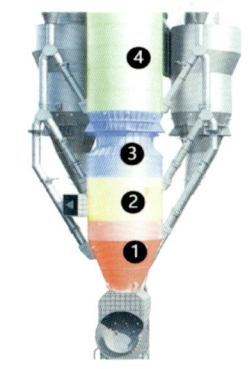

图 2.3-40　分解炉梯度燃烧
1—汽化区;2—固定碳脱硝区;
3—贫氧区;4—焦炭后燃区

1）底部汽化脱硝区的气流停留时间

分解炉内烟气实际的停留时间确实不等于按平均风速计算的时间，因为有中部喷腾和返混等，是个相对概念。比如分解炉中部气流速度快，停留时间短；边缘气流有返混，停留时间长。但实际的气流停留时间和按平均风速计算的时间是正相关的。而实际气流停留时间的影响因素非常多，无法通过人工计算得出，可以通过 CFD 模拟得出平均时间。由于分解炉锥部的形状都是锥台，形状是相似的，考虑到模型的相似性，按平均风速计算出停留时间在 1.5 s 左右比较经济合理。

2）焦炭后燃区的气流停留时间

三次风旋切进入分解炉后，气流运动的路径变长，粉尘颗粒的运动路径也变长，把实际运动路径分成高度和径向两个分量，高度分量就是平均风速。对于一定产限和炉容的窑线，高度分量的气流停留时间基本固定，但因为旋切、喷腾的作用，部分气流的停留时间会变长，这部分气流里携带的粉尘的停留时间就变长了，因此对于焦炭后燃区的气流停留时间，也可按通用的平均风速计算，一般在 3.5 s 左右。

2.3.4　回转窑

2.3.4.1　回转窑工艺带的划分

预分解窑将物料预热移到预热器，将物料分解移到分解炉，窑内只进行小部分分解反应、放热反应、烧结反应和熟料冷却。因此，一般将预分解窑（图 2.3-41）分为三个工艺带，即过渡带、烧成带和冷却带（图 2.3-42）。

图 2.3-41　回转窑

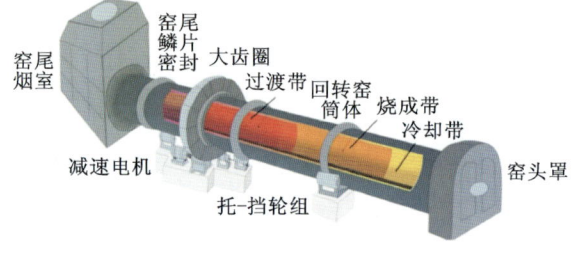

图 2.3-42　预分解窑结构及工艺带的划分

1. 过渡带

从窑尾起至物料温度 1280 ℃止，主要是物料升温、小部分碳酸盐分解和固相反应。

2. 烧成带

物料温度在 1280 ℃—1450 ℃—1300 ℃区间，即从物料出现液相到液相凝固为止。此阶段生成硅酸二钙、铁铝酸四钙、铝酸三钙，液相量增加 20%～30%，其他组分进入液相以及形成硅酸三钙。预分解窑的烧成带长度一般在（4.5～5.5）D。

3. 冷却带

铝酸三钙、铁铝酸四钙重新结晶出来，另外还有部分液相成为玻璃体。这时的温度小于 1200 ℃，液相完全消失。在一些大型预分解回转窑中几乎没有冷却带。

2.3.4.2　回转窑的主要技术参数

1. 回转窑的产量标定

窑的产量是水泥工厂设计中一个重要的工艺指标，它是确定工厂生产规模、物料消耗量和全厂设备选型的依据。目前，对窑的产量，一般采用经验公式计算。常用的经验公式见表 2.3-8。

表 2.3-8　常用经验公式

窑型	作者	经验公式
预分解窑	日本	$G = 1.38V_i^{0.641}$
	中国北京建材研究院	$G = KD^{2.52}L^{0.762}$
	中国南京化工学院	$G = 0.15362V_i^{0.97422}$

式中：G——窑的小时产量，t/h；V_i——窑的有效容积，m³；D——窑的直径，m；L——窑的长度，m；$K = 0.114 \sim 0.119$。

上述计算公式是建立在当初条件下回归的，随着各项技术的更新进步，现在实际的窑产量较理论计算值往往偏大。除了与窑的尺寸有关外，回转窑的产量还与工厂的自然条件、原料和燃料的质量（特别是易烧性和易分解性）、预热器和分解炉的形式、附属设备的配套、生料成分及均化程度、操作水平等有关。因此，在标定窑的产量时，还必须结合所设计工厂的具体条件进行综合分析对比加以确定。在没有精确计算公式的情况下，从窑的规格上推导窑的产量应该根据多个公式同时推导计算，从而在对各计算结果进行比较的基础上得出相对可靠的结果。部分新型干法窑规格及其产量如表 2.3-9 所示。

表 2.3-9　部分新型干法窑规格及其产量

规格/（m×m）	$\phi4.0×60$	$\phi4.5×70$	$\phi4.8×76$	$\phi5.2×92$	$\phi5.4×96$	$\phi5.4×95$	$\phi5.5×100$
产量/（t/d）	2500	4000	4800	6000	7000	7200	8000

2. 预分解窑内的物料停留时间

预分解窑内物料的停留时间取决于多种因素，包括窑的类型、窑的有效内径和长度、窑斜度、窑转速以及物料的休止角等。一般来说，预分解窑内的物料停留时间为 25～30 分钟。其计算公式如下：

$$t = \frac{1.77\alpha L \sqrt{\theta}}{SD_i r} \tag{2.3-10}$$

式中:t——物料停留时间,min;

  α——系数,回转窑内径恒定取 1;

  L——回转窑长度,m;

  θ——物料的休止角,$35° \sim 40°$

  S——回转窑的斜度,%;

  D_i——回转窑有效内径,m;

  r——回转窑转速,r/min。

物料在窑内停留时间不足可能导致熟料"欠烧",影响产品质量性能;而停留时间过长则可能使熟料"过烧",导致熟料矿物晶体过大且结构致密,影响熟料易磨性并使热耗增大。具体的停留时间需要根据实际的工艺条件、设备状况和操作水平等因素有所变化。因此,在实际生产过程中,需要充分结合熟料岩相、篦冷机物料状态、窑系统各环节参数等不断调整工艺参数和优化操作来确保物料在预分解窑内的停留时间达到最佳值,从而保证熟料的质量和产量。

3. 窑内填充率

窑内填充率是指物料在水泥生产过程中填充在回转窑内所占的比例。如果填充率过高,物料的加热会不充分、不均匀,从而影响物料的煅烧质量。反之,如果填充率过低,尽管煅烧质量好,但回转窑的产量会降低。填充率同时影响窑内通风状况,合理的填充率有助于保持窑内通风顺畅,促进物料的燃烧和分解,而填充率不当可能导致通风不良,影响窑内燃烧和分解过程的进行。因此,需要选择合理的填充率,既能最大限度地提高产量,又能保证煅烧质量。

影响水泥回转窑填充率的因素有很多,包括入窑生料状况、熟料性质、回转窑结构以及操作因素等。在生产过程中,要求窑内物料的填充率最好保持不变,以确保窑系统运行工况的稳定,一般取 5% $\sim$ 17%。在生产控制中往往通过改变窑转速来改变物料停留时间,以此调整回转窑填充率。对于喂料量恒定的回转窑,随着窑转速的提高,物料停留时间逐渐变短,填充率也相应下降。通过结合窑电流变化、喂料量、系统负压可以对窑内填充率做出可靠推断和调整。填充率的计算公式如下:

$$F_D = \frac{k \cdot P \cdot t}{24V_i} \tag{2.3-11}$$

式中:F_D——填充率;

  k——系数,取 1.5;

  P——回转窑的产量,t/d;

  t——物料停留时间,min;

  V_i——回转窑的有效容积,m³。

4. 回转窑配置要求

在回转窑的配置上应考虑以下几点：

（1）回转窑的规格应根据对烧成系统产量的要求，结合原、燃料条件以及预热器、分解炉、冷却机的配置情况等因素确定。

（2）预分解窑的长径比宜取 11～16，其中预热器窑取高限，分解窑取低限。

（3）预分解窑的斜度应为 3.5%～4%；最高转速宜为 3.5～4.0 r/min，调速范围 1∶10。

（4）回转窑烧成带筒体的冷却宜采用强制风冷。

（5）回转窑烧成带应有筒体温度的检测措施。

（6）回转窑的主电机宜采用无级变速电动机，并须设置辅助传动，辅助传动应有备用电源。

2.3.5 冷却机

熟料冷却机的作用是将回转窑卸出的高温熟料冷却到下游斜拉链机、熟料库和水泥磨所能承受的温度，同时回收高温熟料的显热到烧成系统，提高系统的热效率和熟料质量。

冷却机主要有三种类型：一是筒式（包括单筒及多筒），二是篦式，三是其他结构形式。在预分解窑诞生之前的相当长的时期内，单筒式、多筒式与篦式冷却机长期并存，各自经过不断改进形成了三足鼎立的局面。预分解窑问世之后，由于炉用三次风抽取，以及对二、三次风温度日益增高的需求，再加上篦式冷却机的优化改进，篦式冷却机已成为预分解窑系统中最佳的冷却设备。

2.3.5.1 单筒冷却机与多筒冷却机

1. 单筒冷却机

单筒冷却机（图 2.3-43）的结构相对简单，通常由托架、传动部分、大齿圈和筒体等主要部件构成。其中，筒体是冷却机的主体部分，熟料的冷却过程主要在这里完成。冷却机工作时，熟料在筒体内通过回转和重力作用不断翻滚和前进，与从冷却机底部引入的冷空气进行热交换，从而使熟料逐渐冷却。单筒冷却机于 19 世纪末出现，在小型水泥厂获得广泛使用，但由于其具有冷却效率较差，无法实现熟料急冷需求以及水耗量

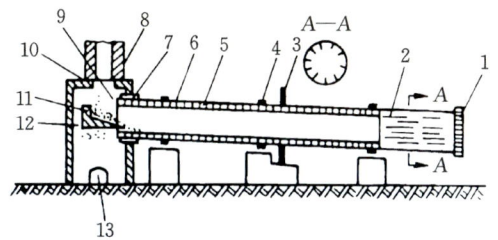

图 2.3-43 单筒冷却机

1—卸料篦子；2—扬料板；3—大牙轮；4—轮带；5—耐火砖；6—筒体；7—密封装置；8—窑头；9—热烟室；10—通料口；11—溜子；12—风道；13—清理积料门

大、扬料板和筒体磨损快等缺点,在篦式冷却机推出后基本被淘汰。

2. 多筒冷却机

多筒冷却机由史密斯公司在 20 世纪 20 年代发明,由环绕在回转窑出料端窑体上的若干个(一般6~14 个)圆筒所构成。冷却机筒体直径一般为 0.8~1.4 m,长度为 4~7 m,长径比一般为 4.5~5.5。筒体一般用 10~15 mm 厚钢板制成,热端用一弯头连接在窑的筒体上,热端和弯头内砌有耐火砖和耐热钢板,冷端装有扬料板或链条等,用以加快换热过程。冷端用一钢带固定在窑体板凹槽内,出料端设有篦子。

多筒冷却机的工作原理与单筒冷却机基本一致,高温熟料分流进入各冷却筒,随着窑体的回转而翻动,通过与冷空气的充分热交换来实现冷却。被加热的空气可以作为二次空气进入窑内,从而提高窑的热效率。然而,多筒冷却机也存在一些缺点。由于其筒体较短,散热条件相对较差,因此出口熟料的温度可能会较高。同时,由于结构上的原因,冷却机的筒体不能做得过大,否则会增加回转窑头筒体的机械负荷。这些因素限制了多筒冷却机在大型回转窑上的进一步应用。虽然后续史密斯公司设置了新型多筒冷却机,通过在回转窑热端增加托轮,延长窑体和冷却机的长度,改进内部结构,增加传热面积和传热效率,从而降低出口熟料温度,提高入窑二次风温,进而提升热效率等,但在预分解窑迅速发展、产能大型化的趋势下,新型多筒冷却机仍难以在与篦式冷却机的竞争中取得优势,未得到进一步发展。

2.3.5.2　篦式冷却机

篦式冷却机(简称篦冷机)是一种骤冷式气固换热设备。熟料由窑进入冷却机后,在篦板上铺成层状,由鼓风机鼓入一定压力的冷风。冷风以垂直方向穿过熟料料层,达到骤冷的目的。冷风可在数分钟内将熟料由 1200 ℃ 降到 200 ℃,甚至可达 100 ℃ 以下。篦式冷却机具有出料温度低、有利于改善熟料质量和易磨性、冷却能力强等优点,得到了广泛的应用。

按照篦板运动方式的不同,篦式冷却机可分为振动篦式、回转篦式和推动篦式三种。振动篦式冷却机和回转篦式冷却机由于无法适应水泥生产的大型化已逐步被淘汰。目前常用的是推动篦式冷却机,并经历了第一代到第四代的发展历程。

1. 第一、二代篦冷机

早期的篦冷机设计相对简单,料层较薄,其冷却效率有限。尽管在当时的条件下,这种设计能够满足基本的冷却需求,但随着生产规模的扩大和技术要求的提高,其局限性逐渐显现。

为了解决第一代篦冷机冷却效率不高的问题,第二代篦冷机采用了厚料层设计。这种设计通过将各个风室独立起来并配置各自的风机,改善了各个风室的独立性,减少了风室间的泄漏现象,从而提高了熟料的冷却速率。然而,这种设计也带来了新的问题,如料层阻力不均匀导致的熟料冷却不均匀,"红河"和"雪人"现象仍时有发生。

2. 第三代篦冷机

第三代篦冷机被称为充气梁可控制流篦冷机(图2.3-44),于20世纪80年代末开始研制,20世纪90年代中期开始在水泥行业推广应用。这种篦冷机采用阻力篦板、充气梁技术及分区可控制流技术。

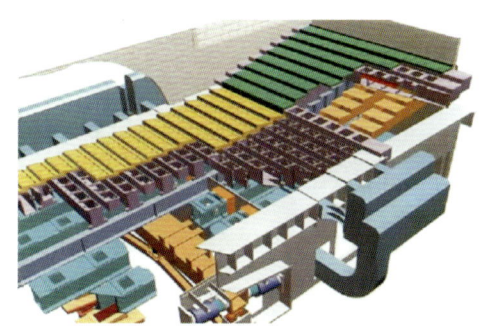

图2.3-44　第三代篦式冷却机

其具体特点包括:

(1)采用阻力篦板及具有充气梁结构的篦床,以增加篦板的气流阻力在"篦板＋料层"总阻力中的比例,从而降低料层内颗粒粗、细不均等因素对气流均匀分布的不利影响。阻力篦板气流如图2.3-45所示。熟料进口端为窄、宽布置,并常用固定式倾斜篦床(固定式篦床的倾斜角比活动式的要大,前者约15°,后者约3°),这时为了避免进口端堆料,常设置空气炮。进料区后面的热回收区为水平篦床或倾斜角为3°左右的倾斜篦床,而冷却区多采用水平篦床,该区也适当设置辅助喷水的冷却装置。

(2)在进料区配备脉冲高压鼓风系统,发挥脉冲高速气流对熟料的骤冷作用,用尽量少的冷却风来回收熟料余热以减少余风量,提高二次、三次风温。脉冲供风也能够使细颗粒料不被高速气流带走,而且细颗粒料的扰动作用也增加了气料之间的换热效率。

(3)高压冷却风通过充气梁,特别是篦冷机热端前部的数排充气梁,向篦板下供风,以提高料层中气流的均匀分布程度,也能够强化气流对熟料、篦板的冷却,从而消除"红河"现象和保护篦板。其固定篦床上的充气梁如图2.3-46所示。

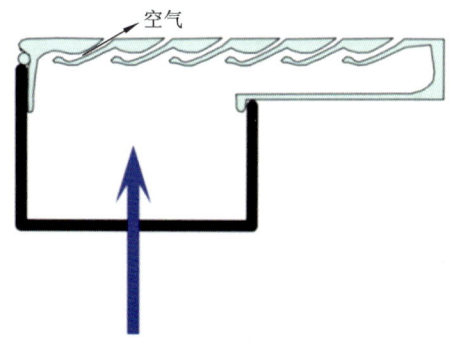

图2.3-45　阻力篦板气体流向

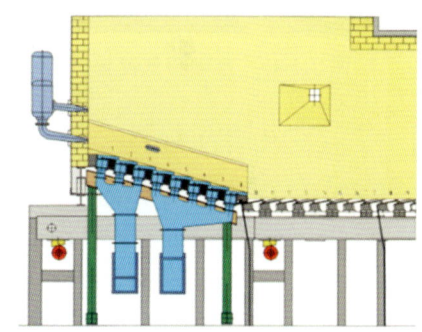

图2.3-46　固定篦床上的充气梁

(4)设置了针对篦床一、二室各排篦板的自控调节系统,以便对风量、风压及脉冲供气进行调控,如图2.3-47所示。有的篦冷机也设置了针对各块篦板的人工调节阀门,从而可以根据需要手动调节。同时,对第一段篦板速度及篦板下的风压实行自动调节,以保持料层的设定厚度,其他段篦床与第一段篦床同步调节。

（5）通常在篦冷机中间或卸料处使用辊式破碎机，篦冷机所用辊式破碎机如图 2.3-48 所示。

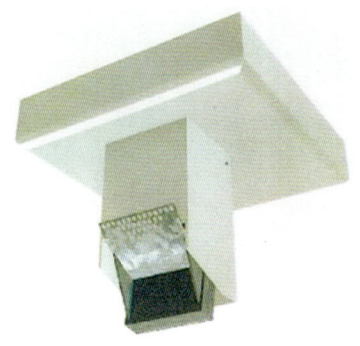

图 2.3-47　机械流量调节器

图 2.3-48　熟料辊式破碎机

3. 第四代篦冷机

第四代篦冷机问世于 20 世纪 90 年代末，分为推动棒式和模块阵列式，其篦板结构分别见图 2.3-49 与图 2.3-50。第四代篦冷机的整体结构如图 2.3-51 和图 2.3-52 所示。

图 2.3-49　推动棒式篦板

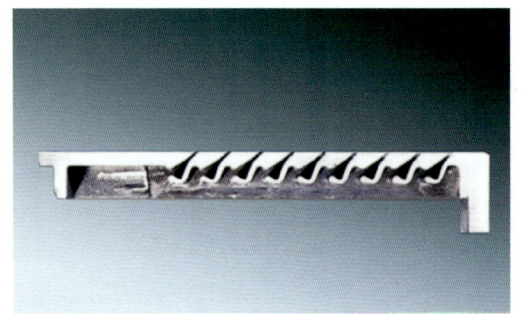

图 2.3-50　HE 模块槽板

图 2.3-51　第四代篦冷机外形

第四代篦冷机的主要特点体现在以下几个方面：

（1）篦床不再承担输送熟料的任务，该任务由新设置的推动机构来完成，这样就不再

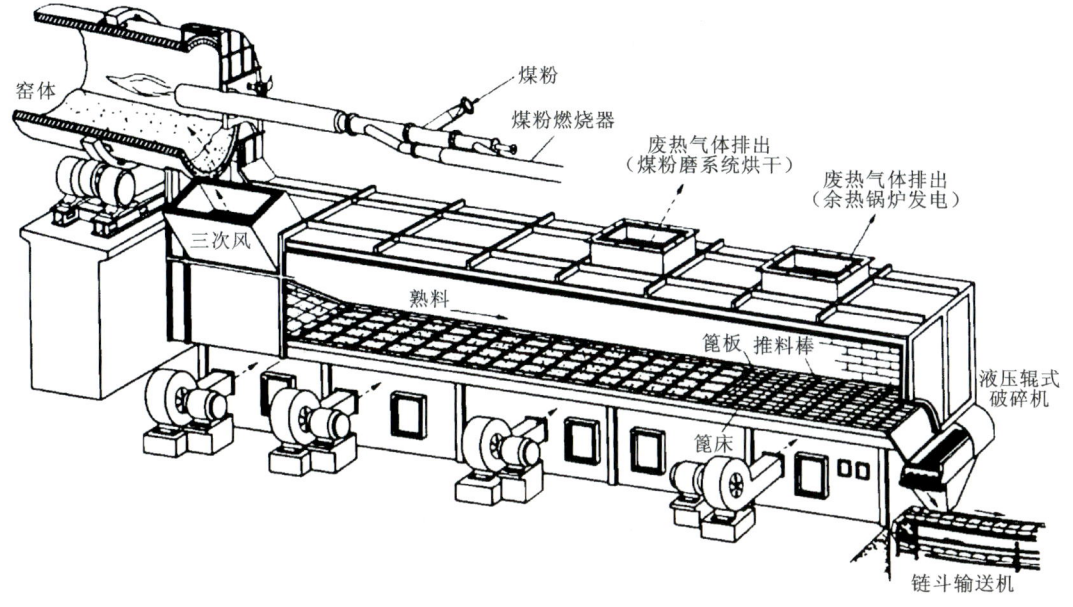

图 2.3-52 第四代篦冷机工作示意图

需要活动篦板,而篦床主要起到"充气床"的作用。同时,篦床上靠近篦板的一层静止低温熟料层可以保护篦板及充气梁等部件免受磨损与高温侵蚀,这层熟料也能够起到均化气流的作用,可以不用高阻力篦板来均化气流,以降低篦板的压损。

(2)尽管篦冷机内仍然有可动部件,但是仅限于熟料输送机构,因而可动部件的数量大为减少,篦冷机的运转效率大大提高。

(3)由于没有活动篦板,所以就不会有活动篦板与固定篦板之间的缝隙漏料问题,这样篦床下收集漏料、输送漏料的拉链机就被省掉,篦冷机的高度也因此降低。

(4)由于没有活动篦板,包括充气梁在内的供气系统与篦床连接以及冷却风操作都变得非常简便,漏风量也大为降低,因此使用阻力篦板时平衡充气梁内风压所用的空气密封装置也被取消。

2.3.5.3　冷却机性能对比及不同产能配置

不同冷却机的技术指标见表 2.3-10。

表 2.3-10　不同冷却机的具体技术指标

类别	单筒冷却机	多筒冷却机	第三代篦冷机	第四代篦冷机
生产能力/(t/d)	＜2000	＜4000	1000～10000	1000～10000
长径比	约 10	9～12	—	—
面积负荷/[t/(m² · d)]	—	—	40～45	40～45
冷却风量/(m³/kg 熟料)	0.8～1.1	0.8～1.0	2.0～2.5	1.6～2.0

续表

类别	单筒冷却机	多筒冷却机	第三代箅冷机	第四代箅冷机
入料温度/℃	1200～1400	1200～1400	1200～1400	1200～1400
出料温度/℃	200～400	150～300	65 ℃＋环境温度	65 ℃＋环境温度
热回收效率/(%)	56～70	60～72	70～75	72～80

目前水泥行业基本采用的是第三、四代箅冷机,从表 2.3-10 可以看出第三代箅冷机、第四代箅冷机的熟料冷却能力更强、冷却效果更好、热回收效率更高。

在进行冷却机的选择和安装时应注意:

(1)熟料产量 2000 t/d 及以上的窑应优先选用箅式冷却机。

(2)出箅式冷却机的熟料温度应不大于环境温度加 65 ℃。

(3)箅式冷却机需用的单位熟料冷却空气量,应根据不同形式的箅式冷却机确定。

(4)预分解窑配置的箅式冷却机,其热效率应不低于 70%。

(5)箅式冷却机的余风应得到充分利用,可用于煤和混合材料的烘干或余热发电。

(6)熟料冷却机的余风的除尘,宜采用电除尘器或袋式除尘器。当采用电除尘器时,冷却机宜设置可以调节水量的喷水系统。

(7)箅式冷却机的中心线,应偏在窑内物料升起的一侧,以保证料流在冷却机箅床上均匀分布。

表 2.3-11 为某 5000 t/d 窑线公司将第三代箅冷机改为中国天津水泥工业设计研究院第四代箅冷机的对比表。

表 2.3-11　三代改四代箅冷机性能参数对比

	改造前参数	改造后参数
型号	NC42340	SCLW4-12×8.4＋12×6.4-CM
熟料破碎机	尾置辊破	中置辊破
产量/(t/d)	5900	6500
箅床面积/m²	133.2	150.72
风机功率/kW	1976	2167
总装机风量/(m³/h)	614412	650600
中置辊破冷却风机	无	2×37＝74
传动功率＋破碎功率/kW	4×75＋4×15＝360	5×75＋4×15＝435
总功率/kW	2336	2676
热回收效率/(%)	70	≥76
整机电耗/(kW·h/t)	6.5	≤5.45
出箅冷机熟料温度/℃	140～180	≤60＋环境温度

表 2.3-12 为史密斯第四代篦冷机部分窑线应用参数。

表 2.3-12　史密斯第四代篦冷机部分窑线应用参数

	1#	2#	3#
型号	CB 8×61	CB 16×73	CB 18×52
产量/(t/d)	2000	9000	7100
篦床面积/m²	44.2	200.8	158
整机电耗/(kW·h/t)	5.5	6.36	5.01
冷却风消耗量/(Nm³/kg)			1.45
热回收效率/(%)	76.2	76.2	77.3
出篦冷机熟料温度/℃	≤60+环境温度	≤45+环境温度	≤60+环境温度

表 2.3-13、表 2.3-14 分别为部分 4000~6000 t/d 和 10000 t/d 的预分解窑主要配置实例。

表 2.3-13　部分 2500~6000 t/d 的预分解窑主要设备配置

应用单位		XL	YD	TH	YX	YB
规模/(t/d)		2500	5000	5000	5000	6000
回转窑规格/(m×m)		φ4.0×60	φ4.8×72	φ4.8×72	φ5×72	φ5.2×70
预热器规格/mm	C₁	2-φ4750	4-φ4700	4-φ5000	4-φ4700	4-φ4950
	C₂	1-φ6700	2-φ6700	2-φ6900	2-φ5688	2-φ7470
	C₃	1-φ6700	2-φ6700	2-φ6900	2-φ5988	2-φ7470
	C₄	1-φ6950	2-φ6900	2-φ7200	2-φ5988	2-φ7470
	C₅	1-φ6950	2-φ6900	2-φ7200	2-φ5988	2-φ7470
分解炉规格/mm		φ5800	φ7500	φ7500	φ8000	φ5385(带预燃室)
冷却机冷却面积/m²		69	121.48	124.74	128.5	133.5
燃料		烟煤				无烟煤

表 2.3-14　部分 10000 t/d 的预分解窑主要设备配置

应用单位		TG	HL
规模/(t/d)		10000	10000
回转窑规格/(m×m)		φ6×105	φ6×95
预热器规格/mm	C₁		2-φ7800
	C₂		2-φ7800
	C₃	1-φ7188(窑列) 2-φ6288(炉列)	2-φ8200
	C₄		2-φ8200
	C₅		2-φ8500

应用单位	TG	HL
分解炉规格/mm	$\phi 7500$	$\phi 8800 \times 38000$
冷却机冷却面积/m²	262	250

2.3.6 煤粉制备

2.3.6.1 煤粉粉磨设备及选择

原煤水分一般为 $4\%\sim15\%$，由于出煤磨水分要求小于 1.5%，因此这些水分一般需要在粉磨过程中进行烘干。水分若大于 15%，一般要求在粉磨设备前预设烘干设备。将煤完全烘干基本上是不可能的，因而用于粉磨原煤的设备一般都是烘干兼粉磨设备，主要有风扫式球磨和立磨。图 2.3-53～图 2.3-55 分别为带球磨煤磨和立磨煤磨的外形图。

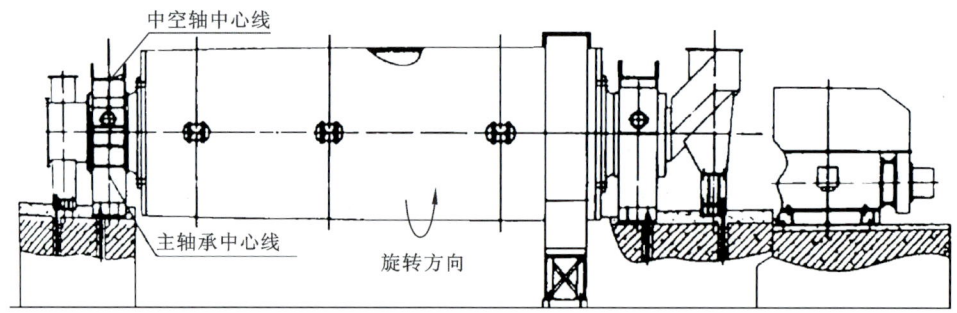

图 2.3-53 带烘干仓煤磨的外形图

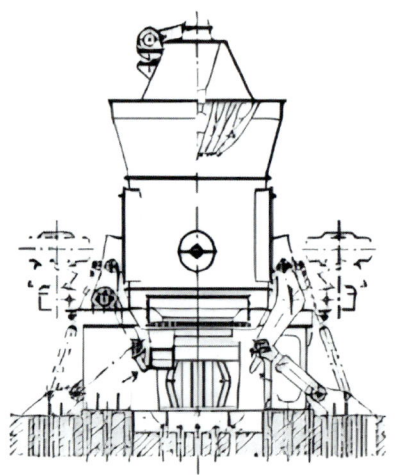

图 2.3-54 中国合肥院煤磨外形图

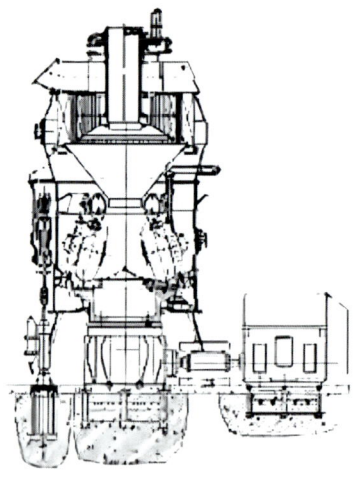

图 2.3-55 中国沈阳重型机械厂煤磨外形图

煤的粉磨传统上一直使用钢球磨,其结构基本与用于生料和水泥粉磨的球磨机相同,都是风扫式的,并且大型煤磨都带有烘干仓,以适应煤的水分较大的特点。从节能的角度来看,立磨正逐步取代球磨,除了现代大中型水泥厂对于较难磨的无烟煤采用风扫式球磨制备煤粉外,大都采用立磨。从表 2.3-15 中数据可见,立磨的粉磨电耗较球磨低 20%以上,规模越大,其节电效果越好。

表 2.3-15 煤磨粉磨电耗对比

磨机类型	电机功率/kW	产量/(t/h)	粉磨电耗/(kW·h/t)	90 μm 筛筛余/(%)
立磨	150	9	7.8	10
	900	30	32	12
风扫磨	205	9	22.7	20
	710	21	37	10

在煤粉制备的工艺过程中,钢球磨系统和立磨系统有一定的差别,一般在选取磨机类型时应考虑以下几方面因素:

(1)立磨的烘干效果优于钢球磨,因而在原煤的水分较大时,建议使用立磨。

(2)立磨的占地面积较小,同时可节能 15%~25%。

(3)钢球磨机的入磨粒度应控制在 25 mm 以下,如果大于 25 mm 则应设预破碎系统,钢球磨的烘干能力较立磨差,一般入磨原煤的水分应不大于 15%。而立磨的入磨粒径可达 85 mm,可烘干含 20%以上水分的原煤。

(4)立磨的生产灵活性较大,细度易于调整。

(5)对于易磨性较差或磨蚀性较大的原煤,应使用钢球磨。

以上仅是磨机选择的一般原则,具体磨机的选择要结合生产规模、场地、原煤性质、操作条件及经济性等多方面进行考虑。

2.3.6.2 煤粉制备流程

煤粉制备系统与生料制备系统类似,也是由粉磨、选粉和储存等设备组成的相对独立的系统。按煤粉入窑方式,可以把煤粉制备系统分为直接燃烧系统、半直接燃烧系统和间接燃烧系统三类。

直接燃烧系统是指煤经磨机粉磨至成品后,直接送到燃烧器进行燃烧的系统。半直接燃烧系统则直接将燃烧系统的磨机废气作为粉磨系统的循环废气,其他与直接燃烧系统相同。半直接燃烧系统可以同时给多个燃烧器供煤,但较难于精确控制各燃烧器的喂煤量。间接燃烧系统增设了相当储量的中间仓,磨机和燃烧器也不连锁,如图 2.3-56 所示。这个系统可以为一个或几个燃烧装置供煤,因此有时也称中央供煤系统。在当前水泥生产大型化和节能化的发展趋势下,间接燃烧系统已成为使用主流。

间接燃烧系统的基本流程是,出磨的煤粉经选粉后,粗粉返回磨机,细粉被送进中间

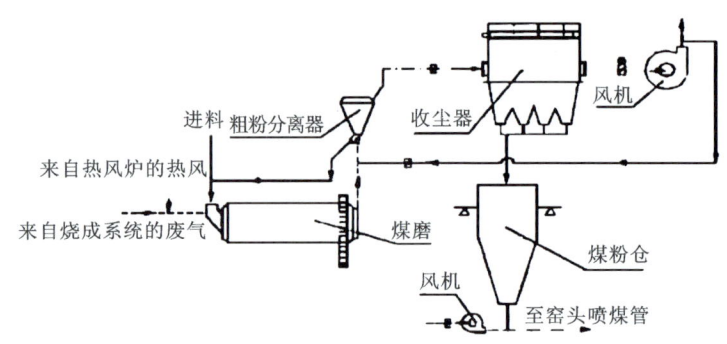

图 2.3-56　间接燃烧系统示意图

仓储存,仓底的螺旋式输送机将煤粉卸出,然后由一次风机将其送入窑内燃烧。随着技术发展,其输送可通过转子秤及风机完成,即一台煤磨可供多个窑或多点使用。

间接燃烧系统的主要优点是:①一次风量不受煤磨风量限制,可根据具体条件把风量控制在合理范围内,防止窑内产生还原气氛或过剩空气系数过大;②容易调整喂煤量和控制回转窑火焰;③一次风中水分含量低,不影响窑内清晰度;④煤磨系统出故障时,短时间内可维持回转窑正常运转。该系统的主要缺点是:煤粉易在系统内积存,为防止发生煤粉的自燃和爆炸,要有特别的安全措施。以上系统所使用的热风来源,主要是在篦冷机的后部或中部或者是窑尾废气系统抽风。

2.3.7　燃烧器

将煤粉制备系统供应的煤粉、空气混合物和燃烧所需的部分空气分别以一定的浓度和速度射入回转窑,在悬浮状态下实现稳定着火与燃烧的装置称为燃烧器。在回转窑的煅烧过程中,适宜的火焰及窑内温度的合理分布,对熟料产量和质量的提高、适宜的窑皮厚度和长度、窑衬寿命的延长、燃料消耗量的减少、筒体温度的降低以及对减少污染和环境的保护都具有十分重要的作用。因此,回转窑对火焰有严格的要求,尤其是新型干法回转窑,要求火焰的形状、温度和强度要与回转窑煅烧熟料相适应,保证在整个火焰长度上都能进行高效率的热交换,同时又不能使窑皮产生局部过热而出现峰值温度,并能适应窑情的变化。因此,必须根据窑型,选择与其相适应的燃烧器,否则将出现窑皮挂不牢,耐火砖易剥落,砖耗高;筒体温度高,易红窑;熟料的烧失量大,易出黄心料;熟料热耗高、质量差、产量低等不正常现象,严重影响生产。

2.3.7.1　回转窑煤粉燃烧器的形式

早期的回转窑煤粉燃烧器采用单风道结构,一次风量占燃烧总风量的 20%～30%,一次风速为 40～70 m/s。其功能主要在于输送煤粉,对煤风混合、二次风抽吸作用甚小,火焰亦不便调节,难于满足生产要求。随着预分解技术的发展以及劣质燃料的利用和环境保护要求的提高,燃烧器技术也有了新的进展,各厂家纷纷采用多风道燃烧器。多风道燃烧器具有如下几个功能：

（1）降低一次风用量，增加对高温二次风的利用，提高系统热效率。

（2）增加煤粉与燃烧空气的混合，提高燃烧速率。

（3）增强燃烧器推力，加强对二次风的携卷，提高火焰温度。

（4）增加对各通道风量、风速的调节手段，容易按需求灵活控制火焰形状和温度场。

（5）有利于低挥发分、低活性燃料的利用。

（6）提高窑系统的生产效率，实现优质、高产、低耗和减少 NO_x 生成量的目标。

1. 三通道煤粉燃烧器

图 2.3-57 所示为南京水泥工业设计研究院设计的三通道煤粉燃烧器示意图。其燃烧器有短火焰型和标准火焰型两种，短火焰型使用一次风量占总燃烧空气的 $5\%\sim6\%$，标准火焰型使用一次风量占总燃烧空气的 $8\%\sim12\%$。外风道为轴流，并设有锥角缩口，内风道为旋流向外扩散，煤风道为直通式轴流，中心管端部装有圆锥台形端盖，以利于煤风混合和稳定火焰。

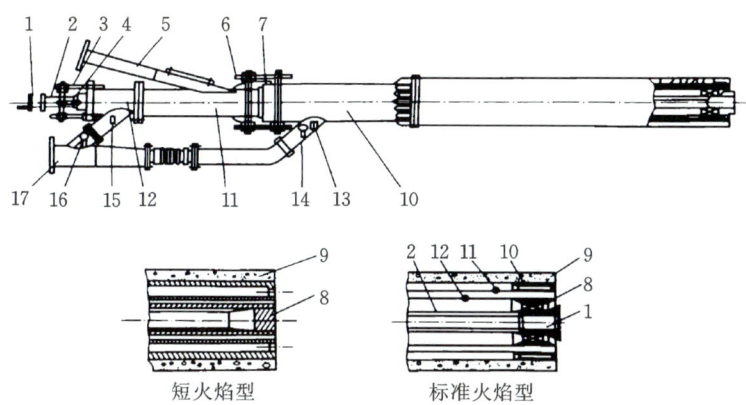

图 2.3-57 南京水泥工业设计研究院三通道煤粉燃烧器

1—点火油管；2—中心管；3—内风调节杆；4，7—指示针；5—煤灰风管；6—外风调节杆；
8—内螺旋风翅；9—隔热浇注料；10—外风管；11—煤风管；12—内风管；13，15—压力表；
14—外风阀门；16—内风阀门；17—内外净气进气管

皮拉德公司生产的旋流式三通道煤粉燃烧器如图 2.3-58 所示。其外风道为轴流并向外扩展，内风道为旋流亦向外扩散，煤风道为轴流也向外扩散，中间通道为油管通道，各个通道出口截面均可调节。

2. 四通道煤粉燃烧器

四通道煤粉燃烧器从内到外一般依次是内旋流风道、旋流风道、煤粉风道和外轴流风道。

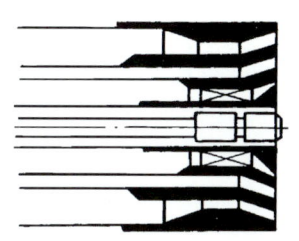

图 2.3-58 皮拉德公司三通道喷嘴

1）内旋流风道

内旋流风道设置在旋流风道的内侧，其作用是产生旋转的气流，有助于煤粉的均匀分布和燃烧的稳定。多个带不同螺旋角度的半圆形螺旋槽旋流器喷出多个高速涡流风，其中涡流风道的旋流器通过调整轴向位移可以调整涡流风喷出的角度，以调整火焰形状。

2）旋流风道

旋流风道紧挨着内旋流风道，通过多个带锥度的半圆形螺旋槽的旋流器喷出多个高速旋流风，产生旋流效应，旋流作用进一步增强了煤粉与空气的混合，使煤粉在出燃烧器后迅速散开，降低了煤粉浓度，增加了煤粉与空气的接触时间和接触面积，使煤粉能够快速燃烧，提高煤粉燃烧效率。

3）煤粉风道

煤粉风道设置在外轴流风道和旋流风道之间，主要用于输送煤粉至燃烧区域。煤粉在外轴流风和外旋流风的作用下迅速扩散，使煤粉快速着火；在外轴流风和外旋流风的作用下，煤粉在窑内的走向和分布得到控制，可以有效调节火焰形状和火焰温度的分布。

4）外轴流风道

外轴流风道设置在最外侧，提供大量的轴流空气，用于冷却和保护燃烧器。其通过外圈多个带斜度和锥度的半圆形喷嘴喷出多个高速射流，在高速射流作用下，外轴流风道喷嘴口形成局部负压区，周围的高温气体被卷吸并通过两束射流之间的缝隙与煤粉混合，使煤粉快速升温而燃烧。外轴流风的高速引射作用可提高高温二次风的用量，从而降低烧成热耗。

四通道煤粉燃烧器中，KHD 公司的 PYRO-JET 燃烧器的轴流空气是由喷嘴环上围成圆形的小孔射出的，喷口的数目、尺寸和位置取决于生产能力和燃料种类。其燃烧器结构由外向内依次为直流风道、煤风道、旋流风道、中心风道和燃油点火装置，如图 2.3-59 所示。

TC 型旋流式四通道煤粉燃烧器的结构如图 2.3-60 所示，从内向外依次为中心风道、煤粉风道、旋流风道、轴流风道和外部套管。

由奥通公司研制的 DJGX 四通道低氮燃烧器（图 2.3-61）通过设置调节阀实现喷嘴风道出风口可控，其主要特点如下。

（1）根据不同煤质的燃烧特性，设计外轴流风道和旋流风道，截面积可实现无级调节。根据使用的煤质不同，外轴流风速可在 280～300 m/s 范围内选择，煤风风速设计在 20～30 m/s 范围内。可有效控制火焰形状及燃料燃烧速度，适应烟煤、无烟煤、劣质煤等不同煤质对水泥熟料的煅烧。

（2）充分发挥煤风、净风大速差配合和高旋流强度的性能优势，并可控制入窑、炉一次风量，增加煤粉输送气固比，提高二次风利用率。在确保熟料产质量稳定提高的同时，降低吨熟料煤耗。

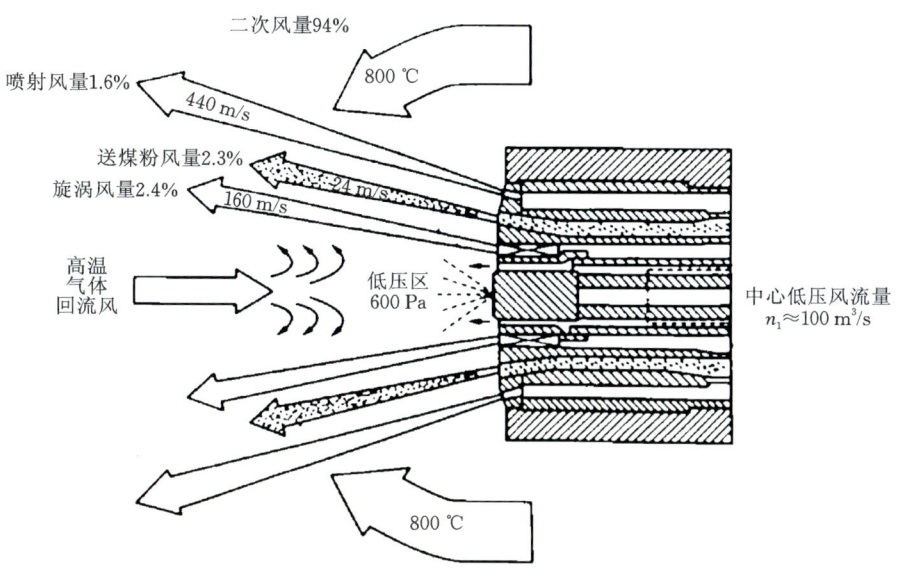

图 2.3-59　PYRO-JET 四通道燃烧器喷嘴示意图

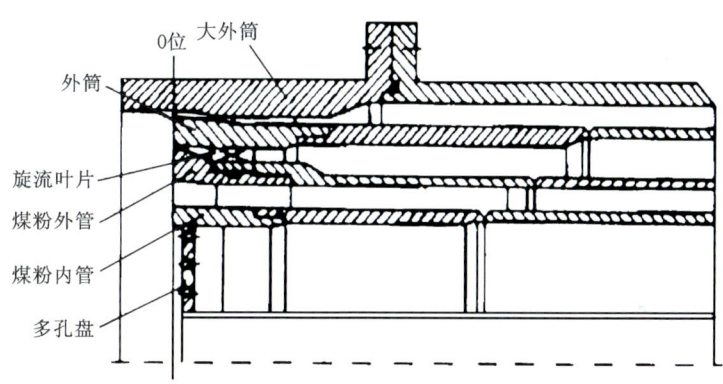

图 2.3-60　TC 型煤粉燃烧器喷嘴结构

（3）一次风量需求低，可提高二次风用量，降低煤耗，缩短煤粉预热、挥发分析出和燃烧时间，减少燃料型 NO_x 的生成；高压力、高动量、大速差、强回

图 2.3-61　DJGX 四通道低氮燃烧器

流、低风量、富氧量少、避免产生峰值高温，有效地降低了热力型 NO_x 的生成。

（4）结构上各风道的风量可由调节阀调节，内外风出口的端面面积均通过调整丝杠完成并可在线无级调节，轴向和端面位移的调整采取手动方式，能够充分保证旋流强度调整的灵活性和合理性，实现风量、风速和旋流强度的最佳配合，保证形成良好的火焰形状，以延长窑衬的使用寿命。

（5）燃烧器各风道头部铸件采用精密铸造，各风道错位滑道精密部位使用激光加工，关键部位采用耐高温、耐磨材料及热喷涂技术，加工、装配精度高，有效提高了燃烧器使用寿命。

2.3.7.2 分解炉用燃烧器

一般说来，由于分解炉内燃料多为无焰燃烧，炉内温度较回转窑燃烧带低得多，因此分解炉用燃烧器性能相对于窑用燃烧器有所简化，如图 2.3-62 所示。

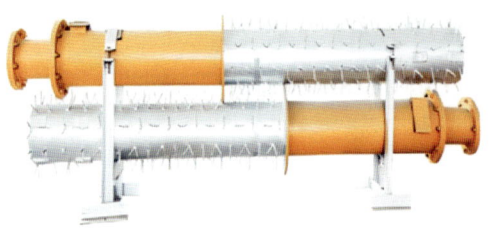

图 2.3-62 分解炉用简化结构的 DJGX 型燃烧器

分解炉用燃烧器采用了低风量、强回流、煤粉浓缩等技术，高温三次风的迅速卷入大大缩短了煤粉预热时间，改善和提高了火焰根部的环境和温度，使煤粉在燃烧器出口就能迅速燃烧，可有效提高煤粉燃尽率及物料分解效率，稳定热工工艺。设置部位要同三次风入口位置及生料下料点位置优化匹配，以保证燃料迅速喷入炽热的三次风中，快速发火起燃，同时要避免生料立即涌入刚发火或尚未发火的燃料喷入区，影响燃料的发火起燃。此外，炉用燃烧器的喷入位置及角度也要同三次风入口位置、角度合理匹配，避免吹扫耐火材料。

2.3.7.3 替代燃料燃烧器

1. NC 型可替代燃料燃烧器

NC 型可替代燃料燃烧器主要由五个环形通道组成（图 2.3-63）。通道一为外风管，用于输送外风，出口处有一喷嘴板，板上均布有一圈小孔；通道二为煤风管，用于输送煤粉；通道三为内风管，用于输送旋流风，喷嘴出口处安装有旋流器；通道四为中心风管，用于输送直流风，出口处有一喷嘴板，板上均布有小孔；通道五为中心管，中心管由油燃烧器套管和可替代燃料管上下两根管道组成，上面的管道用于输送可替代燃料，下面的管道用于放置油燃烧器。另外，在煤粉喂入处设有一个带盖的检查孔，打开检查孔盖能查看煤粉入口区域的磨损情况；煤粉入口处粘贴了耐磨陶瓷片以防管道磨损。

NC 型可替代燃料燃烧器可用于处理生活垃圾中的可燃物（如塑料、纸片、树叶、橡胶、皮革等），且煤粉、生活垃圾中的可燃物能与一、二次风混合充分，达到完全燃烧；一次风用量少，并可灵活调节火焰形状，以适应窑内熟料煅烧的需要，正常操作时可得到较低的热耗，节煤效果明显。

2. Unitherm 燃烧器

Unitherm 燃烧器的端面结构如图 2.3-64 所示，可以 100% 使用烟煤、无烟煤及石油焦，同时可以加入固体废料，一次风用量为 6%～8%，在改善了燃烧环境的同时，也降低了对所用燃料的要求，更能适应劣质燃料的燃烧，是新一代多功能燃烧器。

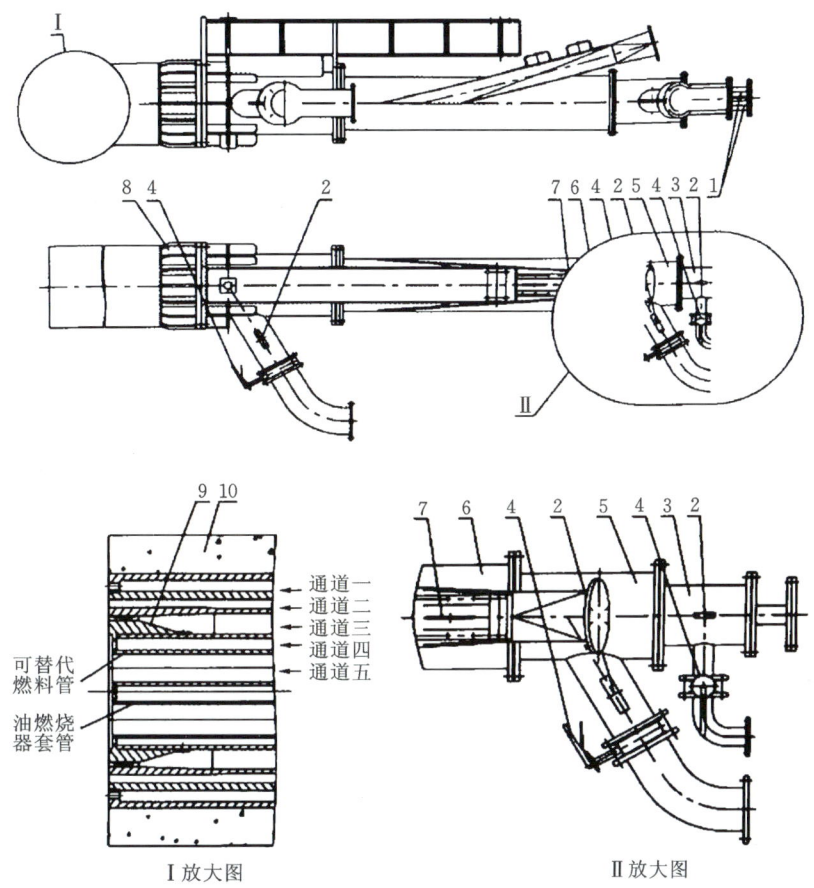

图 2.3-63　NC 型可替代燃料燃烧器

1—中心管；2—压力表；3—中心风管；4—蝶阀；5—内风管；
6—煤风管；7—检查孔盖；8—外风管；9—旋流器；10—耐火浇注料

　　燃烧器头部 MAS 通道用风由 12 个单独的喷嘴引入，12 个喷嘴由软管连接，可以改变旋流角度，进而调节火焰形状。喷嘴可在 0～40°进行无级调节，轴向风与旋流风同时从喷嘴喷出，比外风道是环形结构的燃烧器有更高的喷射速度。软管外有拢焰罩和浇注料保护，使用寿命很长。

　　在一次风量不变的情况下，只调节 12 个喷嘴的角度就可以改变火焰形状，不管火焰具有什么形状，燃烧器的推力始终保持不变。如果需要提高燃烧器的推力，可以通过

图 2.3-64　Unitherm 燃烧器

提高一次风机的风压来实现。

圆形喷嘴结构在磨损后能保持形状不变,解决了环形风道易变形导致火焰跑偏的问题,可保证火焰形状的对称,避免发生偏火刷窑皮现象。

MAS燃烧器是独立喷嘴引射结构,单个喷嘴产生的是单独的引射柱流,12股引射柱流在燃烧器出口处形成一个低压区,使热的二次风快速均匀地进入火焰内部,加强了火焰内部引入二次风的作用;加快并增强了二次风与燃料的混合,使燃料快速点燃着火,加快对料层的传热。这种结构能以较少的一次风量获得足够的燃烧动力,更适合劣质煤、无烟煤和石油焦的煅烧。

3. Flexiflame™燃烧器

Flexiflame™燃烧器在外环通过一次空气(外部空气)的高动量流工作,高的动量及由此引起的高出口速度决定了细长而稳固的火焰形状。相比于低动量燃烧器,它形成了一个较短的高散射火焰。高动量流有能力控制混合区域火焰从着火点到余下火焰的长度。低动量燃烧器的设计意味着窑内较长的混合区和较长的火焰。试图控制熟料烧成带长度和冷却带长度,对于晶体的生长形成并不总是好的。较短的火焰长度和控制火焰的能力也有利于硫在窑口处的循环。

一次空气作为单独的空气喷射流的布置,对燃烧有非常有利的效果,因为它确保了热的二次空气与火焰的迅速混合。火焰的形状通过一次空气动力调整。在燃烧器的煤粉通道或石油焦通道的内外部各设置了一个涡流空气进口,因此可以充分混合煤粉。这种所谓的双涡流效应使火焰具有高稳定性(提供优异的火焰控制),并且可以快速形成火焰(火焰着火点接近燃烧器)。相比于其他的燃烧器,Flexiflame™燃烧器火焰的几何形状在窑内容易控制,从窑筒体的温度分布就可以看出。

燃烧器的中心部件有油喷枪、固体燃料管、点火器等,并经由燃烧器端板操纵和冷却。在燃料混合物和通道布置许可的情况下,使用轴向对称设计,因为它比非对称设计可以更好地控制火焰。非常安全的结构使得燃烧器拥有极其精确的设置,所有的燃烧器通道都是独立可调的。

主燃烧器的混合动力要根据窑炉的不同应用、系统配置、燃料成分和熟料分析等客户的需求来选择特定条件。即使在很敏感的窑炉系统中,如采用行星式冷却机(低的二次空气温度),使用石油焦和固体替代燃料混合物(木屑和固体再生燃料)的白水泥窑生产线上,这种带有复杂几何尺寸喷嘴的燃烧器,也能获得极好的运行效果,从而降低燃料成本。

对 Flexiflame™燃烧器最新的优化措施是基于固体替代燃料通过燃烧器的中心管道注入和燃烧。喷射速度的设置可以不取决于输送空气(一般在 $35\sim45$ m/s,此外,空气速率还取决于窑炉类型)。固体替代燃料燃烧器的设计要保证氧气便利地接近燃料注入点,以促进替代燃料更快燃烧。在此区域存在氧气局部缺失现象,因为通常这一区域的碳燃烧对氧气具有更高的亲和力。除非采取特别的设计措施,替代燃料最初都会注入氧含量低的火焰区,直到干燥和热解之后,发生碳燃烧且有足够的氧气,替代燃料才能在火焰中点火和燃烧。

▶▶ **2.4 水泥粉磨与储存**

在水泥生产过程中,粉磨所消耗的电力约占水泥生产总电耗的 70%,而水泥粉磨消耗的电力约占水泥生产总电耗的 40%。因此,选择合理的粉磨系统对水泥工厂节能降耗起着关键作用。

水泥粉磨的主要功能在于将水泥熟料(及缓凝剂、性能调节材料等)粉磨至适宜的粒度(以细度、比表面积等表示),形成一定的颗粒级配,增大其水化面积,加快水化速率,满足水泥浆体凝结、硬化要求。

现代水泥储存技术很成熟,根据物料的物理性状(浆状、粉状、块粒状等)、物料特性(黏性、含水率高低以及是否预均化、均化等特性要求)、工厂规模以及物料供应要求等确定物料储存期以及储存设施。

2.4.1 **粉磨工艺的原理**

物料的粉磨是在外力作用下,通过冲击、挤压、研磨克服物料晶体内部各质点及晶体之间的内聚力,使大块物料变成小块乃至细粉的过程。粉磨功一部分用于物料生成新的表面,变成固体的表面自由能;大部分则转变为热量散失于空间。为提高粉磨效率,近百年来许多学者从各个不同角度对粉碎理论进行了研究,提出了不少有价值的学说,在一定程度上近似地反映了粉碎过程的客观现实。其中,最著名的有三个基本原理:第一粉碎原理,即雷廷格的粉碎表面积原理;第二粉碎原理,即克尔皮切夫和基克的粉碎容积或重量原理;第三粉碎原理,即邦德的粉碎工作指数原理。但是由于破碎和细磨过程本身受很多因素的影响,而这些因素在不同的具体条件下又有着不同的变化,诸如物料的性质、形状、粒度以及产品的细度、设备类型、操作方法等,因此至今都没有建立完备的理论,更难用一个简单公式加以全面概括。尽管如此,这些理论仍有重要的指导意义。

1. 第三粉碎原理——邦德的粉碎工作指数原理

该原理由邦德(F. C. Bond)于 1952 年提出,它是介于表面积学说与容积学说之间的第二学说,可论述为:粉碎物料所需的有效功与生成的碎粒直径的平方根成反比。在原始物料粒度为无限大,成品碎粒直径为 P 时,其表达式为

$$W = K \frac{1}{\sqrt{P}} \tag{2.4-1}$$

在原始物料粒度直径为 F,成品粒径为 P 时,则

$$W = K \left(\frac{1}{\sqrt{P}} - \frac{1}{\sqrt{F}} \right) \tag{2.4-2}$$

式中:W——粉碎每吨物料输入的功率,$kW \cdot h/t$;

P——成品粒径,以 80% 通过的筛孔尺寸表示,μm;

F——原始物料粒径，以 80% 通过的筛孔尺寸表示，μm；

K——系数。

如果将物料从理论上无限大粒度，粉碎到 100 μm，并将求得的有效功定义为物料的粉碎工作指数（W_i），则

$$W_i = K\frac{1}{\sqrt{100}} \qquad (2.4\text{-}3)$$

从而

$$K = 10W_i$$

将此 K 值代入式(2.4-2)，则得

$$W = W_i\left(\frac{10}{\sqrt{P}} - \frac{10}{\sqrt{F}}\right) \qquad (2.4\text{-}4)$$

此公式即为用邦德粉碎工作指数求粉磨物料需要的有效功的基本公式。此式的计算结果介于表面积学说与容积学说计算结果之间。

邦德在理论分析的基础上，搜集了大量的粉磨设备的生产数据，用多种物料在 $\phi305$ mm×610 mm 的标准球磨机上进行了大量试验，确定出粉碎工作指数的试验方法及计算公式。在选定分级筛径及标准试验条件下的原始物料和成品粒度后，在确定的闭路粉磨系统中粉磨，直至循环负荷稳定在 250% 时为止，求得磨机每一转平均生产的通过 P_1 筛的物料量（G），即可求得 W_i 值。为了将试验磨机的粉碎工作指数与工业生产磨机的功耗联系起来，邦德又选择了有效内径为 $\phi2.44$ m 的溢流式球磨机，在采用湿法闭路粉磨时，以其驱动电机的输出功作为计算依据，找出粉碎工作指数的计算式为：

$$W_i = \frac{68.32}{P_1^{0.23}G^{0.625}\left(\dfrac{10}{\sqrt{P}} - \dfrac{10}{\sqrt{F}}\right)} \qquad (2.4\text{-}5)$$

由以上公式，即可根据试验磨机测得的数据，直接计算出物料的粉碎工作指数（W_i）。

世界各国水泥设备制造厂都有各自对磨机需要功率的计算式，邦德的第三粉碎原理是它们的基础。邦德提出的各类物料的粉碎工作指数列于表 2.4-1。粉碎工作指数表示 1 短吨（907 kg）物料从理论上的无限大粒度粉碎到 80% 通过 100 μm 方孔筛所需功的兆焦（或千瓦时）数。

表 2.4-1 邦德粉碎工作指数

物料	相对密度	工作指数	物料	相对密度	工作指数
矾土	2.38	34.02(9.45)	石膏岩	2.69	29.38(8.16)
水泥熟料	3.09	48.42(13.45)	生产水泥的石灰石	2.68	36.65(10.18)
水泥生料	2.67	38.05(10.57)	菱镁矿	5.22	60.4(16.80)
黏土	2.23	25.56(7.10)	砂岩	2.68	41.51(11.53)
烧黏土	2.32	26.75(7.43)	矿渣	2.93	56.7(15.76)

续表

物料	相对密度	工作指数	物料	相对密度	工作指数
煤	1.63	40.93(11.37)	炼铁高炉矿渣	2.39	43.78(12.16)
白云石	2.82	40.72(11.31)			

注:工作指数栏中,括弧外为兆焦数,括弧内为千瓦时数。

2. 料床粉碎理论

近年来,人们发现在现代工业中众多的粉碎实践都含有料层粉碎(料床粉碎)的因素,如立磨(VRM)、辊压机(RP)、水平卧式辊磨(Horomill)等,它们的粉碎机理已超过单颗粒粉碎的性质。实践证明,在多次挤压料层粉碎条件下,生产细微产品的能耗远远低于通常的粉磨工艺的能耗。

料床粉碎是指颗粒群以料床层的堆积方式接受外力,外力通过颗粒之间的传递和相互作用使得物料颗粒被破碎、粉碎。实现料床粉碎的前提是物料要形成一定厚度的料床层以及对料床施加高压。当物料颗粒与施力体之间以及颗粒相互之间的接触应力、剪应力、弯曲力超过物料本身的强度极限时发生破碎。由于颗粒大小不均匀,在对料床施压时,物料颗粒并不会同时粉碎。料床在受压情况下,逐渐变得密实,孔隙率变小,细颗粒会填充粗颗粒周围的间隙。当达到一定致密度时,大颗粒受力先达到其强度极限而发生粉碎,随着料床密实程度增加,细颗粒相互发生摩擦与挤压而引起边缘剥落,从而被粉碎。当料床达到一定的密实度后,料床中颗粒的受力趋向均匀,这时要进一步粉碎物料颗粒所需的压力是巨大的,料床中合格的细粉不能及时分离出来,就会降低挤压设备的粉磨效率。

辊筒磨以料床粉碎为主要工作原理,其与辊压机的区别,不仅在于辊压机通过两个辊子外表面挤压物料,辊筒磨是用圆筒的内表面与磨辊的外表面挤压物料,而且辊筒磨的筒体转动时,使物料在离心力的作用下沿筒体内壁铺展成薄料层,并带动磨辊在同向回转过程中,以中、高粉磨压力对物料进行循环挤压粉磨。辊筒磨用于水泥工业的主要优势:节能效果明显,如球磨机综合电耗一般在 35～45 kW·h/t,而相同产量的辊筒磨综合电耗约 26 kW·h/t,节电达 35%～70%;产品粒度分布也较辊压机合理。

2.4.2　开路粉磨与闭路(圈流)粉磨系统对比

1. 开路粉磨

开路钢球磨是水泥生产中最普通的粉磨系统,水泥成品是通过单仓或多仓管磨机一次粉磨完成的,物料由磨机入口喂入,经粉磨后自出口排出。总的来说,开路粉磨系统的优点主要是流程简单、紧凑,投资省,占地小和易于适应自动化操作等。其缺点也是明显的,表现为过粉碎现象严重、出磨水泥温度高、粉磨效率低、单位电耗大、球耗高,特别不适于高强度等级的水泥及易磨性差别大的混合料的粉磨,而且用开路粉磨系统时,水泥产品的品种调节较困难。比表面积高于 30000 cm²/g 时,物料细粉容易凝聚,影响粉磨功效,因此,在此情况下人们往往会选用闭路粉磨系统。

2. 圈流粉磨(闭路粉磨)

圈流粉磨系统的优点是:可以大大减少过粉磨,使磨机产量提高,电耗降低;同时产品粒度均匀,成品细度可用调节分级设备运行参数的方法来改变。但圈流粉磨系统流程复杂,投资较大。

在圈流粉磨时,当出磨物料经过分选设备一次分选后,细粉作为成品,粗粉返回原来的磨机再粉磨的称为一级圈流系统,亦可称为一次选粉圈流系统。当一次分选后的粗粉进入另外的磨机再粉磨,其出磨物料再次经过另外的分选设备分选的称为二级圈流系统。当一次分选后的粗粉不经粉磨再次入分级设备进行二次分选,选出成品,粗粉返回磨内再粉磨的,称为二次选粉圈流系统。

2.4.3 辊压机及挤压粉磨系统

辊压机是20世纪80年代中期发展起来的一种新型粉磨设备。开始它主要用于熟料粉磨,之后又推广到生料粉磨,并渐有成为生料粉磨主要系统的趋势。采用辊压机,配以V型选粉机和分离设备的挤压生料粉磨系统,可使生料粉磨电耗较辊式磨系统降低20%~30%,但挤压粉磨系统对高湿、黏性料适应性较差。由于辊压机挤压粉磨可大幅度降低水泥粉磨电耗,在国内外已得到广泛应用。

辊压机通过两个辊子对物料施以巨大压力(50~300 MPa),使物料粉碎和压成所谓的压片,颗粒内部产生大量裂纹和应力,使其易于进一步粉碎,即通过所谓预应力粉碎来显著改善物料的易磨性。

辊压机工作件是两个辊子,一个是固定辊,固定于机架上,另一个是可沿导轨移动的动辊。在液压机系统的推力作用下,动辊压在两辊之间的物料及固定辊上,当直径约30 mm的物料进入两辊之间楔形空间时,被旋转的辊子夹住并随辊子向下运动,其间受辊子巨大压力作用而压实和粉碎,并从下部排出,如图2.4-1所示。

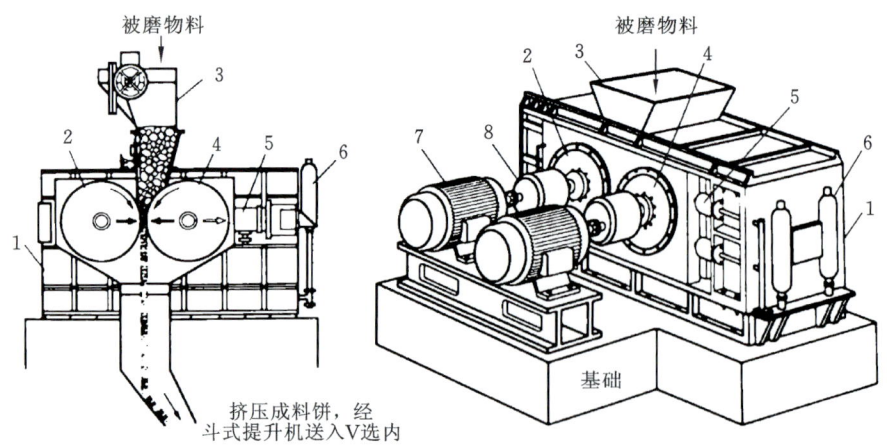

图 2.4-1 辊压机工作原理示意图

1—机架;2—固定辊;3—进料漏斗;4—滑动辊;5—液压缸;6—蓄能器;7—电机;8—减速机

辊压机与球磨机可以组成预粉磨系统、联合粉磨系统、半终粉磨系统及终粉磨系统。辊压机生产能力：

$$Q = 3600 \times B \times S \times V \times Y$$

式中：Q——辊压机生产能力，t/h；

　　　B——辊压机宽度，m；

　　　S——料饼厚度，m（基本同间隙）；

　　　V——辊压机线速度，m/s；

　　　Y——料饼容重，t/m³。

从以上公式可以看出：辊压机生产能力的大小跟料饼厚度有关，也就是运行时跟辊缝大小有关。

辊压机能耗计算公式：

辊压机运行电耗＝（动＋定）电流×1.732×电压×功率因数/台时产量

其中，功率因数在带进相器时取 0.9，不带进相器时取 0.85。

对水泥粉磨而言，当采用球磨机时，主机电耗为 35～45 kW·h/t；采用辊压机循环预粉磨时，其特点是经辊压机一次挤压后或粗颗粒在辊压机挤压后进入球磨机粉磨，熟料及部分混合材均在入磨前经辊压机预粉碎，因此主机电耗可降至约 30 kW·h/t；采用辊压机联合粉磨及半终粉磨时约为 28 kW·h/t；采用辊压机终粉磨时约为 20 kW·h/t，与此同时，可使粉磨系统产量增加（表 2.4-2）。但是，由于水泥终粉磨系统产品需水量增加，强度有所下降。目前已投产的终粉磨系统虽然采用多次循环方案使产品质量问题有所缓解，但又相应增大了系统电耗，因此终粉磨工艺方案仍在优化改进之中。

表 2.4-2　不同水泥粉磨系统对比

粉磨工艺	系统电耗 /(kW·h/t)	粉磨电耗 /(kW·h/t)	风机电耗 /(kW·h/t)	特点
球磨机开路粉磨	45	44	—	非常简单
球磨机圈流粉磨	38	33	3.5	简单
辊压机循环预粉磨	30	31	3.5	复杂
辊压机联合粉磨	28	23	3.5	复杂
辊压机半终粉磨	28	23	3.5	复杂
辊压机终粉磨	25	17	7～8	简单

1. 预粉磨系统

如图 2.4-2 所示，在球磨机之前加一台辊压机对物料实行预粉磨称为预粉磨系统。辊压机可加在开路球磨之前，也可以加在闭路球磨之前。预粉磨一般有两种流程：第一种流程是经辊压机一次挤压后的物料直接进入球磨机粉磨，仅经一次挤压的物料颗粒分布较宽，不利于球磨机粉磨；第二种流程是物料经挤压后，边缘料等粗粒物料循环进入辊

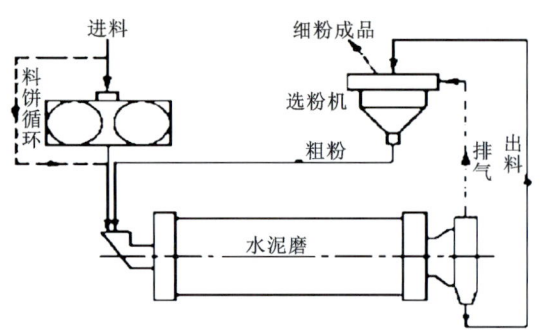

图 2.4-2　预粉磨系统工艺流程图

压机与新料一起再经挤压,虽然辊压机处理的物料量增加,产量有所降低,但对预粉磨全系统来讲生产效率必然提高,运转中亦可适当降低辊压机挤压力,有利于系统稳定运转。球磨机可采用开路或圈流系统。预粉磨系统的增产数值一般为 25%~30%,节能 15%~28%,适用于老厂改造。

2. 半终粉磨系统

根据不同水泥品种,设定相应物料配合比,物料经相应的定量给料机(皮带秤、链板秤)计量后,经配料皮带和入辊提升机输送至稳流仓。物料通过辊压机挤压粉碎,经溜子进入出辊提升机,再经多通道溜管进入 V 型选粉机打散,其中粗颗粒物料经溜子随同新鲜物料经入辊提升机喂入稳流仓后在辊压机系统进行循环挤压粉碎,来自循环风机的气流将 V 型选粉机打散后的细颗粒带入高效选粉机进行选粉,辊压机成品物料随气流进入旋风筒,其中含尘气体进入辊压机收尘器,旋风筒收集的物料通过锁风阀与辊压机收尘器收集的物料进入辊压机成品斜槽,通过高效选粉机调控该部分物料细度及物料量,出高效选粉机粗颗粒物料经溜子入磨(部分公司将经过高效选粉机选出来的粉分为三部分:细颗粒作为成品,粗颗粒进辊压机,中粗颗粒入磨)。入磨物料经不同级配研磨体粉碎、研磨,物料沿磨筒体至出磨提升机提升喂入 O-Sepa 选粉机选粉,其中粗粉进入回粉斜槽至磨头入磨循环粉磨,成品随气流进入收尘器收集,经成品斜槽至成品库(图 2.4-3)。

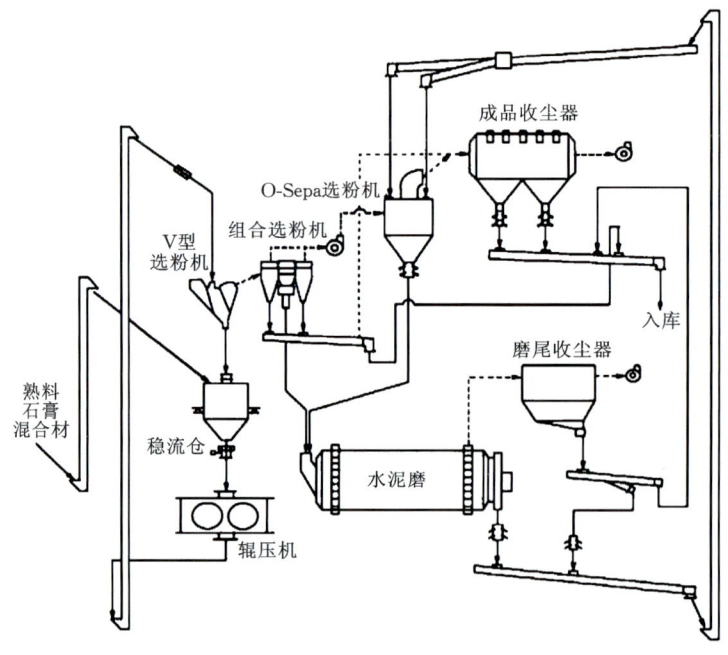

图 2.4-3　半终粉磨系统工艺流程图

葛洲坝某水泥公司半终粉磨系统配置表如表 2.4-3 所示。

表 2.4-3 葛洲坝某水泥公司半终粉磨系统配置表

主机设备名称	主机设备型号及参数
球磨机	ϕ4.2 m×13 m;功率 3350 kW
辊压机	CLF180-120B;功率 1400 kW;通过量 610～850 t/h
V 选循环风机	RJ48-SW3100F;风量 350000 m³/h;全压 6800 Pa
主排风机	Y6-40-14 No25.5F;风量 230000 m³/h;全压 7500 Pa
袋收尘	HMMC176-2×5

3. 联合粉磨系统

根据不同水泥品种,设定相应物料配合比,物料经相应的定量给料机(皮带秤、链板秤)计量后,经配料皮带和提升机输送至 V 型选粉机打散。来自循环风机的气流将 V 型选粉机打散后的细颗粒带入旋风筒,其中含尘气体进入辊压机收尘器,旋风筒收集的物料通过锁风阀与辊压机收尘器收集的物料经集料溜子入磨(部分公司辊压机收尘器收集的物料入成品库)。V 型选粉机打散后的粗颗粒进入稳流仓,通过辊压机挤压粉碎,经溜子再次进入入辊提升机,在辊压机系统进行循环挤压粉碎。V 型选粉机选出的细颗粒入磨,经不同级配研磨体粉碎、研磨,物料沿磨筒体至出磨提升机提升喂入 O-Sepa 选粉机选粉,其中粗粉进入回粉斜槽至磨头入磨循环粉磨,成品随气流进入收尘器收集,经成品斜槽至成品库(图 2.4-4)。

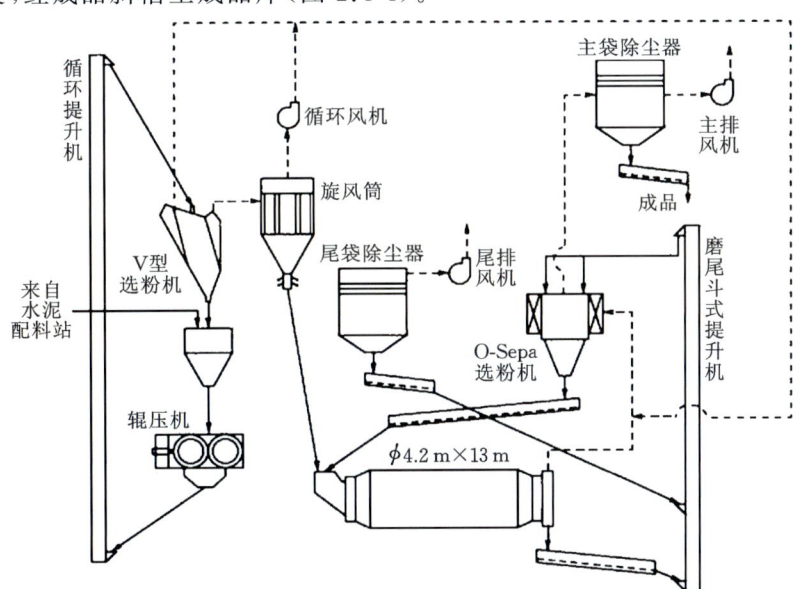

图 2.4-4 联合粉磨系统工艺流程图

葛洲坝某水泥公司辊压机联合粉磨系统配置表如表 2.4-4 所示。

表 2.4-4　葛洲坝某水泥公司辊压机联合粉磨系统配置表

主机设备名称	主机设备型号及参数
球磨机	ϕ4.2 m×13 m;功率 3350 kW
辊压机	CLF170-100;功率 900 kW;通过量 458～623 t/h
V 选循环风机	Y4-73-13 No.20F;风量 240000 m³/h;全压 4800 Pa
主排风机	RCCF844B/1405;风量 273678 m³/h;全压 6077 Pa
袋收尘	HMMC176-2×5

4. 混合粉磨系统

混合粉磨系统如图 2.4-5 所示。其特点是辊压机同球磨机一起组成一个大的圈流粉磨系统,直径小于 45 mm 的块状物料经挤压成粉料状料饼,经打散机打散即入球磨机粉磨,再经过选粉机分选出成品,粗粉少部分返回辊压机,起提高入辊压机物料密实度的作用,其余则入球磨机重新粉磨。与中卸烘干磨配套的挤压粉磨系统相比,物料烘干主要在磨内和选粉机中完成,利用窑尾预热器的 320～350 ℃ 热废气,最高可烘干水分 6%～7% 的原料。

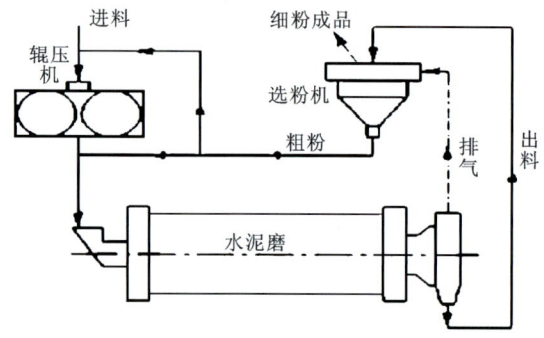

图 2.4-5　混合粉磨系统工艺流程图

5. 辊压机终粉磨与水泥立磨终粉磨

辊压机终粉磨即辊压机挤压后的料饼经 V 型选粉机直接进入选粉机分选,细粉即为成品,粗粉再返回辊压机挤压。由于该系统的成品全部由辊压机产生,因此要求辊压机具有较高的压力,同时物料必须经多次循环挤压,方可保证细粉产量及具有较好颗粒级配。辊压机用作水泥终粉磨,存在水泥标准稠度的需水量大、和易性不好的问题,且粉磨温度比球磨机低,遇到混合材水分高的物料,则不适用辊压机作为终粉磨设备。其工艺流程如图 2.4-6 所示。

关于水泥立磨终粉磨,目前立磨虽已广泛应用于水泥生料、煤粉制备及超细矿渣粉磨等场合,但用于水泥成品制备时,一定程度上受到水泥成品性能的制约。究其原因,高压料层粉碎不具备拉宽产品颗粒分布的特性。如一定要为之,则系统效率会大幅度下降,并且将对系统和产品性能产生不利影响,限制粉磨高比表面积的水泥成品以及轻质混合材(如粉煤灰干灰)的掺入量。其工艺流程如图 2.4-7 所示。

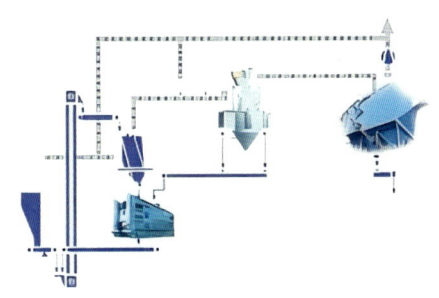

图 2.4-6　辊压机终粉磨工艺流程图

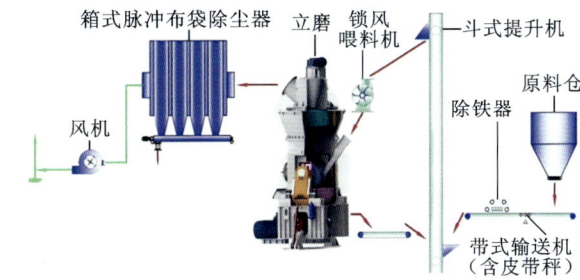

图 2.4-7　立磨终粉磨工艺流程图

水泥立磨终粉磨与传统粉磨技术对比，其应用优势具体包括以下几个方面：

（1）节电效果明显。通过对两种粉磨技术耗电情况进行对比，能够看出水泥立磨终粉磨系统节电效果十分明显，能够减少水泥生产成本，这对水泥生产企业来说无疑是值得关注的。

（2）单机生产能力大。水泥立磨终粉磨系统设备数量少，占地面积小，且操作较为简单，相对于传统粉磨技术来说更加容易控制。

（3）原料适应性更强。对于传统粉磨技术来说，不同的物料要对粉磨技术进行适当的调整，而水泥立磨终粉磨系统具有更强的原料适应性，减少了大量的人为工作。

（4）易于水泥品种更换，出磨水泥成品温度较低。

2.4.4　球磨机、隔仓板以及衬板

1. 球磨机

根据筒体长径比以及卸料、传动和操作方式等的不同，球磨机的分类如表 2.4-5 所示。

表 2.4-5　球磨机的分类

分类方式	磨机名称	分类依据
按筒体长径比分	短磨机	磨机筒体长度与直径之比在 2 以下
	中长磨机	磨机筒体长度与直径之比在 3 左右
	长磨机	磨机筒体长度与直径之比在 4 以上
按操作方式分	连续式磨机	给料和卸料是连续进行的
	间歇式磨机	给料和卸料是间歇进行的
	湿法磨机	粉磨过程中加入一定量的水，产品以料浆状态排出
	干法磨机	入磨水分须控制在很小的范围内，产品为干粉状态
	烘干式粉磨机	粉磨过程中通入热风，物料粉磨与烘干同时进行

分类方式	磨机名称	分类依据
按传动方式分	中心传动磨机	减速机输出轴与磨机轴线在同一直线上
	边缘传动磨机	电机经减速机通过大齿圈周边传动驱动磨机回转
按卸料方式分	尾卸式磨机	物料由一端给料,另一端卸出
	中卸式磨机	物料由磨机两端加入,磨体中部卸出
	周边卸料式磨机	物料由磨机的一端加入,磨体周边卸出

球磨机的主要工作参数有工作转速、研磨体填充率、研磨体级配(最大球径、平均球径及级配)。球磨机实际工作转速 n 的确定需要考虑磨机的规格、衬板形状、研磨体种类、生产方式、填充率、物料性质和粒度等因素。

1) 工作转速

工作转速一般是临界转速 n_c 的 $65\% \sim 85\%$,较多的是 $65\% \sim 78\%$。细磨和筒体直径较大时取下限,湿法磨较相同条件的干法磨工作转速高 $2\% \sim 5\%$。磨机的临界转速 n_c 即紧贴衬板的研磨体刚好能随筒体一起回转而不致产生抛落运动的最低转速;理论适宜转速 n_t 即紧贴衬板的研磨体能够产生最大冲击粉碎功的转速。

$$n_c = \frac{42.3}{\sqrt{D_0}}; n_t = \frac{32.2}{\sqrt{D_0}}$$

式中:n_c、n_t——磨机的临界转速和理论适宜转速,r/min;

D_0——筒体的有效直径,即筒体内径减去 2 倍的衬板厚度,m。

2) 研磨体填充率

研磨体填充率是指装入球磨机的研磨体容积与筒体有效容积的比值,或研磨体所占断面积与磨机有效断面积的比值。填充率通常在 $25\% \sim 45\%$。增加研磨体填充率可显著提高磨机产量,但由于设备和电机功率的限制,不能过于提高。填充率的参考取值范围:干法粉磨取值较低,在 $28\% \sim 38\%$;棒磨机钢棒填充率通常为 $35\% \sim 40\%$;闭路流程短球磨为 $35\% \sim 40\%$;闭路流程中长磨为 $30\% \sim 35\%$;开路流程多仓磨为 $28\% \sim 35\%$;烘干兼粉磨磨机的填充率通常较小,在 $25\% \sim 28\%$。

3) 研磨体级配

研磨体级配是指不同尺寸的研磨体按一定质量比例进行的配合。最大球径必须满足大尺寸物料的冲击粉碎需要。

邦德简式: $$D_{bmax} = 2^{0.5k} \times d_{80}$$

式中:d_{80}——产品通过率为 80% 的粒径;

k——指数,硬质物料取 5,软质物料取 4。

平均球径：
$$\overline{D_{\mathrm{b}}} = \frac{\sum (D_{\mathrm{b}i}G_i)}{\sum G_i}$$

式中：$D_{\mathrm{b}i}$、G_i——各级钢球的直径和相对质量。

合理的级配应使各仓粉磨能力平衡，产品粒度适宜，并能达到预计产量。各种球径的配合比应在满足平均球径的基础上，采用两头小、中间大的级配方式，一般根据入磨物料粒径决定。

球磨机（图 2.4-8、图 2.4-9）由进料装置、支撑装置、回转部分（筒体、衬板、隔仓板、研磨体）、卸料装置、传动装置和润滑及冷却装置六大部分组成。

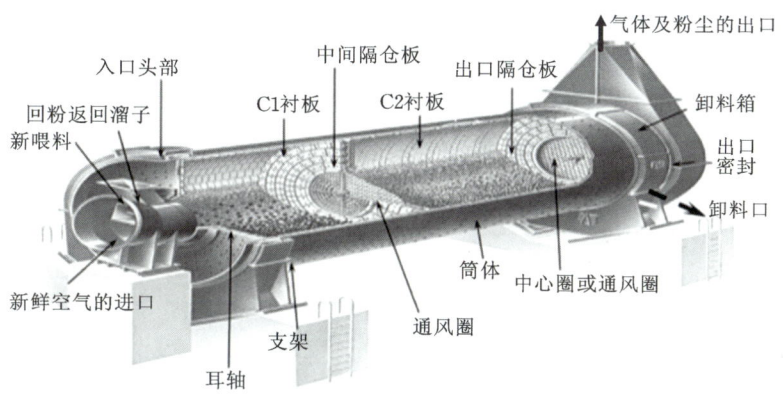

图 2.4-8　球磨机构造剖面图

图 2.4-9　球磨机实体图

球磨机的主体是由钢板卷制而成的回转筒体。筒体两端装有带空心轴的端盖，筒体内可以用隔仓板分隔为数仓，内壁装有衬板，磨内装有不同规格的研磨体。磨内大球完成对大物料的冲砸，小球完成对小粒径物料的细研，介于两者之间的中等球，既受到冲砸作用，也受到研磨作用。为落实这种分工，磨机被隔仓板分隔为 2 个或 3 个仓，前仓装大球，后仓装小球，中间仓装介于两者之间的中等球。磨机在水平回转过程中，由于磨头不断地强制喂料，而物料又随着筒体一起回转运动，借助进料端和出料端存在的料面高度差,加上磨头、磨尾风的压差,磨内物料总是不断地从前向后移动,直至从出料端排出磨外,完成粉磨作业。

葛洲坝各子公司水泥磨磨机工艺参数如表 2.4-6 所示。

表 2.4-6　葛洲坝各子公司水泥磨磨机工艺参数

公司名称	辊压机规格	磨机规格	填充率		磨机运行电流/A	装载量/t
			Ⅰ仓/(%)	Ⅱ仓/(%)		
ZX-1	HFCG150/100	$\phi4.2$ m×13 m	20.83	25.18	173	178
DY-2	CLF180-120	$\phi4.2$ m×13 m	24.84	27.44	196.2	194
JY	CLF180-120	$\phi4.2$ m×13 m	19.37	25.74	165	178
YC	CLF170-100	$\phi4.2$ m×13 m	24	24	182	202
LHK	CLF170-100	$\phi4.2$ m×13 m	24.92	23.48	186	178
QJ	CRF14065	$\phi3.8$ m×12 m	23.61	21.57	153.5	180

2. 隔仓板

磨机筒体两仓之间是隔仓板(图 2.4-10),隔仓板的表面与磨机中心线垂直。隔仓板作用如下。

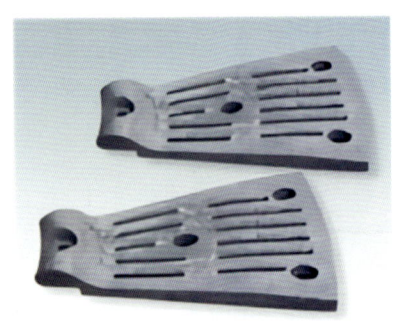

图 2.4-10　隔仓板

(1) 将研磨体分隔开。在粉磨过程中,物料的粒径向磨尾的方向减小,对研磨体的运动状态的要求也由开始的以冲击作用为主而逐渐变为以研磨作用为主,使用隔仓板就可以将以冲击作用为主的研磨体(如较大的钢球)和以研磨作用为主的研磨体(如钢段和小钢球)进行分级。

(2) 防止大颗粒物料窜向出料端。隔仓板对物料有筛分作用,只允许小于筛孔的物料通过,防止过大颗粒进入冲击力较弱的区域。

(3) 控制磨内物料的流速。隔仓板上筛孔的数量、大小、排列方式都可以影响物料的通过能力。

(4) 能控制和改善磨机通风状况,因此也就决定了磨内物料的充填程度,控制了物料在磨内经受粉磨的时间,可起到统一产量和质量、稳定磨机正常生产的作用。

3. 衬板

磨机衬板主要用来保护筒体,避免研磨体和物料对筒体的直接冲击和摩擦,此外,可以用不同形式的衬板来调整各仓内研磨体的运动状态。物料在被粉磨过程中,由于第一仓物料粒度较大,要求研磨体以冲击作用为主,研磨体应呈抛落状态;而细磨仓物料较小,为使产品达到要求的粉磨细度,要求研磨体以研磨作用为主,研磨体应呈倾泻状态。

为解决这个矛盾,就可以利用不同表面形状的衬板(如平衬板、波形衬板、阶梯衬板、端盖衬板、分级衬板等),使研磨体具有不同的摩擦系数来改变研磨体的运动形态,以适应物料粉磨过程的要求,从而提高粉磨效率。

(1) 平衬板。

特点:摩擦系数低,研磨体在这种衬板上易发生滑动现象。

使用范围:与其他衬板配合使用于细磨仓中。

(2) 阶梯衬板(图 2.4-11):表面成一倾角,安装后呈梯状,可以加大衬板对研磨体的推力。

优点:同一层钢球被提升的高度均匀一致;衬板表面磨损比较均匀。

使用范围:这种衬板使用在要求冲击力强的粗磨仓中。

(3) 波形衬板。

特点:这种衬板的表面呈波纹状。

使用范围:这种衬板具有一定的带球作用,使用于磨机的细磨仓。

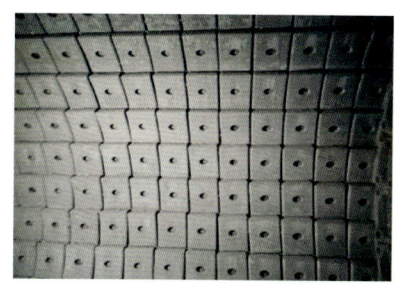

图 2.4-11　阶梯衬板

(4) 端盖衬板:又称墙板,是安装在磨机进出口端盖上的一种平行衬板。

(5) 分级衬板:沿轴向具有斜度,大端向着出口,能使钢球按直径大小自由分级,有助于提高粉磨效率。

(6) 其他:角螺旋衬板、压条衬板等。

2.4.5　现代水泥粉磨技术发展的特点

现代粉磨技术发展历经两个阶段:第一,20 世纪 50 年代至 70 年代,即钢球磨机大型化及其匹配设备的优化改进和提高阶段;第二,20 世纪 70 年代至今的挤压粉磨技术发展完善和大型化阶段。其发展特点如下。

1. 设备装备大型化

在钢球磨系统实现大型化的同时,创新研发挤压粉磨技术和装备。20 世纪 80 年代以来,随着预分解窑大型化,钢球磨系统也向大型化方向发展。用于水泥粉磨的钢球磨机直径已达 5 m 以上,电机功率达 7000 kW 以上,台时产量达 300 t 以上。新设计的巨型磨机直径已达 6 m 以上,传动功率达 12000 kW 以上。采用大型磨机不但可以提高粉磨效率、降低衬板和研磨体消耗、减少占地面积,并且可以简化工艺流程,减少辅助设备,也有利于降低产品成本。长期以来,虽然圈流式钢球磨机是水泥粉磨设备的基本形式,但由于开流磨机具有工艺流程简单、操作方便和易于进行自动控制等优点,许多小型磨机仍然采用。丹麦史密斯公司在小钢段磨的基础上,把两级磨合并在一个磨机上,开发出了康必丹(Combidan)磨,既能用于开流,也能用于圈流。同时,苏联、美国、德国等国家还研发了喷射磨、离心磨、爆炸磨、振动磨、行星式球磨等新型磨机。

辊式磨（roller mill）的发展主要是 20 世纪 70 年代以来磨机结构和材质上的改进，并成功研发液力压紧磨辊代替弹簧压紧磨辊。辊压机亦称挤压机、双辊磨（roller press），于 1985 年研制成功，用于水泥工业，并逐渐大型化。20 世纪 90 年代以来，这两种挤压粉磨系统不但在生料、矿渣终粉磨系统中得到广泛应用，由它们单独或同短型钢球磨、高效选粉机组成的预粉磨、混合粉磨、联合粉磨、半终粉磨以及终粉磨系统亦得到了比较广泛的推广应用，从而使水泥生产综合电耗由 120 kW·h/t 降低到 90 kW·h/t 左右。

2. 采用高效选粉设备

为了适应磨机大型化的要求，近年来圈流粉磨作业越来越多，作为其重要的配套设备的选粉机也得到了较大发展。撒料式选粉机（又称机械空气选粉机）是水泥工业应用最早的具有代表性的空气选粉设备，目前其直径已达 11 m 以上，选粉能力达 300 t/h 以上。为了与大型磨机相匹配，各种新型高效选粉机在水泥粉磨作业中也得到了日益广泛的应用，同时亦可利用它进行水泥冷却，其选粉能力已达 500 t/h。选粉机发展的主要趋势是进一步提高分级效率，提高单机物料处理量，结构简单化，机体小型化，可进行智能中控操作等。

3. 采用新型耐磨材料，改善磨机部件材质

在磨机大型化后，无论钢球磨、辊式磨、辊压机，都在不断采用新型耐磨材料制造磨机衬板、磨辊、磨盘等部件，力求在改进磨机结构、提高加工精度的同时，进一步提高磨机综合效率和使用寿命。

4. 添加助磨剂，提高粉磨效率

助磨剂能够消除水泥粉磨时物料结块、黏糊研磨体及衬板的弊端，改善钢球磨粉磨条件，提高粉磨效率，从而受到越来越多的重视。

5. 降低水泥温度，提高粉磨效率，改善水泥品质

使用钢球磨机粉磨物料时，会使大部分输入能量转变为热能传递给物料，使粉磨物料的温度上升到 100 ℃ 以上。这样，不但会使石膏脱水，失去作为水泥缓凝剂的作用，而且温度过高会使物料黏结，黏糊研磨介质，从而降低粉磨效率。因此，为了降低水泥粉磨时的温度，提高粉磨效率，改善水泥品质，近年来广泛采用了许多新的冷却方法，例如向磨内喷水、在选粉机内通风冷却和采用水泥冷却器对出磨水泥进行冷却等。

6. 实现操作自动化

目前，水泥粉磨系统已广泛采用电子定量给料秤、自动化仪表及电子计算机控制生产，实现操作自动化，以进一步稳定磨机生产，提高生产效率。磨内作业主要利用电耳、提升机负荷、选粉机回粉量及辊式磨内压差等进行磨机的负荷控制，对石膏掺加量等亦可用 X 荧光分析仪、电子计算机进行配料控制。

7. 采取其他技术措施

其他技术措施有降低入磨物料粒度，保证水泥成品的合理颗粒级配；根据产品标准

选择适当的比表面积,改善配料;选择合理的熟料矿物组成,降低入磨物料水分等。

8. 开发粉状物料输送的新型设备

在广泛推广应用挤压粉磨的同时,在粉状物料输送方面,研发机械输送粉状物料的超高超重提升机、密封皮带机、新型空气斜槽等装备,代替气力输送粉状物料旧模式,力求水泥生产综合电耗的进一步降低。

2.4.6 选粉机与分离器

在干法闭路粉磨系统中,为保证产品的细度要求,必须对磨机卸出的已粉磨物料进行选粉,即粗细粉分级、分离。选粉机必须具有良好的选择性,以使得粉磨设备经济运作,还必须使产品的颗粒组成尽可能均匀。

选粉机的种类很多,但作用原理基本相同。在流体中的颗粒受到三种力的作用:空气的浮力(与颗粒平均直径的平方成正比)、颗粒本身的重力和离心力(后两力不受颗粒尺寸影响,而是受颗粒质量控制)。如果气体施加在颗粒上的有效作用力大于重力和离心力的合阻力矢量,颗粒就会悬浮在空气中,并由气流带走。如果重力占优势,颗粒就会沉降;如果离心力占优势,颗粒就会向外运动,撞在选粉机的内壁上,沿内壁沉降。

虽然水泥生产中所用的选粉机在原理上基本相同,但它们在设计和应用范围上有很大的区别,这些区别包括物料和气体的引入方法、离心力的大小以及颗粒从气流中的分离方法。有些选粉机还可同时进行物料的干燥或冷却处理。

目前大多数水泥厂所用选粉机可分为离心式选粉机、O-Sepa选粉机、组合式选粉机、旋风式选粉机、高效选粉机等。离心式选粉机的工作原理:物料由加料管经中轴周围落到撒料盘上,受到离心惯性力作用向周围抛出。在气流中,较粗颗粒迅速撞到内筒内壁,失去了速度后沿壁滑下。其余较小的颗粒随气流向上,经过小风叶时,又有一部分被抛向内筒壁被收下。更小的颗粒穿过小风叶,经由内筒顶上出口进入两筒间夹层。由于通道扩大,气流速度降低、方向改变,被带出的细小颗粒陆续下沉,由细粉出口排出。被内筒收下的粗粉从粗粉口排出。旋风式选粉机的工作原理与离心式选粉机相似,但在结构上有很大的不同。离心式选粉机的分级和分离过程是在同一机体内不同区域完成的,流体速度场和抛料方式都不能设计得很合理,同时循环气流中大量细粉干扰降低了选粉效率。旋风式选粉机采用外部循环风机,取代了离心式选粉机内部的大风叶。它主要控制选粉室内气流上升速度,借此可大幅度调节成品细度。

1. O-Sepa 选粉机

O-Sepa选粉机带有特殊的分级结构,同时又保留了旋风式选粉机细粉外部单独收集的优点。

如图2.4-12所示,该机主体部分是一个蜗壳,内设有固定于可调速回转立轴上的笼形转子,转子由沿圆周均布的竖向涡流调节叶片和水平隔板组成。转子外圈装有一圈有一定角度的导流叶片,导流叶片外侧是两个切向进风通道,称为一次风管和二次风管。机体下部是一锥形粗粉出口料斗,料斗上有三次风管。撒料盘设置在转子的顶部,其外圈设有缓冲板。由一、二次风管水平切向进入的分级气流经导流叶片作用,均匀地进入转子与导流叶片之间的环形空间——分级区内。由于涡流调节叶片和水平隔板的整流作用,在分级区内的分级气流较稳定,进入转子内部后,由上部出风管排出。物料通过入料管喂入,撒料盘将物料抛出,经缓冲板撞击失去动能,均匀地沿导流叶片内侧自由下落到分级区内,形成一垂直料幕。根据气流离心力和向心力的平衡,物料产生分级。合格的细粉随气流一起穿过转子而排出,最后由收尘器收集下来成为成品;粗粉落入锥形料斗,并进一步受来自三次风管的空气的清洗,分选出黏附在粗粉上的细粉,细粉随三次风上升,粗粉则卸出。

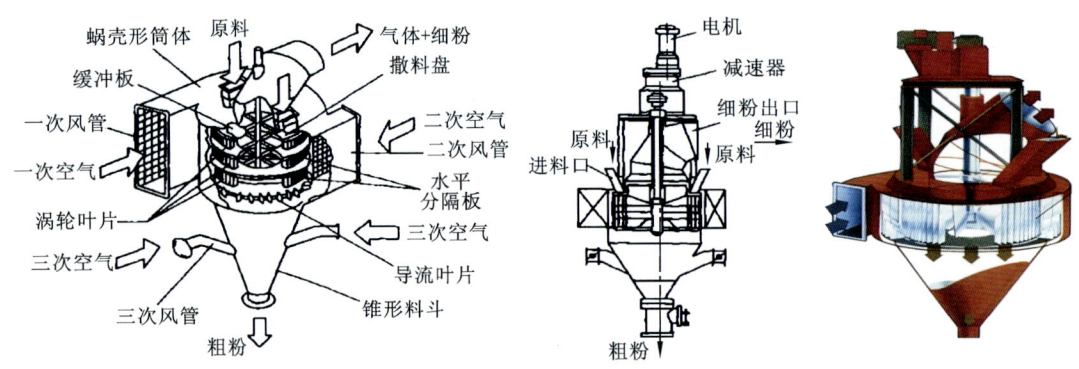

图 2.4-12　O-Sepa 选粉机

入选粉机的一次空气由磨机的排风和通过进气阀板的环境空气组成,二次空气由来自粉磨回路辅助装置的回风和通过进气阀板进入的环境空气组成,全是环境空气的三次空气通过有风门的进气管道进入选粉机的锥斗。

水泥磨常用 N 型 O-Sepa 选粉机的规格如表 2.4-7 所示。

表 2.4-7　水泥磨常用 N 型 O-Sepa 选粉机的规格

型号	产量/(t/h)	最大喂料量/(t/h)	转子转速/(r/min)	风量/(m³/h)
N-2000	96～100	300	105～230	120000
N-2500	120～125	375	95～205	150000
N-3000	144～150	450	85～205	180000
N-3500	168～175	525	80～175	210000
N-4000	190～205	600	75～165	240000

2. V 型静态选粉机

该选粉机为德国洪堡公司研发,其构造如图 2.4-13 所示。选粉机内部没有活动部件,物料进入选粉机后靠重力向下运动,被机内阶梯式导流板冲散;气流入机后通过导流板间隙将细粉选出,再入磨机选粉机与出磨物料一起分选,细粉即为成品,粗粉再返回磨内。V型选粉机亦可作为辊压机的料饼打散机使用。

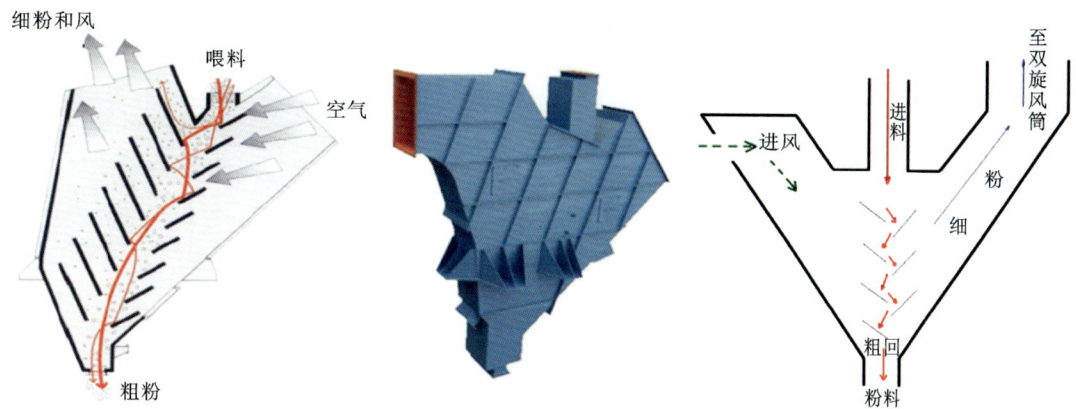

图 2.4-13 V型静态选粉机示意图

与辊压机联合使用的V型静态选粉机的工艺流程如下:经板链式提升机提起的带有料饼的物料,由顶部喂入,在经过打散格板(V型选粉机内部由V形格板构成)的过程中,在重力和风力的作用下,物料被碰撞、打散,从而在截面上形成"料幕";风从进口到出口的过程中随V形格板走了"V"形路线,风在穿过"料幕"时,将细粉带走,大部分粗粉在风突然转向时失去速度而落下,进入稳流仓。导风叶片关小时,入磨粒度相对减小,物料量也相对减少;反之则粒度增大,物料量增多。

3. 高效选粉机

高效选粉机(图2.4-14)同时吸收了离心式、旋风式和高效涡流式三种选粉机的优点。物料进入选粉机后,经过初选、主选和最后分选三个阶段,主分选区采用先进的平面涡流原理,因此具有高效率的选粉性能。

在工作状态下,调速电机通过传动装置带动立式传动轴转动,物料通过设在选粉机顶部的进料口进入选粉室内,再通过设置在中粗粉收集锥的上下两锥体之间的管道落在撒料盘上。撒料盘随立式传动轴转动,物料在惯性离心力的作用下向四周均匀撒出。分散的物料在外接风机通过进风口进入选粉室的高速气流作用下,粗重颗粒受到惯性离心力的作用被甩向选粉室的内壁面,碰撞后失去动能沿壁面滑下,落到粗粉收集锥中;其余的颗粒被旋转上升的气流卷起,经过大风叶的作用区时,在大风叶的撞击下,又有一部分粗粉颗粒被抛到选粉室的内壁面,碰撞后失去动能沿壁面滑下,落到粗粉收集锥中。

中粗粉和细粉通过大风叶后,在上升气流的作用下,继续上升穿过立式导向叶片进入二级选粉区。含尘气流在旋转的笼形转子形成的强烈而稳定的平面涡流作用下,使中粗粉在离心力的作用下被抛向立式导向叶片后失去动能,落到中粗粉收集锥中,通过中粗粉管排出。符合要求的细粉穿过笼形转子进入其内部,随循环风进入低阻型旋风分离

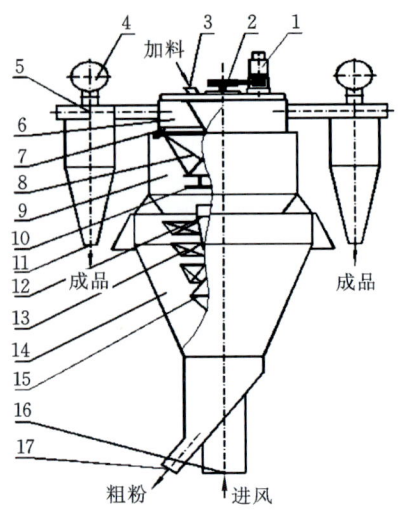

图 2.4-14　高效选粉机

1—主轴电机；2—转子；3—进料口；4—汇总风管；5—旋风筒；6—上筒体；7—密封盖板；8—分级圈；9—选粉室；
10—撒料盘；11—成品出口；12—内锥体；13—滴流装置；14—下筒体；15—反射锥；16—进风口；17—粗粉出口

器中，随后滑落到细粉收集锥内成为成品。

常见高效转子组合式选粉机的型号与规格如表 2.4-8 所示。

表 2.4-8　常见高效转子组合式选粉机的型号与规格

设备规格型号	喂料量/(t/h)	台时产量/(t/h)	主轴转速/(r/min)	选粉风量/(×10⁴ m³/h)
ZX-700	90	28～40	150～350	4.5～5.5
ZX-800	130	45～65	130～320	6.0～7.2
ZX-900	180	70～90	120～300	8.0～9.5
ZX-1000	260	90～130	100～250	11～14
ZX-1100	320	120～160	90～230	15～19

循环负荷率：循环负荷率是衡量闭路系统工作状况的一个参数，是指分级设备的回料量与成品量之比。在一个平衡生产的粉磨系统中，它等于磨机的回料量与喂料量之比。它可以通过测量选粉机的入料、回料、成品在某一筛孔的通过量（a、b、c）按下式计算出来：

$$K(循环负荷率) = (c-a)/(a-b) \times 100\%$$

或者直接计量选粉机的回料量来直观反映。

选粉效率：选粉效率是选粉机选出的成品量占入选粉机物料中成品量的百分比。计算公式为：

$$\eta = c/a \times (a-b)/(c-b) \times 100\%$$

2.4.7 影响磨机产量的因素

在正常生产过程中,影响磨机产量、质量的诸多因素,主要还是入磨物料的粒度、易磨性、水分以及出磨水泥温度、磨机的通风、研磨体的级配和装载量、磨机操作和管理。下面对这些影响因素做简要分析。

1. 入磨物料的粒度

降低入磨物料粒度,保证磨机吃"细粮"是实现磨机高产、优质、低消耗的根本途径。破碎机电能有效利用率为 30% 左右,而磨机电能有效利用率只有 0.6% 左右,即破碎机的电能有效利用率是磨机的 50 倍。目前国内外正广泛采用"多碎少磨"新工艺,使入磨物料平均粒度控制在 10 mm 以下。控制好入磨物料粒度,使进入球磨机的物料粒度更加均匀,可缩短物料在磨内的停留时间,提高磨机的产量,还可大幅度提高比表面积和粉磨质量。由于磨机产量的提高,单位电力消耗大幅度降低。

2. 入磨物料水分

降低入磨物料水分,保证磨机"吃干粮"是实现磨机高产、稳产的前提。入磨物料水分不同对磨机产量和磨况质量有很大影响。因为入磨物料水分不同,它的易磨性也不同。一般地讲,潮湿物料比干物料韧性大,不易粉磨。此外,在粉磨过程中由于研磨体的冲击、研磨和滚擦,以及物料本身带入磨内的热量,磨内温度升高,物料中的水分受热后变成水汽,若不能及时排出,则磨内含尘气体的含湿量增大,因而细颗粒物料便黏糊在研磨体、衬板的工作表面,形成一个缓冲垫层,粉磨效率会显著降低,严重时会造成隔仓板和出料篦孔堵塞,阻碍物料流通,进而发生"饱磨"现象。生产实践证明:当入磨物料平均含水量超过 1.5% 时,磨机产量就要降低;当水分超过 2.5% 时,磨机产量就要降低 10%~25%。

入磨物料水分大固然不好,但过于干燥也会出现问题。物料过干,物料在磨内的流动速度加快,会出现"窜磨跑粗"现象,出磨细度难以控制。

物料中保持适量的水分,在磨内"汽化"时,可以带走磨内部分热量,降低磨温。另外,适量的水汽还能在物料颗粒表面形成一薄层"水汽膜",有利于干粉粒的分散。足见,适量的水汽反而可起到提高粉磨效率的作用。

3. 出磨水泥温度

1) 出磨水泥温度高的原因

(1) 大量的研磨体之间、研磨体与衬板之间的冲击、摩擦会产生大量热量,使水泥温度升高;

(2) 入磨熟料温度高,易磨性差,使出磨水泥温度提高;

(3) 磨机通风不好,或者因工艺条件限制,通风量不够,不能及时带走磨内热量,出磨水泥温度高;

(4) 由于磨机大型化,单位水泥产量筒体表面散热的比例变小,不能有效排走热量,出磨水泥温度提高；

（5）水泥细度要求过细，磨机内物料流量下降，物料带走的热量大幅下降，使得水泥温度上升；

（6）由于季节气温高，进磨物料温度高，系统散热慢，最终形成磨内和成品水泥温度高的现象。

2）出磨水泥温度高的危害

（1）引起石膏脱水成半水石膏甚至产生部分无水石膏，使水泥产生假凝，影响水泥质量，而且易使入库水泥结块；

（2）严重影响水泥的储存、包装和运输等工序，使包装纸袋发脆，增大破损率，工人劳动环境恶化；

（3）对磨机机械本身也不利，如轴承温度升高，润滑作用降低，还会使筒体产生一定的热应力，引起衬板螺丝折断，甚至磨机不能连续运行，危及设备安全；

（4）易使水泥因静电吸引而聚结，严重的会黏附到研磨体和衬板上，产生包球，降低粉磨效率和磨机产量；

（5）使入选粉机物料温度增高，选粉机的内壁及风叶等处的黏附加大，物料颗粒间的静电引力更强，影响到撒料后的物料分散性，直接降低选粉效率，加大粉磨系统循环负荷率，降低水泥磨台时产量；

（6）水泥温度高，会影响水泥的施工性能，产生快凝，混凝土坍落度损失大，甚至易使水泥混凝土产生温差应力，造成混凝土开裂等危害。

4. 磨机通风

磨机内通风状况是影响粉磨效率的重要因素之一。加强磨机通风可将磨机内微粉及时排出，减少过粉碎现象和缓冲作用，从而可提高粉磨效率；另外，加强磨机内通风，能及时排出磨机内的水蒸气，减少黏附现象，防止隔仓板篦孔堵塞；加强磨机内通风还可以降低磨机内温度，防止磨机头冒灰，改善环境卫生，减少设备磨损。

5. 选粉效率与循环负荷率

闭路粉磨系统选粉机的选粉效率的高低对磨机产量影响很大。因为选粉机将进入的物料中的合格细粉分离出来，改善了磨机的粉磨条件，提高了粉磨效率。然而选粉效率高，磨机产量不一定高，因为选粉机本身并不起粉磨作用，也不能增加物料的比表面积。所以，选粉机的作用一定要与磨机的粉磨能力和循环负荷率相配合，才能提高磨机的产量。

在闭路粉磨系统中，出磨机的物料在进入选粉机后分为合格的产品和需要返回磨机重新粉磨的粗粉（回磨粉），在稳定操作后，回磨粉质量保持稳定。这个稳定的回磨粉质量称为闭路粉磨系统的循环量。循环量与产品质量之比称为循环负荷率。循环负荷率愈大，进入磨机的物料总量也愈大，物料由喂料端向出料端的运动速度也会提高，缩短了物料在磨机内的粉磨时间，大大减少了过粉磨现象，对提高磨机产量有好处。但如果循环负荷率过大,不但会增大出磨机物料提升设备的负荷,而且会使选粉机的选粉效率降低很多,所以一般将循环负荷率控制在一定范围内,对于水泥磨机在 100%～150%,对于生料磨机在 150%～300%。

6. 球料比及磨机内物料流速

球料比是指磨内研磨体的质量与物料质量之比。根据生产经验,对正常生产的磨机停磨检查,第一仓钢球大部分应露出料面半个球,第二仓的研磨体应埋于物料下面 1～2 cm。

磨机内物料流速是影响产质量、能耗的重要因素。磨机内物料流速太快,容易跑粗料,难以保证产品细度;若流速太慢,易产生过粉磨现象,增加粉磨阻力,降低粉磨效率,所以生产中应选择合适的物料流速。物料的流速可以通过磨内球料比、隔仓板形式、篦缝形状大小、研磨体级配、装载质量来调节。

2.4.8　水泥的储存与发运

1. 水泥储存

物料储存库是所有水泥厂生产中不可缺少的生产设施,它在生产过程中起着均化、缓冲、储存和物料检验的重要作用。水泥库除具备上述功能外,还可以采用多库搭配出料的方式,减小波动范围,稳定和提高产品质量。

出磨水泥可用气力输送(仓式泵、F-K 泵、气力提升泵)至水泥库,也可用机械(提升机、皮带机、空气输送斜槽、链式输送机、螺旋输送机等设备)输送入库。出库水泥由卸料设备(仓底卸料器、回转下料器、库底卸料系统)卸出,经输送设备输送至包装系统。

水泥厂的原料、半成品、成品的检验工作是十分重要的。设置储库储存物料,便于取样检验和掌握产品质量情况。在生产中检验出不合格产品或废品时,也可利用储库通过搭配等措施予以补救。

各种物料储存期应根据工厂规模、生产方法、窑型、物料来源、物料性能、运输方式、储库形式、工厂控制水平、市场因素等具体情况确定,可参见表 2.4-9。

表 2.4-9　各种物料储存期(天)

物料名称	库内储存		露天储存	总量
	湿料	干料		
石灰质原料	5～10		0～10	5～10
硅铝质原料	10～15	0～3		10～15
铁质原料	20～30			20～30
煤	5～10		20～30	25～40
生料(回转窑)		2～3		2～3

物料名称	库内储存		露天储存	总量
	湿料	干料		
生料(立窑)		3～5		3～5
熟料		7～14		7～14
石膏	1～3		20～35	20～35
混合材料	0～10	2～5	0～25	2～30
水泥		7～14		7～14

注:①表中物料储存期是以窑日产量为基准做平衡计算所得;

②如石灰质原料、硅铝质原料系外购,或由国家铁路、水运进厂时,可取上限;

③物料采用矩形预均化堆场以两堆储存时,应以一堆计算储存期,圆形预均化堆场应以料堆容积的2/3计算储存期;

④熟料外运时,熟料储存期可适当放宽;

⑤混合材料应视其来源、运距及品种确定储存期;

⑥水泥储存期应与熟料储存期统一考虑,并结合市场需求、交通运输条件确定;

⑦表中"库内储存"系指预均化堆场、圆库、联合储库、堆棚等储库的储存方式。

目前大中型厂的熟料储存,主要采用圆柱形混凝土库;而中小型水泥厂的熟料,则多采用联合储库或圆柱形混凝土库储存。圆柱形混凝土库不利于熟料的散热冷却;联合储库对环境的粉尘污染较严重。随着水泥生产技术的发展及进步,大圆库、帐篷库在大型熟料生产线中也已采用。因此,熟料储存方式应根据工厂规模、地基条件、熟料温度、环保要求等因素确定。

水泥生产用石膏一般由汽车或火车运输进厂,一般都是较大块状。由于外购运输的条件,为满足生产要求需要较长的储存期,故大块石膏采用露天堆存方式,露天堆场堆存量大,可节省建筑费用。破碎后石膏可采用储库储存。碎石膏的储库储存方式与熟料、混合材的储存及入磨方式有关,可根据具体情况设置碎石膏储存库。

混合材的品种繁多,物理性能各异,用量变化也大,综合考虑投资、环保等因素,块、粒状湿混合材宜采用露天堆场、堆棚等储存;粒状干混合材宜采用矩形堆场或联合储库储存。混合材料为粉煤灰等干粉状物料时,应采用联合储库储存。水泥磨用混合材露天堆场需要做防雨措施,用油布或防雨布进行覆盖。特别是进磨对原材料有水分要求时,建议采用联合储库(图2.4-15)或堆棚储存。一般衡量均化设施性能的指标有两个:标准偏差和均化效果。

圆库中水泥流动有漏斗流和整体流两种基本方式。漏斗流的卸料方式总是产生在漏斗状的库底溜角不够陡的圆仓或圆库内。垂直的活化料流区位于卸料口的上方,而其外围区域仍然保持稳定而不流动。在活化区的料面进一步降低时,外围的非活化区便会向中心移动。这样就使物料流经常地处于不稳定状态。如果外围区域的物料黏合力大,

图 2.4-15 联合储库

就会结块而出现各种问题。水泥结块的机理就是水泥中某些组分吸水并产生化学反应，导致颗粒间强力结合。水泥中的游离氧化钙会吸收空气中的水分，反应产生氢氧化钙；因高温粉磨生成的无水石膏也易吸收水分，产生针状石膏结晶；若水泥中含较多的硫酸钾（K_2SO_4），如窑灰回库，还会生成钾石膏（$K_2SO_4 \cdot CaSO_4 \cdot 2H_2O$）。这些都会使水泥相互黏结在一起而结块。

改善水泥流动的措施有提高水泥的流动性和正确的库形设计等方法。在球磨机的细磨仓用小钢球代替小钢段，可提高水泥颗粒的圆度；采用高效选粉机，使水泥颗粒分布相对较窄，这些都有助于水泥流动性的提高。另外，在水泥粉磨时加入微量（0～0.1%）的助磨剂，如三乙醇胺、木质素磺酸钙等，也可防止物料结块。

采用各种方法，降低水泥温度，尽量减少石膏的脱水，对防止库凝，保证正常的流动性也有重要的作用。正确的圆库结构设计可以改善水泥的流动性。水泥的均化主要采用空气搅拌、机械倒库或多库搭配等形式，其工作原理与生料均化一样。其目的就是提高均匀性，缩小标准偏差，稳定提高产品质量。常用的水泥库的规格和储存量见表 2.4-10。

表 2.4-10 水泥库的规格和储存量

库直径 D/m	8.0	10.0	12.0	15.0
库高度 H/m	20.0	24.0	26.0	35.0
几何容积/m³	930	1740	2690	4980
水泥储存量/kg	1240	2300	3580	6690

圆库下料口直径可适当加大，采用双铰刀卸料。库内也可设置多种装置，以便促进整体流的形成。这些装置如图 2.4-16 所示。

水泥由库顶喂入库内，可使用斗式提升机配合螺旋输送机或空气输送斜槽。库顶配

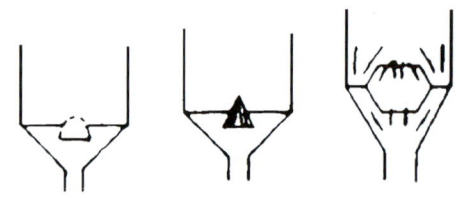

图 2.4-16 促进整体流形成的各种库底装置

上按负压原理操作的收尘器。水泥库的出料可采用螺旋输送机、链板输送机、皮带输送机,也可采用气力输送系统。

气力输送系统的主要优点是:能远距离输送粉末,无粉尘和损耗,操作简单可靠。缺点是:电耗高,空气混合物中的粉末浓度低。当水泥成品进入时,空气混合物的运动速度急剧下降,水泥从气流中脱落。水泥通过两路气动开关分配到筒仓。筒仓具有卸料曝气系统、除尘系统和称重设施,用于对货车和水泥车进行称重。

2. 水泥发运

水泥出厂包装方式有散装、袋装、集装,它是水泥生产过程的重要环节之一。散装水泥是指水泥从出厂、运输、储存到使用,不用纸袋等包装,直接通过专用装备出厂、运输、储存和使用。发展散装水泥具有巨大的经济效益和社会效益,且有利于机械化施工,减少环境污染。散装水泥的装运一般采用专用车——漏斗车或罐车、装有切割板的门式盖车和水泥汽车(图 2.4-17)。

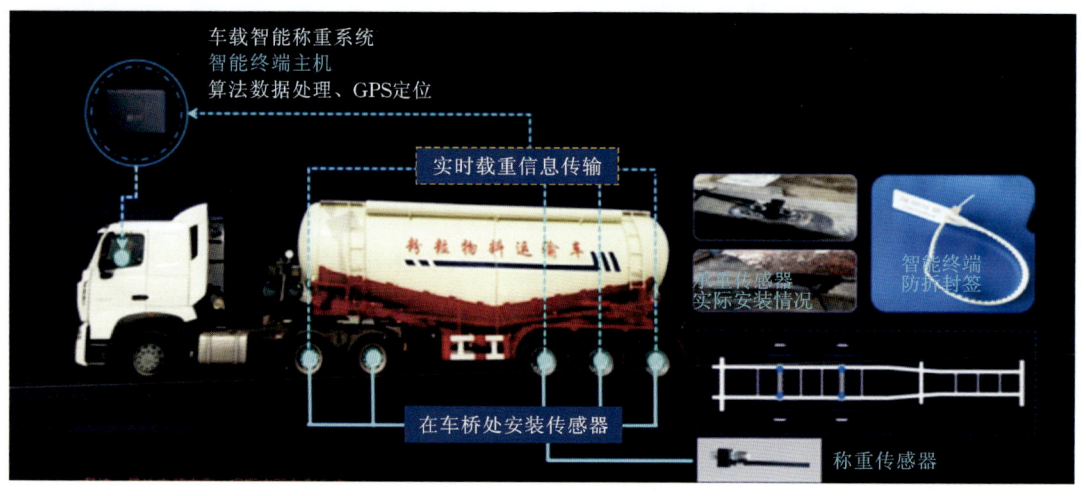

图 2.4-17 智能称重运输车

在施工场地、商用混凝土搅拌站或混凝土制品厂,水泥从罐车卸到水泥库里。卸载时,将 $1\sim2$ kg/cm³ 压力的压缩空气从空压机通入罐车内,空压机装在汽车上或位于水泥库附近。水泥经过直径约 100 mm 的管道输送到水泥库,在水泥库顶装一台收尘器。水泥罐车卸载时,在 50 m 以内可卸出 $1\sim2$ t/min。对于附近的大型用户,如石棉水泥厂、钢筋混凝土厂、房屋建筑厂,水泥也可通过气力输送系统输送。

水泥出厂类型中的袋装出厂,根据不同厂商情况,采取的袋子也有较大区别。如三峡牌水泥袋装尺寸多为 50 kg/袋,而在部分企业使用柔性集装袋,又称为太空袋或吨包装,容量为 $1\sim3$ t,可重复利用 3 次左右。其对应使用的包装机(图 2.4-18)种类很多,按结构的特点分为固定式和回转式两大类。固定式包装机在向纸袋灌装水泥的过程中,机器本身与纸袋均不做回转运动,故称为固定式。回转式包装机在向纸袋灌装水泥的过程中,纸袋要跟随包装机做回转运动,每回转一周完成一袋水泥的灌装,故称为回转式。

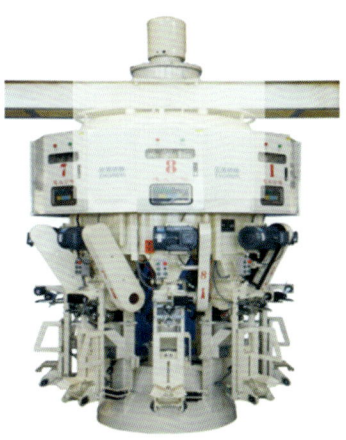

图 2.4-18　八嘴水泥包装机

固定式包装机大部分是机械充料,即用高速转动的"十"字形叶片或螺旋叶片将水泥喷射或挤压到水泥纸袋内,也有一些流态化充料或流态化和机械复合充料的固定式包装机。固定式包装机的优点是结构简单、易于制造、造价低,但它在工作过程中不仅插袋动作需要人工操作,而且出料、卸袋也需要人工进行操作。因此,其较回转式包装机的劳动生产率低,劳动强度也较大。

回转式包装机都是流态化充料,即机内水泥靠压缩空气松动后,具有良好的流动性,像流体一样,在料位压差作用下,通过出料嘴灌入水泥袋内。这类包装机除插袋需要人工操作外,其余如灌装、称量、卸袋等动作都能按程序自动控制,所以自动化程度较高,生产能力大;但其结构较复杂,体积大、质量大,安装调整较麻烦,设备价格也较高。它适合于大、中型水泥厂使用。

为减轻或解除繁重的包装机套袋工作和提高生产率,出现了多种套袋自动化装置,具体介绍请参考 3.2 节智能装运系统相关内容。

水泥厂常用包装机的规格、性能如表 2.4-11 所示。

表 2.4-11　水泥厂常用包装机的规格、性能

形式	自动定量式	液态式	固定叶轮式	
规格	单嘴	双嘴	六嘴	十四嘴
产量/(t/h)	15～18	30	55	96
计量范围	50	50	50	50
外形尺寸 /(mm×mm×mm)	1080×1310×1650	1150×1130×2550	4000×3500×5000	5000×5665×5300
机重/kg	510	1200	6500	12100

第三章　水泥生产的自动化与智能化

>>> 3.1　自动控制系统在水泥生产中的应用

自动控制系统是指用自动控制装置对生产运行参数进行自动控制,使它们在受到外界干扰的影响而偏离正常状态时,能够被自动调节到工艺所要求的数值范围内。

水泥行业应用最广泛的自动控制系统为集散控制系统(distributed control system,简称 DCS)。它可实现电动机成组启停自动控制,实现过程量的采集、处理、显示和调节,生产全流程不需要人直接参与,显著降低安全风险系数,大大提高劳动生产率,助推水泥企业经营管理水平跨上新台阶。

3.1.1　DCS 的基本构成

DCS 有四个主要组成部分:现场控制站、操作员站、工程师站、系统网络。DCS 体系结构如图 3.1-1 所示,图中表明了 DCS 各主要组成部分和各部分之间的连接关系。DCS 还包括完成某些特定功能的站(如历史站、计算站、管理站等)、扩充生产管理和信息处理功能的信息网络,以及实现现场仪表、执行机构数字化的数据总线网络。

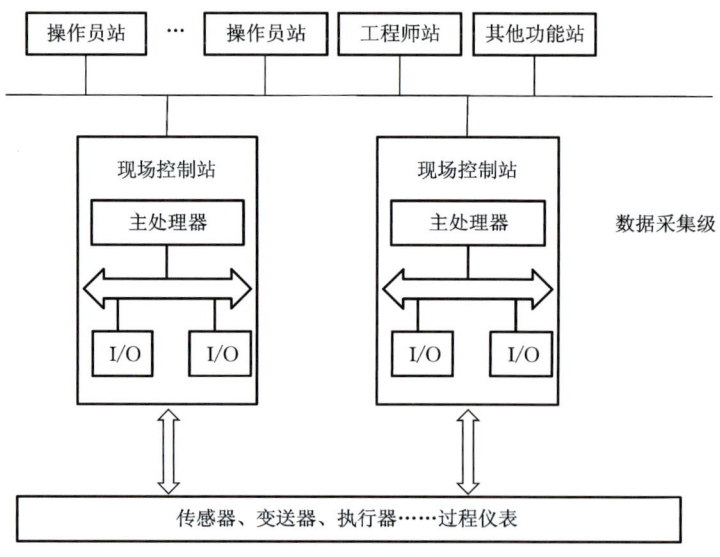

图 3.1-1　DCS 体系结构

现场控制站(图 3.1-2)是 DCS 的核心,系统主要的控制功能由它来完成,系统的性能、可靠性等重要指标也都要依靠它来保证。现场控制站硬件部分一般包括主控制器、存储器、输入/输出设备(即过程量 I/O 或现场 I/O)。

操作员站(图 3.1-3)主要完成人机界面的功能,一般采用桌面型通用计算机系统,其配置与常规的计算机系统相同,但要求有高性能的图形处理器,并配置较大内存。

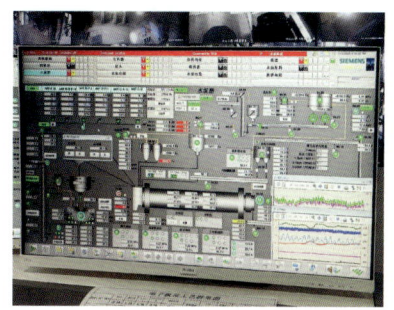

图 3.1-2　现场控制站　　　　　图 3.1-3　中控操作员站

工程师站除具有操作员站的功能外,还可进行系统的组态、编程工作。在一个标准配置的 DCS 中,均配有专用工程师站。

系统网络是连接系统各个站的桥梁,确保实现各站之间有效的数据传输,以实现系统总体的功能。当前以太网已成为 DCS 广泛采用的标准网络。

服务器主要完成监督控制层的工作,如整个生产系统运行状态监视、生产过程中异常情况的及时发现及处置、向更高层的生产调度及管理系统提供实时数据和执行调节控制等。

3.1.2　DCS 的硬件配置

DCS 硬件系统的组成如图 3.1-4 所示,除 DCS 各类站点、控制器、网络设置外,其现场的数据采集主要由各类仪表、传感器等完成,本节结合水泥生产中相关生产环节涉及的仪表及传感器配置进行介绍。

1. 料位计

料位计对储库储仓中固体块料或粉料表面位置进行测量,以了解储库储仓所储物料数量。水泥生产过程中,多采用自动重锤探测式料位计(图 3.1-5)、雷达式料位计(图 3.1-6)等来检测料位。

自动重锤探测式料位计通过专门的双光学传感器的精确计量,获取料位信号,并将其转换为电信号后输出,常用于重粉尘环境下粉状物料料位监测。

雷达式料位计是基于时间行程原理的测量仪表,将距离信号转换为电信号输出。雷达式料位计适用范围更为广泛,适用于各类导电、非导电介质及腐蚀性介质。

2. 液位计

液位计用于监测和控制水泥生产过程中各种液位,如氨水罐、液态添加剂、水的液位等,以确保生产过程的顺利进行,其中以投入式液位计(图 3.1-7)和超声波液位计(图 3.1-8)使用得最多。

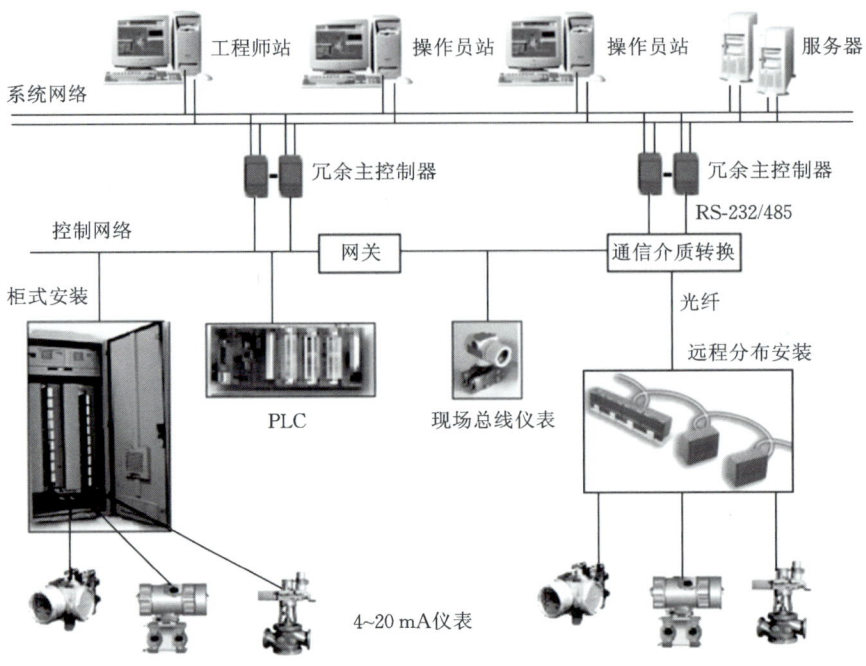

图 3.1-4　DCS 硬件系统结构示意图

图 3.1-5　自动重锤探测式料位计

图 3.1-6　雷达式料位计

　　投入式液位计基于所测液体静压与该液体的高度成比例的原理,将静压转换为电信号输出。投入式液位计的传感器部分可直接投入液体中,安装使用极为方便。

图 3.1-7　投入式液位计

图 3.1-8　超声波液位计

超声波液位计是由微处理器控制的数字液位仪表,根据声波的发射和接收之间的时间来计算传感器到被测液体表面的距离。超声波液位计被测介质几乎不受限制,可广泛用于各种液体高度的测量。

3. 压力仪表

压力仪表用于监测和控制水泥生产过程中的压力,其主要应用类型有压力变送器(图 3.1-9)、压力表(图 3.1-10)、差压表(图 3.1-11)等。

图 3.1-9　压力变送器

图 3.1-10　压力表

图 3.1-11　差压表

压力变送器在水泥生产中广泛应用于预热器、磨机、输送管道等系统或设备,是一种将压力信号转换为电信号或数字信号输出的智能检测仪表,以便实现压力信号远程监测和控制。

压力表是直接显示压力值的仪表,通常采用机械式或电子式显示,直接读取压力值,在液压设备、压缩空气存储罐的压力监测中有着重要应用。

差压表用于测量两个点之间的压力差,常用于水泥生产中的流量测量。

4. 温度计

温度计用于监测和控制水泥生产过程中的温度,以确保生产过程的稳定性和水泥的质量。根据测量方式的不同,水泥生产中常用的温度计可以分为接触式温度计和非接触式温度计。

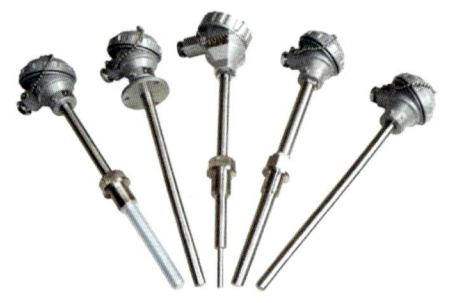

图 3.1-12　接触式温度计

接触式温度计(图 3.1-12):通过直接接触物体来测量温度,优点是精度高,测量结果可靠。常用的接触式温度计有热电偶、铂电阻温度计和热敏电阻温度计等,常在预热器、窑头窑尾、设备内部等部位使用。

非接触式温度计:在不接触物体的情况下测量温度,常用的有红外线测温仪(图 3.1-13)、热成像仪(图 3.1-14)、激光测温仪,常用于日常巡检监测、窑筒体温度监测(图 3.1-15)等。

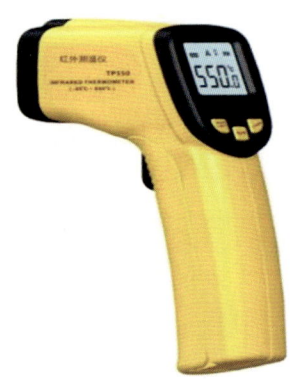
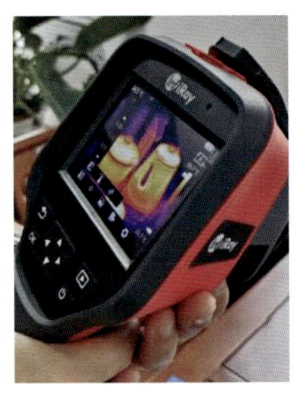
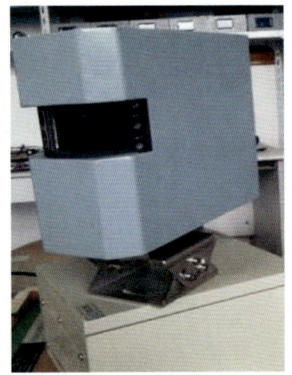

图 3.1-13　手持红外线测温仪　　**图 3.1-14　手持热成像仪**　　**图 3.1-15　窑筒体红外扫描仪**

5. 计量设备

计量设备在水泥生产中具有重要的作用。根据所应用部位的不同,计量设备的类型和精度也有所不同。

配料计量用以确保构成生料或水泥的各种原料按照设定的比例准确地配入,以满足生产质量性能指标的要求,常用的有皮带秤(图 3.1-16)、链斗秤等。

入窑生料及煤粉喂料等则需要更精确的计量设备,以实现准确计量、及时调节和稳定喂料,确保水泥生产的质量和效率,常见的有冲板流量计(图 3.1-17)、转子秤(图 3.1-18)等。

进出厂计量则采用汽车衡,即地磅,是用于测量卡车或其他车辆载货吨数的大型称重设备。

除上述仪表外,根据生产需求,还配置有电磁控制阀、限位开关、旋转探测仪等硬件,实现现场设备状态和阀门位置状态集中监测、控制。水泥生产过程中,通过现场硬件配置完成现场信号采集,经通信网络汇集到控制层、监测层(操作员站),最终实现生产系统全方位的监测和控制。

图 3.1-16　皮带秤

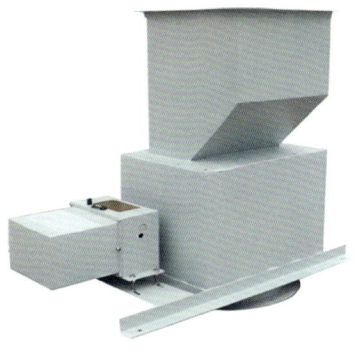

图 3.1-17　冲板流量计

图 3.1-18　煤粉转子秤

3.1.3　DCS 软件系统

DCS 软件系统是 DCS 的关键组成部分。从功能层次分,软件系统可分为直接控制软件、监督控制软件(SCADA)、工厂生产管理软件(MES)及各类与经营管理有关的软件包(如 ERP、CRM、SCM)四类。通过软件间的相互配合,可以实现现场数据采集和实时数据库、报警监视、事件记录、历史数据存储与管理、二次计算、用户界面画面显示、远程操作控制等功能。

1. 现场数据采集和实时数据库

水泥生产现场 DCS 支持多种数据采集方式,如通过 PLC 设备、成套控制系统、检测仪表等各种传感器和仪表进行数据采集。采集的数据经通信网络汇集后,可在流程图画面中进行实时更新,状态更新时间小于 1.5 s,画面刷新时间小于 1 s(包括动态和静态数据)。如图 3.1-19 所示为某球磨机筒体关键温度实时数据。

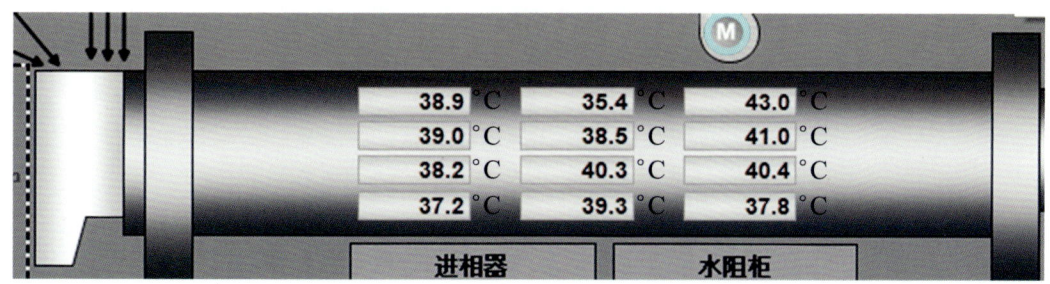

图 3.1-19　某球磨机筒体关键温度

DCS 还可对数据进行处理和分析。通过对采集的数据进行计算、比较、统计等操作,可以生成各种报表、曲线和趋势图(图 3.1-20～图 3.1-22),帮助操作人员了解生产过程的运行状态和性能。在所使用的曲线图中,还可利用数据库快速完成任意时间段的平均值、最大值、最小值等相关数据的计算(图 3.1-23),为生产运行分析提供更为便捷的参考。

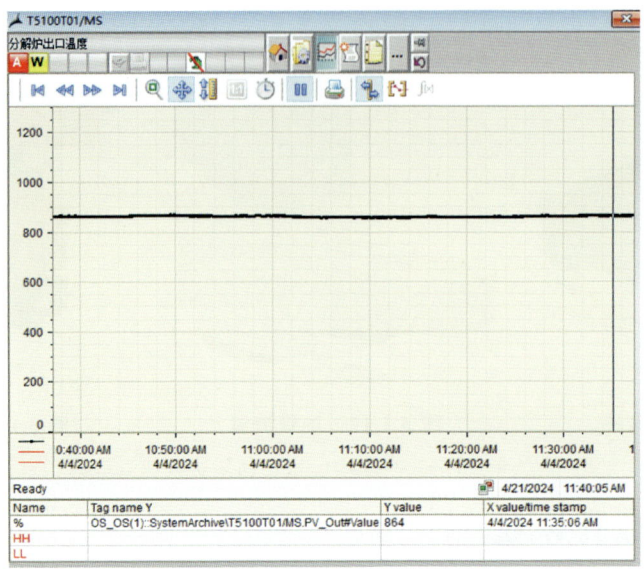

图 3.1-20　生产中分解炉温度实时曲线

图 3.1-21　可自由编辑的各类趋势组分类

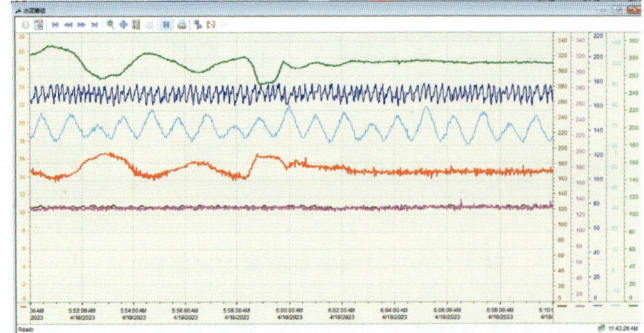

图 3.1-22　经组合后可实时掌握关键数据变化的趋势组

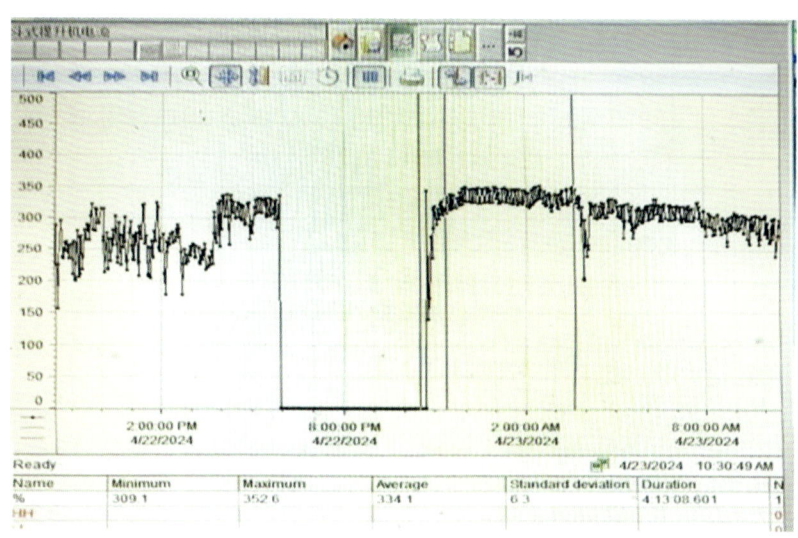

图 3.1-23 利用数据库对任意时间段进行快捷计算

DCS 可以在需要时进行数据查询、检索和导出,利用其数据共享功能,不同系统、不同部门或岗位的操作人员可以实时了解生产现场的数据情况。

通过实时数据采集和处理,DCS 可实现对水泥生产现场的实时监控和预警。预警值由中控操作人员根据实际生产情况快速完成设置,如图 3.1-24 所示。当某些参数超出设定范围或发生异常情况时,系统自动触发报警,提醒操作人员及时采取措施进行处理。

2. 用户界面画面显示

水泥生产过程中,DCS 用户界面是操作员与系统交互的重要窗口。画面设计直观、易于理解,操作员能够快速地获取生产现场信息,

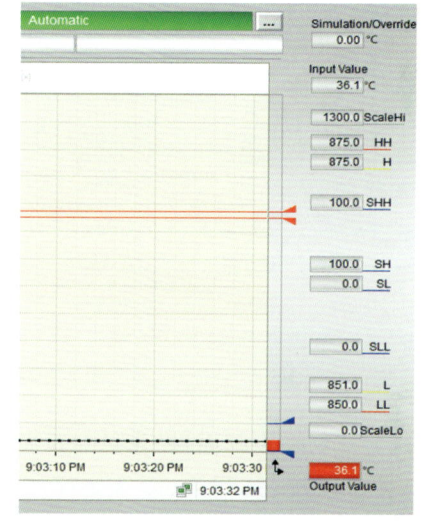

图 3.1-24 设备报警设置及报警显示

并对设备和工艺进行监控和控制。常见的 DCS 用户界面画面显示内容如下。

(1)工艺流程图:以图形化的方式展示整个工艺流程,包括各个设备和工艺单元的连接关系、工艺流程的走向等,可帮助操作员快速了解生产现场的整体布局和运行状态。图 3.1-25 为葛洲坝某 2500 t/d 回转窑生产线控制图。

(2)实时数据监控画面:如图 3.1-25 所示,DSC 可实时显示各个设备和工艺单元的运行数据,如温度、压力、流量、液位等。这些数据除画面数字外,还可通过曲线或图表的形式展示,便于操作员随时了解生产现场的运行情况。

(3)报警和事件记录画面:当设备或工艺出现异常时,系统会自动触发报警,并在报

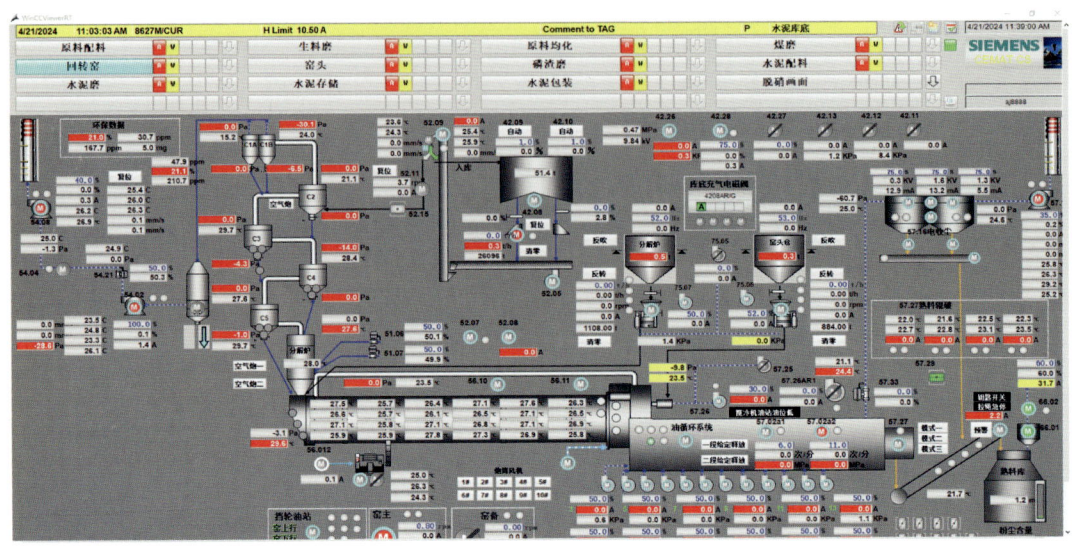

图 3.1-25　葛洲坝某 2500 t/d 回转窑生产线控制图

警和事件记录画面中显示相关信息（图 3.1-26），帮助操作员快速定位问题并采取相应措施。

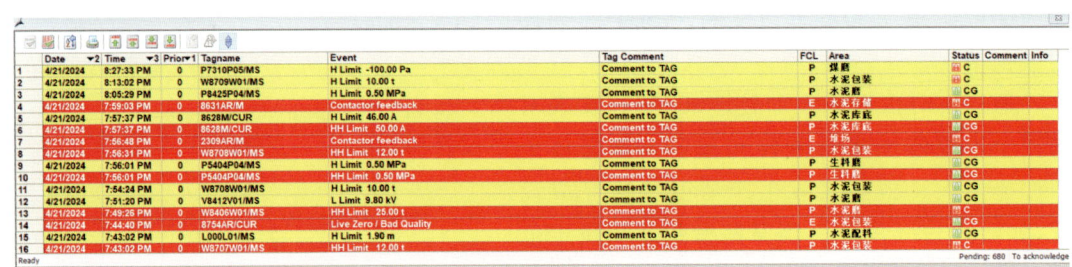

图 3.1-26　报警和事件记录画面

（4）控制操作画面：操作员对设备和工艺单元进行控制的界面，如启停设备、调整参数等，通常以按钮、开关（图 3.1-27）或滑块（图 3.1-28）的形式展示，方便操作员直观地操作。

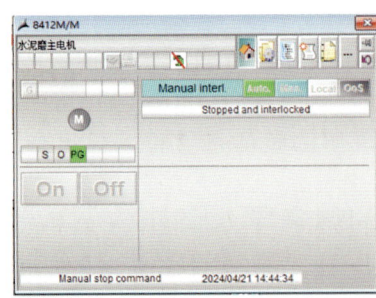

图 3.1-27　水泥磨主电机开停按钮

图 3.1-28　频率给定输入界面

除 DCS 操作界面外,还可通过现场摄像头采集的实时画面建立可视化实时监控系统,便于中控操作员监控现场实际情况,如图 3.1-29 所示。

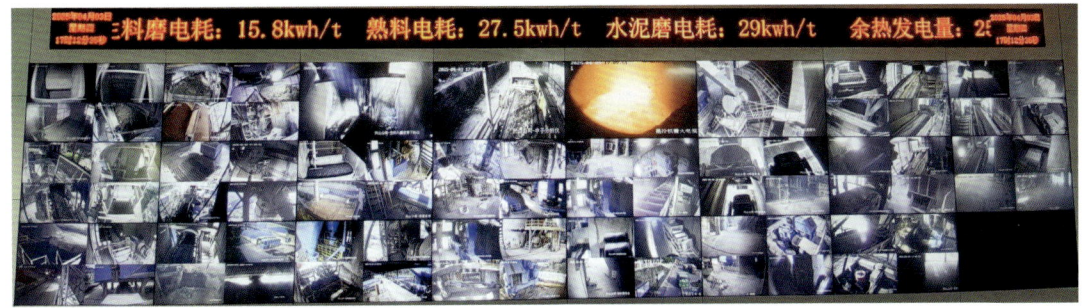

图 3.1-29 中控现场监控画面

3. 设备远程控制及连锁设置

设备的远程控制及连锁是 DCS 的核心功能之一,用于实现对现场设备和工艺的远程操作和安全控制。通过 DCS,操作人员可实现远程设备启停控制、参数调整、配料自动调控等,有效提高操作效率,降低了操作成本,减少了人员直接暴露在危险环境中的风险。

根据设备上设置的各类电子元件反馈信息,还可快速判定设备运转情况,迅速检测出设备异常产生原因并反馈到操作画面(图 3.1-30)上,帮助操作员快速判定问题。

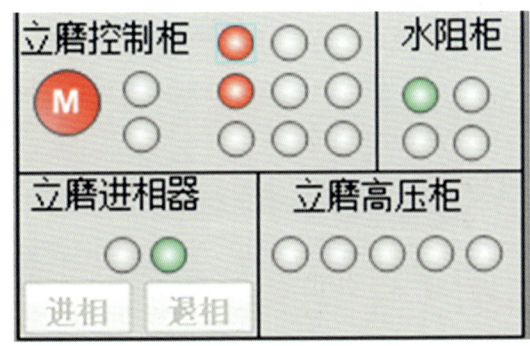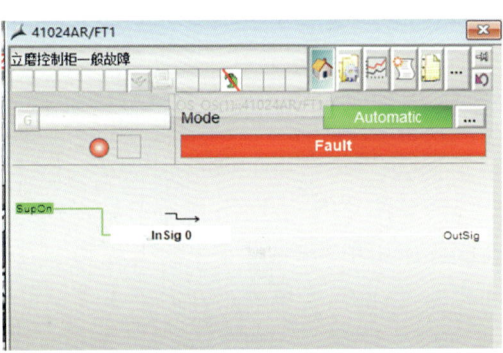

图 3.1-30 某立磨控制柜出现故障的画面及故障说明

设备连锁作为 DCS 中的一种安全控制机制,将多个设备和工艺单元相互关联,确保它们按照预定的顺序和条件进行操作。例如,当一个设备启动或停止时,与之相关的其他设备也可能需要相应地启动或停止,以确保整个工艺过程的安全和稳定。操作员可通过 DCS 用户界面输入控制指令(图 3.1-31、图 3.1-32),系统则根据这些指令和条件,自动对现场设备和工艺单元进行操作和控制。

DCS 还可实时监测设备和工艺的状态,如果发生异常情况或违反连锁条件,系统会立即采取相应措施,如触发报警、自动停机等,以确保生产过程的安全和稳定。凭借其设置上的高自由度,企业可根据实际生产需要建立各式各样的快捷连锁启动及安全保护连

图 3.1-31　某皮带组的连锁设置画面

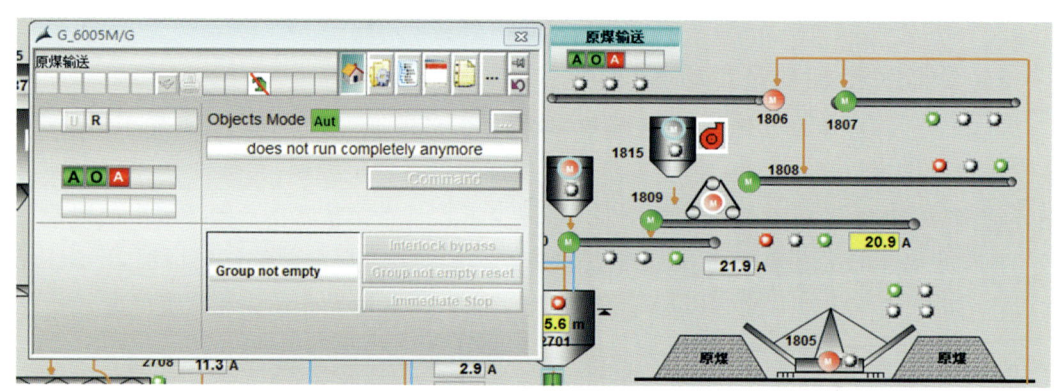

图 3.1-32　某皮带组连锁操作画面

锁方案，大大提高生产线的自动化水平。

需要注意的是，DCS 设备的远程控制和连锁涉及复杂的逻辑编程和安全控制机制，在实际应用中，需要由专业的工程师和技术人员进行配置和操作，并需要定期进行维护和检查，以确保系统的正常运行和安全可靠性。

3.1.4　DCS 的实际功能应用

DCS 在水泥生产中的实际应用非常广泛，以下是水泥生产线常见的应用场景和功能。

1. 窑筒体红外扫描系统

窑筒体红外扫描系统由红外探测器、扫描装置、信号处理单元和显示输出设备等组成。红外探测器负责接收窑筒体表面发出的红外辐射信号，扫描装置实现窑体表面的全面扫描，信号处理单元对接收到的红外信号进行处理和分析，通过显示输出设备展示给操作员（图 3.1-33）。

如图 3.1-33 所示，窑筒体红外扫描系统能够实时监测窑体表面的温度分布。通过对

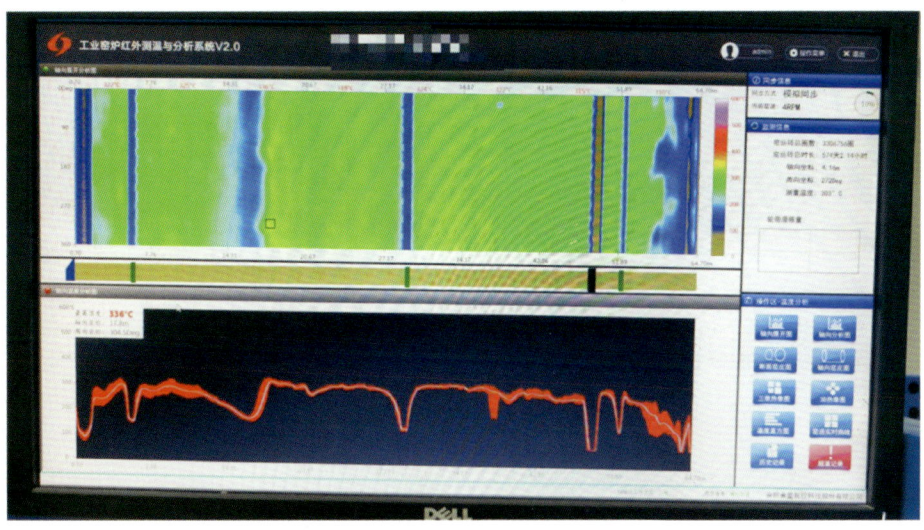

图 3.1-33　窑筒体扫描画面

比不同区域的温度差异,经过先进算法和模型,判断窑内物料分布、燃烧状况以及窑筒体本身的热工性能,为操作员提供及时调整工艺参数的依据,优化工艺参数和燃料消耗,降低生产成本,提高能源利用效率。

2. 能源管理系统

能源管理系统通过整合仪表、PLC、DCS 等能源数据,利用控制技术、无线网络技术、数据库技术、计算机软件技术,实现能源信息的汇总、计算、分析。能源管理系统可实现对能源数据的在线采集、计算、分析及处理,在能源物料平衡、调度优化、能源设备运行与管理等方面发挥重要的作用。

能源看板:展示厂区整体能源使用情况,以趋势图、饼状图等直观反映能源消耗情况。根据分析重点不同,能源看板可分为主界面(图 3.1-34)、工艺能耗监测(图 3.1-35)、最大负荷分析(图 3.1-36)等分区。

能耗台账:能源管理系统可自动生成设备运行状态、能源消耗量、能源使用效率等统计表格(图 3.1-37)。通过对这些数据的分析,可以深入了解生产过程中的能源利用情况。根据能耗台账数据分析结果,在分析设备能耗变化、制订生产计划、调整生产工艺、更新节能设备等方面,可做出更科学、更合理的决策。

DSC 此外,能源管理系统还可助力水泥企业生产过程的信息化、透明化,保证生产信息传递的实时性、真实性、可靠性、安全性,大大提升中大型水泥生产企业的信息集中度。能源管理系统与智能巡检系统的结合,可实现自动生成设备隐患等功能,改善用能结构,摒弃用能不合理环节,提高设备运行稳定性,实现节能增效,为水泥企业的智能化建设奠定基础。

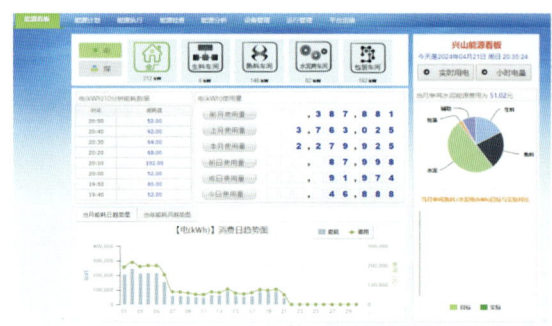

| 图 3.1-34　能源看板主界面 | 图 3.1-35　工艺能耗监测 |

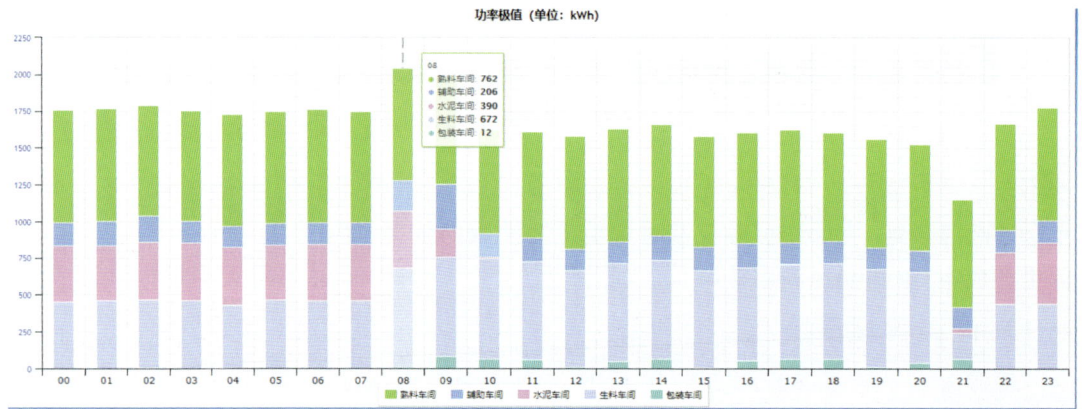

图 3.1-36　最大负荷分析

日期 2024/04/02　查询								导出　关闭
时间	熟料产量	熟料系统单耗	窑头抽风机用电量	窑头抽风单耗	窑尾抽风机用电量	窑尾抽风单耗	窑尾高温风机用电量	窑尾高温单耗
00:00～01:00	128.48	28.79	150.00	1.17	304.00	2.37	864.00	6.72
01:00～02:00	131.79	28.15	148.00	1.12	306.00	2.32	872.00	6.62
02:00～03:00	129.80	28.25	144.00	1.11	306.00	2.36	864.00	6.66
03:00～04:00	128.47	28.62	136.00	1.06	300.00	2.34	864.00	6.73
04:00～05:00	129.81	28.27	136.00	1.05	304.00	2.34	872.00	6.72
05:00～06:00	129.14	28.50	140.00	1.08	302.00	2.34	872.00	6.75
06:00～07:00	129.13	28.85	152.00	1.18	300.00	2.32	872.00	6.75
07:00～08:00	130.47	28.27	140.00	1.07	308.00	2.36	872.00	6.68
08:00～09:00	129.80	28.18	142.00	1.09	316.00	2.43	856.00	6.59
09:00～10:00	129.80	23.28	146.00	1.12	408.00	3.14	856.00	6.59
10:00～11:00	128.48	23.14	142.00	1.11	406.00	3.16	856.00	6.66
11:00～12:00	129.80	23.11	146.00	1.12	408.00	3.14	864.00	6.66
12:00～13:00	129.80	25.67	138.00	1.06	350.00	2.70	880.00	6.78
13:00～14:00	129.14	27.86	126.00	0.98	298.00	2.31	872.00	6.75
14:00～15:00	131.79	27.60	120.00	0.91	304.00	2.31	880.00	6.68
15:00～16:00	127.15	28.52	118.00	0.93	306.00	2.41	864.00	6.80
16:00～17:00	130.46	28.25	138.00	1.06	308.00	2.36	872.00	6.68
17:00～18:00	107.29	34.40	140.00	1.30	310.00	2.89	872.00	8.13
18:00～19:00	130.48	28.13	136.00	1.04	312.00	2.39	864.00	6.62
19:00～20:00	149.67	24.36	146.00	0.98	320.00	2.14	872.00	5.83
20:00～21:00	129.80	23.32	142.00	1.09	406.00	3.13	880.00	6.78
21:00～22:00	126.49	24.10	142.00	1.12	412.00	3.26	888.00	7.02
22:00～23:00	132.45	26.64	146.00	1.10	346.00	2.61	888.00	6.70
23:00～00:00	127.82	28.91	140.00	1.10	302.00	2.36	880.00	6.88

图 3.1-37　葛洲坝某水泥生产线熟料生产设备电耗统计表

3. 系统一键启停及设备保护连锁

DCS 实际使用过程中，可根据生产需求设置设备组块，实现一键启停。通过整合水泥生产各个环节，以简单的操作实现生产线的快速启停，以期提高生产效率，减少人工干预，降低人为误操作风险，确保生产线稳定运行。

下面就某联合式水泥粉磨一键开机案例进行说明：水泥粉磨系统在开启一键开机流程后，现场设备可按照正常开机流程启动水泥粉磨系统全部油站（图 3.1-38），其间隔时间可自由设置，逐步开启入库斜槽风机等入库输送组、出磨回粉组各类风机、辊压机系统相关设备。在一键启动过程中遵循本系统原本的连锁设置，如出现异常则停止一键启动程序，改为手动开启。较人工开机，一键开机减少了人工干预，在条件满足情况下完成自动开机，可缩短整个粉磨系统开机时长 2 min 以上，有效减少了设备空转电耗和操作失误率。

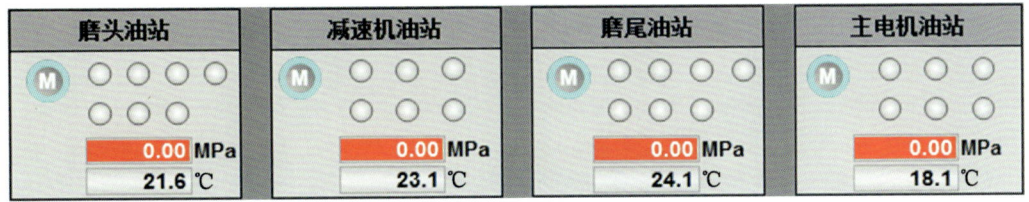

图 3.1-38　水泥粉磨系统油站组

设备连锁设置是保障系统安全稳定运行的核心部分。它根据生产线的工艺流程，将各个设备按照先后顺序进行连锁启动。为确保生产线的安全运行，设备保护连锁设置有完善的安全检测与预警机制。在出现异常情况或紧急情况时，一键启动系统支持紧急停机功能，通过按下紧急停机按钮，系统可以迅速切断相关设备的电源，停止设备的运行，以防止事故的发生。如煤磨的超温安全应急连锁，在异常高温时可在 3 s 内关闭通风管道阀门及各类风机，同时启动 CO_2 消防装置，消除袋收尘等部位的煤粉燃烧爆炸等隐患。

总的来说，DCS 在水泥生产中的应用为水泥生产企业带来了诸多好处。除上述几项应用外，通过与自动堆取料机、自动配料机等智能化设备相结合，DCS 技术得到了进一步发展。随着技术的不断进步和应用范围的扩大，DCS 在水泥生产中的应用将越来越广泛。

▶▶ 3.2　水泥智能工厂的建设

目前，各水泥企业已基本形成厂级的营销、采购、生产、财务核算等经营管控系统，可为企业决策提供初步数据基础，但仍存在信息集成度不够、流程化运作机制不完善、各业务板块数据无法综合利用等问题，难以发挥数据应有的支撑作用。因此，应用工业互联网、云计算、大数据等技术已成为水泥企业发展重要着力点，将其与水泥生产经营有机结合，有利于推动水泥企业结构优化与产业转型。

3.2.1　水泥生产智能化目标

　　水泥智能工厂的建设出发点是推动企业转型升级,提高生产效率和管理水平,实现可持续发展目标。其主要的构建内容如图 3.2-1 所示,其关键的建设理念如下。

图 3.2-1　水泥智能工厂建设内容概览

　　自动化生产线:水泥智能工厂的建设理念首要体现在自动化生产线的构建上。通过引进先进的自动化设备和系统,实现生产过程的自动化、连续化和高效化。

　　数字化管理:数字化管理是智能工厂的核心。通过集成信息技术、物联网技术和大数据技术,实现对生产过程的实时监控、数据采集和分析。

　　智能化决策:在数字化管理的基础上,水泥智能工厂注重智能化决策的应用。通过数据分析、预测模型和人工智能算法,系统能够自主分析生产数据,预测市场需求,为企业决策提供科学依据。

　　绿色可持续发展:水泥智能工厂坚持绿色可持续发展的理念。通过采用环保材料、节能技术和循环经济模式,降低生产过程中的能耗和排放,实现经济、环境和社会效益的协调发展。智能工厂还注重资源的循环利用和废弃物的处理,推动产业绿色发展。

　　安全防护体系:在智能工厂的建设中,安全防护体系是不可或缺的一部分。通过构建完善的安全防护体系,采用先进的安全技术和管理手段,防范网络攻击、数据泄露等安全风险,确保生产过程中的设备安全、数据安全和人员安全。

　　高效物流配送:水泥智能工厂注重高效物流配送系统的建设。通过优化物流网络、提高物流信息化水平、采用智能调度和配送等措施,降低物流成本,提高物流效率。高效物流配送能够为企业的产品供应和市场拓展提供有力支持,提升企业的市场竞争力。

3.2.2　智能化系统在水泥生产中的应用

为实现水泥生产智能化,须针对水泥生产各环节进行智能化系统的升级改造,使智能化装备涵盖从原料采集、生产流程控制、产品质量检测到包装及散装发运等各个环节。通过智能化系统的应用,企业可实现自动化生产、智能化控制、数据化管理、远程监控等,从而提高生产效率、降低成本、提高产品质量、提高安全性,进而提高企业的竞争力。本节将对典型智能化系统在水泥生产中的应用进行探讨。

3.2.2.1　智能质量控制

1. 中子活化在线分析仪

中子活化在线分析仪(图 3.2-2)是跨皮带式水泥物料在线检测装置,用于水泥生产过程中需要对物料成分进行测量的各相关环节。该装置为模块化结构,不需切割皮带,可方便地绕皮带安装。运行时,皮带从测量装置内托槽上滑过,对流经的所有物料进行检测,整个检测过程不需取样,不接触物料,不影响皮带运行,即时给出成分分析结果。中子活化在线分析仪主要包括测量装置、中子源、探测器、信号处理柜、主机等,如图 3.2-3 所示。

图 3.2-2　中子活化在线分析仪及现场图

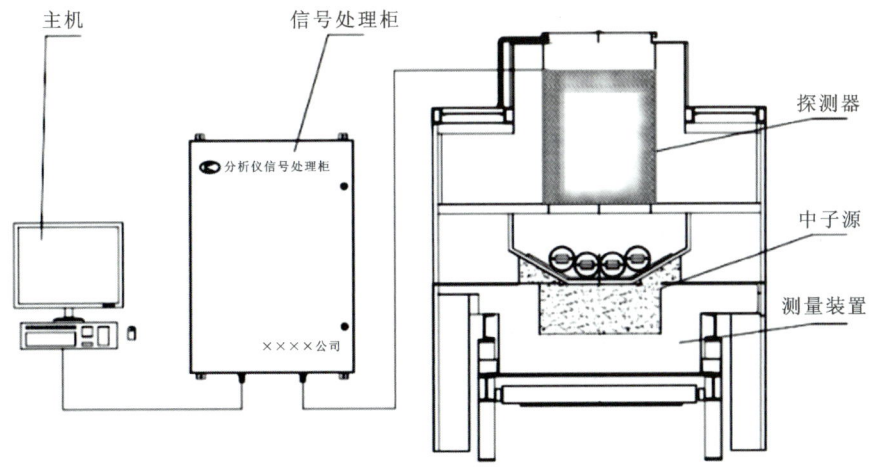

图 3.2-3　中子活化在线分析仪示意图

中子活化在线分析仪针对传统配矿和荧光配料方式的不足,有效提高了石灰石质量稳定性和资源利用率,解决了排废及排放难题。其利用中子分析仪在线快速检测生料特性,重构了生料质量控制系统,消除了检测过程的滞后效应,提高了生料质量合格率和熟料强度,逐步实现了无人化管理。中子活化在线分析仪的主要优势如下。

(1)实现原料"全元素、全周期"检测,大幅降低了人员取样检测强度,提高了质量前端管理自动化水平。中子分析仪检测范围覆盖高中低品位石灰石、硅土、矾土、页岩、硫酸渣、铜尾渣等原料,还可覆盖矿山破碎、原料均化、料堆管理、生料配料等阶段(图 3.2-4)。

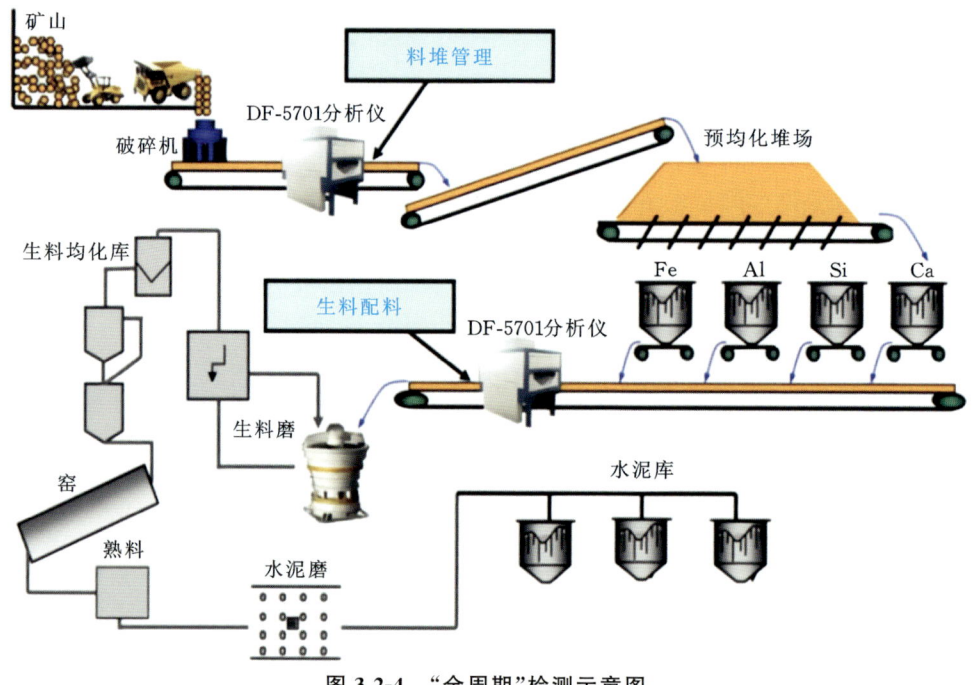

图 3.2-4 "全周期"检测示意图

(2)创建石灰石资源精细化管理模式,提高了石灰石质量稳定性及资源利用率,解决了排废及排放难题。

一是提高石灰石质量稳定性。依靠中子分析仪成分检测数据,可及时、合理地安排矿点资源搭配比例,实现了最低成本均化料堆的质量控制要求。葛洲坝某厂矿山石灰石质量变化如表 3.2-1 所示,实现了矿山石灰石 CaO 标准偏差≤1.0%,提高了石灰石质量稳定性。

表 3.2-1 矿山石灰石质量变化表

控制项目	CaO 含量	CaO 标准偏差	掺入比例
使用前	51.45%	1.91%	87%
使用后	48.39%	0.93%	90%

二是提高低品位石灰石（CaO 含量＜48％且含较多杂质）资源利用率，解决了排废难题。

三是硫排放进一步降低，环保效益更加显著。结合中子分析仪快速检测特性，对高硫石灰石掺量管控更为精细化，脱硫成本降低，有效减少环境污染，具有良好的环保效益（表 3.2-2）。

表 3.2-2　环保参数变化表

项目	高硫石灰石掺量/t	窑系统硫排放/(mg/m^3)
使用前	—	开磨≤100、停磨≤200
使用后	500	开磨≤50、停磨≤100

（3）利用中子分析仪在线快速检测特性，消除检测过程滞后效应。

利用中子活化瞬发 γ 分析（PGNAA）技术（图 3.2-5），检测不同元素发出的特征 γ 射线能谱及强度，辨识物料中元素种类及含量。整个分析检测过程无接触、无须采样与制样，且分析速度快，检测数据代表性强，消除了以往取样、混样、制样、压片等一系列操作带来的滞后影响。

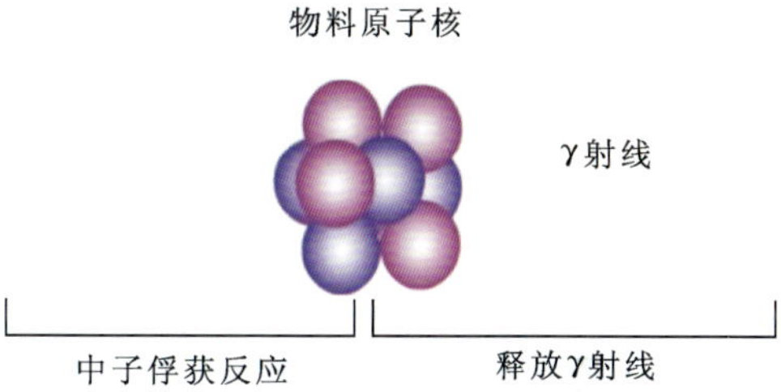

物料原子核

γ 射线

中子俘获反应　　释放 γ 射线

图 3.2-5　中子活化瞬发 γ 分析（PGNAA）技术示意图

（4）优化了生料配料人员结构，重构了生料质量控制系统。

利用中子分析仪在线快速检测特性，通过生料 KH、SM、IM 三率值实测值与设定值对比，自动计算生料配合比，实现生料配料自动控制。传统生料质量管控重心由化验室逐渐上移至中控室，岗位人员结构进一步优化精简，逐步实现生料配料无人化管控，重构了生料质量控制系统。如图 3.2-6 和图 3.2-7 所示为生料自动配料示意图和生料在线分析配料控制系统界面。

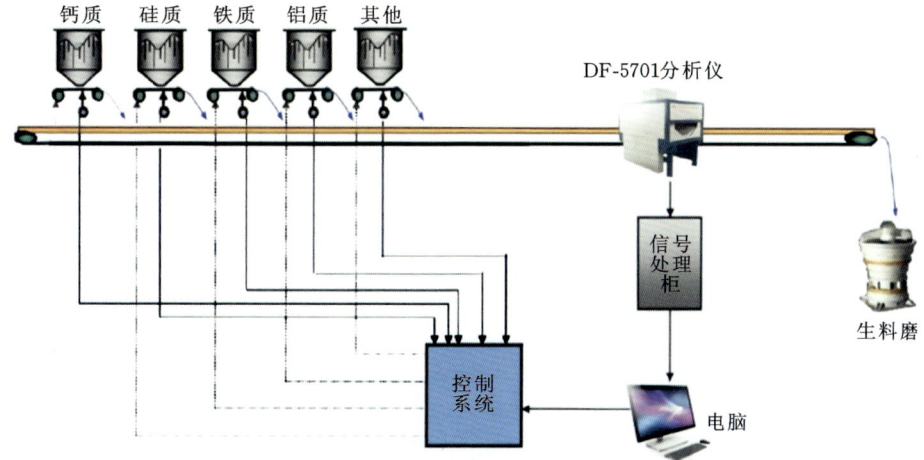

图 3.2-6　生料自动配料示意图

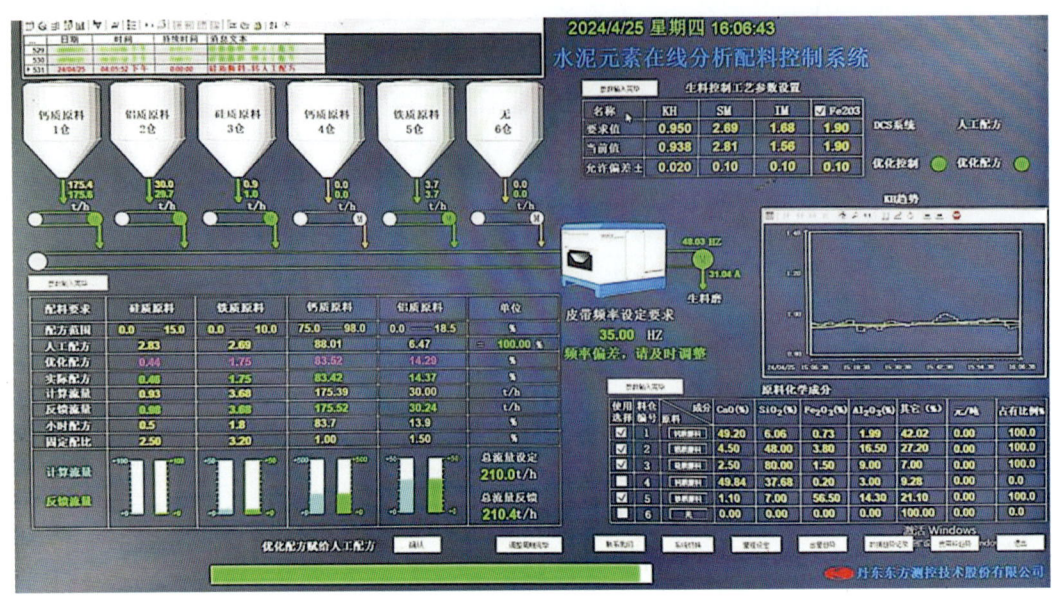

图 3.2-7 生料在线分析配料控制系统界面

（5）克服了协同处置生活垃圾的影响，提高了生料质量合格率和熟料强度。

统计分析喂垃圾与不喂垃圾两种情况的中子分析仪数据，探明了垃圾成分变化对出磨生料三率值的影响规律，提前人为对中子分析仪三率值要求值进行干预调节，克服了协同处置生活垃圾带来的生料成分波动的影响。如表 3.2-3 和表 3.2-4 所示为某协同处置窑线应用中子分析仪后的生料及熟料指标变化。

表 3.2-3 出磨生料质量合格率变化表

控制项目	KH	SM	IM	综合合格率
使用前	50.0％	73.9％	83.4％	30.8％
使用后	87.6％	89.5％	89.8％	70.4％

表 3.2-4 熟料抗压强度合格率变化表

控制项目	熟料抗压强度合格率/（％）		28 d 强度标准偏差 /MPa
	3 d	28 d	
使用前	31.6	59.9	1.90
使用后	32.8	61.0	1.30

（6）中子分析仪在线偏差修正插件，集成应用断料自补偿及皮带频率自调节功能模块，进一步提高了配料质量管控数字化水平。

通过研究开发偏差修正表格插件，运用叠加法作为偏差纠正算法，使其自动采集荧光仪与中子分析仪 KH、SM、IM 三率值的偏差数据，并自动筛选出偏差值在范围之外对应的 Si、Al、Fe、Ca、Mg 等元素数据，最后进行自纠偏操作，替代了以往人工录入数据、人工纠偏的低效率工作模式，进一步提高了检验效率及检验精准度。

配料皮带频率自动调节模块可自动调节生料配料输送皮带的转速，有效稳定流经中子分析仪探测器下方的料层高度，确保入磨物料的稳定性；断料补偿模块则会及时根据物料断料情况进行信息反馈，配合称重秤及时调整各原料下料流量，保证整体物料配合比的均匀性（图 3.2-8）。此类功能模块的集成应用，为生料成分的稳定性提供了保证。

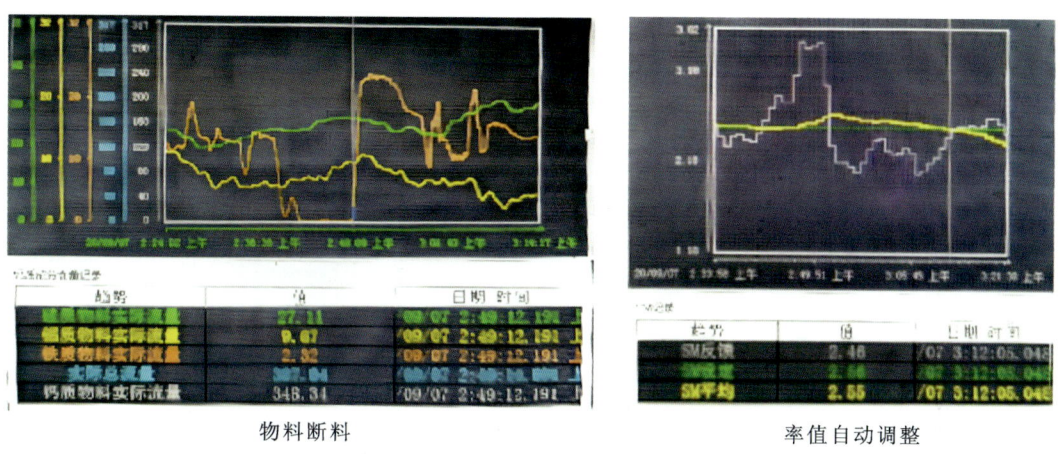

物料断料　　　　　　　　　　　　　　　　　率值自动调整

图 3.2-8　断料补偿示例

2. 在线激光粒度分析仪

在线激光粒度分析仪检测数据与人工检测数据细度误差在 $\pm 1\%$ 左右，且趋势一致，可实现水泥粒度实时监测，节约了大量的分析时间。通过实时水泥细度与质量控制目标之间的误差控制，实时指导中控员的操作，有利于提高磨机的产质量。在线激光粒度分析仪的应用，还可减少检验人员的工作量，降低人工成本。

1）在线激光粒度分析仪结构及功能

在线激光粒度分析仪基于激光衍射原理（图 3.2-9），由供气系统、取样机、分散泵、主机检测系统、回料系统、气体分配箱、电气控制柜和远程控制系统等部分组成。来自取样系统的样品经分散进样系统彻底分散后，被引导进入仪器测试区，完成全自动测试后，经样品返回窗口离开仪器返回到生产系统中（图 3.2-10、图 3.2-11）。分析仪相关检测数据可以模拟量形式接入 DCS，在中控和化验室操作界面同步显示（图 3.2-12）。

2）在线激光粒度分析仪技术优势及应用效果

在线激光粒度分析仪检测范围广，能检测 $0.1 \sim 1000\ \mu m$ 粒径的水泥颗粒含量，检测范围完全覆盖水泥生产质量控制要求。检测数据时效性强，可连续实时检测粒度变化。无须采样与制样检测，减少人员运输与检测强度，省时省力。某水泥生产线使用在线激光粒度分析仪后效果如下：水泥比表面积、细度合格率上升，人工检测频次逐步降低，出磨水泥质量控制方式更趋精细化(表 3.2-5)。

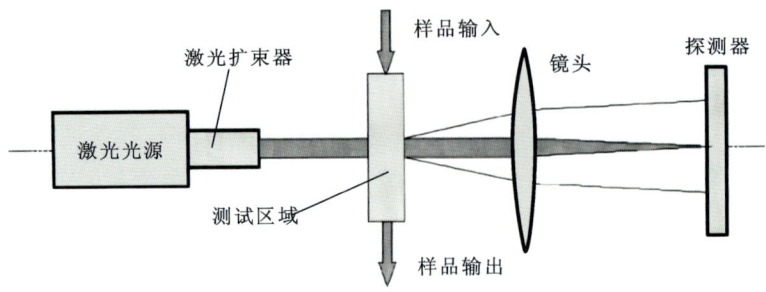

图 3.2-9　在线激光粒度分析仪光学系统示意图

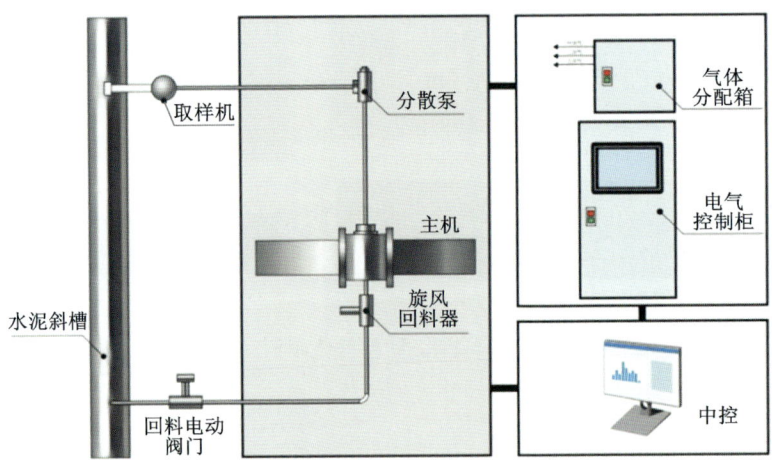

图 3.2-10　在线激光粒度分析仪结构示意图

图 3.2-11　在线激光粒度分析仪取样

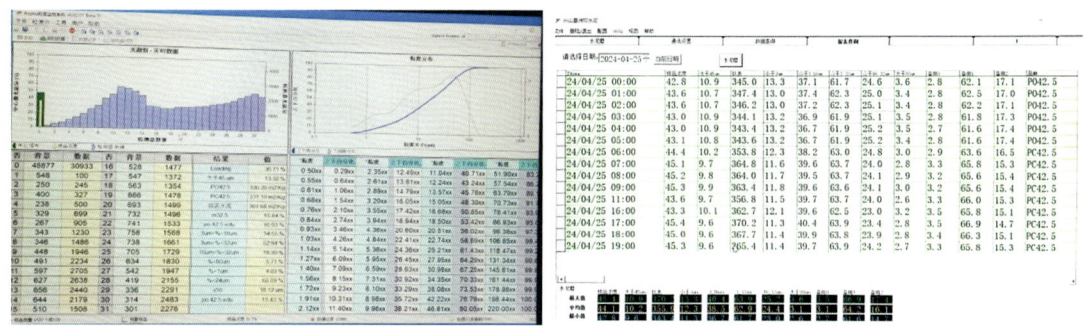

图 3.2-12　中控室粒度分析界面

表 3.2-5　使用前后水泥比表面积、细度合格率

控制项目	比表面积合格率	细度合格率
使用前	93.1%	86.1%
使用后	95.2%	89.7%

（1）利用在线检测细度数据功能，中控操作员发现比表面积与细度连续三个不合格的现象明显减少。

（2）利用其在线检测功能开展缩短水泥洗磨时间试验，水泥洗磨时间由 60 min 缩短至 40 min，可有效节约生产成本，提高生产效率。

（3）对 3～32 μm 粒径的水泥颗粒分布进行有效监控，指导水泥研磨体级配调整，进一步稳定水泥质量。

粒度分析仪投运后 45 μm 粒径数据对比情况如图 3.2-13 所示。

3. 全自动化验室

全自动化验室针对水泥生产线生产过程中需要高频质量成分检测的环节，实现采样、送样、制样、检验全流程自动化和无人值守。全自动化验室主要由取样送样接收单元（取样器、发送站、输送管道、室内接收站等）、制样单元（研磨压片一体机、机器人系统）、室内辅助单元（称量台、样品寄存柜、电气柜、收尘系统、空压机等）、部分分析设备（衍射仪）及相关土建安装等组成，具体配置如图 3.2-14 所示。

全自动化验部分将生料、热生料、熟料、水泥料样从接收站取出，并通过机械手（图 3.2-15）送样，进行自动研磨和压片（图 3.2-16），制备的样片通过全自动方式，由传送带送到化验设备荧光分析仪以及粒度分析仪，对物料成分及粒度进行实时分析。化验从取样到结果全过程可实现无人值守，并对测量废弃样片进行自动回收处理。

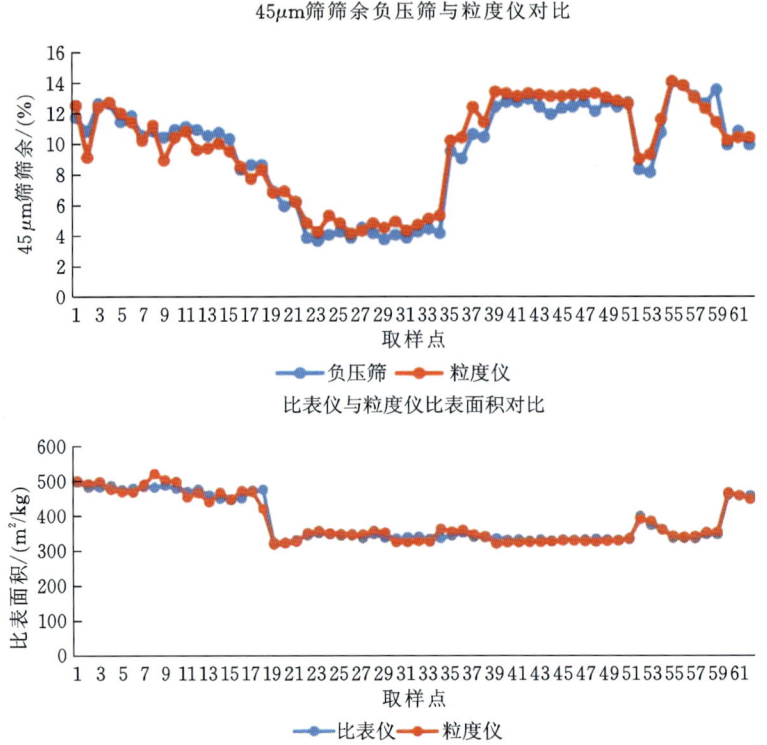

图 3.2-13　粒度分析仪投运后 45 μm 粒径数据对比情况

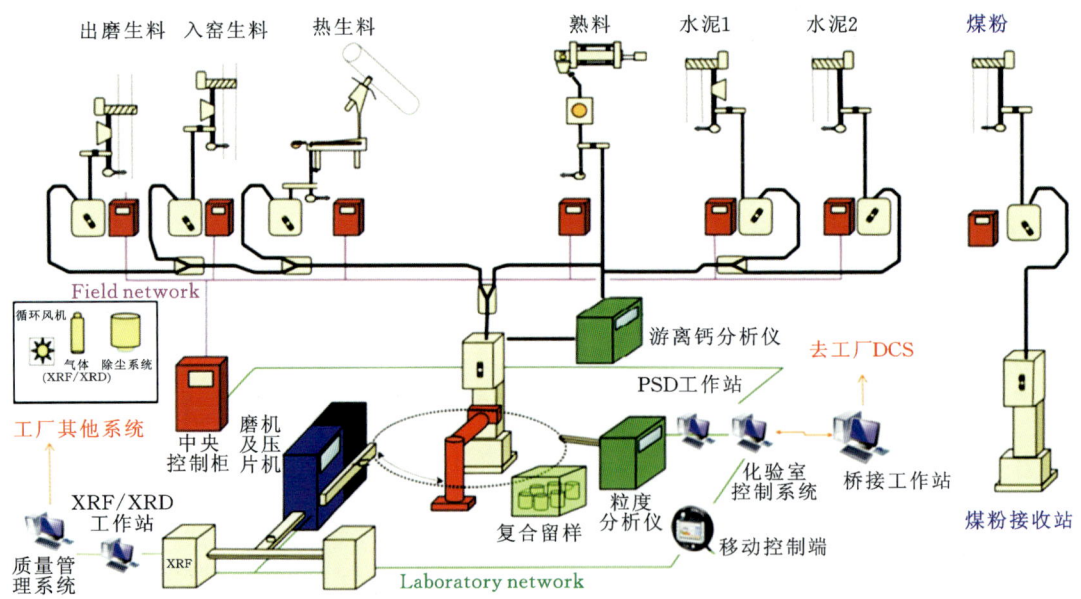

图 3.2-14　全自动化验室配置图

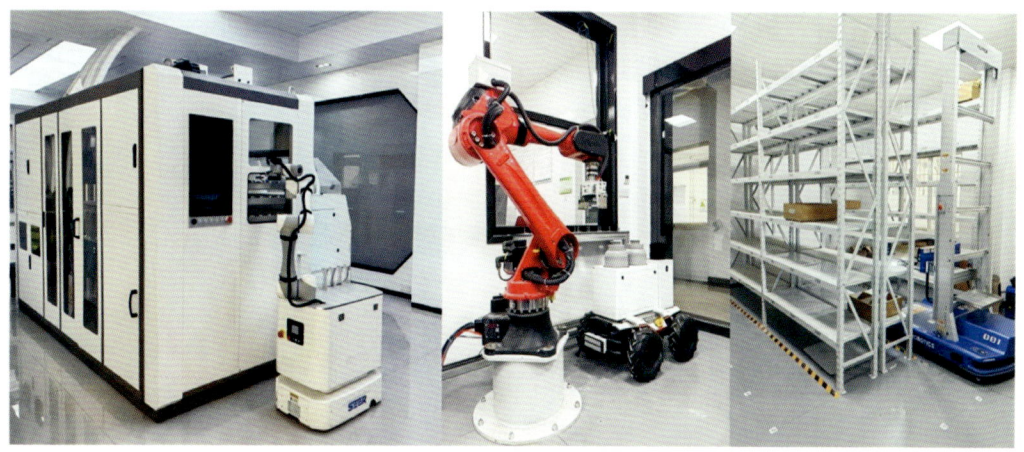

图 3.2-15 转运机器人

图 3.2-16 研磨压片一体机

全自动化验室的取样过程由取样器自动按时完成,取样频率可以自由设定。取样之后,料样经过载样气力输送系统输送到化验室内,化验室自动研磨、压片并送入化验设备中化验(图 3.2-17)。

全自动化验室作为智能控制的重要检测手段,是水泥工业智能化中不可或缺的部分,使用全自动化验室可以达到如下效果。

(1)提高质量检测自动化水平,减少化验室人员配置。

(2)通过取样端的优化设计,提高取样环节料样的准确性和代表性。

(3)通过高频次的检验,提高生产过程的

图 3.2-17 全自动化验室实物图

质量控制合格率,确保生料、熟料、水泥质量稳定,配合原料调配进行质量控制。

（4）通过质量数据管理,实现过程质量数据的自动分析、存档;可以为其他系统或手动数据预留输入接口,做到质量数据统一管理、整体分析,方便进行大数据分析挖掘,实现最优化生产运营。

3.2.2.2 智能化控制系统

1. 窑磨专家优化系统

窑磨专家优化系统通过建立精确的智能优化控制系统,实现水泥生产各个环节的自动操作、优化、修正,解决运行控制中普遍存在的能耗、效率和精度问题,实现窑磨在最佳的工作状态下运行,确保产质量的提升;同时能够极大降低操作员的工作强度,解决了不同水平操作员操作效果存在差异这一难题,最大限度地减少人为因素对水泥生产线系统的影响。窑磨专家优化系统主要由以下几个系统组成。

1）烧成系统智能控制

烧成系统的控制目标是控制窑内的燃烧状况,稳定并最优化烧成工况,确保良好的烧成条件,降低游离氧化钙的波动,控制窑尾氧含量,使得煤粉充分燃烧,减少 NO_x、CO 排放,稳定产品质量,提高产量,降低煤耗和电耗,减少操作员的工作量。其主要功能如下:

调节高温风机转速,保持系统氧含量稳定,提高产品质量的合格率;

调整窑头喂煤量,保证烧成带温度、二次风温度、窑尾 NO_x 含量稳定,确保 f-CaO 质量的合格率;

调节窑头排风机,保持窑头负压稳定,保证生产安全,降低电耗;

调节窑转速及窑喂料量,保证窑内填充率和回转窑电流稳定。

典型控制器变量如表 3.2-6 所示。

表 3.2-6　自主寻优烧成系统控制器变量表

测量变量	控制变量
窑喂料秤流量反馈	窑速度给定
窑头喂煤秤流量反馈	高温风机速度给定
窑头喂煤秤风机风压	窑头喂煤秤流量给定
窑主传速度	窑喂料秤流量给定
窑主传电流	窑喂料量给定
窑头罩测温	
窑尾烟室温度	
预热器出口温度	

续表

测量变量	控制变量
高温气体（CO、O_2、NO_x）分析	
高温风机速度	
烧成带温度	
窑头罩负压	
预热器出口气体（CO、O_2、NO_x）分析	
熟料游离氧化钙值	
熟料饱和系数（KH）值	
生料饱和系数（LSF）值	

2）高温气体分析仪

在窑尾烟室设置高温气体分析仪（图 3.2-18），检测 NO_x、O_2、CO、SO_2 浓度。气体分析仪检测结果用于预热器烧成系统工况量化分析，作为烧成系统头煤及尾煤控制的重要量化依据，NO_x、CO、O_2、SO_2 数据源的稳定性和准确性将影响控制精度。

3）相机温度解析系统

相机温度解析系统（图 3.2-19）把视频成像摄像机和可移动比色高温计融合在一起，采用红外线扫描原理，进行烧成带温度检测，成像显示窑头喂煤火焰温度，温度检测值可输出给 DCS 及智能优化控制系统。生产过程发生波动时，操作员可以直观地通过火焰的形状、长度及温度的变化来进行判断和调整，防止火焰扫砖、垮窑皮，延长窑口砖的使用年限。还可以火焰监测系统反馈的燃烧区参数为基础，来预测未来的水泥品质，减少不合格品输出。

图 3.2-18　高温气体分析仪

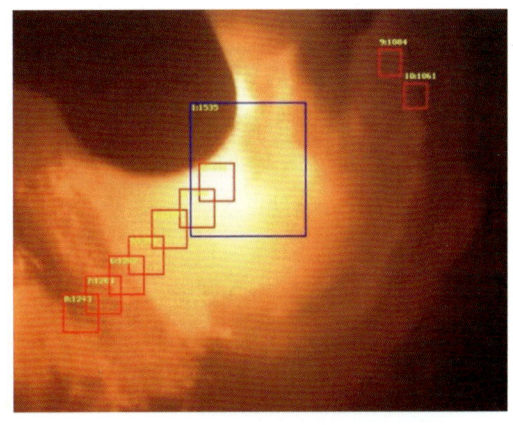

图 3.2-19　相机温度解析系统画面

4）生料粉磨系统智能控制

生料粉磨智能优化控制系统主要负责自动调节喂料量、选粉机转速、循环风机转速、冷热循环风阀等，稳定生产过程，提高产量，减少异常停机时间，稳定产品质量，最终实现生料粉磨的智能控制（图 3.2-20）。

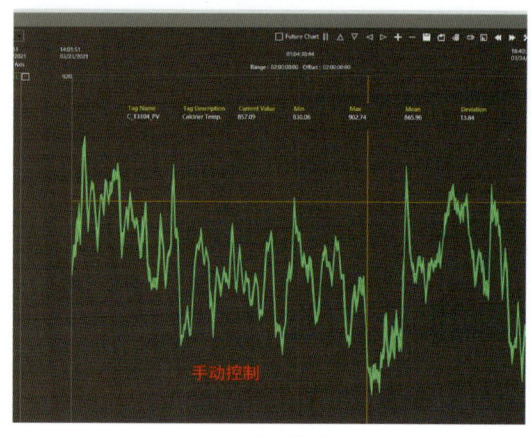 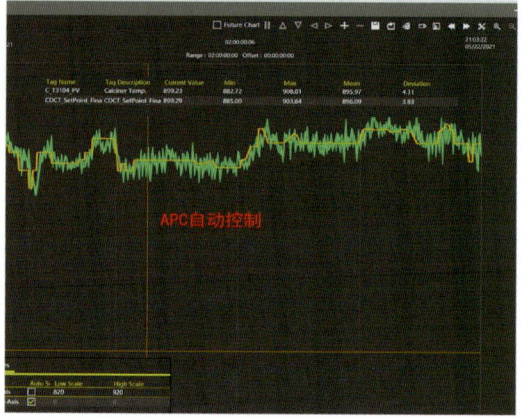

（a）手动控制　　　　　　　　　　　　　　　（b）自动控制

图 3.2-20　窑磨专家优化系统某关键变量控制效果

生料粉磨控制器的主要目的包括：提升磨机料位的稳定性，使磨机料位运行在最佳区间，最大化磨机产量，提升出磨成品的质量（细度）的稳定性。其主要功能如下：

调节磨机喂料量，保持磨机料层稳定，寻找提产机会；

建立软仪表测量，调整选粉机转速，保证出磨成品质量（细度）的最优化；

调整系统相关风阀，保证磨机出口温度、入磨负压的稳定；

调整窑尾排风机转速，保证袋收尘压力、高温风机出口压力稳定。

典型变量清单如表 3.2-7 所示。

表 3.2-7　生料磨智能控制变量

测量变量	控制变量
生料磨主电机电流	生料磨喂料量给定
生料磨主减速机振动反馈	选粉机速度给定
生料磨内压差	生料循环风机挡板开度或速度给定
混合料仓料位	磨辊液压压力给定
磨辊液压压力反馈	入磨冷风挡板开度给定
生料磨入口气体温度	入磨热风挡板开度给定
生料磨出口气体温度	入磨循环风挡板开度给定
排渣斗提电流	
生料细度	

5）水泥粉磨系统智能控制

水泥粉磨系统智能控制采用多变量非线性模型预测控制技术，实现水泥粉磨系统关键参数（如细度、磨机负荷、出磨温度、出磨风量）稳定控制，对辊压机和球磨机两个系统进行协同控制，提高水泥粉磨的质量和产量，降低粉磨电耗（图 3.2-21）。

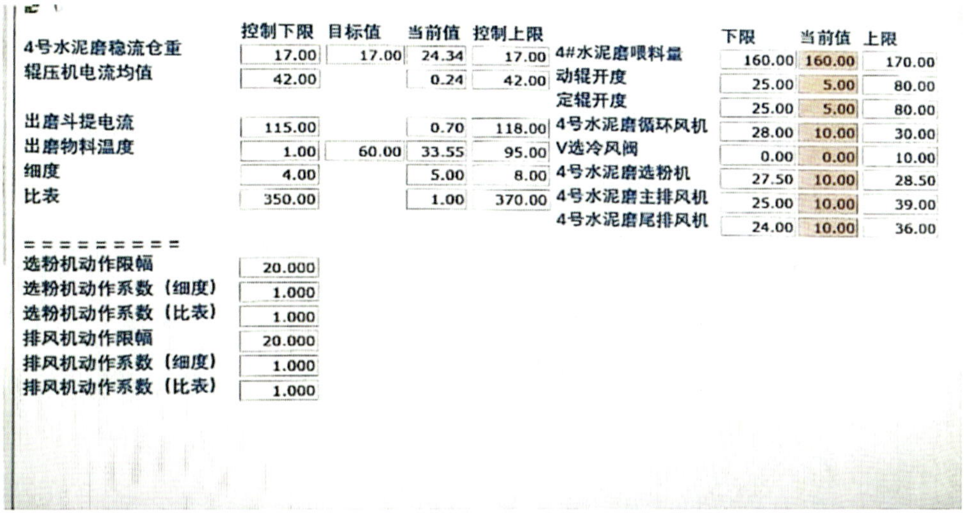

	控制下限	目标值	当前值	控制上限		下限	当前值	上限
4号水泥磨稳流仓重	17.00	17.00	24.34	17.00	4#水泥磨喂料量	160.00	160.00	170.00
辊压机电流均值	42.00		0.24	42.00	动辊开度	25.00	5.00	80.00
					定辊开度	25.00	5.00	80.00
出磨斗提电流	115.00		0.70	118.00	4号水泥磨循环风机	28.00	10.00	30.00
出磨物料温度	1.00	60.00	33.55	95.00	V选冷风阀	0.00	0.00	10.00
细度	4.00		5.00	8.00	4号水泥磨选粉机	27.50	10.00	28.50
比表	350.00		1.00	370.00	4号水泥磨主排风机	25.00	10.00	39.00
					4号水泥磨尾排风机	24.00	10.00	36.00

选粉机动作限幅	20.000
选粉机动作系数（细度）	1.000
选粉机动作系数（比表）	1.000
排风机动作限幅	20.000
排风机动作系数（细度）	1.000
排风机动作系数（比表）	1.000

图 3.2-21　水泥磨专家系统界面

水泥粉磨智能控制系统主要功能如下：

根据稳流仓重自动调整喂料进料量，保证稳流仓重稳定，下料稳定；

根据循环斗提电流控制辊压机进料阀，稳定辊压机内物料的通过量；

根据辊压机电流检测，自动调节研磨压力和辊压机进料量；

根据磨机电流、选粉机电流，控制循环风机风量，匹配辊压机与球磨机负荷；

根据出磨水泥质量数据，建立软测量仪表，控制选粉机转速和磨机风量，自动调整回料量，提高磨机产量和质量；

根据磨机出口温度及磨头负压，控制磨尾风机。

典型变量清单如表 3.2-8 所示。

表 3.2-8　水泥磨智能控制变量

测量变量	控制变量
辊压机喂料仓仓重	总喂料量
辊压机定辊电流	辊压机喂料挡板开度
辊压机动辊电流	辊压机液压压力
辊压机辊缝偏差	选粉机转速

测量变量	控制变量
出辊压机斗提电流	高效选粉机一次风挡板开度
球磨机主机电流	高效选粉机回料挡板开度
出球磨机斗提电流	循环风机转速
选粉机入口压力	助磨剂给定
选粉机电流反馈	循环风机挡板开度或速度给定
成品细度	磨主排风机挡板开度或速度给定
循环风机电流或转速	
磨主排风机电流或转速	

窑磨专家优化系统已在众多水泥企业应用,通过建立喂料量控制回路、窑速控制回路、箅冷机控制回路、风机控制回路等,实现自主导航、自主学习、稳定生产、减少电耗、减少煤耗、提高熟料产品质量的目标。经多个项目统计,窑磨专家优化系统在水泥企业中的实际应用效果如下:

(1)实现人员缩减,中控操作人员由 16 人降至 12 人,且有进一步缩减空间;

(2)熟料标准煤耗、熟料/水泥综合电耗等能源消耗指标下降 1% 以上;

(3)熟料游离钙、生料细度、煤粉细度、水泥比表面积等质量指标波动标准偏差下降约 10%;

(4)生料辊压机仓重、煤磨出口温度、分解炉出口温度、箅冷机二次风温、水泥出磨斗提电流等过程量波动标准偏差下降约 20%。

2. 数字化矿山

数字化矿山建设的关键技术是三维建模及可视化管理。数字化矿山基于各种传感器、网络技术、自动化技术和管理信息化技术,实现采掘生产和管理过程中数据处理的自动化;利用 3D、虚拟现实、数字孪生等技术,把真实矿山的整体及相关的现象整合起来,以数字的形式表现出来,实现地上/地下信息的可视化,从而便于人们了解整个矿山的动态运作和发展情况并进行即时管控(图 3.2-22)。

数字化矿山系统上线后,调度人员可在总控界面(图 3.2-23)上进行远程控制,实现采矿生产行为的实时监视和控制,并能够实时了解所有设备的运行状态;运维人员可通过视频监控系统对矿山爆破、转运、破碎、皮带运输等环节进行全程监控;管理人员可远程控制摄像头运行,随时随地在手机 APP 端对矿区视频进行实时预览。

数字化矿山系统在水泥企业应用后,真正实现了开采方案最优化、开采过程可视化、生产指标精细化、生产调度智能化、生产数据信息化,成效尤为突出。

(1)智能边坡监测:应用先进的传感器、监测设备和数据分析技术,对矿山边坡进行

图 3.2-22　数字化矿山三维模型

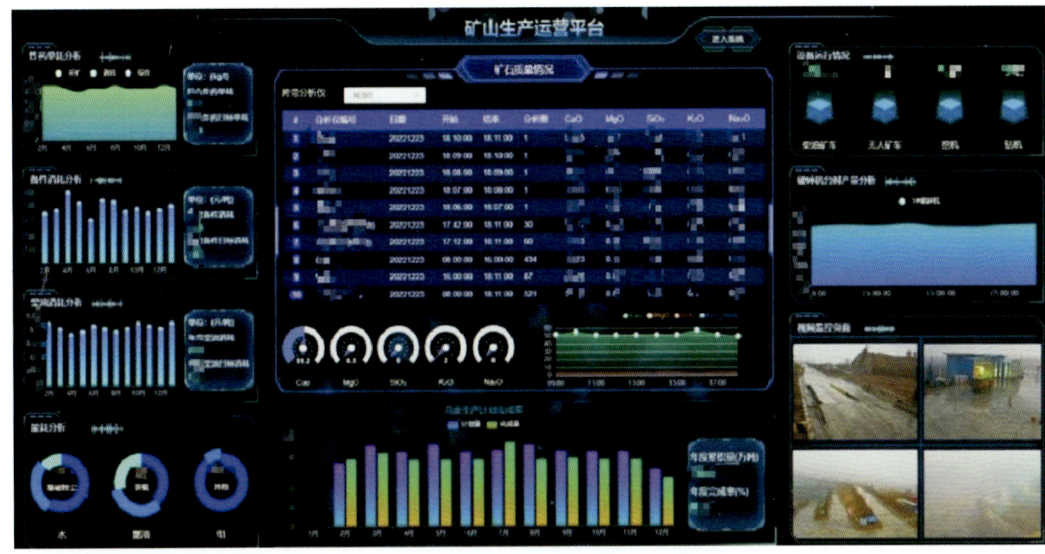

图 3.2-23　矿山生产总控界面

实时、高精度、自动化的监测和预警,确保了矿山边坡的稳定性,预防边坡失稳、滑坡等灾害的发生,保障矿山生产的安全和稳定(图 3.2-24)。

(2)矿山精细化配矿:通过智能化系统,对矿山进行高效、精准的矿石开采、配矿和运输。同时,根据爆堆取样化验数据和配矿指标,自动计算配矿方案,确保配矿方案的科学性、合理性,其中外购矿粉也可以作为爆堆参与配矿方案的计算。执行过程中,在线分析仪可实时反馈验证,稳定石灰石整体品位。其具体流程如图 3.2-25 所示。

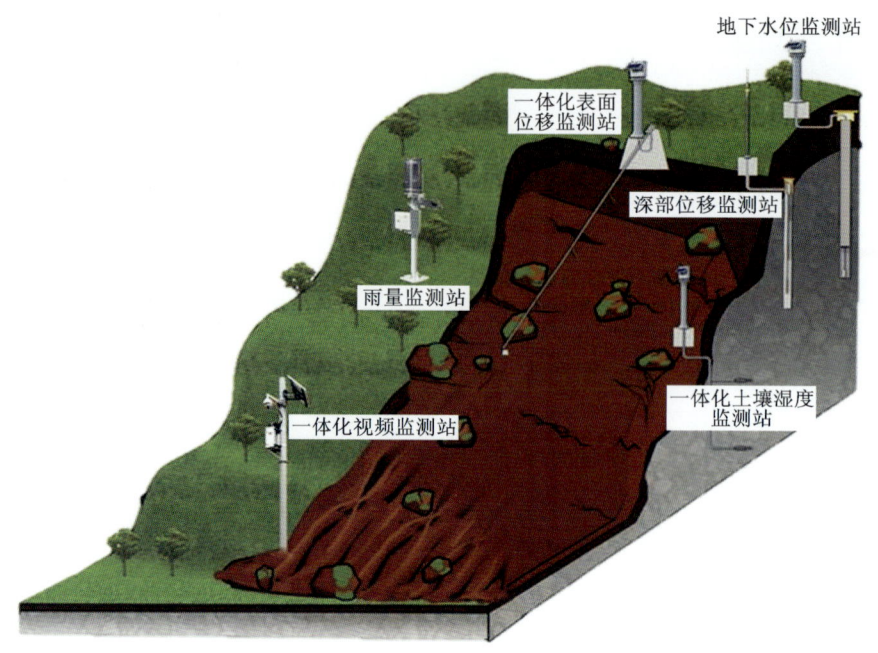

图 3.2-24　智能边坡监测

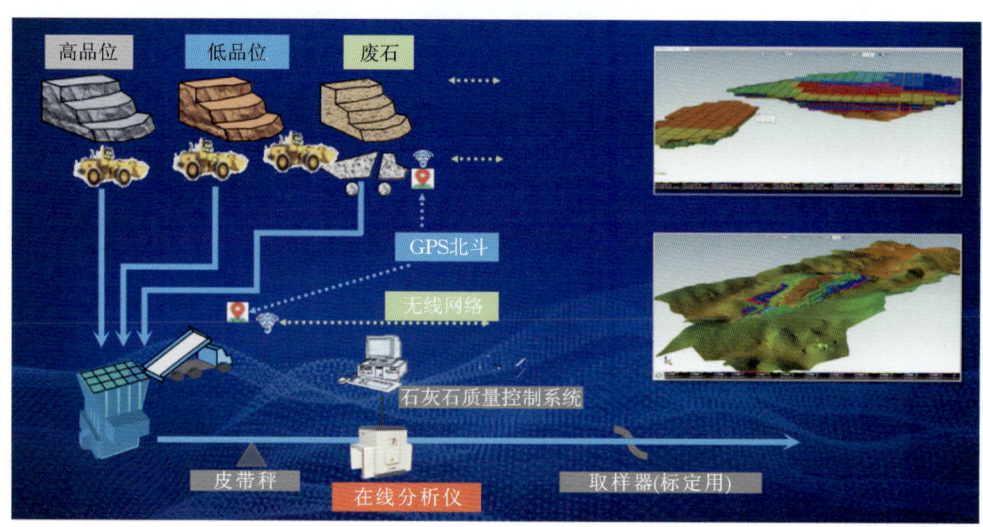

图 3.2-25　精细化配矿流程

（3）车辆调度系统：通过在挖掘机和运矿车辆（图 3.2-26）上安装定位装置和信号传输装置，系统可以确定每台设备所在的位置（图 3.2-27）以及每台运矿车辆的矿石来源，从而获得矿石品位数据。此外，系统还可以通过集成地磅计量系统获得每辆运矿车的运量，进而推算出每台挖掘机的产量及各出矿点的产量。这些数据为各平台资源量的统计计算提供了准确依据。

图 3.2-26　无人驾驶智能矿车

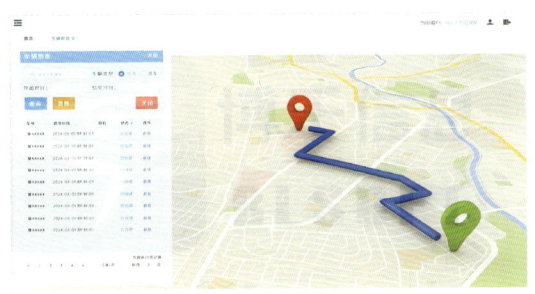

图 3.2-27　车辆调度系统

3.2.2.3　设备智能管理系统

1. 设备在线监测

设备在线监测系统全面集成设备管理系统数据（包括在线监测、精密分析、点检数据）和自动化监控数据（DCS 数据等），通过信息化手段实现设备状态监测、设备寿命预测、设备劣化趋势分析等核心功能，实时反映设备故障的产生、发展、变化的全过程。

1）设备在线监测与故障诊断系统配置

其实施对象主要有回转窑主传动、生料立磨、煤立磨主电机、水泥辊压机、水泥球磨机等重要主机设备，建立覆盖实施对象的关键零部件、关键故障形式的在线监测系统，收集完整的设备运行数据，建立运行档案。综合运用振动监测和故障诊断技术，及时了解设备运行状态，把握运行周期的劣化趋势。

系统支持有线/无线传感器（图 3.2-28）的数据接入，同时支持以各种接口读取第三方系统数据（主要为工况参数），基于边缘的数据快照机制，实现不同数据源的时间同步功能。采集箱（图 3.2-29）到中控服务器采用无线通信方式，采集箱到振动传感器的通信方式可采用有线或者无线。

图 3.2-28　传感器布置

图 3.2-29　采集箱

表 3.2-9 为某智能设备巡检工厂传感器分布示例。

表 3.2-9 设备振动及温度传感器分布设计

生产区域	设备名称	设备数量	单台测点	测振总计	测温总计	监测方式	传感器类型
破碎	破碎机	5	10	50	50	有线	振温一体
原料粉磨	生料立磨	1	10	10	10	有线	振温一体
	原料磨循环风机	1	6	6	6	无线	振温一体
	循环斗式提升机	1	9	9	9	无线	振温一体
	生料入库斗式提升机	1	9	9	9	无线	振温一体
	生料输送喂料带式输送机	1	9	9	9	有线	振温一体
烧成窑尾	生料入窑斗式提升机	1	16	16	16	无线	振温一体
	废气处理排风机	1	6	6	6	无线	振温一体
	回转窑	1	9	9	9	有线	振温一体
	窑尾高温风机	1	6	6	6	无线	振温一体
烧成窑头	窑头排风机	1	6	6	6	无线	振温一体
	篦冷机冷却风机	18	4	72	72	无线	振温一体
	熟料槽式输送机	1	10	10	10	有线	振温一体
	篦冷机液压油泵	3	4	12	12	有线	振温一体
煤粉制备	辊式磨煤机	1	10	10	10	有线	振温一体
	煤磨通风机	1	6	6	6	有线	振温一体
	煤粉输送罗茨风机	3	6	18	18	有线	振温一体
水泥粉磨	水泥磨辊压机	2	16	32	32	有线	振温一体
	水泥磨球磨机	2	6	12	12	有线	振温一体
	斗式提升机	6	9	54	54	无线	振温一体
	水泥磨循环风机	2	6	12	12	无线	振温一体
	组合式选粉机	2	7	14	14	无线	振温一体
	水泥磨排风机	2	6	12	12	无线	振温一体
设备总数		58	测点总数	400	400		

2) 设备运行数据在线监测及故障诊断

在设备上安装传感器,将设备运行数据通过采集器上传到服务器(图 3.2-30),进行实时监测,将采集到的数据送至关系数据库,为设备监控、评估、管理、处置提供准确的、全面的数据资源。通过振动与温度监测及分析,迅速、准确地了解设备运行状况,及时调整对设备的维护方法。

　　系统依托全矢谱模型(图3.2-31),采用MPC算法对设备运行状态发展趋势进行多目标分析,发现劣化倾向性问题,及时对设备故障进行预判,从"预防维修"的观点出发,根据事前的计划和相应的技术要求科学进行预防性维保和修理,对运行中的设备异常做到早期发现和早期排除,及时避免设备故障的发生。

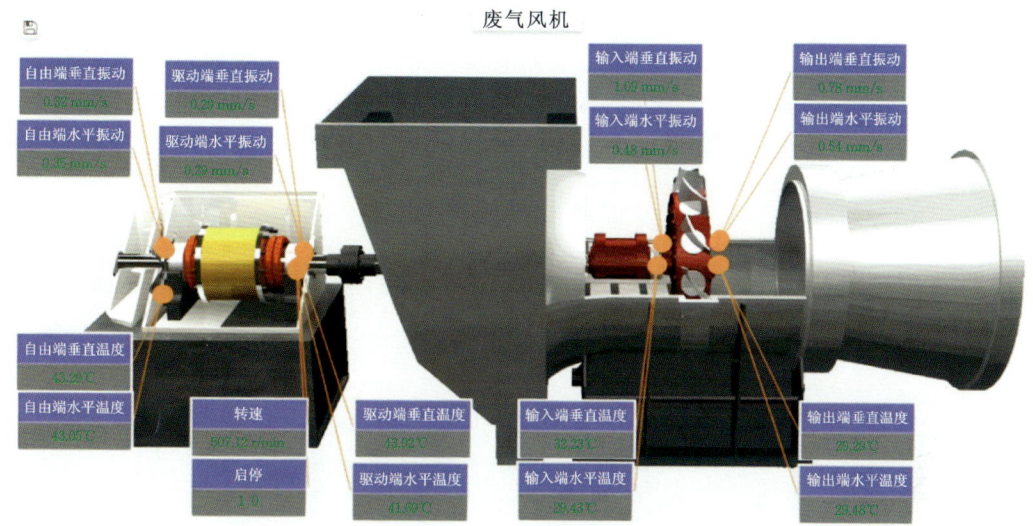

图 3.2-30　设备数据采集界面

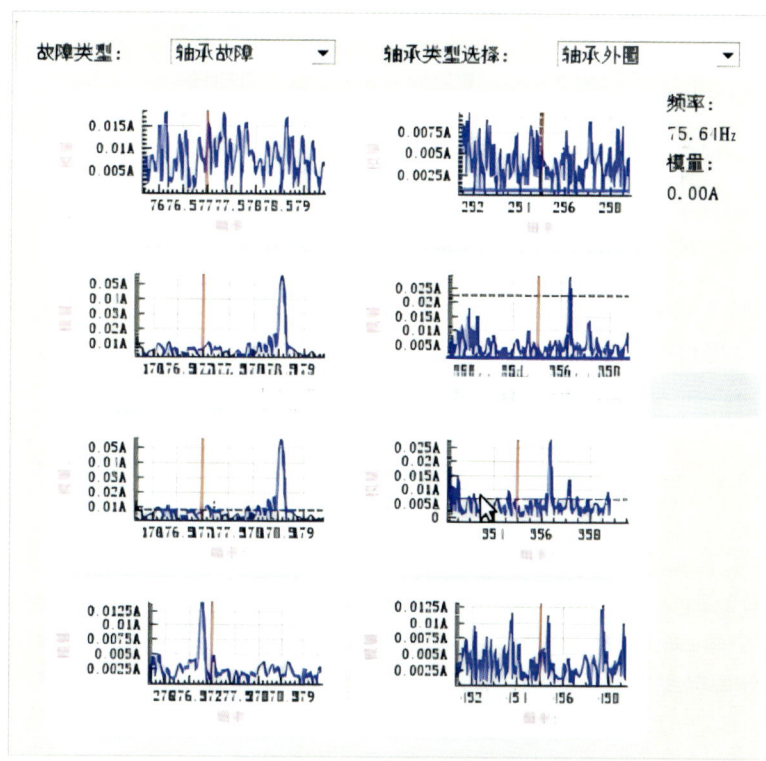

图 3.2-31　故障类型趋势分析

通过设备在线监测,可有效降低设备临停概率,确保设备在线时间,提升生产效率,保证生产安全。同时,可避免二次伤害及紧急修复等情况的发生,延长设备生命周期,节约资本支出。

2. 智能设备管理系统

智能设备管理系统集成隐患管理、工单管理、巡检管理、润滑管理等模块,可实现设备的标准管理、精细管理和预知性维修(图 3.2-32)。系统提供工业互联网环境下的一站式解决方案,赋予企业设备管理新模式,全面实现设备的全生命周期的管理,形成生产运行过程中的巡检—隐患—修理—保养闭环。系统可解决工厂现有基础性设备监控或智能设备检测的孤岛式预警信息收集,后期预警信息跟踪,形成下次维修关注重点的流程闭环。

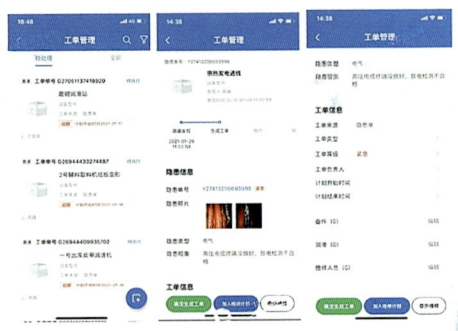

隐患管理
设备隐患中心,所有智能检测异常信息、人工巡检异常信息,汇总到隐患管理,根据紧急程度逐一处理。

工单管理
隐患转隐患工单、组长发布任务工单、维修计划生产计划工单,汇总到工单管理,根据紧急程度分配至各专业人员逐一处理。

图 3.2-32　智能设备管理系统主要功能

1)管理系统内容

(1)设备台账:以统一的编码体系为纽带,建立设备管理台账,对设备的基础信息、检修历史、成本信息、零件清单等信息进行综合管理,使设备管理达到自动化、信息化,实现信息共享,以满足工作多方需求。

(2)工单管理:自动记录日常巡检数据,自动识别隐患指标,根据设定的隐患级别,自动生成隐患工单,及时推送至设备管理人员。设备管理人员根据工单内容及设备实际情况,逐一甄别并及时处理提交,形成日常维护、停机维修、年度大修等各级别的工单。

(3)润滑管理:通过提前建立设备润滑计划及润滑规定,在润滑周期到达之前,系统自动生成润滑维护工单,在监控界面预警提醒,并推送至设备管理人员,由设备管理人员组织安排设备润滑工作。根据工单执行情况,系统可生成润滑维护报表,包含维护时间、内容及物料消耗等。

(4)设备检修:完善以计划维修为主的维修体系,通过整合检维修计划、检维修方案、工单、工单执行情况等,建立完善的设备维修记录,为后续设备运维提供大量可供参考的信息。系统集成工单管理、备配件管理、特种设备管理、设备管理 KPI 等模块，真正意义上实现设备全面管理。

图 3.2-33 为设备智能管理系统总览图。

2）设备信息化巡检

设备巡检以点检仪（图 3.2-34）、温度-振动一体检测仪、数据采集器等先进设备工具为手段，以基于 RFID 的巡更记录技术、设备故障预判与预知性维修等科学的管理理念为依托，为现代化设备信息体系提供技术支持与管理基础。

设备信息化巡检的流程包括：巡检任务建立（图 3.2-35）→巡检任务下发（图 3.2-36）→巡检（图 3.2-37）→巡检数据采集或录入（图 3.2-38）→巡检数据查询及审核（图 3.2-39）→形成点检报告（图 3.2-40）。

图 3.2-33　设备智能管理系统总览图

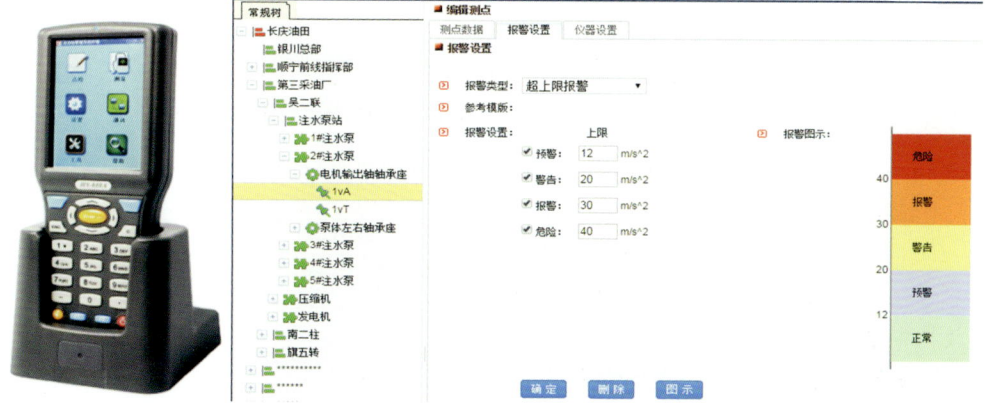

图 3.2-34　点检仪及点检管理系统

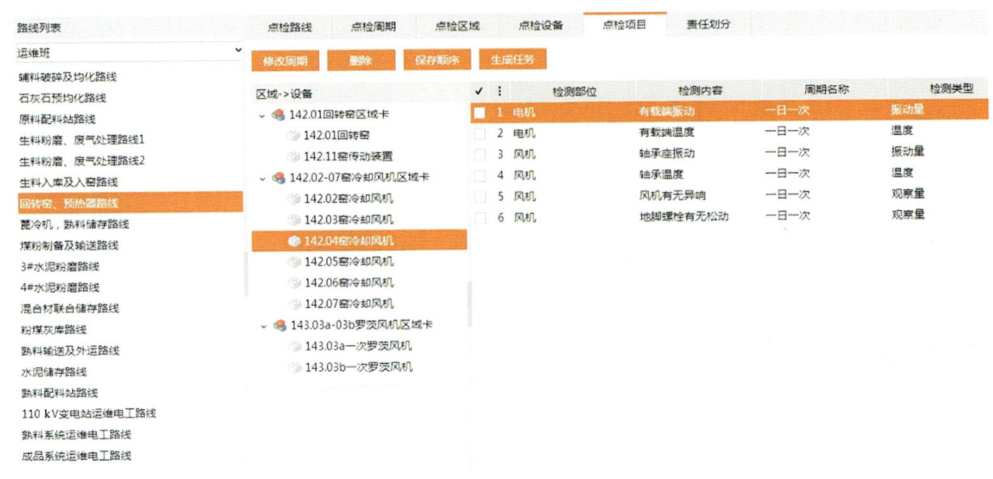

图 3.2-35　巡检任务建立

图 3.2-36　巡检任务的消息通知

　　智能巡检对系统故障的诊断准确率达到80％以上，在国内某水泥企业投运后，相继发现一次风罗茨风机振动逐步变大、煤取料机链条销轴磨损、篦冷机风机电机振动持续增大等难以发现的隐患，避免了一次入窑提升机停窑事故及入库提升机耦合器、减速机故障等，有效减少设备事故成本数十万元。

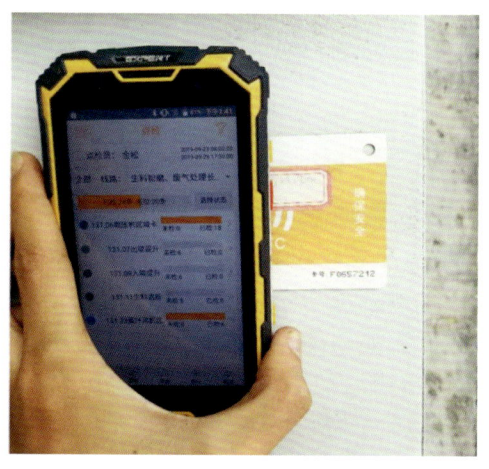

图 3.2-37　人员到位打卡

图 3.2-38　数据自动采集

图 3.2-39　已检设备信息及运行数据

班组	路线	值次	已检数	待检数	漏检数	漏检率	停机不检数	负责人
运维班	110 kV变电站运维电工路线	四班王超值次	23	0	0	0.00%	0	胡洋
	3#水泥粉磨路线	四班王超值次	120	0	0	0.00%	0	张鑫、王军
	4#水泥粉磨路线	四班王超值次	119	0	0	0.00%	0	张鑫、王军
	篦冷机、熟料储存路线	四班王超值次	89	0	0	0.00%	0	张涛
	成品系统运维电工路线	四班王超值次	94	0	0	0.00%	0	胡洋
	粉煤灰库路线	四班王超值次	12	0	0	0.00%	12	张鑫、王军
	辅料破碎及均化路线	三班柳鹏值次	0	0	61	100.00%	0	肖宇
	回转窑、预热器路线	四班王超值次	68	0	0	0.00%	7	张涛
	混合材联合储存路线	四班王超值次	84	0	0	0.00%	0	张鑫、王军
	煤粉制备及输送路线	四班王超值次	117	0	1	0.85%	7	李国栋
	生料粉磨、废气处理路线1	四班王超值次	78	0	0	0.00%	0	谭威
	生料粉磨、废气处理路线2	四班王超值次	61	0	0	0.00%	0	谭威
	生料入库及入窑路线	四班王超值次	61	0	0	0.00%	8	张涛
	石灰石预均化路线	三班柳鹏值次	0	0	26	100.00%	0	肖宇
	熟料配料站路线	四班王超值次	27	0	0	0.00%	15	张鑫、王军
	熟料输送及外运路线	四班王超值次	54	0	0	0.00%	18	张鑫、王军
	熟料系统运维电工路线	四班王超值次	105	0	0	0.00%	18	胡洋
	水泥储存路线	四班王超值次	36	0	0	0.00%	12	张鑫、王军
	原料配料站路线	四班王超值次	102	0	0	0.00%	37	谭威
运维班	合计		1250	0	88	6.58%	134	
电气班	110 kV变电站电气路线	电气技术员值次	23	0	0	0.00%	0	黄磊班组
	成品系统电气路线	电气技术员值次	94	0	0	0.00%	0	黄磊班组
	熟料系统电气路线	电气技术员值次	105	0	0	0.00%	26	黄磊班组
电气班	合计		222	0	0	0.00%	26	
合计			1472	0	88	5.64%	160	

图 3.2-40　点检统计报告

3.2.2.4　智能储库和发运系统

1. 智能行车

智能行车以 3D 扫描建模技术为基础，是传统行车与先进的平台软件、传感技术、无线通信技术、物联网技术的深度融合（图 3.2-41）。智能行车系统由智能控制系统、通信系统、物料分布检测系统和安全防撞系统四部分组成。智能行车的主要功能包括：实现起重设备本地无人化，接收指令后能自动完成中转或取料作业；联合储库料池管理自成系统，可与 DCS 和生产管理系统实现数据交互；库区系统安全防护。

图 3.2-41　智能桥式起重机

1）无人化库区综合管理

无人化库区综合管理系统的主要功能如下：

（1）通过从生产管理系统获取任务信息，及时发出指令，实现设备自动化运行；

（2）装设防护装置或设备（视频系统增设人体识别功能、卸料口加装自动门等），加强库区安全防护，保证人员安全及设备正常工作；

（3）建立语音交互系统，以操作室为中心，在库区卸料口、行车检修口、行车登机口设立语音对讲机，及时传达信息。

2）行车机械结构传感器布设

建立服务器站，通过无线通信将传感器信号传入并处理，再转化为执行，最后确认，形成一个闭环过程。在智能行车系统中，主要包括以下类型的传感器。

大小车定位：在行走从动轮上加装编码器，同时辅以定位装置，对两者信号进行对比纠偏，形成双冗余控制方式，保证行车安全可靠运行。

行车抓斗定位：装设扫描仪，根据扫描仪成像数据，在服务器中计算分析，最终形成定位数据（图 3.2-42）。

3）激光轮廓扫描仪布置

库区物料扫描是无人行车自动控制的核心技术，目前行业内对物料三维定位主要采用的是激光扫描，其是以高频率扫描并传递信号的。在实际应用中，通常辅以增加补光、在支架上加装减震装置等措施，减少扫描仪信号跳帧、失真情况发生，提高其识别率。

4）通信系统

远控中心通信系统以核心交换机为中心，将语音系统、视频系统、各服务器等设备连接起来并通过网络实现与地面无线基站及起重设备的通信。同时将库区集中控制室信号接入原有中控室（图 3.2-43），能更方便地进行优化控制。

图 3.2-42 抓斗定位

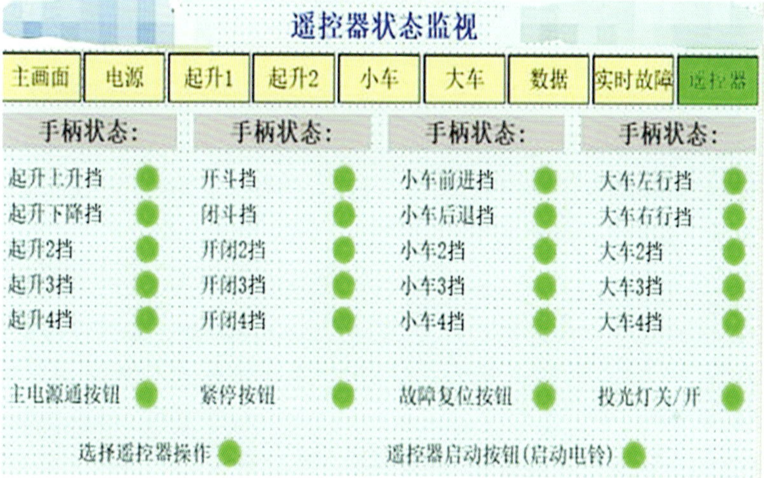

图 3.2-43 中控行车状态监控

5）库区整体安全防护系统

（1）库区加装自动门与外部物理隔离，避免人员误闯；

（2）装设智能摄像头，划出危险区域，当检测到人体时，自动停车并报警；

（3）装设补光灯，重点部位加装摄像头，全过程无死角监控行车运行状态。

6）料位呼叫行车工作系统

料仓装设雷达料位计，实时监测料位变化，当料仓料位到达低限位时，及时将信号传送至 DCS，由 DCS 自动发送作业指令至行车综合管理系统，综合管理系统控制行车自动完成抓料工作，直至达到料仓料位高限位时停止取料（图 3.2-44、图 3.2-45）。

图 3.2-44　抓斗抓取物料

图 3.2-45　带料皮带上设置流量计

智能行车在水泥企业应用后,可对物料的入库、行车的作业过程进行全面跟踪,实现库区的精细化管理,实际应用效果具体如下:

(1)合理优化人员结构,利用统一监控、调度平台,实现库区无人化设备、系统集中化管理,进一步缩减人力投入;

(2)改善员工作业环境,降低工作强度,大大提高工作效率,提升管理效能;

(3)避免因人工误操作造成设备损坏、故障的情况,大大降低设备的损耗和维护工作量,延长设备使用寿命,减少维护成本。

2. 智能物流系统

智能物流系统是工业系统与高级计算、分析、感应技术及互联网连接的融合应用,通过智能机器间的连接,结合软件和大数据分析,实现物流配送与生产无缝融合。智能物流系统由数字门禁系统、无人值守过磅系统、司机在线排队系统、司机自助系统、治超系统等组成。通过在车辆到厂信息登记、厂外排队、智能识别进厂、过磅、装车/卸车、过磅、出厂等各个环节应用智能物流系统,实现厂内车辆智能管理、信息自动采集、数据实时上传、异常情况自动预警等功能。

1)车辆自动识别过磅

车辆进厂时(图 3.2-46),自动识别车牌号码,对接订单系统,查询并确认订单、客户余额、黑名单等信息。无误后,系统自动采集业务信息和重量,并将数据保存在数据库中,同时通过现场摄像头对车辆进行抓拍并保存,至此计量完毕。当无法识别车牌信息时,需要司机扫码确认订单、客户余额、黑名单等信息。

2)自助装货

自助装货主要包括散装定量装货、骨料自动装车、袋装智能装车等,其基本流程为:一次过磅后,司机根据提示,到达指定位置,完成扫码验证并经系统确认后开始装货

（图 3.2-47～图 3.2-50）。当装车重量达到提货重量后,系统提示装车完成,操作员停止装车。随后车辆需进行二次过磅。

图 3.2-46 车辆过闸上磅

图 3.2-47 智能卸料散装库

图 3.2-48 扫码进行智能装车

图 3.2-49 散装定量装货

图 3.2-50 骨料自动装车

3）原材料进厂

一次过磅后,系统通过 APP 通知实验室取样人员完成取样或与智能取样机联锁自动取样后,司机到达指定地点卸料,通过手持机完成订单相关信息确认、订单验收、扣吨扣杂、退货管理及收据打印等(图 3.2-51、图 3.2-52)。

图 3.2-51　司机方过磅结果通知　　　　　图 3.2-52　厂方验收

4)车牌识别出厂

车牌识别出厂同一次过磅。车辆完成二次过磅后,可自助打印票据。司机根据提示完成所有流程并确认相关信息后,即可出厂。

水泥企业智能物流系统是集原料采购、成品销售及厂内物流于一体的集中管控智能信息化平台(图 3.2-53、图 3.2-54),在无人干预的情况下,能迅速、准确地完成整个流程,其应用效果具体表现为:

(1)取消司磅员岗位,实现磅房无人值守,有效降低人工成本。

(2)规范厂内外车辆排队秩序,提高进出厂、过磅等环节的效率,防范错发、多发、少发等发货风险。

(3)根据需求,客户可利用 APP 进行网上下单。提货过程中,为客户提供一站式、人性化的智能服务,大大改善客户提货体验。

(4)能针对发货信息进行实时追踪统计,通过报表数据统计全面掌握发货和采购数据。

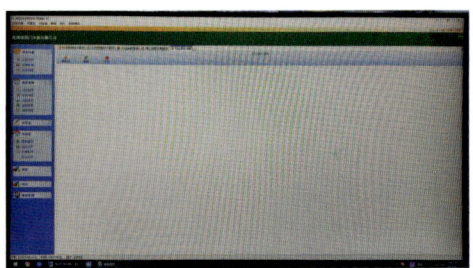

图 3.2-53　车辆发货看板　　　　　　　　图 3.2-54　物流统计界面

3. 智能装运系统

智能装运系统是基于 3D 视觉扫描技术,采取模拟人工装车的方式,完成水泥的袋装、散装作业。

1)自动插袋机

自动插袋机是基于先进的物料输送系统、图像处理技术以及伺服控制系统等实现的。通过伺服控制系统,自动插袋机准确地定位包装袋的位置,自动跟踪包装机回转角度,使机械手准确地将包装袋插入出料嘴中。

插袋机本体(图 3.2-55)由悬臂机械手、工作台和转向机构组成。转向机构将送袋输送机上的包装袋旋转至所需角度后放到插袋机工作平台上;悬臂机械手将放置在工作台上的包装袋插到包装机料嘴上。整个插袋系统主要由送袋输送机(图 3.2-56)、包装袋定位系统(图 3.2-57)、插袋机械手(图 3.2-58)等核心机构组成。

 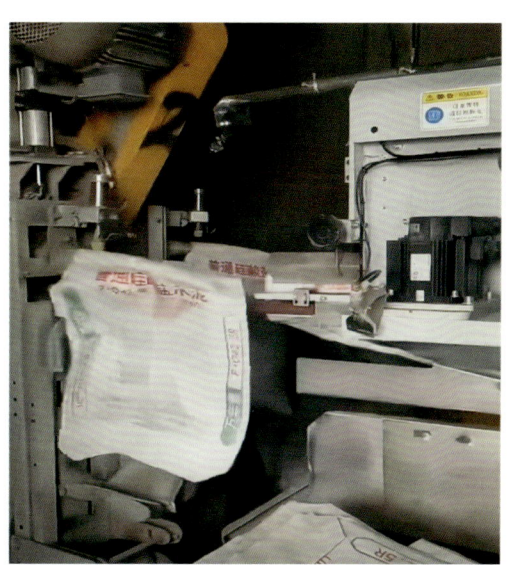

图 3.2-55　插袋机本体

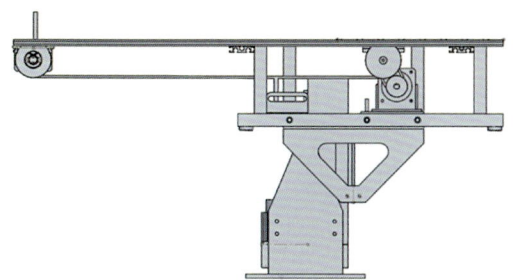 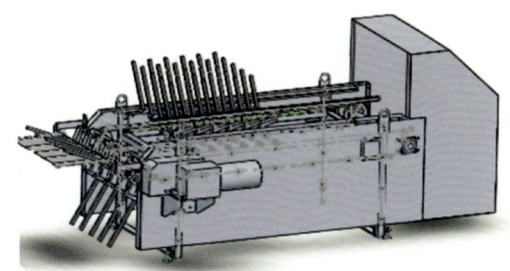

图 3.2-56　送袋输送机　　　　　　　图 3.2-57　包装袋定位系统

自动插袋机可连续准确地给回转式水泥包装机插袋,实现水泥包装机自动插袋作业。某水泥企业所应用的自动插袋机插袋成功率稳定在 99% 以上,工作效率为 100 t/h,

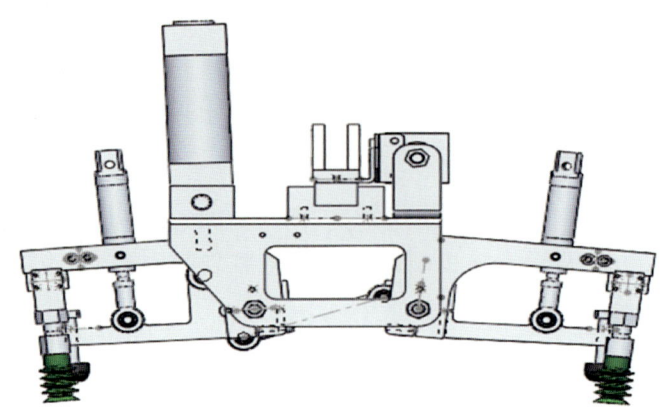

图 3.2-58　插袋机械手

与人工效率基本一致。在条件允许时,还可适当提高包装机功率,从而提高装袋效率。自动插袋机的应用真正实现了机构自动化插袋,大大减轻了工人劳动强度,插袋工人由 4 人减至 1 人,降低了人工成本。

2)智能袋装流程

自动袋装系统主要由输送线、视觉系统、整形机构、装车机器人等构成,如图 3.2-59 所示。装车机主机主要由分包、转向、纵向推包、横向推包、落包等机构组成。袋装水泥进入装车机后,由主机机械臂拨板拨向接料皮带机两侧,再由推包机构推送至转向皮带机,输送至落包机构,落包机构托盘打开,水泥袋落入运输车辆车厢。

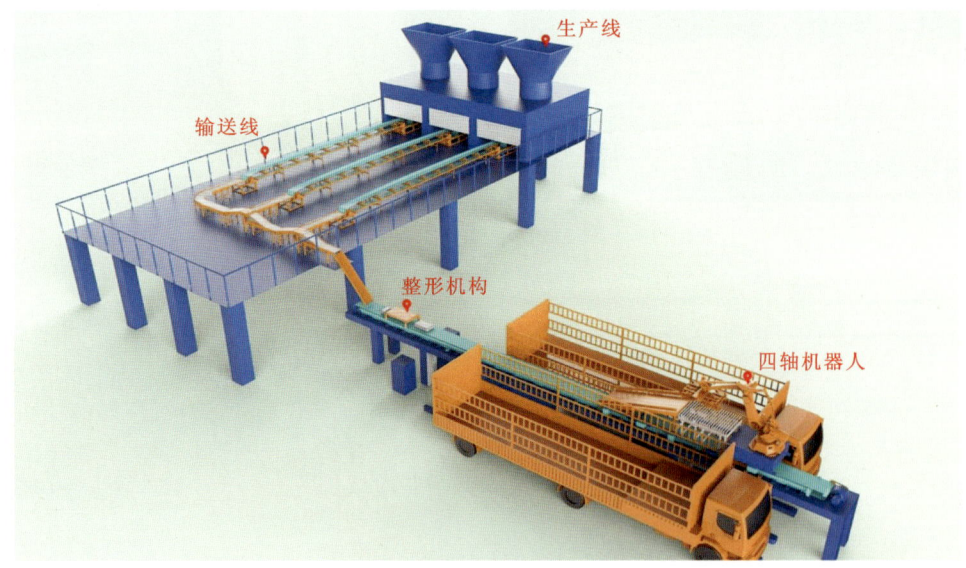

图 3.2-59　智能袋装系统

(1)车辆进入车道,司机按要求停好车辆。当司机完成刷卡操作后,装车系统启动,自动扫描系统工作,系统自动完成客户采购数据读取并计算物料包的码放层数及形式,并将相关信息推送至包装系统及输送系统。

(2)装车系统做好装车准备后,包装系统以及输送系统开始工作,物料包通过输送系统输送至装车系统,再通过斜皮带输送至机头部位,通过机头内部一系列复杂的操作,物料包被逐层整齐地码放于车厢内。

(3)当物料包码放数量达到提货数量时,装车系统停止装车,并自动运行至初始位置,整套系统停止工作并等待下一次装车任务。

装车机器人如图 3.2-60、图 3.2-61 所示。

3)智能散装流程

全智能散装水泥自动装车系统(图 3.2-62)通过车辆辅助就位功能快速引导司机进入装车位置,引入 AI 机器视觉算法自动识别散装车灌口,引导伺服电机驱动三向移动散装机(图 3.2-63),自动完成散装机 X、Y、Z 三轴定位,无须司机上车操作就可完成散装头自动精准对口作业(图 3.2-64)。散装机设有防溢出控制及装置,抑制扬尘,符合环保要求;利用汽车衡或粉体流量计作为计量设备,实现精准定量放料;系统可对接企业智能发货系统,通过网络信息化、自动化等技术手段实现一键装车,系统稳定可靠、操作简单、安全环保,可有效提高厂内物流效率。

图 3.2-60　小袋装车机器人

图 3.2-61　吨袋级装车机器人

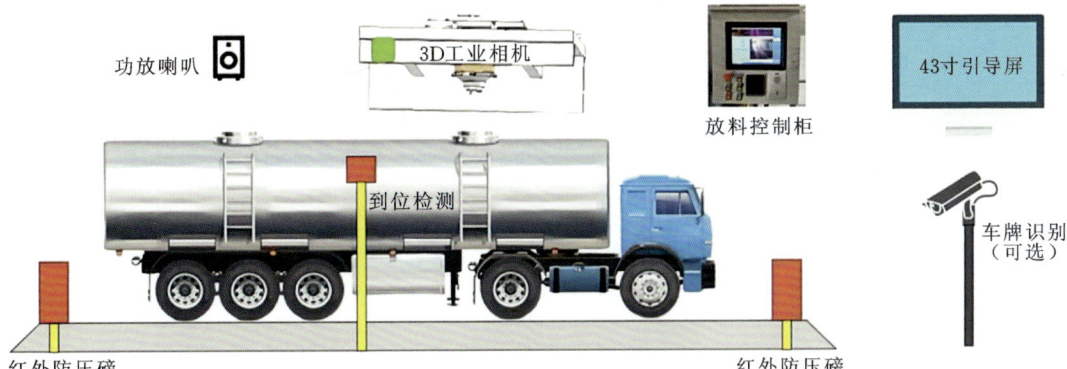

图 3.2-62　智能散装系统架构

图 3.2-63　三向移动散装机

图 3.2-64　现场控制终端

（1）系统接收物流系统相关控制信息（库号、品种号、装车数量、刷卡限制次数、刷卡有效时间等），实现对散装头的装车启动按钮的通断控制；

（2）系统可实时获取已装物料数量，当已装数量达到提货数量时，系统自动关闭气动闸板阀、流量阀；

（3）系统可自动完成散装头精准对口工作，加料完成后，自动提起散装头；

（4）系统集成视频监控画面及工作状态，司机可在控制屏上直接观察阀门状态、刷卡情况、散装头运行情况；

（5）系统可自动生成车辆详细下料日志，与视频监控系统集成，可自动抓拍照片。

智能装运系统具备自检、可视化监控、异常报警、故障预测及远程故障诊断等功能，有效保障装车作业高效、可靠、稳定地执行，有利于水泥企业减少人工、促进环保、创造效益。

3.2.2.5　数智平台及智能安全管理平台

1. 数智平台

数智平台的核心目标是"数据共享、流程打通"。数智平台从技术架构来看是一个基础技术平台，主要作用是协调、集成现有平台的数据、业务和应用，用"顶层一张图"的理念，使现有系统更为智能化和集成化。未来新建的数智平台将通过数据接口、业务共享等方式融合已建各系统，构成集团数智平台。

1）数智平台整合设计方案

数智平台建设包括以下内容。

（1）数据中台：统一数据库，数据整合和数据治理。

（2）业务中台：业务穿透。

（3）单点登录：界面整合、可视化主题展示大屏。

（4）AI数据分析：生产辅助决策穿透、工序能耗分析及异常定位。

数智平台建设重心是统一登录门户、统一人工录入，以及系统整合后的业务流转和移动端展示推送,可在平台内通过单点登录方式建立跳转端口界面。系统总体以大屏展示为主,下分生产运维模块、设备运维模块和 AI 分析模块进行业务穿透推送设计。

　　系统平台提供数据接口,支持跨平台、跨数据库进行数据交互,实现与能源管理系统、生产运营管理系统、智能物流系统等系统的对接(图 3.2-65)。表 3.2-10 为某厂数据对接规划示例。

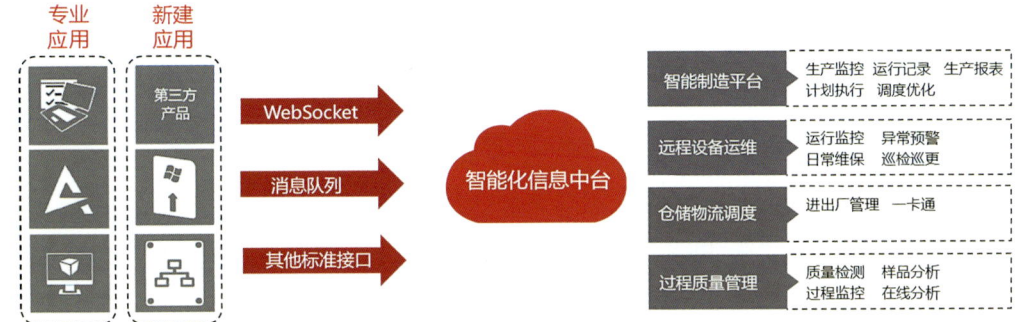

图 3.2-65　数智平台开放性——支持数据接口

表 3.2-10　数据对接规划

序号	源系统	目的系统	数据交互
1	能源管理系统	数智平台	电能数据等
	生产运营管理平台		生产运营数据等
	大数据协同办公系统		数据填报等
	海康威视生产监管平台		视频监控、红外测温等
	云天销售系统		销售数据,具体根据实际业务需求确定
	用友 NC 财务系统		财务数据,具体根据实际业务需求确定
	智能物流系统		发货计划、车辆信息等
	绿色矿山综合展示平台		矿山生产数据
	安全生产标准化管理系统		单点登录及用户系统整合
	安全管理信息化平台		单点登录及用户系统整合
	安全生产监督管理信息系统		单点登录及用户系统整合
2	数智平台	能源管理系统	人工录入数据、质量数据
		生产运营管理平台	人工录入数据,数据不具备自动接入的条件,例如停机原因等信息
		大数据协同办公系统	人工录入数据、生产报表相关数据

2)系统业务集成

数智平台提供业务流程引擎,以工作流为核心,提供业务流程支持。平台在业务流程引擎支持下,各子系统的业务边界被打破,业务流程通过业务流程引擎无缝衔接。在对外接口方面,数智平台提供与企业集团的系统对接接口、WebService 接口、REST API接口等丰富的接口类型,也提供强大的流程建模和规则建模工具。

(1)通过单点登录系统,打通已上系统的用户体系和登录校验,实现一处登录多应用使用。

(2)通过业务总线系统,实现多应用业务联动。

(3)通过统一消息系统,将已上系统的消息进行集成。

(4)通过数据中台,将已上系统的业务数据打通并集中展示。

3)统一门户设计

门户系统是数智平台的统一入口,其主要功能是集成平台各个子系统,打通各个子系统的用户体系、权限体系,实现数据流通。门户系统可以根据不同员工的权限提供符合该员工权限要求的应用入口,另外提供灵活的部件配置功能和快捷小部件,包括已建系统整合、组织结构管理、人员管理、权限管理、单点登录和 API(图 3.2-66)。

图 3.2-66 统一登录平台(B/S 架构)参考图

4)统一移动端平台

平台门户系统的移动端版本将所有的业务子系统以模块的方式集成到统一的 APP中,集团的管理者甚至各个单厂、各产线的员工,可以在统一的 APP 中快捷使用对应的功能模块,无须因不同的场景和不同的需求切换到不同的 APP 中(图 3.2-67)。

APP 的各个子模块均应遵循统一的 UI 标准和接口标准,利用统一的权限系统进行权限管控。

(1)单点登录及用户系统整合:系统不需要再建登录模块,用户登录时可跳转到数智平台进行用户验证。

图 3.2-67 统一登录平台（APP 端）参考图

（2）被动信息接收：系统需要获取数智平台或者其他应用系统的数据，可通过专用 API 获取。

（3）主动推送消息：数智平台会提供消息 API，系统要给用户推送消息，只需要调用该 API 就可实现。

（4）应用 API 开放：系统将自身的关键业务逻辑通过 API 的方式开放。

（5）功能联动：各应用系统之间功能联动采取的是事件驱动的方式。

（6）对接效果：通过界面统一和应用系统整合，实现视觉效果统一化、操作体验统一化，无须切换多个应用（针对 APP），跨应用交互无感化、跨应用数据集成化。

5）统一可视化界面

可视化综合展示大屏主要展示全厂生产经营关键指标，包括生产总览、生产绩效、设备运行绩效、质量管理关键指标等数据。生产管控平台通过对以上生产经营数据的采集、分析，以图形化的方式进行直观展示，使生产管理者快速、准确地掌握全厂生产经营关键指标的执行情况，为管理层的经营决策提供可视化的数据支撑（图 3.2-68、图 3.2-69）。

6）AI 数据分析

（1）生产辅助决策穿透：对企业核心关键指标设定阈值并进行监控，当指标发生异常变动时系统自动预警和报警并推送给相关领导。通过以数据挖掘为基础、智能分析为手段、数据可视化为载体的智能分析技术来帮助企业领导掌控工作实时进展状况,更精准地做出生产、运营决策(图 3.2-70)。

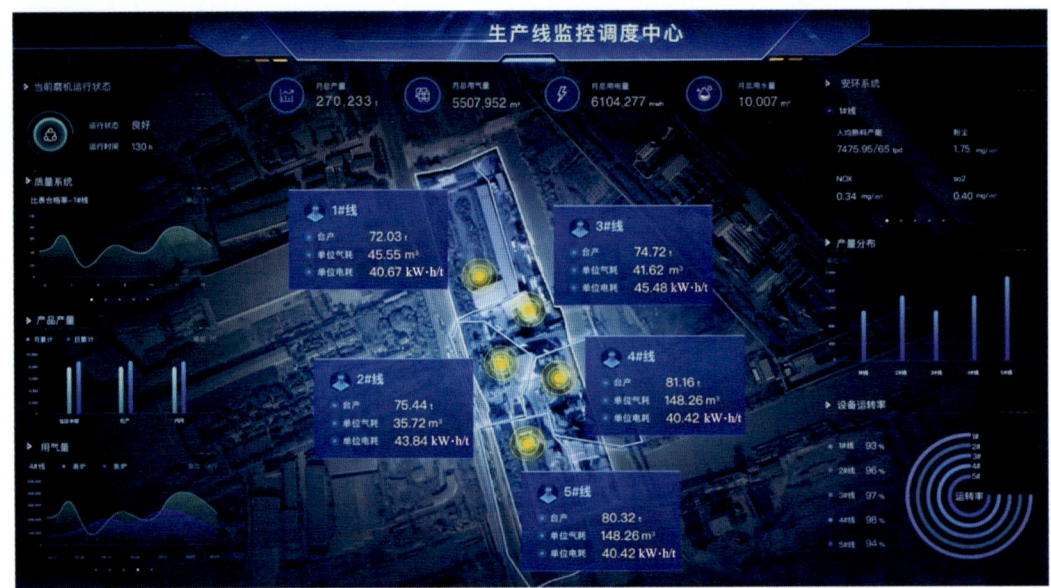

图 3.2-68　生产线综合展示大屏

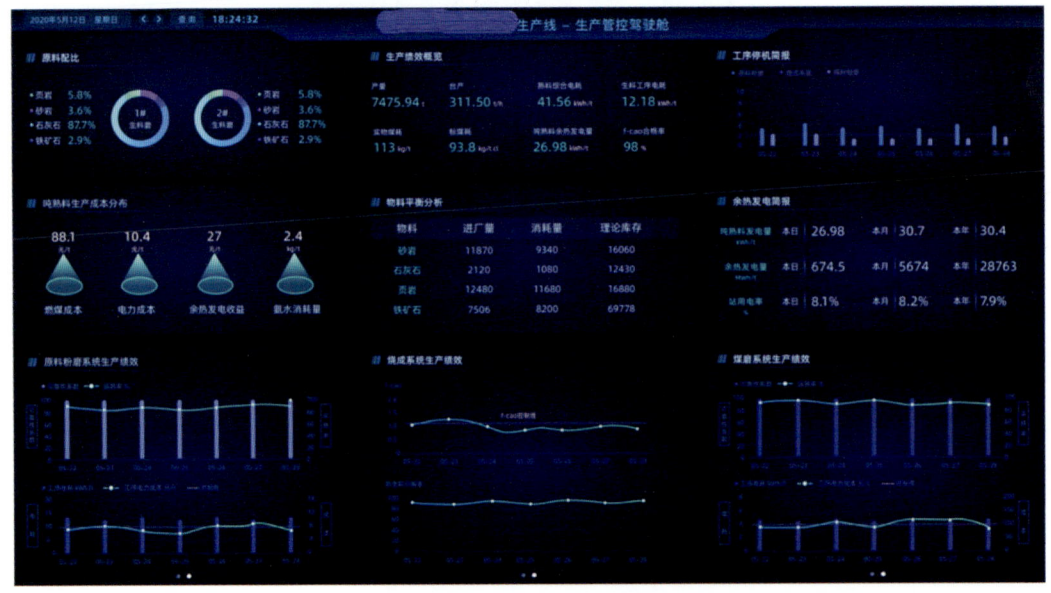

图 3.2-69　生产管控驾驶舱

(2)工序能耗分析及异常定位:根据能源总貌图,设计能耗分析界面,按照工厂级、车

工作台　生产管理×　生产日报×

2020-10-12

生产日期：　2020-10-12

原材料进厂与消耗	上日库存	日进厂	月累计	年累计	日消耗	月消耗	年累计	库存量
3#石灰石	27,854.80	1,845.34	252,664.96	1,565,091.58	5821.93	528342.98	2619428.36	24,962.87
4#石灰石		1,084.66	261,710.00	1,032,711.02				
砂岩	3120.03	0.00	20,155.33	164,351.01	617.43	33070.12	179373.58	2502.60
页岩	-1247.91	0.00	25,528.29	173,936.01	68.98	32073.80	181984.30	-1316.89
铁矿废渣	0.00	0.00	0.00	1,227.65	0.00	0.00	1227.65	0.00
混合渣	-15.34	0.00	12,102.99	71,516.47	321.09	23457.63	76973.97	-336.43
铁矿尾渣	0.00	0.00	0.00	15,094.28	0.00	0.00	15094.28	0.00
红土矿1	0.00	0.00	0.00	1,302.41	0.00	0.00	1302.41	0.00
转炉渣	0.00	0.00	0.00	0.00	0.00	0.00	0.00	0.00
转炉渣1	0.00	0.00	0.00	0.00	0.00	0.00	0.00	0.00
转炉渣2	0.00	0.00	0.00	0.00	0.00	0.00	0.00	0.00
铜渣	0.00	0.00	0.00	11,230.76	0.00	0.00	11230.76	0.00
铁精竭沙	0.00	0.00	0.00	1,057.22	0.00	0.00	1057.22	0.00
烟煤	4464.78	0.00	34,091.38	226,401.05	474.03	44050.69	238399.80	3990.75
氨水	-158.93	0.00	548.73	3,303.17	9.83	897.19	3596.12	-168.76
脱硫石膏			1.00					

设备名称	日生产	月累计	年累计	库存量
生料 A磨	4583.08	358925.57	1669263.57	16765.18
生料 B磨	2246.36	259192.41	1415562	
合计	6829.44	618117.98	3088845	
生料消耗	6608	617420.80	3076580.80	
煤粉	465.74	43991.08	238740.1	
熟料生产	4066.46	380644.65	1956804.65	13435.50
熟料出厂	3922.24	378790.60	1945369.15	

余热发电	本日	月累计	年累计
发电量	114180	1074600.00	52482850.00
供电量	108456	10178896.00	49600766.00
自用电	5724	567194.00	2882084.00
吨发电量	28.08	28.23	23.87
吨用电量	26.67	26.74	25.35
自用率	5.01	5.28	5.49
倒送电	0.00	25249.00	70636.00
发电机运转时间	11.00	999.38	5076.38
每小时发电量	10,380.00	10752.76	10338.64

能耗	本日	月累计	年累计
外购电	88104.70	6637365.19	37111755.19
总用电量	188660.70	16816261.19	86712521.19
电耗	46.37	44.18	44.31
实物煤耗	116.67	115.73	121.83

主要设备运转说明：砂岩破碎机

	泵氧化硫均值	/	78.63	78.21	71.27	/	/	/	/
	二氧化硫均值		21.41	26.84	24.55				
	二氧化硫初始浓度		437.47	641.24	488.77				
粉尘浓度均值	窑头		0.69	0.56	0.51				
	窑尾		0.65	35.28	7.67				

设备	台时产量（t/h）		运转时间（h）		运转率%		电力消耗（kWh）		单耗（度/吨）	
	本日	月平均	本日	月累计	本日	月累计	本日	月累计	本日	月累计
3#石灰石破	376.60	718.37	4.90	351.72	20.42	122.13	3446.01	673392.96	1.18	1.31
4#石灰石破	319.02	700.36	3.40	373.68	14.17	129.75				

图 3.2-70　生产日报表自动生成

间级、区域级、单台设备级的顺序逐层穿透，精准定位异常能耗设备，并关联相关工艺参数和设备参数，做出原因分析、提出改进建议和优化措施（图 3.2-71）。

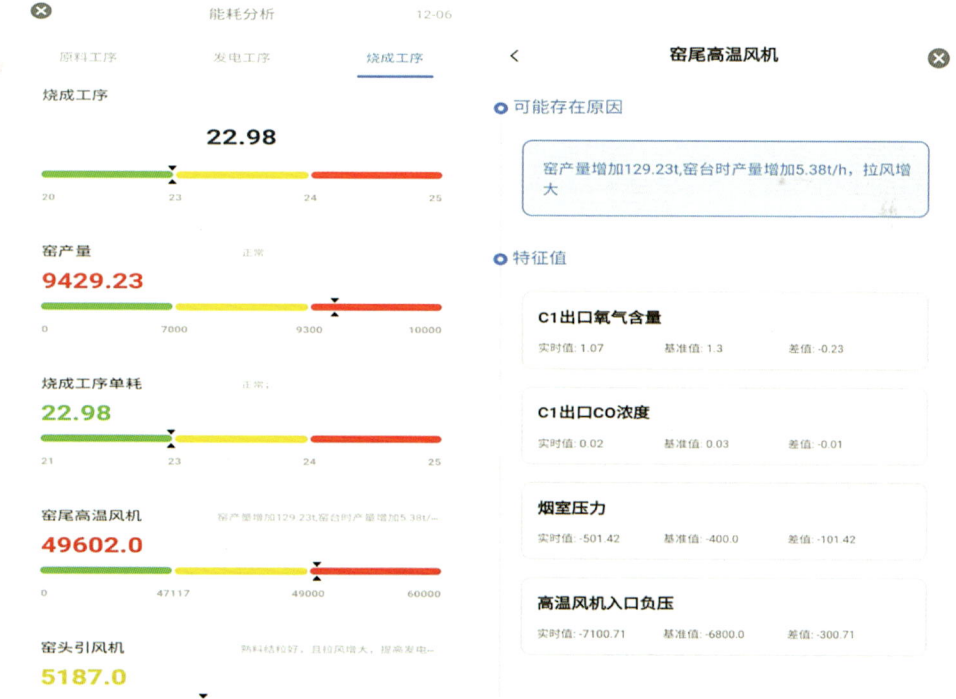

图 3.2-71　工序能耗分析及异常定位

2. 智能安全管理平台

系统基于开放软件架构,以人员、车辆、环境为核心,完成各类信息的全面集成、整合、联动,实现各子系统间的资源共享和信息互通;系统可提供厂区日常安环监管的智能化应用。厂区内触发相关报警装置,控制室值班人员能在第一时间接收到报警消息,在显示屏上看到报警位置和联动视频,对于重要报警能够触发相应的紧急处置预案,快速响应。

系统由智能可穿戴设备、定位信标、车辆测速装置、车辆定位装置、摄像头、消防传感器、环境监测设备、门禁防护等部分构成(图 3.2-72);集成安全管理、风险管控、危险源辨识与评价、作业票管理、特种作业证管理、特种设备管理、相关方管理、视频监控智能分析系统等模块。

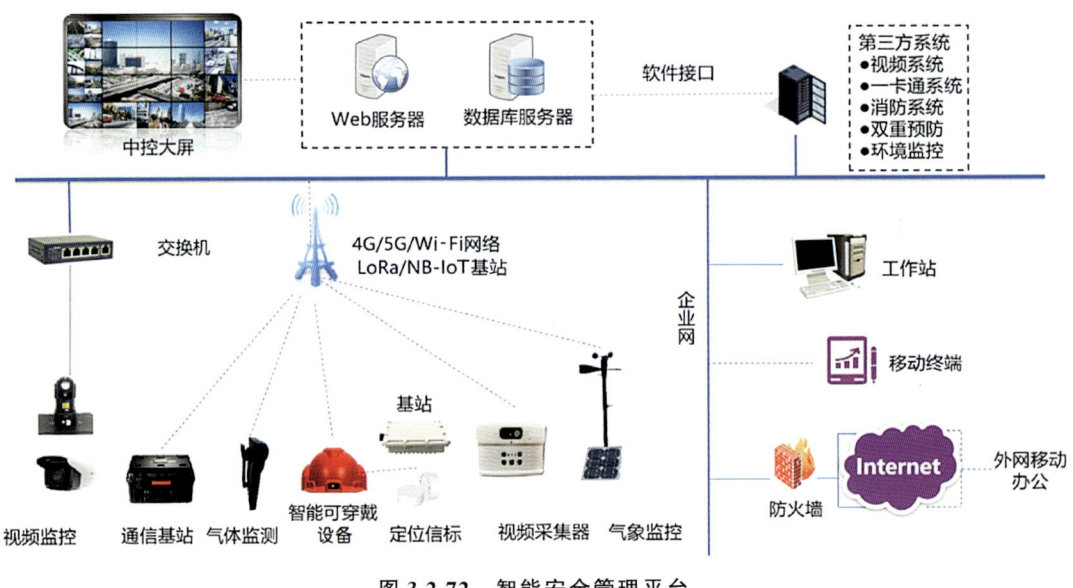

图 3.2-72　智能安全管理平台

(1)安全管理:将不同专业、不同系统的安全管理要求进行整合,形成统一的安全管理模块及一体化安全管理流程。

(2)风险管控:风险分级管控通过 LEC 分析方法实现安全风险年度评估管理、安全风险清单管理。

(3)危险源辨识与评价:对企业中存在的所有危险源进行辨识并配以防控措施,一方面让作业人员能够清楚地认知企业内存在的危险因素,另一方面可作为设备管理安全类的学习和培训资料,同时自动与安全操作关联,进行自动提醒。

(4)作业票管理:系统根据企业实际模板自定义八大作业票(作业许可证)的模板化导入配置及其他作业票的生成。作业票管理主要包括作业票申请、现场检查、作业票审批、作业票关闭等功能环节的闭环监管。

(5)特种作业证管理:特种作业证管理是对公司特种作业岗位人员所持证书及档案

进行管理,实现对特种作业人员资质、资格证书基础信息的维护,以确保证书有效。

(6)特种设备管理:特种设备管理同设备管理相结合(也可单独进行),是对公司现有特种设备进行的基础信息管理和检定管理。

(7)相关方管理:相关方管理主要包括信息注册、信息完善、资料审查、施工明细等内容,通过系统管理,确保相关方资质材料齐全、人员资质完备、入厂安全环保教育全覆盖、施工过程全面监督。

(8)视频监控智能分析系统:视频监控智能分析系统运用视频技术、图像识别技术、网络技术、大数据分析等现代信息技术,实现对视频特定特征进行分析预警,并主动推送到智能化信息平台,提高工厂生产安全管理水平。

▶▶▶ 3.3　国际水泥行业智能化生产线案例

智能工厂是指在数字化工厂的基础上,利用物联网、智能监控等技术,集成智能手段、智能技术等,加强信息管理和服务,减少人工干预,实现生产管理自动化、生产过程可控,达到高效、节能、绿色、环保、舒适的人性化工厂。

目前,国际上已有多家水泥企业实现智能化生产,其DCS点号均已突破1万,生产现场关键部位(重要设备、地坑、料仓等)已实现智能监控,完成了智能装备大规模应用、全业务管理控制系统开发应用。本节提供葛洲坝某公司典型智能化改造案例供读者参考。

葛洲坝老河口水泥有限公司(以下简称老河口公司)成立于2008年3月,为4800 t/d熟料水泥生产线,配套9 MW余热发电系统和协同处置垃圾生产线(日处理生活垃圾220 t),年产水泥熟料约180万吨,年产水泥220万吨,年设计发电能力为4500万千瓦时。公司主要产品有"三峡"牌P·O 52.5、P·O42.5、P·C42.5、M32.5等品种水泥及商品熟料,并能按用户个性化需求研制和提供新品种水泥。

围绕水泥生产主业,老河口公司借鉴行业先进管理经验,结合自身实际,充分利用物联网、数据传感检测、信息交互集成及自适应控制等前沿技术,创新应用数字化矿山管理系统、专家智能控制系统和智能质量控制系统等全过程智能化控制和管理系统,实现工厂运行自动化、管理可视化、故障预控化、决策智慧化,形成独具特色的水泥生产智能化模式。

1. 选用先进智能设备

基于PROFIBUS现场总线技术,全面选用先进智能设备,将电控系统、仪器仪表等现场采集参数与控制系统通信连接,实现双向实时数据交换,在线监测设备、仪器仪表状态参数的同时,可在线完成其标定、参数设置、故障分析、操作维护等,确保满足生产过程智能化控制的应用需求。

2. 建设智能生产平台

基于水泥生产经营特点,建设以数字化矿山系统、专家智能控制系统和在线分析控制系统三大系统为主的智能生产平台,将工艺机理特性、装置运行数据和专家操作经验等深度融合,实现生产知识、管理经验软件化。

1)数字化矿山系统

老河口公司数字化矿山系统以过程信息数字化为基础,构建数据采集、传输、存储、处理和反馈的信息化闭环,服务于矿山全生命周期管理业务。该系统以集信息化基础平台、技术管理平台、生产管控平台、矿山自动化控制系统、矿山综合展示平台于一体的"1+3+1"数字化系统为总体架构,涵盖了矿山在线视频、环保监测、人员和车辆监管、重要地质灾害点监控,以及钻孔、爆破、挖装、运输、破碎生产数据等信息,实现矿山生产管理技术化、信息化(图3.3-1、图3.3-2)。

图 3.3-1　数字化矿山三维可视化管控系统

图 3.3-2　数字化矿山智能卡车调度系统

2）专家智能控制系统

老河口公司专家智能控制系统将现代化智能控制技术与现代管理原理融入水泥生产过程，建立生料磨、分解炉、回转窑、冷却机等子智能系统，实现对水泥生产过程的控制、稳定及优化，将操作质量从平均水平提升至最优水平，保证生产系统每时每刻都处在最佳运行状态（图 3.3-3）。

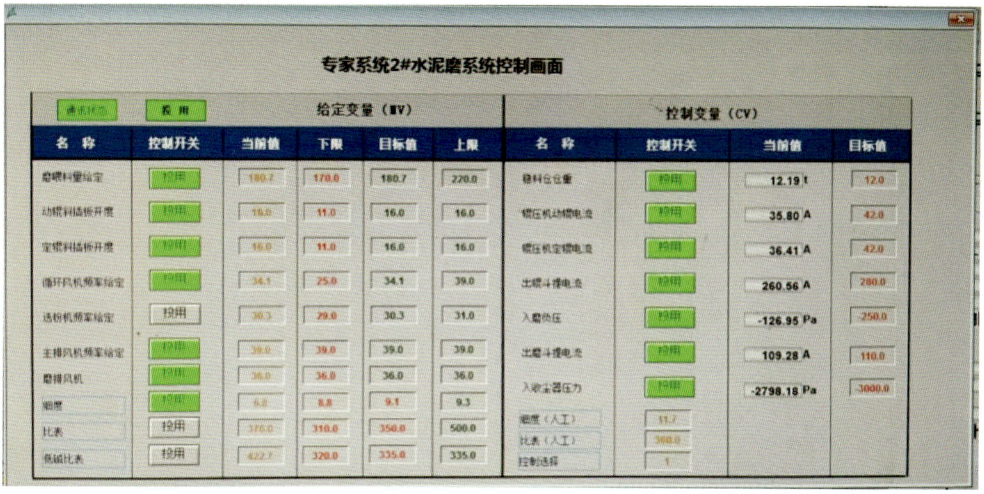

图 3.3-3　专家系统操作画面

3）在线分析控制系统

老河口公司在线分析控制系统以原料配料皮带上在线分析仪（图 3.3-4）为核心，通过对入磨原料皮带机上物料的实时分析，检测出原料的化学成分，并传送给质量控制系统，控制系统通过计算连续不断地调节各原料下料配合比，以保证出磨率值的稳定。在线分析控制系统的使用，不仅保证了原料、生料的成分稳定，提高了熟料质量，而且使老河口公司生产线石灰石预均化堆场和生料均化库大大提高了均化效果，有利于提高整个产品质量。

图 3.3-4　在线分析仪

3. 构建智能运维体系

突出"节能高效、绿色环保"生产理念，建设包含设备智能巡检、能源管理、安防监控三大系统的智能运维体系，实现核心设备及辅机设备在线监管、故障预控，实现能源消耗和安全环保的集中管控。

1）设备智能巡检系统

老河口公司设备智能巡检系统是在原有 DCS 数据的基础上，集成现场智能监测模块监测数据与 DCS 数据，并与远程运行保障中心服务器建立加密连接，保障中心服务器读取各设备运行数据,进行集中显示和存储分析(图3.3-5)。企业管理人员或维护工程师可用计算机或移动终端通过互联网连接保障中心服务器,访问现场设备的相关运行画面,查看参数历史趋势,获得比DCS画面更为详细的设备运行信息。通过在线监测设备运行数据,可实现设备故障在线诊断,提前发现设备运行隐患,为专业技术人员提供维护维保建议,确保设备安全稳定运行。

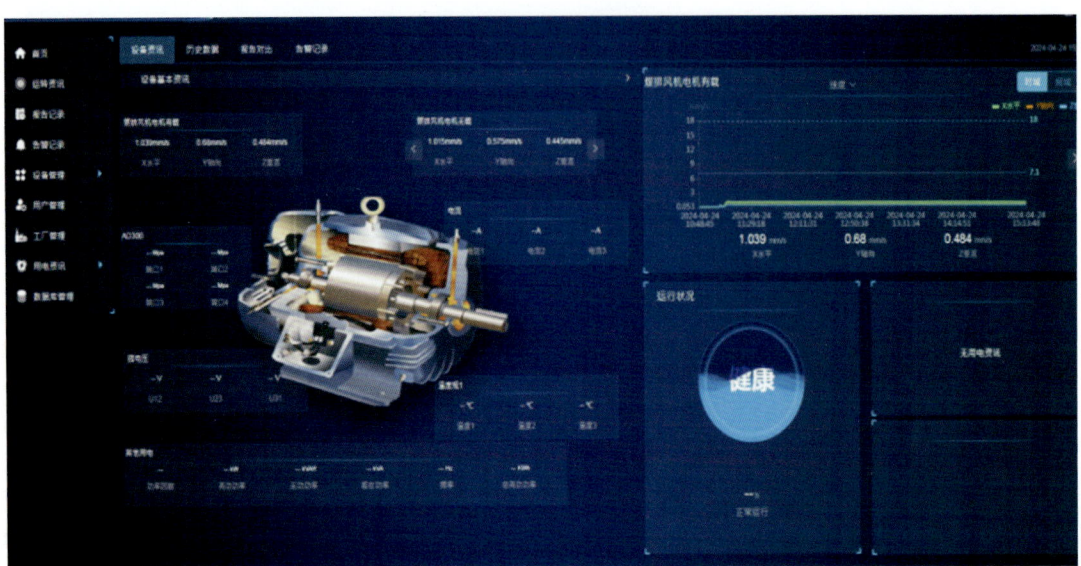

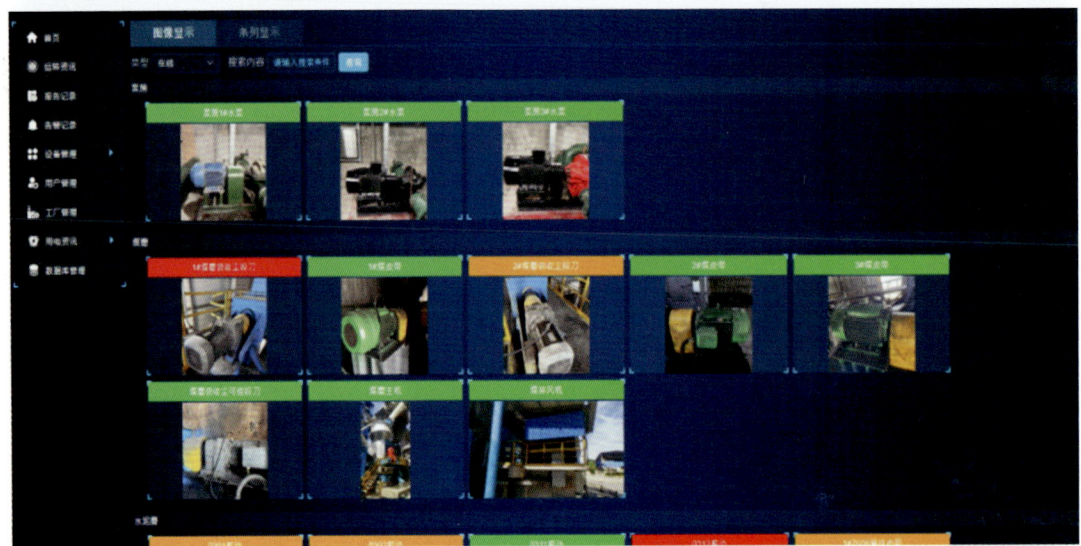

图3.3-5　设备智能巡检系统画面

2）能源管理系统

老河口公司能源管理系统通过整合DCS数据和现场表计计量数据,建立能源在线监测、设备运行状态监测、能源统计分析、能效指标分析、能源绩效考核、自定义报表等子系统,实现相关业务数据全自动采集录入、自动统计分析,帮助企业优化能源结构配置,减少能源使用总量,达到降本增效目的(图 3.3-6)。

图 3.3-6　能源管理系统画面

3)智能安防监控系统

老河口公司智能安防监控系统集行为识别、图像分析、异常报警等功能于一体,监控信号覆盖全厂,包括生产现场、行政区域、道路卡口、电控柜等重要区域及设备,实现现场管理可视化,提高生产过程管控能力,有效减少设备事故、安全事故的发生。通过中控大屏,操作员可以查看生产现场实时图像、全厂设备运行状况及生产状况。监控系统通过网络信息技术融合于综合管理系统中,管理者可随时监控全厂重要区域(图 3.3-7)。

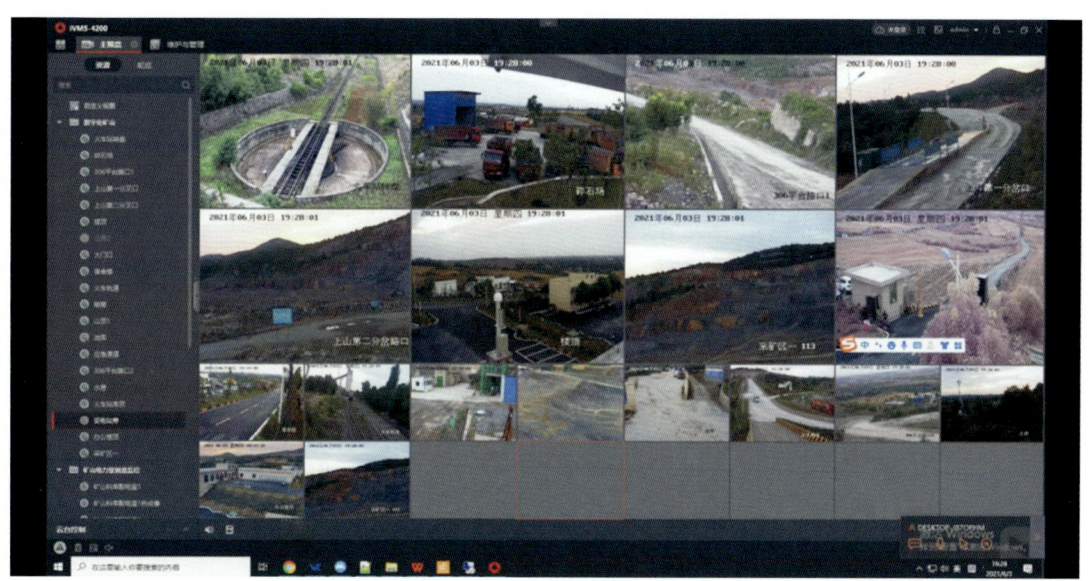

图 3.3-7　智能安防监控系统

4.创新生产销售模式

利用云计算、物联网、大数据等技术,将水泥生产、采购、销售与互联网融合,建设包含生产运营平台和物流一卡通系统等的智慧管理平台,实现各业务数据互联互通,打通水泥生产全流程的数据流、信息流。

1) 生产运营平台

老河口公司生产运营平台依托生产 DCS 和能源管理系统,整合生产原料消耗、能源消耗、备品备件消耗、产品产量等生产数据与采购、销售、财务等业务数据,实现水泥工厂订单、计划、生产、发运、销售、服务全流程的信息化和集中化管理。通过该平台,企业可更好地管理和优化生产流程,获得更佳的生产运营效果(图 3.3-8)。

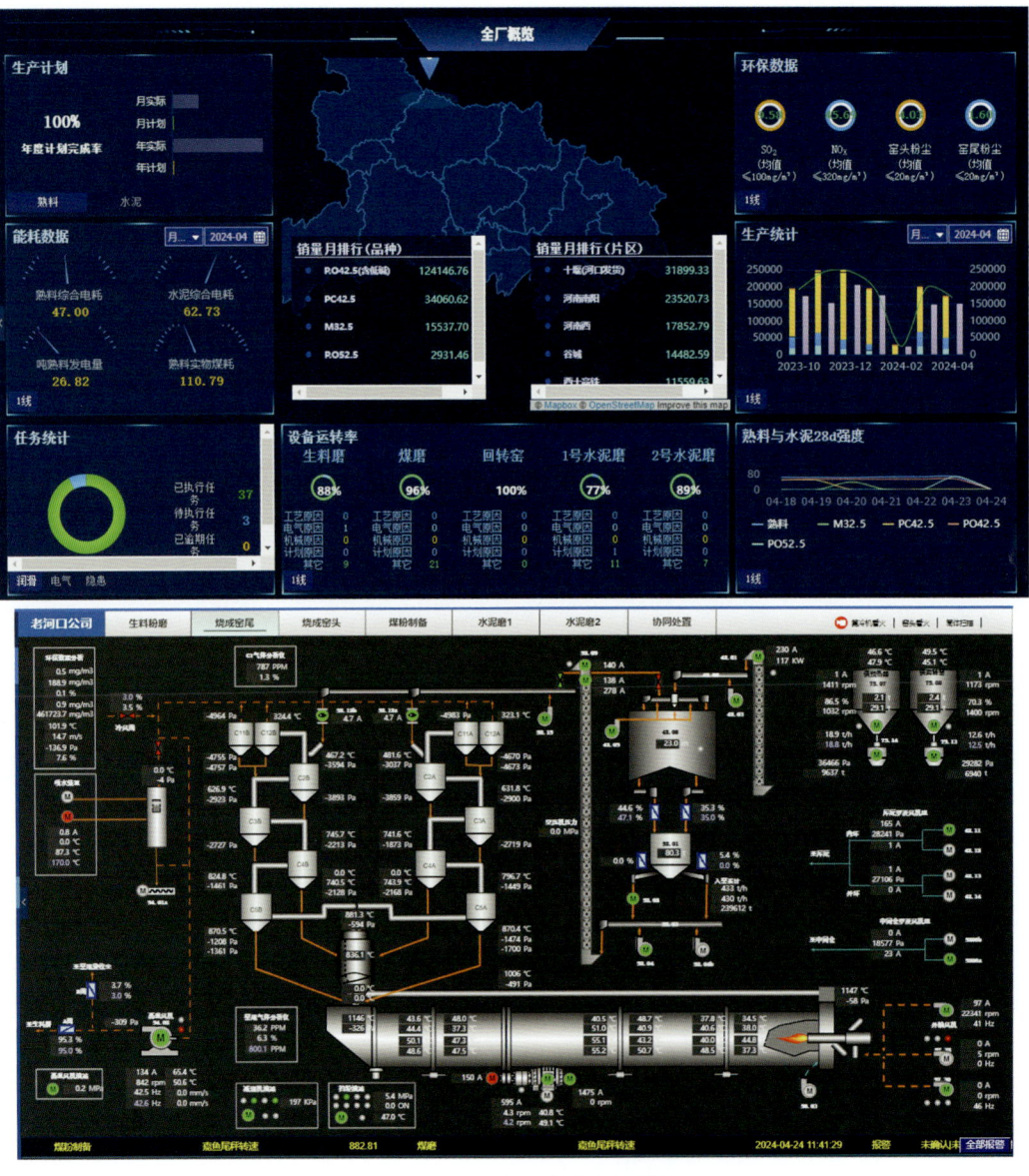

图 3.3-8　生产运营平台画面

2）物流一卡通系统

老河口公司物流一卡通系统包含物流通道无人值守子系统、水泥全自动包散装子系统、产品流向监控子系统等，将互联网与水泥发运、水泥运输在线监管全面融合，实现工厂订单处理、产品发运、货物流向监控等业务流程无人化和智能化，提升服务质量和效率，为客户提供更方便快捷的服务，实现水泥传统营销、管理模式的创新和升级（图 3.3-9）。

图 3.3-9 物流一卡通系统

第四章　水泥生产中的环保与节能技术

▶▶▶ 4.1　水泥生产中的污染物排放与控制

4.1.1　水泥生产工艺流程及污染物排放

在水泥生产过程中,从取得原料到产品出厂,要经过矿山开采,原料破碎、烘干,原燃材料预均化,生料粉磨,煤粉制备,生料均化,熟料煅烧,熟料冷却,熟料储存及输送,水泥粉磨,水泥储存及输送,水泥成品包装等多道工序(图 4.1-1),每道工序都存在不同程度的污染物排放(有组织或无组织),其中主要污染物是粉尘和废气(表 4.1-1),它们产生于水泥生产的各个工序,而煅烧工序集中了 70% 以上的颗粒物和几乎全部的气态污染物排放。

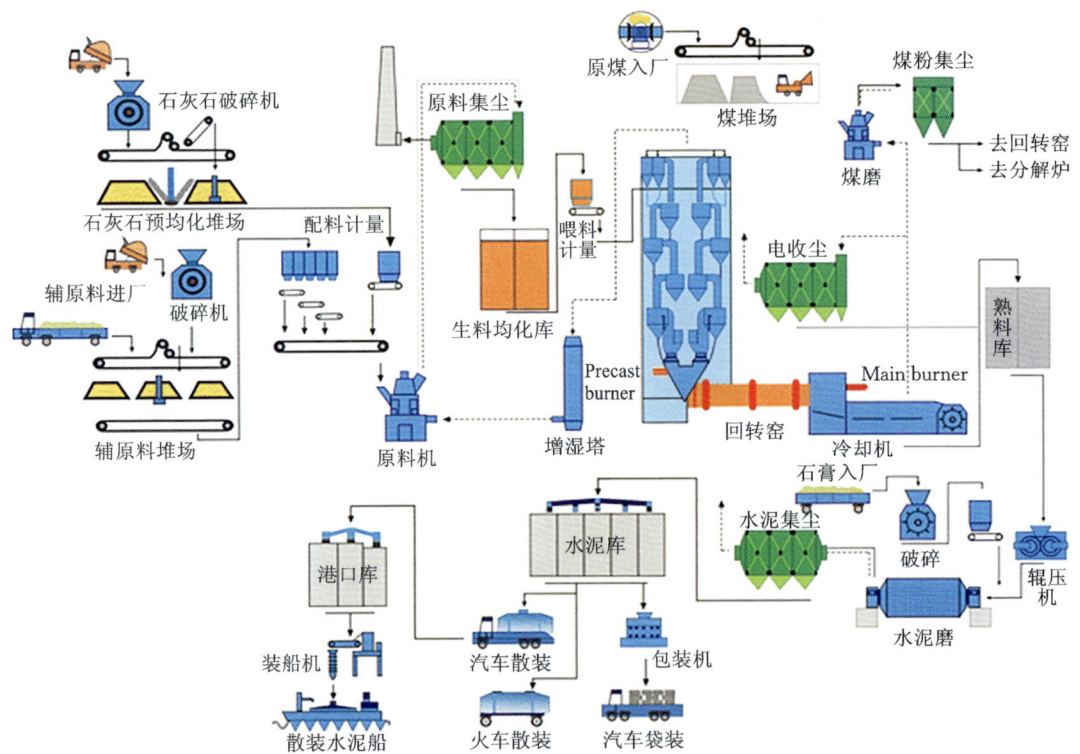

图 4.1-1　水泥生产全流程示意图

表 4.1-1　水泥生产设备及排放形式分类

排放源性质		生产设备(设施)	排放形式	污染物	GB 4915 的划分
热力过程	燃烧	水泥窑	排气筒	粉尘、气态污染物	水泥窑及窑磨一体机
	干燥	烘干机、烘干磨、煤磨	排气筒	粉尘、使用独立热源的气态污染物	烘干机、烘干磨、煤磨和冷却机
	冷却	冷却机	排气筒	粉尘	
物理操作	加工	破碎机、生料磨、水泥磨	排气筒	粉尘	破碎机、磨机、包装机及其他通风生产设备
	储存	储料场、煤堆场	无组织	粉尘	
		原料库、喂料仓、生料均化库、煤粉仓、熟料库、混合材库、水泥库	排气筒	粉尘	
	其他	包装机、散装机、输送设备、装卸设备、运输设备等	有些有排气筒,但无组织逸散较多	粉尘	

4.1.2　水泥生产过程中主要污染物排放种类及危害

水泥生产过程中会产生多种污染物,主要包括粉尘、废气、废水、固体废弃物等。水泥生产过程中会产生大量废气和粉尘,主要包括 NO_x、SO_2、CO 等有害气体,对环境和人体健康都会造成损害。

4.1.2.1　粉尘

1. 粉尘的定义

粉尘,是指悬浮在空气中的固体微粒。习惯上对粉尘有许多称呼,如灰尘、尘埃、烟尘、矿尘、砂尘、粉末等,这些名词没有明显的界限。国际标准化组织规定,粒径小于 75 μm 的固体悬浮物定义为粉尘。中国环境标准将空气中的颗粒物分为:总悬浮颗粒物(简称 TSP),指环境空气中空气动力学当量直径小于或等于 100 μm 的颗粒物;可吸入颗粒物(PM_{10}),指环境空气中空气动力学当量直径小于或等于 10 μm 的颗粒物;细颗粒物($PM_{2.5}$),指环境空气中空气动力学当量直径小于或等于 2.5 μm 的颗粒。大气中粉尘的存在是保持地球温度的主要原因之一,大气中过多或过少的粉尘将对环境产生灾难性的影响。在生活和工作中,生产性粉尘是人类健康的天敌,是诱发多种疾病的主要原因。

2. 粉尘的来源

TSP 是大气环境中主要污染物，它主要来源于燃料燃烧时产生的烟尘、生产加工过程中产生的粉尘、建筑和交通粉尘、风沙扬尘以及气态污染物经过复杂物理化学反应在空气中生成的相应的盐类颗粒。水泥生产过程中的粉尘主要来源于原燃材料粉尘、生料粉尘、熟料粉尘、水泥粉尘等，原燃材料制备和水泥粉磨过程中排出的气体一般为常温含尘气体，而原料烘干过程中排出的气体、窑尾、窑头排出的含尘气体属于高温含尘气体，对环境和人体健康都会造成损害。

1）原料破碎

水泥的原料以石灰石和黏土为主，这些原料开采后的粒度较大、硬度较高，需要将原料进行破碎（图 4.1-2），在破碎过程中会产生大量的无组织粉尘。

图 4.1-2　石灰石块状破碎

2）物料粉磨

物料粉磨包含生料粉磨（图 4.1-3）、煤粉粉磨和水泥粉磨。为使生料、原煤颗粒尺寸均匀，需要将物料研磨成细微的粉末状。为使水泥熟料形成一定的颗粒级配，达到硬化要求，需要将水泥熟料研磨成粉状物料。在粉磨过程中会产生大量粉尘。

图 4.1-3　生料粉磨立式磨本体图

3）原料烘干

为提高烧结效率、降低燃料消耗、提高熟料品质，在水泥生产过程中会先将原材料进行烘干操作，水泥烘干大致分为同时烘干和单独烘干两种方式。这两种方式都会在烘干过程中对原料产生较大的机械作用，而这种作用就产生了大量粉尘。

4）熟料煅烧

高温煅烧是水泥生产过程中极其重要的环节。水泥经历过高温，其含有的物质发生化学反应，使水泥硬化，具有耐久性和实用价值。而在煅烧（图4.1-4）的过程中会产生大量的粉尘。

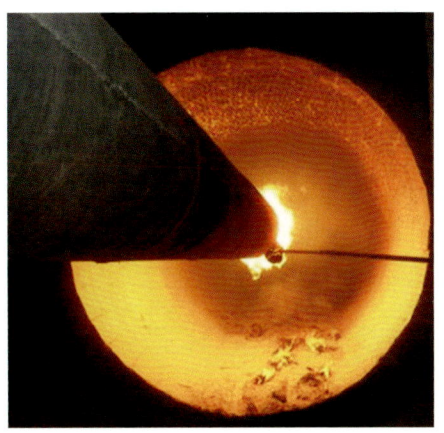

图 4.1-4　回转窑点火

5）物料运输、存储

在水泥生产过程中需要许多物料，在运输（图4.1-5）、装卸这些物料的过程中，物料之间的摩擦、碰撞会产生许多粉尘。物料存储中的粉尘一般来源于物料搬运、下料等过程中产生的碰撞、摩擦，导致粉尘逸散出来，扩散在存储仓库（图4.1-6）。

图 4.1-5　水泥袋装运输

图 4.1-6　水泥库

6）水泥包装

水泥包装分为散装和袋装。散装直接将成品水泥落料到装载车内。袋装需要经过口袋包装，再经输送皮带运输。在包装与运输过程中，由于密封性不足，会有水泥粉尘逸散。

3. 粉尘的危害

1) 污染大气环境

水泥行业粉尘无组织排放会在排放点附近形成污染区,在气流、风力的作用下,会造成周边 500～1000 km 地区雾霾天气频现,污染严重时会降低空气质量。

2) 危害人类的健康

水泥行业无组织粉尘排放高度普遍较低,接近地面呼吸带,易对人体呼吸系统、眼部等造成不同程度的损害,是职业尘肺病的罪魁祸首。飘逸在大气中的粉尘往往含有许多有毒成分,如铬、锰、镉、铅、汞、砷等。当人体吸入粉尘后,小于 5 μm 的微粒极易深入肺部,引起中毒性肺炎或矽肺,有时还会引起肺癌。沉积在肺部的污染物一旦被溶解,就会直接侵入血液,引起血液中毒;未被溶解的污染物,也可能被细胞吸收,导致细胞结构的破坏。

4.1.2.2 氮氧化物

氮氧化物指的是只由氮、氧两种元素构成的化合物,如一氧化二氮(N_2O)、一氧化氮(NO)、二氧化氮(NO_2)等。除一氧化二氮及二氧化氮以外,其他氮氧化物均不稳定。

天然排放的 NO_x,主要来自土壤和海洋中有机物的分解,属于自然界的氮循环过程。人为活动排放的 NO_x,大部分来自化石燃料的燃烧过程(图 4.1-7),如汽车、飞机、内燃机及工业窑炉的燃烧过程;也有的来自生产、使用硝酸的过程,如氮肥厂、有机中间体厂、有色及黑色金属冶炼厂等。NO_x 对环境的损害作用极大,它既是形成酸雨的主要物质之一,也是形成大气中光化学烟雾的重要物质和消耗 O_3 的一个重要因子。

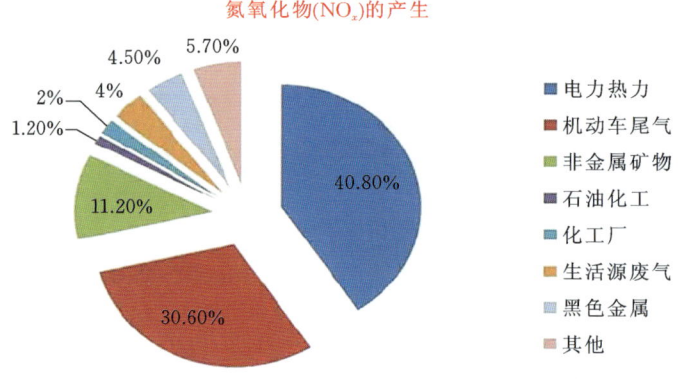

图 4.1-7 氮氧化物(NO_x)的产生行业

在水泥熟料煅烧过程中,NO_x 主要来源于高温燃料中的氮和原料中的氮化合物。水泥熟料生产中,水泥生料将在高温炉内煅烧。由于炉内温度高且含有大量 O_2,一系列的化学反应将发生而产生 NO_x,根据反应机理的不同,可以将 NO_x 的形成分为以下三种。

1. 热力型

热力型 NO_x 是燃烧反应的高温使得空气中的 N_2 与 O_2 直接反应而产生的,以煤为主要燃料的系统中,热力型 NO_x 为辅。一般燃烧过程中 N_2 的含量变化不大,根据泽尔道维奇机理,影响热力型 NO_x 生成量的主要因素有温度、氧含量和反应时间。

2. 燃料型

燃料型 NO_x 是由燃料中的 N 转化而成的,以煤为主要燃料的系统中,燃料型 NO_x 占 60% 以上。燃料型 NO_x 主要在燃料燃烧初始阶段形成,主要是含氮有机化合物热解产生的中间产物 N、CN、HCN 等氧化生成 NO_x。影响燃料型 NO_x 生成的因素较多,与温度、氧含量、反应时间及煤粉的物化特性都有关系。

(1)温度:温度的升高对燃料型 NO_x 的生成有促进作用。在 1200 ℃ 以下时,NO_x 生成量随温度升高显著增加,温度在 1200 ℃ 以上时,增速平缓。对于燃料型 NO_x,燃料中 N 越高、氧浓度越高、反应停留时间越长,NO_x 生成量越大,与温度相关性越差。

(2)氧含量:氧含量的增加,可以形成或强化窑炉内燃烧的氧化气氛,增加氧的供给,促进燃料中 N 向 NO_x 的转化。燃料型 NO_x 的生成量随过剩空气系数(α)的降低而降低,当 $\alpha<1$ 时,NO_x 生成量急剧降低。在氧含量不足时,氧被燃料中的可燃成分消耗殆尽,破坏了氮与氧反应的物质条件。当 $\alpha>1.1$ 时,热力型 NO_x 含量下降,燃料型 NO_x 含量仍上升。

燃料型 NO_x 与煤的热解产物和火焰中氧浓度密切相关,如果在主燃烧区延迟煤粉与氧气的混合,造成燃烧中心缺氧,可使绝大部分挥发分氮和部分焦炭 N 转化为 N_2。

(3)煤粉的物化特性:不同种类的煤,挥发分含量、氮含量等差异较大。通常挥发分和氮含量高的煤种生成 NO_x 较多。煤粉细度较细时,挥发分析出速度快,燃烧速度快,加快了煤粉表面的耗氧速度,使煤粉颗粒局部表面易形成还原气氛,产生抑制 NO_x 生成的作用。煤粉细度较粗时,挥发分析出慢,也会减少 NO_x 的生成量。特别是劣质煤或是着火点较高的煤,这种情况会更明显,煤粉细度的控制可依据窑况和 NO_x 生成量综合考虑。煤挥发分中氧氮比越大,NO_x 转化率越高。相同氧氮比条件下,过剩空气系数越大,NO_x 转化率越大。

3. 瞬时型

瞬时型(又称快速型)NO_x 是在燃烧反应的过程中由空气中的 N_2 与部分中间产物反应而产生的,其生成机理如下:在碳氢化合物燃烧时,特别是富燃料燃烧时,会分解出大量的 CH_i 等离子团,它们会破坏燃烧空气中 N_2 分子的键而反应生成 HCN、CN 等;HCN 和 CN 与在火焰中所产生的大量 O、OH 等原子团反应生成 NCO,NCO 进一步氧化即生成 NO。此外,研究还发现,在火焰中 HCN 浓度达到最高点后转入下降阶段时,存在着大量的氨化物 NH_i,这些氨化物能与氧原子等快速反应而被氧化为 NO。瞬时型 NO_x 的生成时间通常只需要 60 ms,与温度的关系不大,水泥生产过程中,瞬时型 NO_x 生成量很少。

水泥窑炉高温区一般为 1550～1900 ℃，此区域是生成 NO 的主要场所。随着烟气的流动，5%～10% 的 NO 转换成 NO_2。水泥窑所生成的 NO_x 中，热力型 NO_x 占据主导，其次为燃料型 NO_x。热力型 NO_x 主要在高于 1400 ℃ 的回转窑内生成，燃料型 NO_x 主要在温度较低的分解炉或预热器内生成。

4.1.2.3 二氧化硫

二氧化硫是最常见、最简单的硫氧化物，化学式 SO_2，其为无色透明气体，有刺激性臭味，溶于水、乙醇和乙醚。二氧化硫是大气主要污染物之一，火山爆发时会喷出该气体，在许多工业过程中也会产生二氧化硫（图 4.1-8）。由于煤和石油通常都含有硫元素，因此燃烧时会生成二氧化硫。当二氧化硫溶于水中，会形成亚硫酸。若把亚硫酸进一步在存在 $PM_{2.5}$ 的条件下氧化，便会迅速生成硫酸（酸雨主要成分之一）。

1. 二氧化硫的产生

在水泥生产过程中，硫主要是由原料和燃料带入的，原料中的硫以有机硫化物、无机硫化物（简单硫化物或者复硫化物）或者硫酸盐的形式存在，单质硫可以忽略不计。原料中存在的硫酸盐在预热器系统中通常不会形成 SO_2 气体，大体上会进入窑系统。其中一部分硫酸盐会在窑内高温带发生分解，生成的 SO_2 气体随烟气向窑尾运动，在到达最低两级预热器等温度较低区域时，冷凝在温度较低的生料上，并随生料沉积一起进入窑内，形成一个在预热器和窑之间的循环，而未分解的硫酸盐则会随着熟料离开窑系统。原料中以其他形式存在的硫，则会在 300～600 ℃ 被氧化生成 SO_2 气体，主要发生在五级预热器的 C_2 旋风筒。产生的 SO_2 量主要与原料、燃料带来的硫化合物量，以及其他化合物的比例、烧成气氛和窑炉类型有关。

（1）原料中的硫化物：原料中的硫主要以硫化物或硫酸盐的形式存在，在高温下分解产生氧化钙和二氧化硫等气体。当原料磨运行时，原料中的大部分二氧化硫被原料粉吸收，产生硫酸盐，然后再次进入预热器，一些硫酸盐与熟料一起离开窑炉系统。关闭生料磨时，二氧化硫不会通过生料磨，而是直接排入窑尾除尘器。

（2）煤的燃烧：在预分解窑系统内，燃料由窑头和分解炉喂入。分解炉燃料燃烧生成的 SO_2 会被分解炉存在的大量活性 CaO 吸收，生成的 $CaSO_4$（图 4.1-9）随物料经最低级旋风筒由窑尾烟室进入窑内。窑头喂入的燃料产生的 SO_2 则会随烟气进入分解炉系统内，并被分解炉内的碱性氧化物吸收，形成硫酸盐进入回转窑。因此，通常情况下燃料所含的硫均被 CaO 和其他碱性氧化物吸收，生成硫酸盐。

硫化物所产生的 SO_2 在通过上级旋风筒时部分会被吸收，其余则随废气一道从预热器排出。如果废气用于烘干原料，则 SO_2 在生料磨中进一步被吸收。其中，需要指出的是，在预热器环境下，当温度低于 600 ℃ 时，$CaCO_3$ 对 SO_2 的吸收效率要远低于 CaO。上面两级预热器中 $CaCO_3$ 分解率较低，虽然会有少量 CaO 被烟气从分解炉带上去，但吸收效率很低。

图 4.1-8　SO_2 的产生

图 4.1-9　硫酸盐生成

2. 二氧化硫对生产的影响

（1）引起预热预分解系统内结皮，窑内结圈。人们在研究预热预分解系统内结皮和窑内结圈成分时发现的 $2CaSO_4 \cdot K_2SO_4$（钙明矾石）、$2C_2S \cdot CaSO_4$（硫硅钙石）和 $3CA \cdot CaSO_4$（硫铝酸钙）均为结皮、结圈的特征矿物。这些都是与原燃料中硫含量相关的烧成过程中的过渡性化合物，会在一定温度下生成，并在低于熟料烧成温度的另一温度下分解消失，从而形成烧成系统内部的硫循环。这种循环最终引起预热预分解系统内结皮，窑内结圈，影响热工制度的稳定。在煅烧硅酸盐水泥熟料的预分解窑内，就是因为烧成系统内部的挥发物硫和碱的循环富集，一定浓度下，遇到约 1200 ℃ 的耐火砖面，最终形成硫碱圈。

（2）一定程度上减少熟料中 C_3S 的生成量，影响熟料质量。在熟料烧成中，SO_2 先与 K_2O、Na_2O 生成 K_2SO_2、Na_2SO_4，如果还有剩余，就会与 CaO 生成 $CaSO_4$，使 CaO 减少，一定程度上减少熟料中 C_3S 的生成量。

（3）增加熟料煅烧热耗。硫在烧成系统的挥发，与碱一样，会消耗热量，从而增加熟料煅烧热耗。

（4）二氧化硫会影响水泥的性能。首先会影响水泥的胶凝时间，二氧化硫会增加水泥的胶凝时间，使水泥胶凝时间变长；其次会影响水泥的抗压强度，二氧化硫会使水泥的抗压强度降低；此外，二氧化硫也会影响水泥的耐久性，使其耐久性降低。

3. 二氧化硫排放超标的原因

从预分解窑预热器出来的 SO_2 来自生料，这与预热器窑、立波尔窑等其他工艺有所不同。但生料中的硫并不是都在低温段预热器里就分解了，其中的硫酸盐会进入分解炉和回转窑，而在低温段预热器里产生的 SO_2 是预分解窑 SO_2 排放超标的根本原因。如果配料时采用的是高硫石灰石，就可能会造成 SO_2 排放超标。有的生产线使用高硫石灰石，废气通过生料粉磨系统或烘干系统时被部分吸收，SO_2 排放不超标，但是生料粉磨系统如停止运转或进行检修，烧成系统运转时产生的 SO_2 排放超标的可能性就大增；有的生产线使用高硫石灰石，又不采取相应的技术措施，SO_2 排放始终超标。这是因为生料粉磨工艺段对 SO_2 的吸收是有限的。

▶▶▶ 4.2 环保技术在水泥生产中的应用

随着全球环境保护意识的日益增强,环保技术在各行各业的应用越来越广泛,旨在减少生产过程中的环境污染、提高资源利用效率,并推动行业的可持续发展。水泥行业作为重要的基础产业,其环保技术的应用对于推动行业可持续发展具有重要意义。

水泥行业作为国民经济的重要支柱,其发展对于推动经济增长和基础设施建设具有重要意义。然而,传统的水泥生产过程存在能耗高、排放大等问题,对环境和生态造成了严重影响。因此,应用环保技术,实现水泥行业的绿色转型,已成为行业发展的必然趋势。探讨"超低排放"受到了环保业界、地方政府乃至国家的高度重视,是新环保标准修订的基础。在国家生态文明建设的新政策下,各行业都在进行"超低排放"的尝试。从政府加强环境保护和人民追求美好生活的角度出发,这个限值肯定是越低越好,但应根据具体工业工艺过程的差异,研究最合适的环保实用技术措施,科学提出最合理的低限值。水泥生产主要污染物是粉尘、NO_x 及 SO_2,部分地区水泥废气中 SO_2 含量相当高。

4.2.1 环保技术在水泥行业的应用现状

目前水泥行业脱硝普遍采用低氮燃烧以及 SNCR 脱硝技术,基本可以满足当前国家标准的要求。但是,如要满足更高要求,则需要进一步的技术手段。水泥行业脱硫主要是对原工艺进行优化。石灰石是水泥行业的主要原材料,生产过程中具有脱硫作用,部分水泥企业增加了末端脱硫装置,因此,水泥行业烟气中的 SO_2 含量基本可以满足当前国家标准的要求。随着排放标准趋严,水泥企业需要增加新的脱硫技术手段。水泥行业除尘目前主流技术为布袋除尘、静电除尘以及电袋复合除尘,基本可以满足当前国家标准要求。随着排放标准趋严,除尘技术需要进一步的优化。

4.2.2 在水泥生产过程中环保应用的主要技术

4.2.2.1 原料选用与处理

水泥生产中主要原料为石灰石、黏土和石膏。为了降低对环境的影响,水泥生产企业可以采用以下环保技术与手段。

(1)原料选用:选择质量好、含有较高的石灰石和较低的杂质的原料,以减少后续处理的复杂性和能耗。

(2)质量与稳定性:优质的原料不仅能够提高水泥产品的质量,还能减少生产过程中的能耗和排放。因此,在选择原料时,应对其成分、粒度、含水率等关键指标进行严格把控,确保原料的稳定性和可靠性。

(3)原料预处理:对于某些含杂质较多或粒度较大的原料,应进行适当的预处理,如破碎、筛分、洗涤等,以提高其利用效率和降低生产过程中的环境污染。对于黏土等难处理的原料,可以采用烘干或煅烧等方式进行预处理,以提高原料的热值和流动性。

（4）原料混合:采用科学的原料混合比例,以控制水泥品质和减少对环境的污染。

（5）推行废弃物资源化利用:充分利用工业废渣、建筑垃圾等废弃物作为水泥生产的原料,这不仅可以减少资源的消耗,还能实现废弃物的减量化、资源化和无害化处理。

4.2.2.2 燃料选用与处理

水泥生产中的燃料主要有煤、石油焦和废物燃料等。为了降低对环境的影响,水泥生产企业可以采用以下环保技术与手段。

1. 燃料种类选择

应优先选择清洁、低碳排放的燃料,采用废物燃料替代传统燃料,如废轮胎、废油、废塑料、生活垃圾、生物质燃料等,以减少对环境的污染和资源浪费。这些燃料在燃烧时产生的污染物较少,有助于降低对大气的污染。避免使用高硫、高灰分的燃料,如某些煤种,这些燃料在燃烧过程中会产生大量硫化物和颗粒物,对环境造成较大影响。

2. 燃料质量把控

确保燃料的质量稳定,含水率、灰分、硫分等关键指标应控制在合理范围内。含水率过高会影响燃烧效率,灰分和硫分过高会增加污染物排放。定期对燃料进行化验分析,确保燃料质量符合生产要求。

3. 燃料预处理技术

对于难以直接燃烧的燃料,如某些生物质燃料或废弃物,应采用适当的预处理技术,如破碎、烘干等,以提高其燃烧效率和减少对环境的污染。

4. 燃料配比与优化

根据水泥生产的实际需求,采用科学的燃料配比方法,将不同种类、质量的燃料进行合理搭配,以达到最佳的燃烧效果和环保效益。利用先进的燃烧技术和设备,对燃料进行高效利用,减少能源浪费和污染物排放。

5. 环保技术应用

结合水泥生产的实际情况,采用先进的环保技术,如烟气脱硫、脱硝、除尘等,对燃烧过程中产生的废气进行治理,降低其对环境的影响。

6. 合规性与政策考虑

选择燃料时,应充分考虑当地的环保政策和法规要求,确保所选燃料符合相关排放标准。关注最新的环保技术和政策动态,及时调整燃料选用策略,以适应不断变化的环保要求。

综上所述,从环保角度选用水泥燃料需要综合考虑燃料种类、质量、预处理技术、配比优化以及环保技术应用等多个方面。通过科学合理地选用燃料,可以实现水泥生产的绿色化和可持续发展。

4.2.2.3　生产工艺与设备

水泥生产中的生产工艺和设备也是环保的重要方面。为了降低对环境的影响，水泥生产企业可以采用以下环保技术与手段。

（1）原料预处理：对于黏土等难处理的原料，采用烘干或煅烧等方式进行预处理，以提高原料的热值和流动性，这有助于减少生产过程中的能源消耗和排放。

（2）窑尾处理：采用合适的窑尾处理技术，如生物降解、焙烧等，以减少对环境的污染和资源的浪费。这些技术可以有效地降低废气中有害物质的含量，提高环境质量。

（3）窑炉改造：采用先进的窑炉改造技术，如卧式窑、旋转窑等，以提高生产效率和减少对环境的污染。这些新型窑炉具有更高的热效率和更低的排放，有助于实现绿色生产。

（4）减排技术：采用脱硫、脱硝、除尘等减排技术，以减少对大气和水环境的污染。这些技术可以有效地去除废气中的有害物质，保护大气和水资源的清洁。

（5）节能技术：节能减排是水泥行业环保技术的核心。通过采用先进的节能设备和工艺，如高效预热器、粉磨设备、窑炉节煤技术、余热回收、余热利用、高效照明等，提高水泥生产过程的热能利用效率，以减少能耗和对环境的污染。同时，通过合理设置工艺参数和严格管理，减少废气、废水和废渣的排放。这些技术通过提高能源利用效率，降低生产过程中的能源消耗，实现节能减排。

（6）废弃物处理与利用：水泥生产中产生的废弃物，如窑尾灰、废窑砖和废水等，可以通过相应的处理技术和设备进行资源化利用。例如，废渣可以作为生产水泥的原料进行再利用，废水经过处理后可以循环利用，减少废水排放。

此外，水泥生产工艺与设备在环保中的应用还体现在智能化和绿色化方面。通过引入智能化控制系统和机器人技术，可以实现生产过程的自动化和智能化，在提高生产效率的同时降低人为因素对环境的影响。同时，采用绿色建材和环保型添加剂等绿色化技术，可以减少生产过程中的环境污染和资源消耗。

总的来说，水泥生产工艺与设备在环保中的应用是多方面的，通过采用先进的工艺和设备技术，可以实现水泥生产的绿色化和可持续发展。

4.2.2.4　脱硝技术路线

水泥窑炉常用 NO_x 治理方案主要有低氮燃烧、SNCR、SCR 等。低氮燃烧技术根据控制技术类型不同可分为空气分级燃烧、燃料分级燃烧、低氮燃烧器和烟气再循环技术；SCR 根据反应温度不同，可划分为高温、中温和低温 SCR。随着排放标准不断加严，单一脱硝技术较难达到排放要求，可采用多技术组合，主要组合类型包括"低氮燃烧＋SNCR""SNCR＋SCR""低氮燃烧＋SNCR＋SCR"等。

我国几乎 100％ 的水泥生产线都实施了低氮氧化物排放技术，包括低氮氧化物燃烧技术和废气 SNCR 脱硝技术，或单一 SNCR 脱硝技术，基本可以符合目前国家的排放标准。但SNCR脱硝需要满足反应温度的要求,温度太高或太低都会影响氨和NO_x的反应,对喷氨控制的要求很高,实际运行中会有喷氨过量问题存在,致使能耗高、运行成本高,氨逃逸过量造成二次污染,最重要的问题是,它的脱硝效率一般为30%~60%,且不易稳定。要想进一步提高脱硝效率,降低排放限值,靠目前实施的技术难以实现。而SCR脱硝效率可达到90%以上,实现水泥窑废气氮氧化物超低排放最可行的措施是采用SCR技术,因此国内外都在探讨和实验应用水泥SCR脱硝技术。SCR脱硝一般按高尘、中尘和低尘方案来区分。

对于NO_x减排,应优先考虑抑制NO_x的产生,如采用低氮燃烧器、分级燃烧、高固气比悬浮预热技术,同时大力发展脱硝效率较高、氨逃逸量小的末端治理技术,即SCR脱硝。水泥行业SCR脱硝工艺目前已有案例的有高温高尘布置方案、高温中尘布置方案、中温中尘布置方案。

1. SCR

SCR技术,即选择性催化还原技术,是一种高效的烟气脱硝技术,广泛应用于水泥生产等工业领域。其核心在于利用催化剂,在适宜的温度条件下,使氨气(NH_3)或尿素溶液与烟气中的氮氧化物(NO_x)发生选择性催化还原反应,生成无害的氮气(N_2)和水(H_2O)。

在水泥生产中,SCR技术通常应用于窑尾或分解炉的出口处(图4.2-1),确保烟气温度与催化剂活性温度相匹配,从而实现高效的脱硝效果。SCR技术的脱硝效率高达90%以上,远超过其他脱硝技术,能够显著降低水泥生产过程中的NO_x排放。

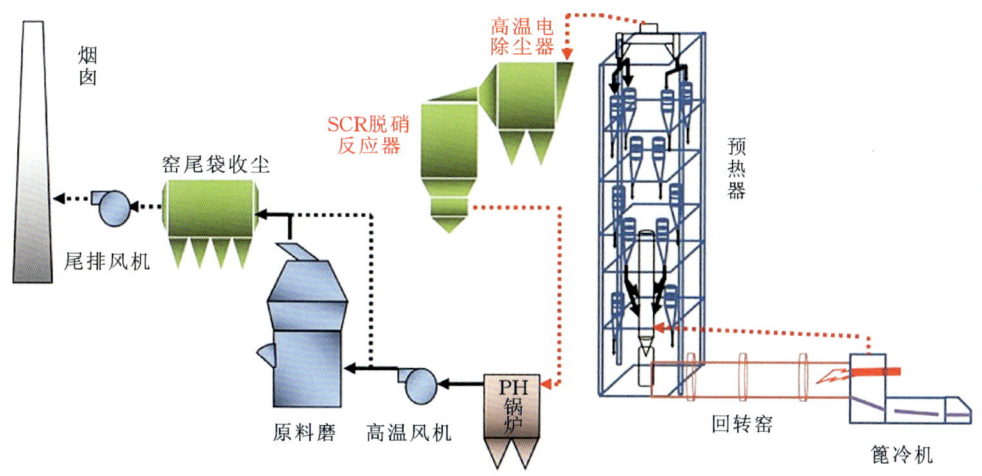

图 4.2-1 SCR 工艺流程图

此外,SCR技术还具有能耗低、催化剂寿命长、操作稳定可靠等优点。催化剂的选用对于SCR技术的性能至关重要,它决定了反应的速度和效率。同时,SCR技术的系统设计和运行管理经过多年的实践和研究,已经具有较高的可靠性和稳定性,可以确保脱硝效果的稳定。然而,SCR技术在水泥生产中的应用也面临一些挑战。例如,水泥生产线的烟气温度、含尘量等特性可能对 SCR 技术的性能产生影响,需要针对具体情况进行技术优化和调整。此外,SCR 技术的投资成本相对较高,包括催化剂的购置、更换以及设备的维护等费用。

(1) 高温高尘 SCR 布置。该方案优点是:有最佳反应温度,催化效率高。该方案缺点是:烟气粉尘含量高,容易造成催化剂磨损、堵塞及中毒失效,降低催化剂寿命,同时吹灰频繁且运行能耗大,易损伤催化剂。

(2) 高温中尘 SCR 布置。该方案优点是:有最佳反应温度,催化效率高;已除去大部分粉尘,粉尘浓度相对较低,减少了催化剂中毒、磨损、堵塞的问题,延长了催化剂使用寿命。该方案缺点是:高温电除尘器材质要求高,投资较大,运行维护复杂。

(3) 中温中尘 SCR 布置。该布置方式下粉尘对催化剂的磨损和堵塞可忽略。该方案缺点是:烟气温度低,不能满足反应温度,需再加热,投资及运行成本高。若有合适的低温催化剂,则此方案可行。因此,低温催化剂的研究是未来一个重要的方向。由于水泥行业烟气特点,SCR 技术应用还有一些问题需要进一步的研究与优化。

总的来说,随着环保要求的日益严格和技术的不断进步,SCR 技术在水泥行业的应用前景仍然广阔。通过不断优化和改进,SCR 技术有望为水泥行业的绿色可持续发展作出更大的贡献。

2. SNCR

SNCR(选择性非催化还原)技术是一种广泛应用于水泥厂脱硝系统的环保技术。其核心原理是将氨水(质量分数 20%～25%)或尿素溶液(质量分数 30%～50%)作为还原剂,通过雾化喷射系统直接喷入分解炉的合适温度区域(通常为 850～1050 ℃)。在这个温度下,雾化后的氨与烟气中的 NO_x(主要包括 NO 和 NO_2)进行选择性非催化还原反应(图 4.2-2),将 NO_x 转化成无污染的氮气和水蒸气。

SNCR 脱硝技术的优点在于系统简单、投资小、阻力小、占地面积小。它只增加氨或尿素储罐、水泵、管道和喷枪。此外,相对于 SCR 技术,SNCR 技术的造价更低,因为它不需要昂贵的催化剂,只需要廉价的尿素或氨水。这使得 SNCR 技术更适合中国的国情。然而,SNCR 技术也存在一些挑战。例如,反应区温度的控制非常关键。当反应区温度过低时,反应效率会降低;而当反应区温度过高时,氨会直接被氧化成 N_2 和 NO,导致脱硝效率下降。此外,SNCR 脱硝工艺对尾部烟道的腐蚀性较强,需要定期维护和检查。为了克服这些挑战,一些先进的技术,如智能高效脱硝(H-SNCR)技术,已经被开发并应用于水泥等行业的窑炉烟气处理。这种技术结合了智能控制,可以提高 SNCR 脱硝系统的脱硝效率,并大幅减少氨水的消耗。

综上所述,SNCR 技术是一种经济实用的 NO_x 还原技术,对于减少水泥生产过程中的氮氧化物排放具有重要意义。通过不断优化和改进,SNCR 技术有望在水泥行业发挥更大的环保作用。

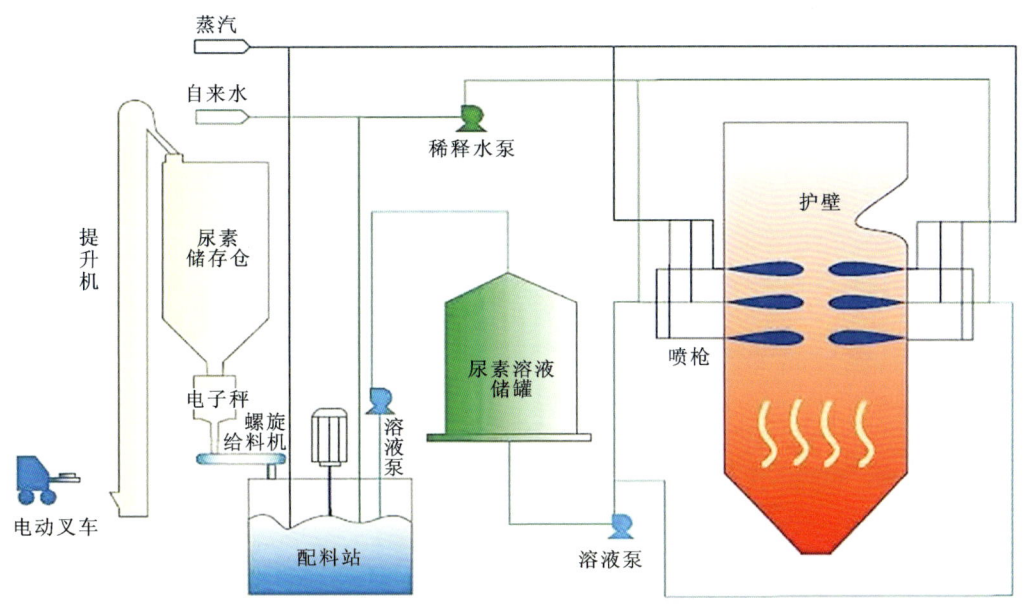

蒸汽

自来水

稀释水泵

护壁

提升机

尿素储存仓

尿素溶液储罐

喷枪

电子秤

螺旋给料机

溶液泵

电动叉车

配料站

溶液泵

图 4.2-2　SNCR 工艺流程

3. 低氮燃烧器

低氮燃烧器技术是一种专门针对水泥生产过程中氮氧化物（NO_x）排放问题的环保技术。这种技术的核心在于通过特殊设计和优化燃烧过程，显著减少 NO_x 的生成和排放。在水泥窑头，这类燃烧器的燃烧推动力较大，一次空气的比例很小，空气和燃料的混合点燃迅速，火焰形状粗壮，燃料在高温区的停留时间短，NO_x 形成量减少。

低氮燃烧器的主要设计特点包括优化燃烧室结构、改进燃烧器喷嘴设计、调整燃烧空气与燃料的比例等。通过这些设计，低氮燃烧器能够降低燃烧温度和火焰峰值，减少热力型 NO_x 的生成。同时，通过精确控制燃烧过程中的氧气含量和燃烧时间，还可以抑制燃料型 NO_x 的生成。

在实际应用中，水泥低氮燃烧器技术可以与其他减排技术相结合，如分级燃烧技术、选择性非催化还原（SNCR）技术等，形成综合减排方案，进一步提高 NO_x 减排效果。此外，水泥低氮燃烧器技术还具有一些其他的优点。例如，它可以提高燃烧效率，降低煤耗和电耗；同时，由于其良好的燃烧性能和稳定性，还可以提高水泥熟料的质量和产量。然而，需要注意的是，水泥低氮燃烧器技术的应用需要根据具体的生产条件、燃料种类和排放标准等因素进行选择和调整。同时，在使用过程中，还需要定期进行维护和检查，确保其正常运行和减排效果。

总的来说，水泥低氮燃烧器技术是一种有效的环保技术，可以帮助水泥企业降低 NO_x 排放，提高生产效率和产品质量，实现绿色可持续发展。

4. 分级燃烧

分级燃烧技术是一种重要的环保技术,在水泥生产过程中被广泛应用。这种技术的主要目的是减少氮氧化物(NO_x)排放,降低生产过程中的环境污染。

分级燃烧技术的基本原理(图 4.2-3)是在水泥回转窑和分解炉之间增设一个独立的还原燃烧区。在这个区域内,部分燃料在缺氧的条件下燃烧,产生还原性气氛。这种还原性气氛能够与窑尾烟气中的 NO_x 发生反应,将其还原成无污染的惰性气体,如氮气。同时,燃料在缺氧条件下的燃烧也会抑制 NO_x 的产生,从而在生产运行中实现 NO_x 的减排。

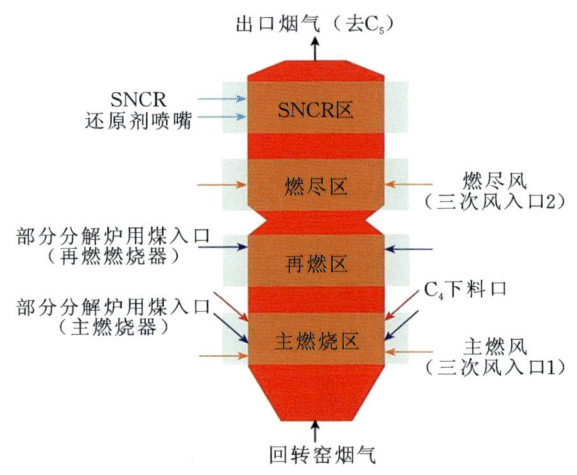

图 4.2-3　分级燃烧技术原理示意图

分级燃烧技术涉及多个燃烧阶段。在回转窑阶段,可以优化水泥熟料的煅烧过程。在窑进料口,通过控制烧结条件,减少 NO_x 的生成。燃料进入分解炉内煅烧生料时,形成还原气氛,有助于 NO_x 的还原。最后,引入三次风完成剩余的煅烧过程。此外,空气分级燃烧技术是分级燃烧技术的重要组成部分,它将燃烧所需的空气量分成两级送入,使第一级燃烧区内过量空气系数小于 1,从而在缺氧条件下燃烧燃料。这种燃烧方式可以降低燃烧速度和温度,抑制燃料型 NO_x 的生成。同时,燃烧产生的一氧化碳等还原性物质会与氮氧化物进行还原反应,进一步减少 NO_x 的排放。分级燃烧技术的应用能够解决约 45% 的 NO_x 脱除问题,且不需要投入太多成本,仅需要少量的设备改造成本。然而,分级燃烧技术对系统的操作要求较高,需要对窑尾的氧含量进行精确控制,通常要控制在 1% 左右。

总的来说,分级燃烧技术是一种高效、环保的燃烧技术,能够显著降低水泥生产过程中的 NO_x 排放,促进水泥行业的绿色可持续发展。

4.2.2.5　脱硫技术路线

石灰石是生产水泥的主要原材料,大多数水泥厂使用的石灰石含硫量很低,一般不

会造成 SO_2 超标排放,因此水泥熟料生产具有自脱硫功能,目前多数企业无需脱硫设施即可达标。但确有部分地区石灰石含硫量很高,随着石灰石品位的降低以及地域的限制,低钙高硫石灰石大量应用,原料预热初期 SO_2 就已产生,加上采用高硫煤或高硫石油焦等燃料,超出了烧成过程中的固硫量,造成水泥窑烟气中 SO_2 排放浓度严重超标。解决水泥生产中硫的排放问题是许多 SO_2 排放超标工厂的重要课题。

烟气脱硫的基本原理是酸碱中和反应。烟气中的二氧化硫是酸性物质,通过与碱性物质发生反应,生成亚硫酸盐或硫酸盐,从而将烟气中的二氧化硫脱除。最常用的碱性物质是石灰石、生石灰和熟石灰,也可用氨等其他碱性物质。脱硫技术一般分为湿法烟气脱硫技术和干法烟气脱硫技术(含半干法烟气脱硫技术)两类。

针对各水泥厂不同的规模、设计及运行情况,水泥行业的脱硫技术主要分两种情况:

第一种,通过调整水泥生产工艺,利用水泥厂自身能力进行脱硫。控制烧成带的 CO、O_2 含量及火焰形状有利于降低 SO_2 排放。改变原料硫含量和调节硫碱比均可降低 SO_2 排放,但通常经济上不可行。

第二种,增加其他的烟气脱硫装置。目前市场上主要脱硫技术有湿法脱硫、干法脱硫、半干法脱硫等。湿法脱硫,有在除尘器之后使用石灰石-石膏法脱硫工艺,石灰石浆液喷入脱硫塔后与烟气混合,脱除烟气中的 SO_2。这种方法脱硫效率高,石灰石是水泥生产主要原材料,经济性好,副产物石膏可回收利用,作为水泥生产的原料。也有使用钠钙双碱法进行脱硫的。干法脱硫,有热生料喷注法,从分解炉出口提取 CaO 制粉从预热器合适位置投入。此方法脱硫经济性好,但效率较低,钙硫比较高,仅适用于 SO_2 排放超出标准不太多的生产线。部分企业采用外购的 $Ca(OH)_2$ 代替 CaO 做脱硫剂时,脱硫效率可有一定程度的提高,但运行成本偏高。此方法不存在废物处理问题。半干法脱硫,有喷雾干燥脱硫法,从分解炉出口提取 CaO 或另取 $Ca(OH)_2$ 制浆喷入生产线合适位置(如改造后的增湿塔)。此方法投资低于湿法工艺,脱硫效率较高(比湿法略低),但运行过程中堵塞问题严重,从而会大幅增加维修工作量。此方法副产物可回收利用。结合水泥行业的实际情况,要满足逐步趋严的排放标准,采用湿法工艺较为合适。同时还需做更多研究,以达到脱硫效率和经济性的平衡。

1. 湿法脱硫技术

湿法脱硫技术是一种广泛应用于水泥生产中的烟气脱硫技术,其核心在于利用石灰石或石灰作为吸收剂,在湿态条件下与烟气中的二氧化硫(SO_2)进行化学反应,从而将其从烟气中脱除。

具体来说,湿法脱硫技术(图 4.2-4)包括以下几个关键步骤:首先,将石灰石或石灰破碎、磨细成一定细度的粉末,与水混合制成吸收浆液;然后,将吸收浆液通过喷淋或循环泵等方式送入脱硫塔内,与经过预处理的烟气逆流接触;在脱硫塔内,吸收剂与烟气中的 SO_2 发生化学反应,生成硫酸钙等固体产物;最后,通过除雾器等设备将脱硫后的烟气进行净化,使其达到排放标准。

水泥湿法脱硫技术具有许多优点。首先,其脱硫效率高,一般可达到 90% 以上,甚至

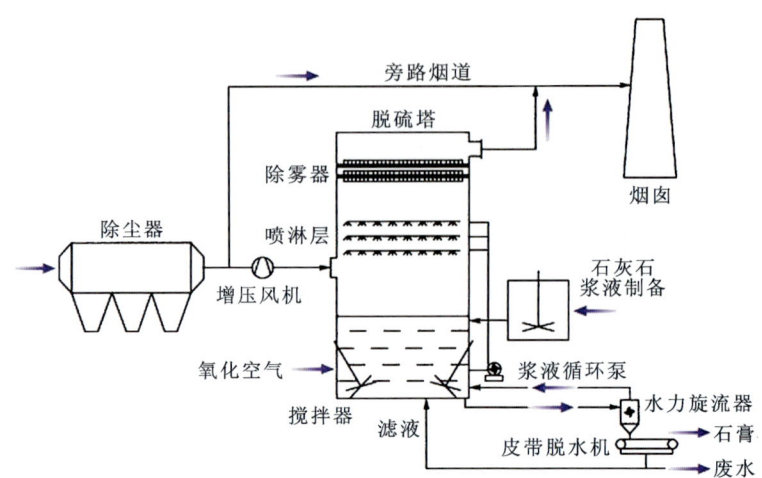

图 4.2-4　湿法脱硫技术原理示意图

更高,能够满足严格的环保要求。其次,该技术适用范围广,不仅适用于大型水泥生产线,也适用于中小型生产线。此外,湿法脱硫技术还能有效去除烟气中的其他有害物质,如粉尘、重金属等,提高烟气的整体净化效果。

然而,水泥湿法脱硫技术也存在一些缺点。首先,该技术需要消耗大量的水和石灰石等原材料,运行成本较高。其次,脱硫过程中产生的固体产物需要妥善处理,以免对环境造成二次污染。此外,湿法脱硫设备的占地面积较大,需要占用较多的土地资源。针对这些缺点,水泥企业在应用湿法脱硫技术时可以采取一系列优化措施。例如,通过改进吸收剂的制备工艺、优化脱硫塔的结构和运行参数等方式提高脱硫效率;同时,加强固体产物的综合利用和处置,减少环境污染;此外,还可以采用先进的自动化控制系统和节能技术,降低能耗和运行成本。

总的来说,水泥湿法脱硫技术是一种高效、可靠的烟气脱硫技术,对于减少水泥生产过程中的二氧化硫排放具有重要意义。随着环保要求的不断提高和技术的不断进步,相信湿法脱硫技术将在水泥行业得到更广泛的应用和发展。

2. 干法脱硫技术

干法脱硫技术(图 4.2-5)是一种重要的烟气脱硫方法,广泛应用于水泥生产过程中,其主要目的是去除烟气中的二氧化硫(SO_2)等有害气体,以减少对环境的污染。

干法脱硫技术通常使用干粉状的脱硫剂,如石灰石、生石灰等,通过专门的喷射系统将其喷入烟气中。当脱硫剂与烟气接触时,会发生化学反应,将二氧化硫转化为硫酸钙等化合物,从而达到脱硫的效果。这种技术的优点在于操作相对简单,脱硫剂消耗量较小,且设备占地面积相对较小。

在水泥生产线中,干法脱硫技术通常结合水泥生产的工艺特点进行应用。例如,可以将脱硫剂与水泥生产的原料或燃料一起喂入窑炉,利用窑炉的高温环境促进脱硫反应的进行。此外,一些先进的干法脱硫技术还采用了循环流化床反应器等设备,通过优化

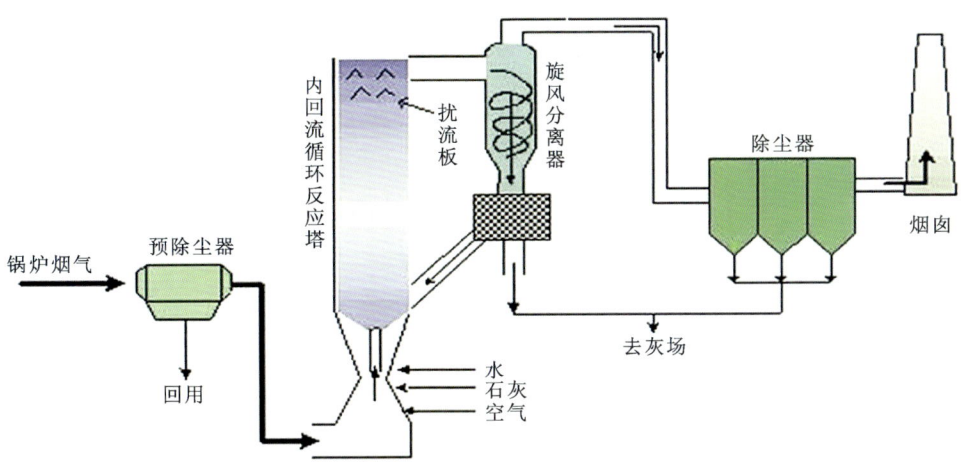

图 4.2-5　干法脱硫技术原理示意图

反应条件和增加反应时间来提高脱硫效率。尽管干法脱硫技术具有诸多优点,但也存在一些挑战和限制。例如,干法脱硫技术的脱硫效率相对较低,通常难以达到湿法脱硫技术的高效率。此外,干法脱硫过程中产生的固体废弃物需要妥善处理,以避免对环境造成二次污染。因此,在选择水泥干法脱硫技术时,企业需要根据自身的实际情况和需求进行权衡。如果企业对脱硫效率的要求不是特别高,且希望降低设备投资和运行成本,那么干法脱硫技术可能是一个合适的选择。然而,如果企业需要达到更高的环保标准或处理大量含硫烟气,那么可能需要考虑其他更高效的脱硫技术,如湿法脱硫或联合脱硫技术等。

　　总的来说,水泥干法脱硫技术是一种有效的烟气脱硫方法,可以在一定程度上降低水泥生产过程中的二氧化硫排放。随着技术的不断进步和优化,相信干法脱硫技术将在水泥行业发挥更大的作用,为环保事业作出更大的贡献。

3. 半干法脱硫技术

　　半干法脱硫技术(图 4.2-6)是一种结合了干法和湿法脱硫技术特点的烟气脱硫技术,广泛应用于水泥生产过程。该技术通过喷射干粉状或半干状态的脱硫剂,如石灰或石灰石,与烟气中的二氧化硫(SO_2)进行化学反应,从而实现脱除。在半干法脱硫过程中,脱硫剂首先通过喷射系统进入脱硫反应器,与经过预处理的烟气混合。由于脱硫剂处于半干状态,既保留了干法脱硫操作简单、占地面积小的优点,又提高了脱硫效率,使其接近湿法脱硫的水平。

　　半干法脱硫技术的核心在于控制反应条件,使脱硫剂与 SO_2 充分接触并发生化学反应。为此,通常会采用循环流化床反应塔或喷雾干燥器等设备,以提高反应效率。此外,半干法脱硫技术还需要对脱硫后的烟气进行除尘和干燥处理,以确保排放的烟气达到环保标准。相比干法脱硫技术,半干法脱硫技术具有更高的脱硫效率;而与湿法脱硫技术相比,半干法脱硫技术的设备投资和运行成本较低,且产生的废水废渣较少。然而,半干

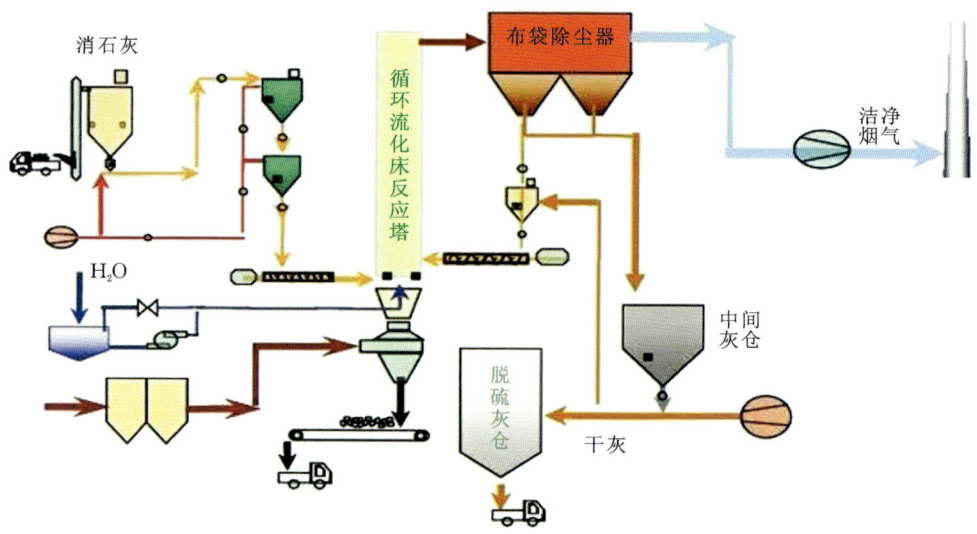

图 4.2-6　半干法脱硫技术示意图

法脱硫技术也存在一些挑战,如需要稳定的操作条件、对脱硫剂的要求较高以及可能产生少量粉尘等。为了克服这些挑战,水泥企业在应用半干法脱硫技术时可以采取一系列优化措施。例如,通过改进脱硫剂的制备工艺和喷射方式,提高脱硫剂与烟气的混合效果;加强设备的维护和管理,确保设备稳定运行;同时,对产生的粉尘进行有效收集和处理,防止二次污染。

　　总的来说,水泥半干法脱硫技术是一种高效、环保且经济实用的烟气脱硫方法。随着技术的不断进步和环保要求的提高,半干法脱硫技术将在水泥行业发挥越来越重要的作用,为实现绿色生产和可持续发展作出贡献。

4.2.2.6　除尘技术路线

　　水泥窑粉尘含量高,现阶段针对有组织排放的粉尘,主流除尘技术为静电除尘、布袋除尘和电袋复合除尘等。早期多为静电除尘,随着环保要求的提高,布袋除尘因其除尘效率高而逐渐得到普及,近些年出现了电袋复合除尘器。水泥企业将原有静电除尘器改造成布袋除尘器或者电袋复合除尘器。一些设备厂商对现有设备进行改良,采用更优的滤料和制作工艺,可保证除尘效率和运行稳定。对于无组织排放的粉尘(主要是堆场和道路扬尘),可采取密闭、降尘雾炮、道路硬化、冲洗、清扫等治理措施,以减少粉尘无组织排放。也可考虑将无组织排放改为有组织排放。

　　粉尘治理在水泥工业领域一直是最受重视的,也是在所有工业废气治理中做得较好的,但目前超低排放实施效果也不尽如人意。高性能除尘器的研究是实现粉尘超低排放的关键,评价除尘器性能先进性的指标主要有四项:更高的除尘效率、更低的设备阻力、更可靠稳定的设备性能和更低廉的运行维护成本。提高水泥废气粉尘治理水平,主要包括以下方面。

（1）确定高效除尘装备：水泥厂常用布袋除尘器、电除尘器等对废气进行除尘处理，以确保废气中颗粒物达标排放。

① 布袋除尘器。水泥布袋除尘器（图 4.2-7）是一种专门用于水泥生产过程中处理含尘废气的设备。它利用滤袋对粉尘进行拦截和过滤，从而达到净化空气的目的。

图 4.2-7　布袋除尘器实体图

在水泥厂中，含尘气体经过除尘器入口进入灰斗，微小尘粒随气流进入滤袋，并黏附于滤袋的外表面。净化后的气体进入下部洁净室，经由中控台和收尘系统的主压缩机排出。随着过滤过程的进行，滤袋上的粉尘逐渐积累，阻力增大，当达到一定值时，除尘器会自动启动清灰程序，通过脉冲喷吹等方式清除滤袋上的粉尘，使除尘器恢复正常工作状态。

布袋除尘器具有除尘效率高、性能稳定、处理风量大等优点，能够满足严格的环保要求。同时，由于采用干式净化方式，无须用水处理，因此不存在污水处理问题，且收集的粉尘易于回收利用。此外，布袋除尘器结构简单、运行稳定、维护方便，也为其在水泥行业的应用提供了便利。然而，水泥布袋除尘器在使用过程中也需要注意一些问题。例如，滤袋的材质和规格需要根据实际工况进行选择，以确保其耐温和耐腐蚀性能满足要求；同时，需要定期检查滤袋的磨损和堵塞情况，及时更换或清洗滤袋，以保证除尘器的正常运行和除尘效果。

总的来说，水泥布袋除尘器是一种高效、环保、经济的除尘设备，在水泥生产中具有广泛的应用前景。随着环保要求的不断提高和技术的不断进步，相信水泥布袋除尘器将在未来发挥更大的作用，为水泥行业的绿色生产作出更大的贡献。

② 电除尘器。电除尘器（图 4.2-8）是一种高效的除尘设备，广泛应用于水泥生产等工业领域，对空气中的粉尘进行过滤，提高空气质量。

水泥电除尘器利用电场中的电晕放电使粉尘颗粒荷电，并在电场力的作用下，将粉

图 4.2-8　电除尘器实体图

尘从气流中分离出来。烟气通过电除尘器主体结构前的烟道时,烟尘带正电荷,然后进入设置多层阴极板的电除尘器通道。带正电荷的烟尘与阴极板相互吸附,定时打击阴极板,使烟尘在自重和振动的双重作用下跌落在除尘器下方的灰斗中,从而达到清除烟气中烟尘的目的。

电除尘器主要特点如下。

高效:水泥电除尘器具有较高的除尘效率,能够有效地去除烟气中的粉尘颗粒,满足严格的环保要求。

低能耗:该设备在运行过程中能耗较低,有利于降低生产成本。

不易产生二次污染:采用电除尘方式,不会产生废水等二次污染物,环保性能优越。

结构稳定:多级分体独立框架结构使得设备整体稳定可靠,运行平稳。

维护方便:主要部件使用寿命长,维护费用低,降低了企业的运营成本。

在水泥生产过程中,会产生大量的粉尘,对员工的身体健康和生产设备的正常运行都会造成影响。水泥电除尘器的应用可以有效地减少粉尘污染的危害,保障整个生产过程的正常进行。然而,水泥电除尘器也存在一些缺点。其除尘效率受烟气和粉尘的物理化学特性影响大,因而对工艺操作要求较高;对于高比电阻粉尘、微细和超微细粉尘等除尘效果不理想,甚至不能使用。

总的来说,水泥电除尘器作为一种高效的除尘设备,在水泥生产中发挥着重要作用。随着技术的不断进步和环保要求的提高,水泥电除尘器将继续优化和改进,为水泥行业的绿色可持续发展做出更大的贡献。

（2）采取降尘措施:在原料运输、物料转运、物料下料、水泥出厂等容易产生粉尘的环节,采取有效的降尘措施。原燃材料堆场做好篷盖、架设抑尘网、高压喷水抑尘或室内储存。物料车辆倒运下铺上盖、车轮冲洗、道路高压喷水抑尘、粉粒物料采用专用车辆等。采用抑尘防尘设备和技术，如干雾抑尘技术、雾桩、雾炮等，减少无组织粉尘排放。

（3）加强物料存储和运输管理：对物料进行封闭存储，减少物料在装卸和运输过程中的摩擦和碰撞，从而减少粉尘的产生。

（4）优化生产工艺：通过技术革新，调整生产流程，实现生产过程的机械化、密闭化、自动化，减少粉尘的产生。例如，改干式作业为湿式作业，使用不含游离二氧化硅或含量较低的原料等。

（5）增加通风除尘设备：在生产车间设置合理的通风系统，并使用有效的除尘设备，如除尘器、排灰设备等，以捕捉和处理空气中的粉尘。

（6）提高个人防护：为工人提供合适的防护装备，如防尘口罩、防护服等，并定期进行健康检查，确保他们的健康和安全。

（7）建立无组织粉尘排放监测体系：通过安装粉尘监测仪等设备，实时监控粉尘的无组织排放情况，确保准确掌握粉尘排放数据，为有效治理提供依据。

（8）提高员工环保意识：通过提高员工对粉尘危害的认识，加强他们的环保意识，鼓励他们在工作中主动采取防尘措施。同时，定期对生产设备和除尘设施进行检查和维护，确保其正常运行和有效工作。

综上所述，防治水泥生产过程中的粉尘污染需要综合考虑多个方面，从源头上减少粉尘的产生，采取有效的降尘措施，加强通风除尘和个人防护，确保员工的健康和生产环境的清洁。

▶▶▶ 4.3　节能技术在水泥生产中的应用

基础建设材料中，水泥是十分重要的一种。而水泥生产能耗高、污染重，是制约水泥产业高质量发展的重要瓶颈。在国家发展进程中，水泥生产企业及从业人员研究和创新水泥生产节能技术是必由之路，以加快走上高质量发展的道路。下面结合应用实例对水泥生产工艺中的几项节能技术进行介绍。

4.3.1　水泥生产中的添加剂

在水泥生产的各环节中加入添加剂，可以改善材料的整体性能，提高生产效率，起到节约能耗的效果。目前常用的添加剂有生料助剂、燃烧促进剂、助磨剂、矿化剂等。

4.3.1.1　生料助剂

生料助剂主要应用于水泥生料粉磨和烧成，有效成分多为有机酸盐、酯类高聚物、胺类化合物，在某厂使用样品标准为：固含量≥38%，密度约 1.2 g/mL，干基热值≥2000 kcal/kg。

$$SO_2 + 2ROONa + H_2O \longrightarrow 2ROOH + Na_2SO_3 \tag{4.3-1}$$

$$CaCO_3 + 2ROOH \longrightarrow Ca(ROO)_2 + H_2O + CO_2 \uparrow \qquad (4.3-2)$$

1. 生料助剂的作用原理

（1）在生料粉磨过程中，生料助剂有效组分吸附到生料粉磨颗粒表面，能降低颗粒比表面能和楔入颗粒裂缝，有利于消除粉磨颗粒新生表面的电荷而避免再次弥合与团聚，提高物料的易磨性和分散性，从而提高粉磨效率，降低电耗；同时可收窄生料颗粒的粒径分布范围，改善生料在预热器中的悬浮状态，对提高水泥生料的换热效果、改善易烧性也有辅助作用。

（2）生料助剂中的有机酸盐等组分在碳酸钙表面化合生成有机酸钙覆膜层，加快碳酸钙的分解反应速率，同时催化烟气中的 SO_2 与有机酸钙、碳酸钙的交换反应。生料助剂可以降低碳酸钙初始分解温度 25 ℃，完全分解温度降低约 100 ℃。窑上体现为分解炉出口温度降低 15～20 ℃，易烧性大幅改善，游离钙合格率大幅提高，从而大幅减少碳酸钙分解吸热总量，降低水泥烧成的单位煤耗。该产品本身有一定热值，对降低煤耗有辅助作用。

（3）生料助剂本身的碱性物质与 SO_2 直接发生化学反应，生成新的稳定的硫酸盐物质；SO_2 与生料助剂中的有机酸盐组分进行催化交换反应，增加了 SO_2 反应生成硫酸钙的速度；添加生料助剂后，生料比表面积增大，增加了吸附硫的新鲜面；促进碳酸钙在预热器中提前分解生成氧化钙，增加了与含 SO_2 烟气的接触时间和总量；配方组分催化 SO_2 向 SO_3 转化，而 SO_3 活性高、反应快且成盐稳定；添加生料助剂后明显降低分解炉温度，减少硫酸盐在预热器中的二次分解，大幅抑制减少系统硫富集和 SO_2 烟气初始生成浓度，降幅为 30%～70%。

2. 生料助剂的实践应用

生料助剂添加系统包括生料助剂储罐、卸料泵组、加料计量泵、加料管道及喷淋组、阀组、伴热装置、电气控制装置、自动控制系统（图 4.3-1）。

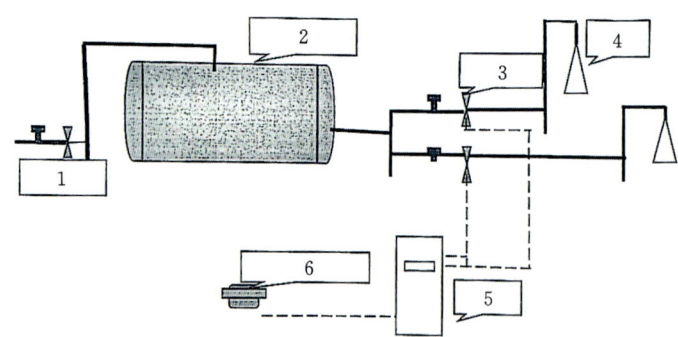

图 4.3-1　生料助剂使用流程图

1—卸料泵组；2—生料助剂储罐；3—加料泵组；4—喷头；5—电气柜；6—计算机控制系统

根据中国能建葛洲坝水泥公司 4800 t/d 水泥生产线实验结果，在助剂掺比 0.15% 的情况下，生料台产上升 29 t/h，电耗下降 0.75 kW·h/t，熟料标煤耗下降 2.96 kg/t。

4.3.1.2　燃烧促进剂

燃烧促进剂作为一种新型的化学添加剂,在水泥熟料生产过程中能够提高煤粉的燃烧速度和燃烧效率,同时降低水泥熟料最低共融温度,增加液相量,从而达到降低烧成温度、减少熟料煤耗的目的。其成分以稀土化合物为主,配部分碱土金属和碱金属化合物以及过渡金属化合物。

1. 燃烧促进剂的作用原理

燃烧促进剂(图 4.3-2)中稀土金属氧化物本身具有可参与反应的活泼氧,且其表界面存在晶格缺陷,可吸附活化氧以充当氧载体,并强烈地吸附、解离活化空气中的 O_2 分子,使其转化为表面 O_2^{2-}、O^{2-} 和 O^- 等活性非常高的亲电氧中心。在加热条件下活泼氧会快速和碳发生反应,然后依靠还原的金属吸附氧气,使金属氧化得到金属氧化物,并一直处在氧化与还原的循环中,加快氧气传递扩散速度,从而提高煤的燃烧速度和燃烧效率。

燃烧促进剂中的碱金属化合物在加热过程中可以诱导 $CaCO_3$ 的晶格畸变,降低碳酸钙晶格能,降低碳酸钙的分解温度;同时该碱金属化合物能够与熟料矿物结合成固溶体并溶于玻璃相中,降低矿物最低共熔温度,促使液相提前出现,增加液相量,降低液相黏度,从而可以降低烧成温度,减少煤炭消耗。

在煤炭颗粒燃烧过程中,空气中的 N_2 和 O_2 分子被活化,相互反应可生成氮氧化物(NO_x),同时煤炭本身含有的一些含氮有机物被氧化可生成 NO_x。燃烧促进剂表面的活性碱中心和氧中心可催化 C 原子还原 NO_x 生成无害 N_2;其活泼氧中心也可促使 C 原子深度氧化生成 CO_2,抑制 CO 的产生。研究表明,炉内 CO 浓度下降可大幅度提升 SNCR 脱硝效率。另外,在燃烧过程中,煤炭颗粒燃烧充分,产生的灰渣表面积大,能更有效地吸附烟气中的 SO_2,抑制其排放。

2. 燃烧促进剂的实践应用

燃烧促进剂的现场使用由燃烧促进剂储罐(图 4.3-3)、滴加控制柜、滴加管路共同完成。使用方法为:泵机和滴加控制柜计量系统根据当前煤磨产量和设定掺比控制输送燃烧促进剂至原煤秤,以滴加方式掺入入磨原煤,以达到均匀添加目的。

根据一条 2500 t/d 新型干法水泥生产线的实验结果,在回转窑内,燃烧促进剂可以增加平均放热强度,从而提高火焰温度,使火焰更明亮,黑火头缩短,火力更集中,窑系统结皮减少,窑皮更平整,窑主机电流更平稳。熟料平均三率值变化较小,但出窑熟料游离钙均值下降 0.27%,熟料烧成条件改善,熟料生成的物化过程更为容易,降低熟料烧成难度。燃烧促进剂发挥一定反应活化作用,物料物化反应更充分,促进剂过渡金属离子有效地降低了最低共熔温度,从而促进物化反应,达到了标准煤耗下降 4.81 kg/t 的效果,起到了降耗、稳定工况和节能减排的作用。

图 4.3-2　燃烧促进剂

图 4.3-3　燃烧促进剂储罐

4.3.1.3　助磨剂

助磨剂通过对被粉磨物料的表面改性,改善物料自身的易磨性及与研磨介质的作用模式。在粉碎过程中,当水泥颗粒的粒度减小至微米级后,颗粒的质量趋于均匀,缺陷减少,强度和硬度增大,粉磨难度大大增加。同时,因比表面积及比表面能显著增大,微细颗粒相互团聚(形成二次颗粒或三次颗粒)的趋势明显增强。如果不采取一定的工艺措施,这时粉磨效率将下降,单位产品能耗将明显提高。

1. 助磨剂的作用原理

关于助磨剂的作用原理主要有两种观点。一是"吸附降低硬度"学说,认为助磨剂分子在颗粒上的吸附降低了颗粒的表面能或者引起表面层晶格的位错迁移,产生点或线的缺陷,从而降低颗粒的强度和硬度,同时阻止新生裂纹的闭合,促进裂纹的扩展。二是"粉体流变"学说:助磨剂通过调节水泥粉体的流变学性质和水泥颗粒的表面电性等,降低颗粒的黏度,促进颗粒的分散,从而提高粉体的可流动性,阻止水泥颗粒在研磨介质及磨机衬板上的黏附以及颗粒相互之间的团聚。

这两种学说并不是对立的,事实上,被吸附的助磨剂分子首先是由于阻止微裂纹的再联结而降低破坏强度,然后,待颗粒分离后,其作用是阻止细颗粒在研磨介质的压力下相互聚集。

2. 助磨剂的实践应用

虽然人们对助磨剂的作用原理进行过大量的研究,但大多数结果是在实验室条件下取得的,在工业性生产中应用助磨剂时还要受工艺条件的影响,对此的研究却不多。正是因为缺乏对工艺条件与助磨剂之间适应性的了解,许多企业在使用助磨剂后未能取得满意的结果,甚至影响了正常生产。因此,应该强调指出,在使用助磨剂前应充分了解磨机系统的工艺条件,再决定是否选用。

实践表明,在粉磨过程中出现糊球的情况下,使用助磨剂是最为有效的。但应该强调指出,在没有糊球的情况下,助磨剂也能改进粉磨效率。

3. 助磨剂添加方法

助磨剂添加方法包括两方面的内容:一是添加点的选择;二是添加量的控制。

如果以每吨水泥使用 300 g 助磨剂的量来考虑,假定水泥的勃氏比表面积为 300 m^2/kg,那么一吨水泥颗粒的表面积总量约为 30 万平方米。为了使助磨剂发挥作用,必须使它们均匀扩散到这些颗粒表面的所有反应部位,即在粉磨过程中其表面的电价键被分开的位置。假定这些反应部位是整个颗粒表面积的 10%,那么助磨剂应分布到 3 万平方米的面积上。因此,助磨剂在水泥表面的适当分布是必要的,应尽量选用液体助磨剂,并进行适当的稀释。添加助磨剂溶液时要尽可能地接近磨机,如有可能,直接加入磨内,最理想的情况是把助磨剂添加到磨机细磨仓的细物料上。同时,要避免助磨剂的任何损失。

助磨剂添加量的控制主要是指要保证助磨剂添加量的均匀性和合理性。助磨剂应根据磨内物料量的变化均匀地增加或减少,并保持合理的掺量。不均匀添加或助磨剂添加过量容易导致磨机操作的不稳定,不但不能提产,反而影响了正常生产。这一问题看似简单,却往往是使用助磨剂中最重要的方面,直接关系到企业的经济效益。有条件时应尽量选用计量泵来进行控制。

4. 磨内物料停留时间的控制

磨内物料停留时间的控制,主要是针对开流球磨生产中助磨剂的使用。在开流磨中,由于要一次性完成粉磨作业,因此控制物料流速非常重要。在一般情况下,添加助磨剂使物料的流速加快,物料细度相对流速的变化更加敏感。添加助磨剂后一定要同步测量物料细度的变化情况,以判断磨内物料的流速,以保证磨内物料停留时间在合理的范围内,不要缩短过多。必要的情况下可采取一定的措施来适当延长物料停留时间,比如封闭一部分卸料篦板的篦缝,或加入少量可允许添加的最小尺寸的研磨体来增加装球量。

5. 循环负荷的合理控制

在闭路磨机系统中,添加助磨剂后首要明显反应是循环负荷的减少,因为助磨剂的助磨作用使粉磨过程中产生更多的细颗粒,当喂入磨机的物料量恒定时,较多细颗粒作为成品卸出就使得循环负荷减少。这时,可适当增加喂料量,以使磨机的循环负荷逐渐恢复到原来的水平,实际上就是增加了磨机的产量。

闭路磨是由选粉机来控制成品细度的,在机械调整保持不变的条件下,细度往往由喂料粒度和喂料量来决定。喂入选粉机的物料量减少过多会使空气速度加快,从而减小产品的比表面积。因此,也要求适当增加喂料量。当然,喂料量不能增加太多,否则由于喂料量的增加以及添加助磨剂后物料流速的加快,磨内物料流速过快,选粉机超负荷运转,产品的比表面积也会大大降低。另外,还需要特别指出,如果磨机本身运行在相对较高的循环负荷下,磨内物料流速太快,这时再添加助磨剂,即使不增加喂料量,循环负荷也会明显增加,致使产品细度跑粗,或不能提产。这种情况在我国一些小水泥企业生产低标号水泥时常常出现,建议进行适当的改进后再使用助磨剂,改进的原则就是要将磨内物料停留时间控制在合理的范围内,否则将事与愿违。

因此,要使添加助磨剂前后整个粉磨系统运行平衡,就必须保持相同的循环负荷,以使向选粉机的喂料量相同,从而保证助磨剂在闭路粉磨中的最佳使用效果。

在一般情况下,只要磨机运行状况良好,循环负荷合理,助磨剂就可以达到预期的助磨效果。在闭路磨机中使用助磨剂主要可以实现以下几方面的效果:在保持磨机产量不变的情况下,可以通过提高选粉机转速,使磨机循环负荷恢复或者稍高于原来水平,从而使磨机总的喂料量逐渐稳定,这时水泥的筛余细度下降,比表面积增加,水泥的质量提高;在此基础上,保持水泥质量不变就可以适当增加水泥混合材掺量;不改变选粉机运行参数,保持水泥细度不变,就可以增加喂料量,提高磨机台时产量。

助磨剂在闭路磨机中的应用数据如表 4.3-1 所示。

表 4.3-1　助磨剂在闭路磨机中的应用数据

水泥品种	喂料量/(t/h)	助磨剂量/(%)	混合材比/(%)	80 μm 筛余/(%)			比表面积/(m²/kg)	抗压强度/MPa		抗折强度/MPa		选粉机转速/(r/min)	循环负荷/(%)
				出磨	回磨	成品		3 d	28 d	3 d	28 d		
P·S 32.5	33	0.00	22.5	30.0	42.0	1.6	332	16.7	32.2	3.7	7.3	28	236.6
	33	0.00	22.5	27.6	40.4	1.4	334	15.9	44.1	3.6	7.4	27	204.6
	33	0.03	22.5	24.4	40.0	1.4	337	18.8	44.6	4.2	7.3	28	147.4
	33	0.03	22.5	21.6	33.2	0.6	350	20.8	46.3	4.4	7.9	30	181.0
	33	0.03	22.5	24.6	34.2	0.4	342	20.3	47.0	4.5	8.1	30	252.0
	33	0.03	26.5	22.0	37.2	0.4	343	18.6	45.2	4.1	7.7	29	142.1
	33	0.03	26.5	27.2	40.6	0.6	354	17.3	46.1	4.0	7.9	29	198.5
	33	0.03	26.5	25.0	38.0	0.2	350	18.2	45.7	4.1	7.9	30	190.7
	33	0.03	30.5	28.4	34.0	0.8	350	18.2	44.5	4.1	8.0	29	492.8
	33	0.03	30.5	31.8	39.6	1.0	332	16.0	41.9	4.2	7.6	28	394.8
	33	0.03	30.5	30.8	43.6	1.0	328	14.7	40.1	4.4	7.4	28	232.8

续表

水泥品种	喂料量/(t/h)	助磨剂量/(%)	混合材比/(%)	80 μm 筛余/(%)			比表面积/(m²/kg)	抗压强度/MPa		抗折强度/MPa		选粉机转速/(r/min)	循环负荷/(%)
				出磨	回磨	成品		3 d	28 d	3 d	28 d		
P·C 32.5	38	0.00	23	27.6	40.8	2.2	327	16.2	41.0	3.7	7.3	28	192.4
	38	0.03	23	24.4	41.0	1.6	327	16.1	41.9	3.8	7.7	28	137.4
	40	0.03	23	27.0	43.0	2.2	325	15.3	42.1	3.5	7.4	28	155.0
	42	0.03	23	27.8	46.6	2.2	316	16.8	42.7	3.8	7.1	27	136.2
	44	0.03	23	30.8	45.4	2.2	322	15.2	43.3	3.6	7.6	27	195.8
	44	0.03	23	30.4	47.6	2.2	326	16.0	43.1	3.6	7.5	27	170.2
	44	0.03	23	34.2	47.6	2.4	326	16.1	39.9	3.4	7.2	26	237.3
	44.5	0.03	23	32.8	48.3	2.6	316	15.3	38.7	3.5	7.5	26	195.8
	44.5	0.03	23	33.6	46.3	2.6	319	14.5	37.0	2.8	6.8	27	244.1

4.3.1.4　矿化剂

水泥熟料的烧成，开始进行的是固相反应，随着温度的升高和液相的生成，又开始了固液反应过程。在熟料的生产过程中，$CaCO_3$ 的分解、液相的形成等过程需要消耗大量的能量，而且水泥熟料各反应过程的反应速度较慢，从而影响了熟料的产量、质量。而在生料中加入少量矿化剂，再进行煅烧，就能达到改善生料易烧性、提高熟料的产量和质量、降低能耗的目的。

1. 矿化剂的种类及作用机理

矿化剂按其掺加类型分为单矿化剂和复合矿化剂。单矿化剂，就是单独起矿化作用的矿化剂（以 CaF_2 为多）；而复合矿化剂，就是两种或两种以上的矿化剂同时使用（如 $CaSO_4$、CaF_2、$BaSO_4$、BaF_2 等）。一般来说，掺加合理配合比的复合矿化剂的矿化效果较单矿化剂好。在水泥工业中，常用的矿化剂有萤石（CaF_2）、石膏（$CaSO_4$）、氟硅酸钠（Na_2SiF_6）、重晶石（$BaSO_4$）和某些工业废渣（如铜矿渣、钛矿渣、磷石膏和氟石膏等）。

不同的矿化剂其作用机理也不尽相同，但总的来说，在水泥生料中引入矿化剂，在烧成过程中能起到如下作用。

（1）破坏水泥生料中反应物的结晶格子，提高它们的化学活性，加速其固相反应。

（2）在同样的烧成温度下，特别是较低煅烧温度下，掺入矿化剂的水泥物料的液相量要大于未掺矿化剂的液相量，因而有利于水泥熟料矿物的低温形成。

（3）可降低水泥物料液相形成温度，产生低温共熔物。同时可使液相黏度降低，有利于硅酸二钙与游离氧化钙反应生成硅酸三钙。

（4）加入矿化剂可显著扩大熟料的烧成范围，改善熟料煅烧性能，促进熟料的煅烧。

2. 矿化剂的实践应用

1）矿化剂种类的选择

水泥生产企业在选择矿化剂种类时，要根据实际情况决定。如果企业计量设备比较精确，又有足够的仓位来储存矿化剂，则可以采用复合矿化剂，否则，可选择单矿化剂，甚至不要掺加；如果水泥企业原燃料中含有较多的硫化物，在使用矿化剂时，就不要再掺加含硫矿化剂了，这是因为原料、燃料中的硫化物本身就能起矿化作用。

2）矿化剂掺加量的选择

矿化剂的种类选定后，还要选择矿化剂的掺加量。矿化剂的掺加量过少，达不到一定的矿化作用；过多则会引起许多不良后果。例如：CaF_2 和石膏的掺加量过多，会引起烧成范围变窄，影响窑的操作；矿化剂含硫和碱过多，会导致旋风筒预热器和分解炉的结皮，甚至会引起堵塞现象；掺加过多矿化剂的熟料，常由于形成过多的速凝早强矿物而出现闪凝现象，使水泥凝结时间不正常；MgO 含量过高，会影响水泥的安定性等。

矿化剂掺加量的多少，也要根据各企业具体情况来定。首先，要对原燃料的化学成分做出分析后再做决定。一般来说，单掺 CaF_2 作为矿化剂时，掺加量以 $1\%\sim2\%$ 为宜；掺加含氟的复合矿化剂时，CaF_2、SO_3 掺加比例以 $0.8\sim1.3$ 为宜。其次，要和熟料的 KH 值及 Fe_2O_3、Al_2O_3 含量联系起来考虑。如果 KH、Al_2O_3 含量高，Fe_2O_3 含量低，矿化剂的量可取上限；如果 KH 值高，Al_2O_3 含量正常，而 Fe_2O_3 含量低，可取中限；如果 KH 值高，Al_2O_3 含量较低而 Fe_2O_3 含量高，要取低限。在掺加矿化剂煅烧时，KH 值一般要求高些（熟料 KH 值＞0.93）。最后，矿化剂的掺加量与烧成温度有关，如采用高温煅烧，掺加量可少些，否则，可多些。

3）矿化剂的掺加方式

矿化剂的掺加量的多少，会直接影响熟料的煅烧。过去，许多厂家在掺加矿化剂时，往往把它（或它们）同铁粉堆在一起，采用人工混合的办法。这样，由于计量不准确、人为原因等，矿化剂得不到充分均化。目前通过矿化剂调配站单独计量，或在均化堆棚以均堆形式与其他原材料完成均化，进而达成充分混合的目的。

4）矿化剂的应用实例

某 2500 t/d 的新型干法水泥厂使用黄磷渣作为矿化剂。黄磷渣通过配料混合后，与石灰石、砂岩、黏土、铁尾矿等经立磨系统（带烘干、研磨、选粉功能）进行研磨、烘干，直至将物料研磨至 $80~\mu m$ 筛余细度≤18%、水分≤0.5% 的生料粉。

生料入窑后控制水泥回转窑系统分解炉出口温度由原来的 880 ℃降到 860 ℃，分解炉用煤降低1.0 kg/t。在窑内煅烧阶段，二次风温由 1150 ℃降低到 1100 ℃，窑头用煤下降 1.0 kg/t。生产所得熟料 28 d 强度平均提升 3.0 MPa，水泥标准稠度耗水量小，具有稳定性及和易性好的优点。

4.3.2　低温余热发电技术

水泥熟料煅烧过程中,由窑尾预热器、窑头熟料冷却机等排掉的 400 ℃以下低温废气余热,其热量占水泥熟料烧成总耗热量的 35％以上,造成的能源浪费非常严重。水泥生产一方面消耗大量的热能(每吨水泥熟料消耗燃料折标准煤为 100～115 kg),另一方面消耗大量的电能(每吨水泥消耗 90～115 kW・h)。如果将排掉的 400 ℃以下低温废气余热转换为电能并回用于水泥生产,可使水泥熟料生产综合电耗降低 60％或水泥生产综合电耗降低 30％以上。这可以大幅减少水泥生产企业向社会发电厂的购电量或大幅减少水泥生产企业自备电厂的发电量,以大大降低水泥生产能耗;可避免水泥窑废气余热直接排入大气造成的热岛现象,同时由于减少了社会发电厂或水泥生产企业自备电厂的燃料消耗,可减少 CO_2 的排放而有利于环境保护。

4.3.2.1　低温余热回收系统

在水泥窑窑头熟料冷却机中部合适部位抽取热风,通往一台余热锅炉,称为 AQC 炉。一般 AQC 炉设置两段,Ⅰ段生产低压过热蒸汽,Ⅱ段生产高温热水。余热锅炉与水泥窑相对位置图如图 4.3-4 所示。如果考虑到窑头粉尘硬度高、磨蚀性大,可在窑头余热锅炉前增设一间沉降室。冷却机尾部低于 200 ℃的低温余风则经窑头除尘设备除尘后排入大气。当对余热锅炉进行故障检修时,冷却机中部、尾部热风一起经窑头除尘设备除尘后排入大气,水泥窑运行可不受影响。

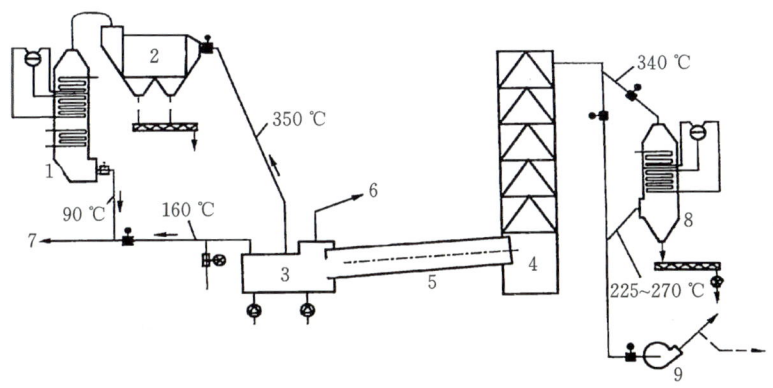

图 4.3-4　余热锅炉与水泥窑相对位置图
1—余热锅炉;2—沉降室;3—窑头熟料冷却机;4—预热器;5—回转窑;
6—三次风;7—去窑头电气室;8—SP 锅炉;9—窑尾高温风机

在窑尾预热器废气出口与窑尾高温风机间另设余热锅炉一台,称为 SP 炉。SP 炉设废气旁通烟道,当对 SP 炉进行故障检修时,水泥烧成系统可以继续生产而不受任何影响。SP 炉生产低压过热蒸汽。

与两台余热锅炉配套,设置一台低压型凝汽式汽轮发电机组。AQC 炉Ⅰ段、SP 炉生产的蒸汽共同作为汽轮机的主进汽推动汽轮机做功，AQC炉Ⅱ段生产的高温热水作为AQC炉Ⅰ段、SP炉的给水。

1. AQC余热锅炉

对窑头熟料冷却机进行中部取气（冷却机头部高温气体进入回转窑或经三次风管进入分解炉做助燃空气，尾部温度太低的气体只能经除尘净化后排入大气），进入AQC余热锅炉进行换热。AQC炉口废气温度可低至100℃以下。

结合废气温度情况，AQC炉受热面可分为两段：

第一段——蒸汽段，生产低压过热蒸汽。

第二段——热水段，生产高温热水，用于加热汽轮机凝结水，提高AQC蒸汽段及SP炉的给水温度。

AQC余热锅炉（图4.3-5）一般为立式、自然循环。冷却机废气中的粉尘黏附性不强，所以不设置振打装置，同时换热管采用螺旋翅片管，大大增加了换热面积，锅炉体积大幅下降，降低了投资成本。为减少漏风，余热锅炉没有设计出灰装置，粉尘在风管底部形成一定自然堆积后，随废气一起进入电除尘器。

2. SP余热锅炉

水泥窑窑尾余热锅炉——SP炉（图4.3-6）和预热器C_1出口高温风管并列安装。窑尾C_1出来的热烟气先进入SP炉，经换热后较低温度的气体排出SP炉，经高温风机送入生料磨（有时还有煤磨），用于烘干物料。排出SP炉的热风温度要根据烟气是否用于烘干物料及需烘干物料的特性来调节，一般在（200±20）℃。当SP炉检修停运或发生故障时，窑尾C_1出来的热烟气可经高温风管、高温风机直接送入粉磨系统烘干物料，SP炉从水泥生产系统中解列，不影响水泥窑正常运行。

图4.3-5　AQC余热锅炉　　　　　　图4.3-6　SP余热锅炉

SP炉受热面为Ⅰ段，生产低压过热蒸汽。SP余热锅炉一般为立式，采用机械振打、自然循环的方式，炉底设置灰斗。用于纯余热电站的SP炉与资源综合利用电站的窑尾余热锅炉不同,它采用自然循环方式,省掉了强制循环热水泵,降低了运行成本,提高了系统可靠性。SP 炉阻力小于 800 Pa,废气进口温度为 320～350 ℃。

4.3.2.2 低温余热发电技术类型

1. 单压余热锅炉发电系统

目前普遍采用的单压系统热力流程如图 4.3-7 所示。该系统中,窑头和窑尾余热锅炉生产相同或相近参数的主蒸汽,混合后进入汽轮机,汽轮机只有一个进汽口——主进汽口。主蒸汽在汽轮机内做功后,经除氧由给水泵为窑头余热锅炉供水,窑头余热锅炉生产的热水再为窑头余热锅炉蒸汽段和窑尾余热锅炉供水,两台余热锅炉生产出合格的主蒸汽,从而形成一个完整的热力循环。这个热力系统的特点是汽轮机只设置一个进汽口,窑头和窑尾余热锅炉只生产参数相同或相近的主蒸汽。

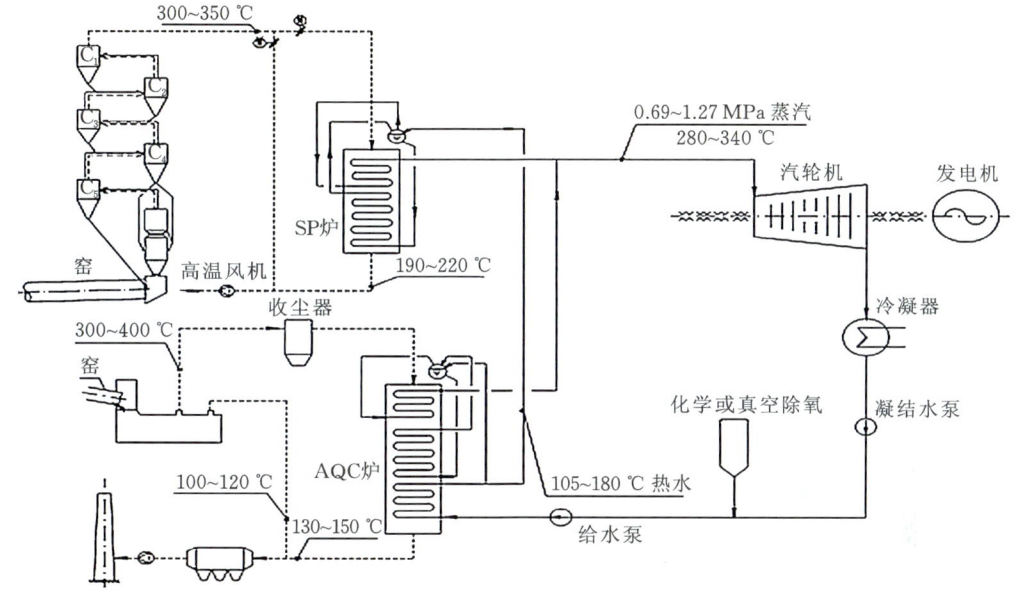

图 4.3-7 单压补汽式余热发电热力流程图

2. 双压单级补汽式余热发电系统

水泥窑产生的余热废气量很大,温度在 350 ℃以下,为了充分利用这些低温热源,就要求发电系统更为合理。根据朗肯循环和数学微积分原理可知,蒸汽分段进入汽轮机做功发电是最合理的。双压系统(图 4.3-8)可使相对高温热源(210～350 ℃烟气)产生较高参数的蒸汽,使相对低温热源(100～210 ℃烟气)产生较低参数的蒸汽,使能量分布优化,系统充分吸收低参数热量,发出更多的电能。

3. 复合闪蒸补汽式余热发电系统

闪蒸是指水的一种相变过程,即在一定压力和温度下的未饱和水,当压力下降至某

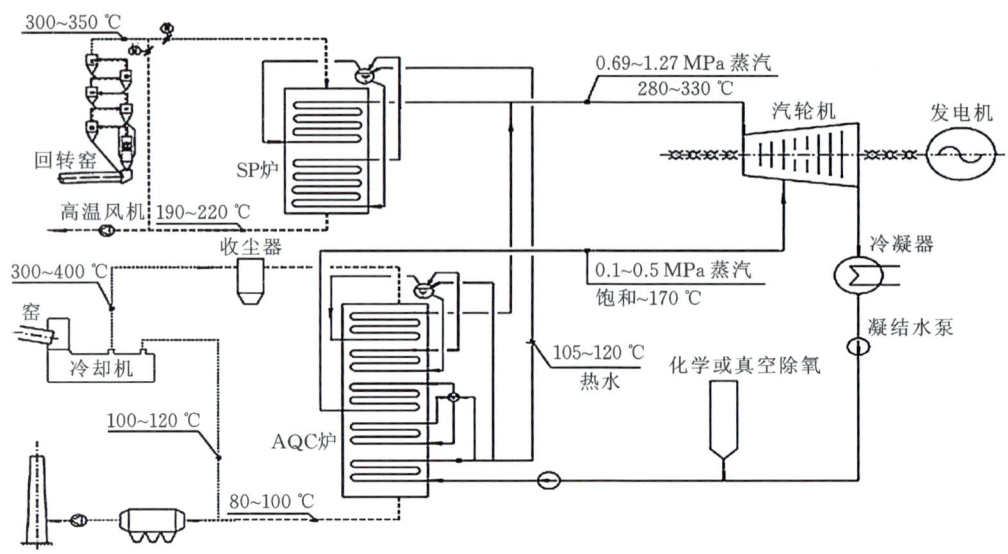

图 4.3-8　双压补汽式余热发电热力流程图

温度下的饱和压力时,就会进入饱和区而开始汽化,并且随着压力的下降,其汽化程度不断提高。闪蒸余热发电技术是在常规余热发电系统的主机以外增设闪蒸器,当机组正常运行带负荷后,从省煤器集箱中抽取达到参数要求的一定数量的未饱和水引入闪蒸器,热水在闪蒸器内迅速扩容降压后闪蒸分离出低压饱和蒸汽和低压饱和热水。分离出的低压饱和蒸汽和余热锅炉的主过热蒸汽分别进入汽轮机的低压汽缸和高压汽缸做功发电,而分离出的低压饱和热水进入除氧器后经给水泵再进入省煤器。闪蒸余热发电技术(图 4.3-9)可使流过省煤器的流量大幅度增加,使余热锅炉的排气温度降低,汽轮机的输出功率增大。

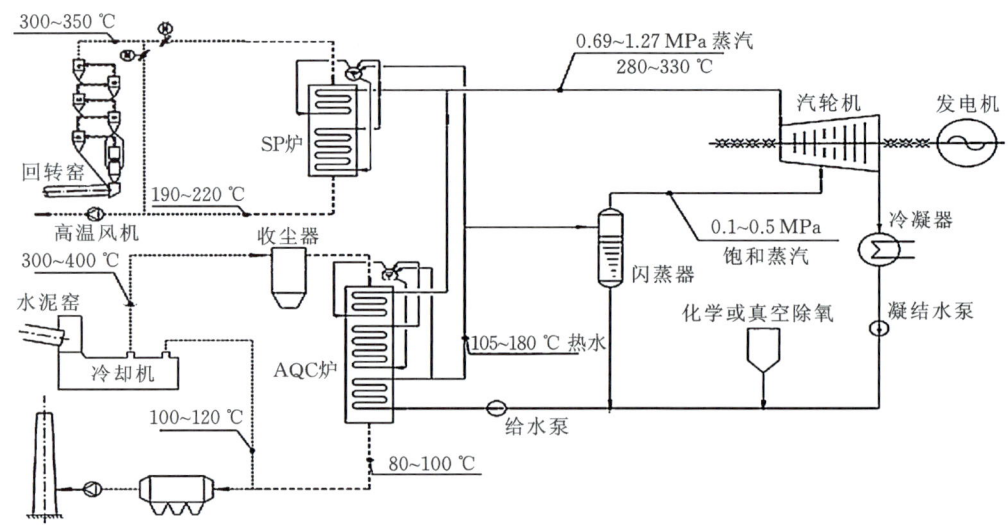

图 4.3-9　复合闪蒸补汽式余热发电热力流程图

闪蒸系统可以仅在单压余热锅炉上适当增加省煤器受热面和低压加热器并且增设闪蒸器的前提下,比单压系统多发电 10% 左右,并且必要时能够解列,维持单压系统正常运行。而对于能够增加相同发电量的多压锅炉来说,则需要复杂的独立的汽水系统,使锅炉的结构及控制难度增加,不但大量增加了投资成本,而且增加了运行、维修的工作量。

4.3.2.3　低温余热发电的实践应用

由于受窑型的不同、工艺流程的不同、水泥生产原燃料水分的不同、水泥工厂地理位置的不同等诸多因素的影响和制约,很难给出每一种窑型精确的低温余热电站的装机规模、建设投资等各项经济技术指标,在此结合某厂已安装的余热电站进行讲解。

某 1350 t/d 的 4 级旋风预热器窑,预热器和冷却机的出口废气流量和温度分别为 95000 Nm^3/h、360~390 ℃ 和 94000 Nm^3/h、240 ℃ 左右。针对该条生产线的低温余热资源,采取了中国天津水泥工业设计研究院的纯低温余热发电技术,其电站的系统配置及主机设备构成如下。

(1) 汽轮机为补汽凝汽式汽轮机(双压汽轮机),设计能力 2.5 MW。利用窑尾余热锅炉和窑头余热锅炉产生的低参数主蒸汽和窑头余热锅炉产生的饱和辅助蒸汽进行发电。这种系统在完全和充分回收利用窑头废气中余热的同时简化了热力系统的配置。经过长期的生产运行,主要设备和整个系统均运转正常。

(2) SP 余热锅炉的设计有独特之处:立式布置、机械振打、自然循环。整个锅炉的振打形式为连续式,清灰较为均匀,同时设计有合理的灰斗,避免了因清灰造成废气中含尘浓度突然增大而引起风机跳停,影响水泥生产。该锅炉最具特点的地方是采用自然循环方式,省掉了两台强制循环热水泵,降低了运行成本,提高了系统可靠性。立式的结构形式,在节约了占地面积的同时,也方便了废气管道的布置。

(3) AQC 余热锅炉为立式、自然循环。由于冷却机废气中粉尘黏附性不强,所以不设置清灰装置。同时换热管采用螺旋翅片管,大大增加了换热面积,使得锅炉体积大幅下降,降低了投资成本。同时,在 AQC 余热锅炉前端设置了高效沉降室,大大减轻了废气对 AQC 余热锅炉的磨损。

(4) 对篦冷机进行适当改造,在中部设置抽风口,作为 AQC 余热锅炉的取风口,通过对冷却机原抽风口的风门进行调节,保证中部抽风口的废气温度达到 350 ℃ 以上。改造后实际废气参数为 40000 Nm^3/h、350~400 ℃。窑头余热锅炉为双压双汽包锅炉,产生的低参数主蒸汽和饱和辅助蒸汽同时进入汽轮机做功。

(5) 整个余热发电系统采用国内先进的 DCS 集散控制系统,系统的操作简便可靠,并设有完善的显示、记录、报警和保护程序,使整个发电工艺系统能够稳定运行。

(6) 两台余热锅炉的废气侧都设计有旁路系统,当余热锅炉停用时水泥生产系统可切换至旁路系统,保证回转窑系统正常运行。

(7) 根据该系统蒸汽温度和压力较低的情况,采用了最新的真空除氧方式,系统运行成本较低。

该工程建成投产以来,经过近一年的生产运行,主要设备和系统均运转正常,电站平均发电能力 1800 kW,各项技术经济指标全部达到设计要求。

4.3.3　光伏发电

光伏发电配套水泥生产线建设可以起到节约用电成本、降低化石能源消耗、减少污染物排放的作用。

4.3.3.1　光伏发电系统的工作原理和分类

太阳能光伏发电系统以光生伏特效应技术原理和方法为基础,使用光伏太阳能电池直接将太阳光照转换为能源。由于无能源消耗、无温室气体等化学物质的排放,太阳能光伏发电具备无噪声、无污染的特性。目前太阳能光伏发电系统分为两大类:离网光伏发电系统和并网光伏发电系统。离网光伏发电系统主要用于居民生活用电,工业用电主要采用并网光伏发电系统。

离网光伏发电系统由蓄电池、控制器和太阳能电池部件构成,再配置逆变器就可为交流负载供电,如图 4.3-10 所示。

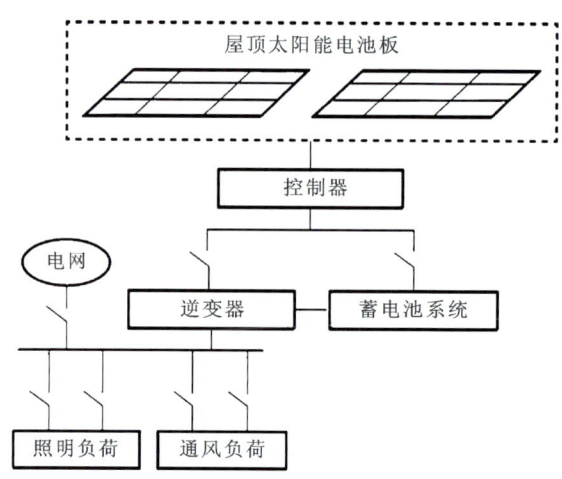

图 4.3-10　离网光伏发电系统

光照条件良好的时候,全厂照明与通风等负荷由太阳能光伏发电系统供电;当光照条件稍差的时候,太阳能光伏发电系统仅为照明系统供电;当太阳能光伏系统发电功率继续减少时,该系统向蓄电池供电,此时全部用电负荷由电网供电,待蓄电池电量充满后切断电网,由蓄电池供电。

并网光伏发电系通过太阳能电池部件,将太阳能元件产生的直流电力转化为满足城市电网要求的交流电力,通过并联网络逆变器直接连接到公共电网,不需要经过蓄电池的能量储存,如图 4.3-11 所示。

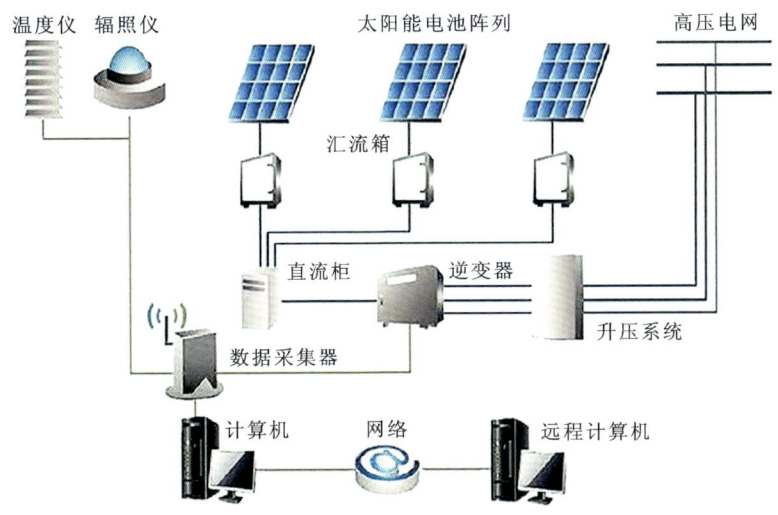

图 4.3-11　并网光伏发电系统

4.3.3.2　光伏组件

太阳能光伏发电系统中最重要的部件是光伏电池，光伏电池是收集阳光产生电能的基本单位。若干光伏电池组合在一起构成光伏组件。光伏电池种类繁多、形式各样，按基体材料分类主要有单晶硅（monocrystalline silicon）电池、多晶硅（polycrystalline silicon）电池、非晶硅（amorphous silicon）电池等（表 4.3-2）。

表 4.3-2　各类光伏电池的性能特点

序号	比较项目	单晶硅电池	多晶硅电池	非晶硅电池
1	技术成熟性	商业化单晶硅电池经60多年的发展，技术已达成熟阶段	目前常用的是铸锭多晶硅技术，20世纪70年代末研制成功	20世纪70年代末研制成功，经过40多年的发展，技术日趋成熟
2	光电转换效率	16%～26%	15%～20%	10%～15%
3	衰减率	3.8%～6%	4%～7%	12%～18%
4	外部环境适应性	输出功率与光照强度成正比，在高温条件下效率发挥不充分	输出功率与光照强度成正比，在高温条件下效率发挥不充分	弱光响应好，充电效率高。高温性能好，受温度的影响比晶体硅太阳能电池要小
5	运行维护	组件故障率极低，自身免维护	组件故障率极低，自身免维护	柔性组件表面较易积灰，且难于清理

续表

序号	比较项目	单晶硅电池	多晶硅电池	非晶硅电池
6	使用寿命	经实践证明使用寿命长,可保证 25 年使用期	经实践证明使用寿命长,可保证 25 年使用期	衰减较快,使用寿命只有 10～15 年
7	抗风能力	正面最大静载荷 5400 Pa;背面最大静载荷 2400 Pa	正面最大静载荷 5400 Pa;背面最大静载荷 2400 Pa	较脆弱
8	防腐蚀、防盐雾能力	通过 TÜV 北德测试,通过双倍 IEC 61701 六级盐雾测试	通过 TÜV 北德测试,通过双倍 IEC 61701 六级盐雾测试	较差,更适合沙尘环境
9	供货能力、周期	市场主流产品,货源充足	市场主流产品,货源充足	市场占有率低,货源不稳定
10	运行经验	应用于大型地面发电项目,运维经验丰富	广泛应用于大型地面发电项目,运维经验丰富	应用于小型光伏发电、屋顶及大棚发电项目

目前市面常见的太阳能电池基本分为两种,主要是非晶硅薄膜太阳能电池和晶体硅(单晶硅和多晶硅)太阳能电池。由于晶体硅电池技术成熟,在已执行的各类项目中更常用的是晶体硅模块。而其中单晶硅电池部件转换效率高,技术成熟,可靠性高,使用寿命长,因此推荐使用单晶硅部件。

光伏组件的排布有以下两种方式。

(1)彩钢瓦平坡屋顶。水泥厂车间屋顶为长方形屋面,从装机容量、安装牢固性及运维便利性考虑,建议采用竖向双排布置。横向检修通道 0.5 m,竖向检修通道 1.5 m。安装效果见图 4.3-12。

(2)混凝土屋顶。考虑到安装容量及支架基础的配置等因素,混凝土屋顶的光伏组件全部采用竖向单排安装,现场安装效果见图 4.3-13。

图 4.3-12 彩钢瓦平坡屋顶安装效果图

图 4.3-13 混凝土屋顶安装效果图

4.3.3.3　光伏发电的实践应用

某厂通过对太阳总辐射量进行评估(太阳总辐射量平均值为 4032.2 MJ/m²),确定太阳能资源利用价值。厂内共设计安装 6684 块 545 Wp 单面单晶硅光伏组件,光伏电站直流侧装机总容量为 3.64278 MW,交流侧装机容量 2.925 MW。根据站址地形条件和阵列布置特点,整个工程共分为 5 个区域,分别为 1♯~3♯ 堆场、原煤堆场以及石灰石堆场。根据光伏布置情况分为 2 个发电单元,接至 2 台 1600 kV·A 的 10.5/0.8 kV 箱变,光伏场区共装设 13 台 225 kW 组串式逆变器。

结合厂区需求,选用单面单晶硅光伏组件,正常条件下的使用寿命不低于 25 年,组件衰减第一年≤2%,第 2~25 年组件年衰减≤0.55%,25 年后保证≤15.2%。经计算,电站建成后预计 25 年运营期内总发电电量为 7864.3 万度,25 年平均年上网电量 314.57 万度,25 年平均年利用小时数为 863.5 h。

光伏阵列运行方式采用固定 18°倾角式,固定最佳倾角需根据负载情况而定。对于均衡性负载,要综合考虑各月份接收太阳能及发电量的均衡性。对于季节性负载,要在负载重的季节尽量多发电。对于并网光伏发电系统,电能全部入网,充分利用,不存在发电限制。

堆棚顶部光伏板照片如图 4.3-14 所示。

图 4.3-14　堆棚顶部光伏板照片

逆变器选型采用 225 kW 并网组串式逆变器。并网逆变器可把来自太阳能电池方阵的直流电转换成交流电,通过并网把交流电送入电网中,兼具 MPPT 最大功率控制、元件控制和保护等功能。逆变器的合理配置对提高发电效率、减少运行损耗具有重要的意义。

4.3.4　变频设备

设备功率能耗是重要的节能管理部分。设备运行时间长,生产设备功率部分空耗造成的能源浪费是很大的。水泥生产中用到的水泵、风机等可进行变频改造(图 4.3-15),应用变频技术对设备进行调速控制,大幅降低设备能耗,利用自动化控制技术来提高水泥生产设备运行精准度,节约能源。

图 4.3-15　高温风机及循环风机节能变频技改

4.3.4.1　变频设备应用思路

1. 控制设备无功功率产生

设备一旦产生无功功率就会造成发热现象,由此会引发设备线路的损坏,因此需要控制无功功率的产生。在机械设备中使用变频节能技术可实现对设备的自动控制,将出现的无功功率削减后,损耗的无功功率能耗也就得到了有效的控制。因为这在一定程度上对设备的无功电能消耗起到控制作用,提升了设备的整体电能运用效率,提高了设备的使用寿命,也达到了节能效果。

2. 改变设备启动方式

硬启动会对设备以及电力系统造成一定的冲击和影响,使用变频器的变频调节技术之后,流经设备的电流可以根据电动机的实际需求实现自动控制而逐渐上升。这种电动机的启动方式,一方面能够降低电力消耗,另一方面能够保护电动机及驱动的机械设备免受冲击,提高设备的使用寿命。

3. 降低设备耗电量

在水泥生产线上使用的大功率风机及水泵,装机容量大,电能消耗也比较大。采用交流变频调速系统可以减少风和水在阀门和挡板上的能量损耗,因为水泵和风机具有平方负载特性,因此节能效果非常可观。泵类和风机对变频器选型要求不高,通过使用变频器可以实现节能 20％ 左右。当前水泥生产企业已经普遍开始选用小功率的通用型变频器,且随着生产的发展,大功率高压变频器也被应用于大功率负载风机和高压泵类,如应用于功率为 2500 kW 的窑尾高温风机。通常变频器的选择有几个原则,即价格适中、谐波干扰小以及安全可靠,例如采用低压功率单元串联结构形式的高压变频器是较为理想的选择。

4.3.4.2　变频设备的实践应用

变频设备应用广泛,下面结合部分水泥生产工艺关键设备说明其应用效果。

1. 在回转窑拖动上的应用

以前回转窑主拖动一般使用直流调速,但这种调速电路复杂,维修难度大,操作烦琐,导致转速不平稳,增加了操作人员的看火难度;直流电动机在温度高、粉尘大的恶劣环境中工作,其碳刷、整流子损坏严重,维修费用高。而交流变频调速效率高,稳定性好,且交流电动机的价格和维护费用也比直流电动机低得多。

回转窑在启动时物料处于正下方,在窑启动并不断加速的过程中,整个窑体及窑内的物料克服自身惯性而升速,当物料偏移正下方最大角度时,此时所需转矩最大,这是个加速过程,一个克服设备巨大惯性的过程。一旦驱动电流克服了这种大惯性负载而启动起来,维持正常运转所需的驱动能量及转矩就很小了。

由于回转窑的这种负载特点,选择电动机的功率就比较复杂:功率选择过大,启动没问题,但正常运转时出现"大马拉小车"现象,能耗大,一次性投资加大;功率选择小些,适合于正常运行,效率高,投资小,但不能正常启动。所以,就要选择在回转窑的主传动上进行变频调速来解决这样的难题(图 4.3-16)。在调试时要注意根据实际的情况调节变频器的参数,即在低频段适当提高 V/F 的值,这样有利于提高电动机出力;但在满足启动要求的情况下,提升值越小越好,这样做能减小电动机损耗、降低电动机温升,避免造成过流保护。

图 4.3-16　窑主传变频永磁电机节能改造

2. 在风机上的应用

风机在水泥生产工艺中是很重要的设备。由于生产过程中工况的不断变化及其他多种因素的影响,设计选型时风机通常预留较大富余量,所以在实际的使用过程中,为满足工况要求,在进风管道中设置电动阀门、挡风板等装置。通过阀门开度来调节风量,采用挡板阀门调节时,大量的能量消耗在挡板阀门的截流过程中。同时,介质对挡板阀门冲击较大,设备损坏情况严重。另外,挡板阀门动作迟缓,手动时人员不易操作,而且操作不当会造成风机振动。挡板阀门执行机构一般为大力矩的电动执行器,故障较多,不能适应长期频繁调节,构成闭环自动控制较难,且动态性能不理想。而采用调速方式调节风量,节电效果就十分理想(图 4.3-17)。

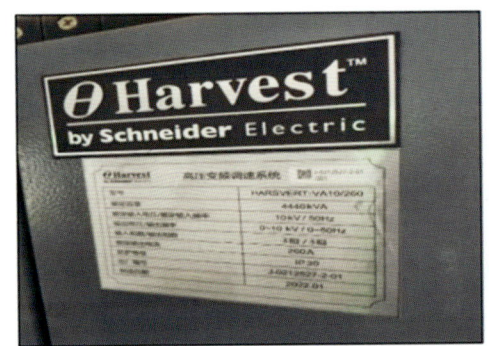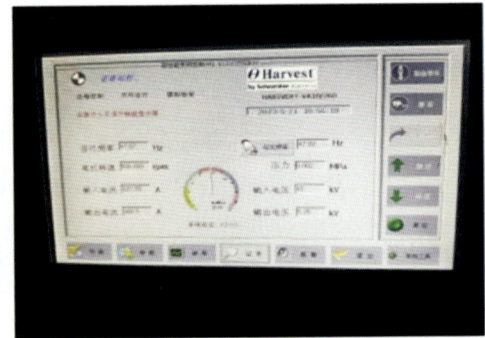

图 4.3-17　高压变频风机调速系统

风机的风量与转速成正比,风机的风压与转速的平方成正比,消耗的功率与转速的三次方成正比,即

$$Q'/Q=n'/n \qquad H'/H=(n'/n)^2 \qquad P'/P=(n'/n)^3$$

式中:Q——风量;

H——风压;

n——电机转速;

P——电机消耗功率。

对风机进行调速控制属于减少空气动力的节电方法,是一种比较理想的节电方式。它和调节阀门控制风量的方法相比较,有明显的节电效果。

考虑转速下降的同时电机和风机效率降低等因素的影响,如果采用变频调速来改变风机的风量,其节能效果仍然相当明显。采用变频调速还具有以下特点:启动电流下降到额定电流的 1~2 倍,大大改善电机的启动性能,避免大电流对电机和电网的冲击;电机转速可调后,电机轴承等处机械磨损减少,降低维修工作量,提高功率因数。

3. 在水泥选粉机上的应用

水泥选粉系统的工作原理是根据所生产的水泥标号的不同,调节选粉机和选粉风机的转速,从而选出不同细度的水泥制品。老式选粉机要调整风机轴上的扇叶的数量和角度,经过对比试验达到所要求的选粉细度;新式选粉系统分选粉机和选粉风机两部分,选粉机由滑差电机调速,选粉风机靠调节挡风板角度调节用风量。这两种系统都存在操作工艺复杂、调节精度差、浪费电能严重的缺点,特别是滑差电机不但费电,而且由于水泥制造环境粉尘含量高,因此滑差头故障率特别高,维修困难。变频改造后,不管是老式系统还是新式系统,只要将电机调节到一个特定的转速就能选出所需要的细度的颗粒,在节约电能的同时还做到了连续化、自动化生产,既提高了劳动效率,又降低了劳动强度,综合效益明显。选粉机在启动之前,首先要开启排风机,而选粉机的结构决定了排风机运行时选粉机本体跟着旋转,从而造成了选粉机启动前电动机已有一个转速。如果此时启动变频器给选粉机送电,将造成变频器过流跳闸,这时应调整变频器的捕捉再启动常数,使它允许电动机在静止状态下正常启动。

4.3.5 电化学储能电站

水泥行业属于高能耗企业,电价是生产成本中的"大头"。一家 100 万吨产能的水泥厂,一年的电费就达到了 4000 万元左右。近年来,随着进一步拉大峰谷电价差,设置尖峰电价机制,属于用电大户的水泥企业,生产成本随之明显增加。储能系统可以做到削峰填谷,即储能系统在负荷低谷时吸收系统中多余的电能进行储存,在负荷高峰时把存储的电能释放给系统负荷,有效地消除了昼夜间的峰谷差值,一方面保证了供电的可靠性和运行的稳定性,保证了良好的电压质量,另一方面也解决了高峰负荷带来的输电线路投资大的问题。

1. 电化学储能电站的构成

电化学储能电站主要由电池组、储能变流器(PCS)、电池管理系统(BMS)、能量管理系统(EMS)以及其他电气设备构成(图 4.3-18)。

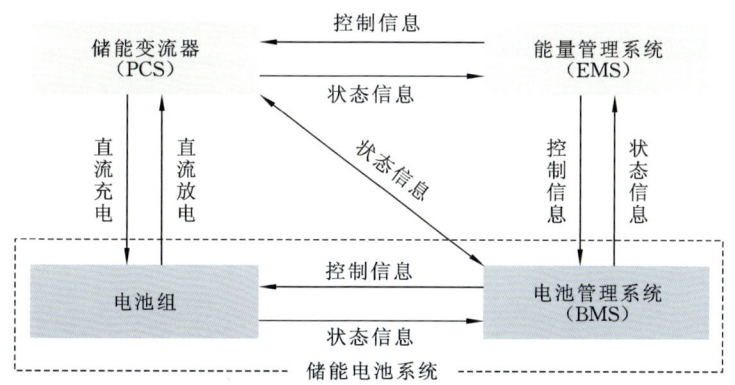

图 4.3-18 电化学储能工艺流程示意图

2. 电池选型

1)电池选型

电池组是储能系统最主要的构成部分,电池选型原则如下:容易实现多方式组合,满足较高的工作电压和较大工作电流;高安全性、可靠性,在极限情况下,即使发生故障也在受控范围内,不会发生爆炸、燃烧等危及电站安全运行的故障;具有良好的快速响应和充放电能力;较高的充放电转换效率;易于安装和维护;具有较好的环境适应性、较宽的工作温度范围;符合环境保护的要求,在电池生产、使用、回收过程中不产生对环境的破坏和污染。

2)电池比选

从储能技术的经济性来看,锂电池有较强的竞争力,钠硫电池和全钒液流电池未形成产业化,供应渠道受限,成本昂贵。从运营和维护成本来看,钠硫电池需要持续供热,全钒液流电池需要泵进行流体控制,增加了运营的成本,而锂电池几乎不需要维护。

而对于锂电池来说,常见使用类型为三元锂电池和磷酸铁锂电池。三元锂电池正极材料的分解温度在 200 ℃左右,磷酸铁锂电池正极材料的分解温度在 700 ℃左右,因而在安全性方面磷酸铁锂电池较三元锂电池而言有着绝对的优势;同时,磷酸铁锂电池在循环寿命上具有绝对优势。综上所述,根据国内外储能系统应用现状和电池特点,推荐使用磷酸铁锂电池。

3. 储能电站的实际应用

某水泥厂在总降压变电站附近建设储能电站,储能总规模为 13.6 MW/27.52 MW·h。规模为 5.1 MW/10.32 MW·h,接至总降压变电站内 110/10 kV 变压器次级的 10 kV 母线上。利用磷酸铁锂电池构建储能系统,基于分时电价,实现削峰填谷的功能,通过峰谷套利节约电费的模式实现项目收益。以集装箱形式安装布置,集成 3 套独立的 3.44 MW·h 液冷集装箱型储能系统,具体方案配置如下。在 110/10 kV-28 MV·A 变压器低压侧接入 5.1 MW/10.32 MW·h 电化学储能系统,配置 3 台 3.44 MW·h 液冷储能电池集装箱和 3 套 PCS 升压一体机(含一台 1.725 MW PCS、一台 2000 kV·A 干式变压器及相关的高压、低压开关柜)。另外配有 1 台非标集装箱,用于安装 10 kV 汇流开关柜、计量柜、直流屏、信号屏和 EMS 等,为整个系统共用。电池系统全部采用磷酸铁锂电池,具有高能量长时间充放电特性,可以满足系统较长时间的调峰功能需求(图 4.3-19)。

图 4.3-19　储能电站实体图

第五章 水泥行业技术发展趋势

2018年3月,国际能源署IEA、水泥可持续发展倡议行动组织CSI和世界可持续发展工商理事会WBCSD三家非营利性咨询机构发布了《2050水泥工业低碳转型技术路线图》。这是继2009年三家非营利性咨询机构第一次联合发布这种展望性预测报告以来的第二份报告,其重点内容为水泥工业应对全球气候变化如何低碳转型,可见全球水泥工业未来将持续围绕低碳转型技术发展。

围绕低碳转型目标,各国水泥企业纷纷开展碳减排路径剖析、新兴技术研发、投资成本测算、国际实践分享等,重点探究传统碳减排工艺革新以及碳捕集利用与封存等新技术。水泥工业是国民经济的重要基础产业,新的绿色制造技术不仅要契合国家宏观政策,也要综合考量低碳转型成本、技术可行性、资源可用性等,现阶段大部分的研究聚焦能效提升、替代燃料、降低水泥熟料系数、碳捕集技术等。事实上,在水泥生产方面的绿色制造技术,一旦得到大面积推广,也能起到非常重要的减碳作用。本章从水泥生产的角度,在降低水泥单位能耗、大力发展水泥窑协同处置技术、降低水泥熟料系数、研发应用CCUS技术等方面阐述几种低碳水泥的绿色制造技术。

▶▶▶ 5.1 降低水泥单位能耗

水泥行业是高能耗产业,水泥行业的能源消耗约占世界能源消耗总量的2%。水泥生产企业最大的挑战是能源消耗(热能和电能消耗),占水泥生产企业成本的40%~70%。因此,对于一个水泥生产企业而言,管控好每一个生产环节的能源消耗非常重要。

5.1.1 水泥生产能耗分析

水泥生产中涉及的能源消耗按照生产环节可以概括为以下三类。

1. 原料破碎和预处理过程的能量消耗

水泥生产中,矿物破碎和原料预处理过程需要大量的机械能,同时还需要使用大量的燃料加热原料。在这个过程中,机械能和热能的消耗占总能量消耗的比例较高。因此,合理的机械设备和热能利用是非常重要的。

2. 熟料烧成过程的能量消耗

熟料烧成是水泥生产过程中需要消耗最多能量的阶段。烧成过程中,需要利用燃料将原料进行热处理，使其化学结构发生变化。同时，在这个过程中需要对设备进行高温加热，例如回转窑、分解炉等。因此，水泥生产厂家在烧成过程中需要尽可能地提高设备的热效率，减少能量浪费。

3. 粉磨过程的能量消耗

生料、煤粉、水泥磨成过程均需要大量的机械能，此外还需要利用气体和电力等能源来帮助磨成细粉。因此，在设备和能源上的合理利用和安排非常关键。

围绕水泥生产的能量消耗环节，水泥行业降低单位能耗主要集中在熟料冷却技术、预热器节能技术、粉磨节能技术三个方向。

5.1.2 熟料冷却技术

熟料冷却是近十年来水泥烧成系统技术创新活动最活跃的领域，其发展的核心是通过提升冷却机性能来提高熟料的热回收效率。

5.1.2.1 冷却机的性能评价

1. 热效率

热效率是指从熟料中回收和用于煅烧过程的热量与熟料入冷却机时总热量的比值。各种冷却机热效率一般在 $40\%\sim80\%$。

$$\eta_c = \frac{Q_{收}}{Q_{出}} \times 100\% = \frac{Q_{出} - Q_{失}}{Q_{出}} \times 100\%$$

或

$$\eta_c = \frac{Q_{出} - (q_{气} + q_{料} + q_{散})}{Q_{出}} \times 100\%$$

或

$$\eta_c = \frac{Q_y + Q_F}{Q_{出}} \times 100\%$$

式中：η_c——冷却机热效率（%）；

$\quad\quad Q_{出}$——入冷却机熟料携带总热量（kJ/kg 熟料）；

$\quad\quad Q_{失}$——冷却机总损失热量（kJ/kg 熟料）；

$\quad\quad q_{气}$——冷却机排出气体带走热量（kJ/kg 熟料）；

$\quad\quad q_{料}$——出冷却机熟料带走热量（kJ/kg 熟料）；

$\quad\quad q_{散}$——冷却机散热损失（kJ/kg 熟料）；

$\quad\quad Q_y$——入窑二次风显热（kJ/kg 熟料）；

$\quad\quad Q_F$——入窑三次风显热（kJ/kg 熟料）。

2. 冷却效率

冷却效率是指出窑熟料被回收的总热量与出窑熟料带入冷却机的热量之比，一般在 $80\%\sim95\%$。

$$\eta_L = \frac{Q_{出} - q_{料}}{Q_{出}} \times 100\% = \left(1 - \frac{q_{料}}{Q_{出}}\right) \times 100\%$$

式中：η_L——冷却机冷却效率（％）。

3. 空气升温效率

空气升温效率是指离开熟料层空气与鼓入各室的冷却空气的温度差值同该室区熟料平均温度之比值，一般小于 0.9。

$$\varphi_i = \frac{t_{a2i} - t_{a1i}}{\bar{t}_{cli}}$$

式中：φ_i——空气升温效率；

$\quad\quad t_{a1i}$——鼓入某区冷却空气温度（℃）（环境温度）；

$\quad\quad t_{a2i}$——离开该区熟料层空气温度（℃）；

$\quad\quad \bar{t}_{cli}$——该区冷却机篦床熟料平均温度（℃）。

熟料冷却机性能能否满足要求，需要考虑如下几方面问题。

（1）冷却机的热效率。冷却机的热效率波动在 40％～80％。

（2）二、三次空气被熟料预热的温度。二次空气含的热量越多，燃烧温度越高，或者在同样发热量的情况下可降低燃料消耗量，使回转窑热耗降低。因此，要求二次空气温度在 900～1100 ℃为好。

（3）熟料的冷却程度与冷却速度。熟料被冷却后的温度越低越好，一般波动在 50～300 ℃；冷却速度越快越好，通过急冷改善熟料质量，提高易磨性，便于输送和储存。

（4）动力消耗。冷却单位质量熟料的空气消耗量要少，这样可以提高二次空气温度，减少粉尘飞扬，降低电耗。

（5）结构简单，操作方便，维修容易，运转率要高。

5.1.2.2 第四代篦式冷却机的节能应用

第三代篦式冷却机以高阻力篦板和充气梁结构为特征，通过分区域高速射流供风和厚料层作业提高了冷却机的热回收效率和入窑风温。而第四代篦式冷却机的推杆式冷却机，把传统篦式冷却机中往复移动篦床承担的推动物料运动和供风的双重功能分解为由一组具有气流自适应调节功能的充气篦板排列组成的静止篦床实现供风，而让设置其上的一组往复移动推杆推动熟料层前进。其在节能上有以下几个突破点。

（1）高效热回收：四代篦冷机采用了先进的热回收技术，其高温中置辊破和集成高效的固定斜坡等技术，能够在水泥熟料冷却过程中有效回收余热，提高了热能的利用效率。这不仅可以降低能源消耗，同时可减少对环境的热污染。其部分设备和热回收流程如图5.1-1～图 5.1-3 所示。

图 5.1-1　固定斜坡热回收示意图

图 5.1-2　高温中置辊破

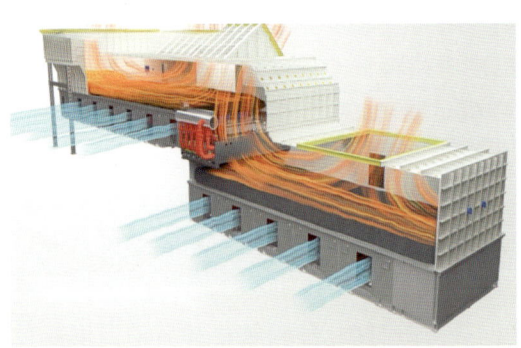

图 5.1-3　第四代篦冷机热回收示意图

（2）优化冷却效率：第四代篦冷机在冷却效率方面进行了优化，通过结合实际生产中熟料横向料层厚度分布，改进了冷却风的设计和配置，提高了冷却风量的均匀性和穿透性，使熟料在冷却过程中能够更快速地降温，提高了生产效率，同时降低了能耗。这其中的相关设备如机械流量调节器，保证冷却风横向合理分配，其构造和原理如图 5.1-4 和图 5.1-5 所示。带单向阀的铸件进料端篦板可以灵活控制空气炮，利用压缩空气的冲击振动打散上端的大块物料，消除"雪人"，避免了熟料死区的出现，其结构和实物如图 5.1-6 和图 5.1-7 所示。

图 5.1-4　流量调节器

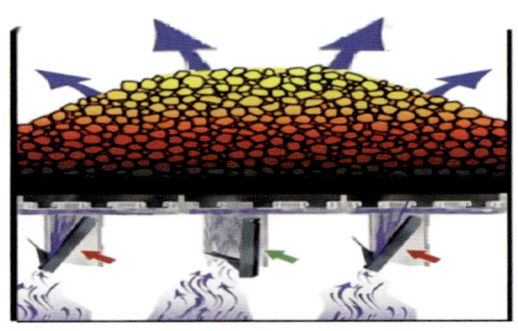

图 5.1-5　流量调节器应用示意图

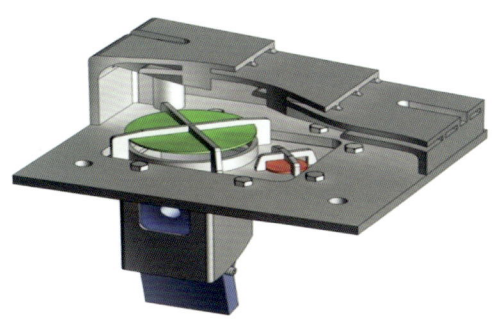

图 5.1-6 带单向阀的铸件进料端箅板结构

图 5.1-7 带单向阀的铸件进料端箅板实物

（3）耐磨设计：针对箅冷机长期运行导致的磨损问题，第四代箅冷机在耐磨性方面进行了改进。其各类型如步进式（图 5.1-8）、十字棒式（图 5.1-9）、推动棒原理均将输送装置和冷却装置进行了分离。因箅板无须活动，所以此前箅冷机存在的漏料问题也得以解决，有效提高了整体设备的耐磨性，延长了设备的使用寿命，减少了因设备磨损造成的维修和更换成本。

图 5.1-8 步进式输送结构

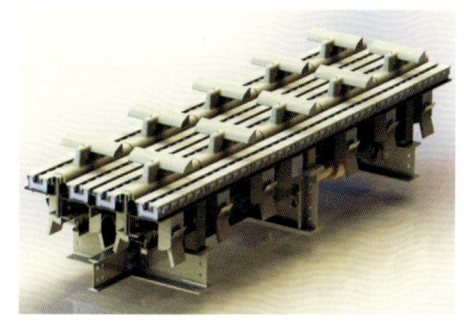

图 5.1-9 十字棒式输送结构

综上所述，第四代箅冷机的节能突破点主要体现在高效热回收、优化冷却效率、耐磨设计等方面。这些改进措施共同提升了第四代箅冷机的能效表现，有助于水泥生产企业的能耗降低。第三、四代箅冷机整体性能对比见表 5.1-1。

表 5.1-1 第三、四代箅冷机性能对比

类别	第三代箅冷机	第四代箅冷机
生产能力/（t/d）	根据窑产变化	根据窑产变化
面积负荷/[t/（d·m²）]	40～50	40～50
冷却风量/（Nm³/kg 熟料）	2.0～2.5	1.6～2.0
入料温度/℃	1200～1400	1200～1400

续表

类别	第三代篦冷机	第四代篦冷机
出料温度/℃	65＋环境温度	65＋环境温度
整机电耗/(kW・h/t)	6～8	5～6
热回收效率/(%)	70～75	72～80

5.1.3 预热器节能技术

预热器当前已被广泛应用于水泥工业领域,用于加热物料并提高生产效率。它通过高温气流迅速传递热量给物料,实现预热,有效降低了水泥生产中所需的能源消耗。

5.1.3.1 预热器节能原理

悬浮预热器是构成预分解系统的主要气固反应单元,其主要功能是充分利用回转窑和分解炉排出的废气余热加热生料,使生料预热及部分碳酸盐分解。为了最大限度地提高气固间的换热效率,实现整个煅烧系统的优质、高产、低消耗,预热器必须具备气固分散均匀、换热迅速和高效分离三个功能。

换热原理:料粉从喂料口喂入,迅速分散悬浮于气流中,气固相间立即进行热交换,且换热速率极快;预热器80%以上的热量交换在连接管道中完成,只有不到20%的在旋风筒完成。

高效分离:气流携带料粉以切线方向高速进入旋风筒,在筒内旋转向下,至锥部反射旋转向上。在旋转时,料粉及气流受离心力的作用具有向壁运动倾向,大颗粒质量大、惯性大,碰壁失速坠落,以此完成气固分离。

气固分散:喂入预热器管道中的生料,在高速上升气流的冲击下,物料折转向上随气流运动,同时被分散。物料下落点到转向处的距离(悬浮距离)及物料被分散的程度取决于气流速度、物料性质、气固比、设备结构等。为了提高物料分散效果,在预热器下料管口下部的适当位置设置有撒料板,当物料喂入上升管道下冲时,首先撞击在撒料板上被冲散并折向,再由气流进一步冲散悬浮。

衡量预热器系统气、固之间的换热效果有两个效率指标,即热优良度和换热效率。在旋风预热器系统中,二者相比,对换热效率的使用及优化要更多一些。

热优良度:生料在预热器系统内温度的实际升高值与废气及生料进入预热器系统时原始的温度差之比。

换热效率:生料出预热器系统所获得的热量与输入预热器系统总热量的百分比。

$$\eta_{er} = \frac{E_a}{\sum E_e}$$

式中:E_a——生料出预热器获得的总热量;

$\sum E_e$——输入预热器系统的总热量(含分解炉用煤、二次风、三次风)。

5.1.3.2　预热器节能因素及发展方向

由于影响旋风预热器热效率的因素很多，而且其相互之间有较密切的联系，某一因素的影响可用另一因素的影响解释，所以此处总结几个常见因素及其发展方向。

1. 粉料的悬浮效率

由单元换热的工作原理可知，在旋风预热器中，气固之间热交换量的80%甚至90%是在旋风筒入口管道内瞬间完成的，前提条件是粉体物料充分均匀分散悬浮于气流中。粉体物料成股地从加料口加入，由于惯性，有一个向下的冲力，当遇到由下向上的气流时，部分物料被气流冲散带起向上悬浮于气流中，部分料股中间的物料继续下冲，又被下面的气流冲散，转而向上悬浮。如果较大料股中间的粉料或料团，在下冲一定距离后仍不能被冲散浮起，一旦离开下级的内筒，由于气体流速锐减，这部分物料将不能悬浮，失去了在上级筒中的预热机会，这样将降低物料的预热效果。

为了使物料充分预热，提高旋风预热器系统的热效率，使物料迅速充分均匀悬浮，必须采取以下措施：合理选择加料位置（靠近进风管的起始端）；合理选择管内风速（>15 m/s）；在喂料口加装撒料装置；保证来料均匀。其实际应用设备如图5.1-10、图5.1-11所示。

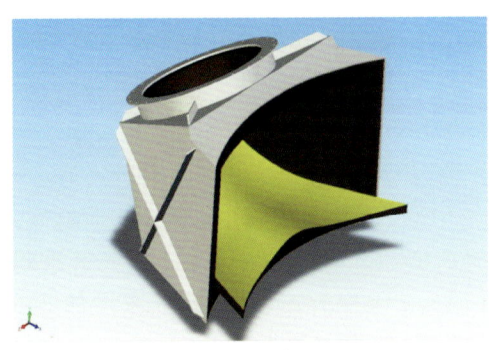

图 5.1-10　撒料盘装置

图 5.1-11　撒料盘预热器内打散效果

2. 系统固气比（Z）

理论研究表明，当 $Z<2$ 时，气、固换热效率随 Z 值增加而升高，且非常敏感；当 $2<Z<3.6$ 时，Z 值对换热效率的影响变得非常缓慢；当 $Z>3.6$ 时，Z 值增加，换热效率反而降低。普通的预热器内的固气比在1以下（0.8~0.9），现在有一种新型方法为交叉料流法，可使 Z 值达到2左右。

3. 旋风预热器的系列数和级数

在现有的串联多级旋风预热器系统中，固气比大多小于1，由于粉体加入量受窑产量等限制，单纯地提高系统固气比较难。所以，将进入预热器的气体分成均等的气流通过并行的多系列预热器，全部粉料从一个系列到另一个以串流形式通过所有旋风预热器，其流程如图 5.1-12 所示。在系统固气比不变的前提下，使每个旋风预热器单体的固气比提高，这样就提高了每个单体的换热效率，从而大幅提高系统的热效率。

长期数据证明，由单系列到双系列预热器（图 5.1-13），热效率可增加 48%；系列数每再增加 1 列，热效率增幅小于 2%，增加的幅度较低。通过增加预热器系列数，物料温度升高，气体温度下降。由单系列到双系列，出口气体温度下降约 45 ℃，再增加系列数，物料和气体温度变化缓慢。由此可知，对于多系列旋风预热器系统而言，双系列预热器系统比较经济。

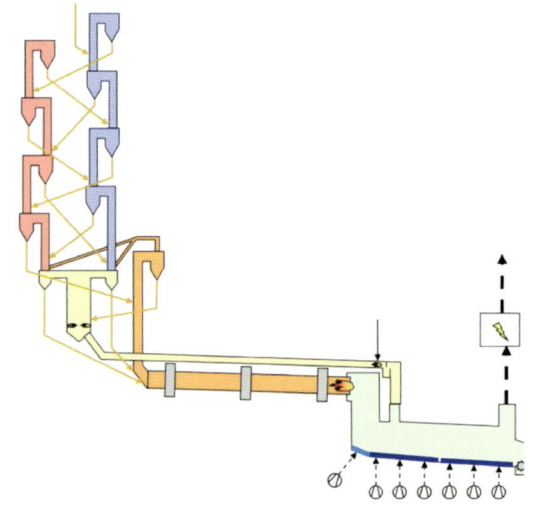

图 5.1-12　多级串流预热器示意图

图 5.1-13　双系列预热器

旋风预热器系统往往需要若干个换热单元相串联，串联级数越多，换热效果越好，但整个系统的流体阻力也会相应增大，电耗也会随之增加。研究数据表明，对于单系列旋风预热器，系统由 3 级变为 4 级时，热效率增加 5%；4 级变为 5 级时，热效率增加 3%；5级变为 6 级时，热效率增加约 2%；之后再增加级数，热效率增加小于 1%。增加级数会提高系统阻力，增加电耗，增加窑尾高度，增大一次性投资，所以单系列级数最好在 5~6 级。

4. 气、固相的分离效率

气、固相的分离效率如果不高，不仅会增加最上一级出口废气中的含尘浓度，从而增加后面收尘器的负担，更重要的是会降低各级换热单元的传热效率，从而大幅度地降低整个系统的换热效率。

其中，第一级旋风筒在分离效率变化的整个区间内，系统热效率变化明显，尤其是当分离效率<6.0 时，分离效率极大地影响着系统的热效率。对于其他各级旋风筒，在分离效率>6.0 时，对系统热效率的影响基本相当；在分离效率<6.0 时，从第二级旋风筒到第五级旋风筒的分离效率对系统热效率的影响程度逐渐减弱。

影响分离效率的因素如下。

（1）旋风筒的直径：在其他条件相同时，筒径较小，分离效率较高。

（2）旋风筒进风口的形式和尺寸（图 5.1-14、图 5.1-15）：进风应以切向入筒，减少涡流干扰，进风口宜采用矩形，进口尺寸应使进口风速在 16～22 m/s。

（3）排气管的尺寸及插入深度：一般排气管直径较小，插入较深，分离效率较高。

（4）旋风筒的高度：一般增加旋风筒的高度有利于提高分离效率。

（5）旋风筒入口风速：它将影响气料分离力的大小，风速过大过小都不好，最好在 18～20 m/s。

图 5.1-14　旋风筒进风口

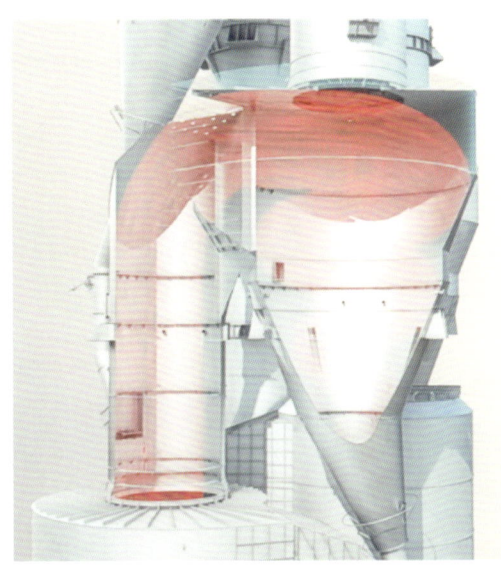

图 5.1-15　旋风筒热风流动

5. 漏风的影响

旋风预热器的漏风分内漏风和外漏风。内漏风是下一级的废气通过锁风不严的翻板阀，自旋风筒出料口倒流入上一级旋风筒，它虽不增加系统总风量，但超过一定限度时，将对该筒的分离效率有明显影响。内漏风量超过 2% 时，旋风筒的分离效率开始明显降低，将引起系统热效率的降低。外漏风是从预热器系统之外进入预热器系统之内的冷空气，冷空气漏入不但会降低热气流温度，还会降低固气比。冷空气的漏入虽能使预热器出口气流温度下降，但由于气流量增加，其带走的热量（热损失）是增加的。

根据以往实验测得数据，随着外漏风系数增大，单、双系列预热器热效率下降。热效率下降与漏风系数基本呈线性关系，漏风系数每增加 2%，热效率下降约 1%。当漏风系数为 10% 时，与不漏风相比，热效率下降为 5%。因此，应选用性能良好的翻板阀、膨胀节、耐火耐磨材料、各类密封结构等（图 5.1-16～图 5.1-19），严防冷空气的漏入，以免降低系统热效率和增加系统处理风量。

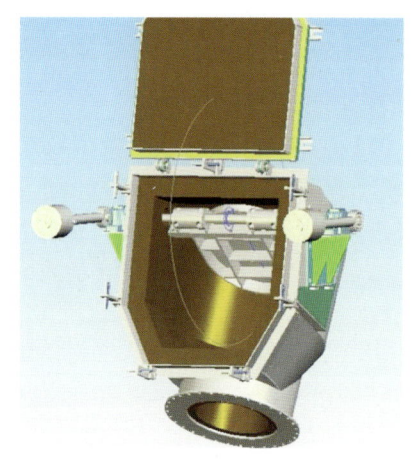

图 5.1-16　下料管翻板阀

图 5.1-17　耐火材料内衬

图 5.1-18　膨胀节

图 5.1-19　窑头窑尾密封

6. 系统通风效果

预热器通风效果不佳会导致热耗增加。例如,在回转窑系统中,如果冷风漏入,就会减少由冷却机进入窑内的二次风量和回收入窑的总热量。同时,通风效果不佳会导致系统操作不稳定,从而降低产品的产量和质量。有效通风能力的降低还会导致单位产品电耗的增加,严重时还会导致预热分解系统黏结堵塞。在水泥生产中提高预热器通风效果除上述内容中旋风筒的结构优化外,还有采取新型微晶下料管道减少下料口结皮、采用新设备清理结皮等方式。

1) 微晶耐火材料

新型微晶下料管道为圆柱形筒体,筒体由外向内分别由下料管外壳、纳米隔热板、微晶浇注料、微晶材料内衬组成,如图 5.1-20 和图 5.1-21 所示。

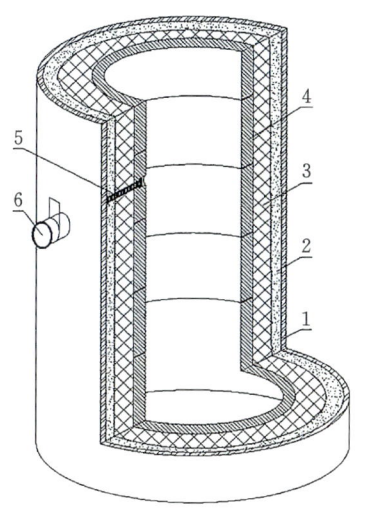

图 5.1-20　微晶管道示意图

1—下料管外壳；2—纳米隔热板；3—微晶浇注料；
4—微晶材料内衬；5—不锈钢螺栓；6—低膨胀透明微晶玻璃观察窗

图 5.1-21　微晶管道实物图

微晶材料内衬是以碳化硅、氮化硅、石英、微晶粉和玻璃微珠等为原料，经注浆或压制成型工艺制成坯体后，在 1400～1500 ℃的温度下烧结而成的微晶复相材料，具有耐磨、耐腐蚀、耐冲击、耐高温特性，高温时不与水泥配合料反应，避免结皮，不需放炮崩、水枪滋、人工清理等方式清理，简化了生产工艺流程，避免了因管道结皮造成的内漏风、通风受阻、下料不畅等情况，保证了管内有效空间。

2）结皮清理机器人

结皮清理机器人是中国耐火材料和机械臂厂家合作研发的一种电机驱动，用于水泥窑预热器、分解炉等部位清理结皮、拆除旧衬的新型装备。

该设备采用模块化设计，能够在现场进行快速组装、拆卸，具有环境适应性强、作业范围广、操作灵活方便、工作安全可靠等优点。液压系统采用负载反馈式电液比例系统、基于 CAN 总线的数字式双向有线遥控系统，可在高温、高粉尘、易坍塌的危险区域中灵活地进行全方位遥控的破碎、清拆作业，取代传统人工进入炉体内部进行作业，不仅能避免人工易发生的危险，也大幅度地提升了工作效率。设备及作业方式如图 5.1-22～图 5.1-24 所示。

图 5.1-22　结皮清理机器人

图 5.1-23　结皮清理机器人——倒姿

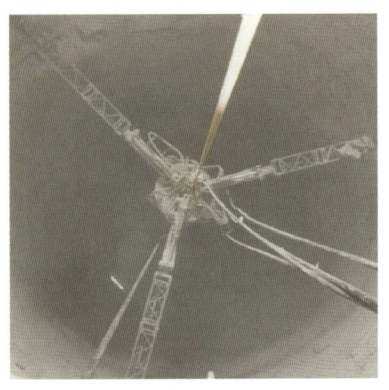

图 5.1-24　结皮清理机器人实际清理

对比传统拆除方法,结皮清理机器人效率达到 5 倍,节省人工 120 个。表 5.1-2 为某 2500 t/d 生产线结皮清理前后窑系统电耗和煤耗对比。

表 5.1-2　结皮清理前后窑系统能耗对比

	熟料产量 /(t/d)	尾排风机电耗 /(kW·h/t)	高温风机电耗 /(kW·h/t)	标煤耗 /(kg/t)
清理前	3150	2.48	6.89	104.3
清理后	3195	2.40	6.53	103.2

5.1.4　粉磨节能技术

近些年在生料终粉磨上,辊压磨凭借其低能耗高产量的优势受到许多生产企业的青睐。在水泥粉磨领域,半终粉磨和联合粉磨以领先于立磨和球磨的节能效果取得了稳定的市场地位。除了第二章所讲到的粉磨工艺技术的不同外,在粉磨领域,受研磨件磨损、风机、管路设计等设备配置的制约,其能耗节约仍有大幅提升空间。

5.1.4.1　粉磨系统的电耗节能潜力

在水泥生产过程中,粉磨系统的电耗是一个关键的能耗环节。粉磨电耗占水泥生产总电耗的 65%～75%,同时粉磨成本也占生产总成本的 35% 左右。因此,降低粉磨电耗是降低水泥行业能耗的关键途径之一。

近年来,随着技术的进步和设备的更新,水泥粉磨电耗已经有了显著的降低。一些先进的水泥企业已经实现了水泥粉磨电耗小于 20 kW·h/t 的新纪录。例如,P·O 42.5 水泥粉磨系统综合电耗可以达到 19.6 kW·h/t,而 P·C 42.5 水泥粉磨系统综合电耗更是低至 16.4 kW·h/t。这些成绩的取得,不仅归功于技术的不断革新,也离不开水泥企业持续的努力和优化。

粉磨技术正在向完全无球化(立磨或辊压机终粉磨)、设备大型化的方向发展。这种趋势有助于进一步提高粉磨效率,降低电耗。粉磨系统在水泥生产中的电耗是一个重要的能耗环节,通过技术的创新和设备的更新,可以有效降低这一环节的能耗,提高水泥生产的经济效益和环保性能。

5.1.4.2 粉磨设备的节能技术应用

粉磨系统在水泥生产中的电耗是一个重要的能耗环节,除了第二章各类粉磨工艺流程改变所带来的节能效果外,行业内也通过各类配件设备技术的创新和更新,进一步降低这一环节的能耗,提高水泥生产的节能效益。如立磨方面在磨辊形状和磨内循环料除铁技术上已取得的开发成果有望大幅度提高立磨在水泥粉磨领域的竞争力;辊压机方面通过对选粉机、辊压机结构进行改造提升其做功效率等。

1. 磨辊的节能改进

磨辊作为水泥粉磨中重要的粉磨部件,其粉磨效果和使用寿命直接关系着粉磨系统的做功效率与电耗,根据与磨盘的组合形式有圆锥形、轮胎形、圆柱形等形状,如图 5.1-25 所示。辊压机虽均为圆柱形,但各生产厂家分别研制了不同的辊面形式,有堆焊辊(图 5.1-26)、复合辊/合金辊、柱钉辊(图 5.1-27)等,各水泥企业可根据自身的工况进行选用。

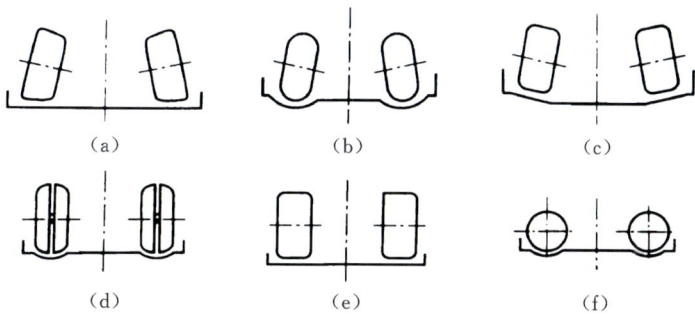

图 5.1-25 立磨磨辊和磨盘形状

磨辊运行中,除磨辊本身原因外,物料、磨辊修复工艺等条件也会造成磨辊磨损加剧。常见的磨损类型有辊面局部剥落、辊面局部磨损和整体磨损等,均会造成磨辊研磨效率下降,能耗上升。选用合适的磨辊修复方式可以有效地恢复磨辊做功效率,降低能耗。

1) 普通小面积补焊

在辊体运转的过程中,物料与辊面之间的冲击导致辊面小面积脱落掉块,要用焊条或者半自动 CO_2 气体保护焊进行修补。补焊可以抑制辊面掉块扩展,有利于使用寿命的延长。

图 5.1-26　堆焊辊

图 5.1-27　柱钉辊

2）现场在线堆焊

辊体运转到使用周期或者磨损到一定的尺寸时,需要进行恢复尺寸的焊接维修。在线堆焊(图 5.1-28、图 5.1-29)可以降低磨机检修成本,不用拆装磨辊、盘瓦,节省拆卸需要的大量人力、时间和费用,因为不用拆卸磨辊和衬板,可在设备检修和设备停机的较短时间内进行堆焊修复,满足即时检修的需要,最大限度缩短停工时间。

图 5.1-28　立磨在线堆焊

图 5.1-29　辊压机在线堆焊

3）离线大修

离线大修的优点在于它能够使用探伤方法对辊体进行着色或者超声波探伤(图 5.1-30),发现辊体的裂纹以及缺陷,并做相应的处理,使辊体使用寿命延长。另外,在离线过程中可以使用相应的激冷措施使焊接质量达到最好。

图 5.1-30　超声波探伤设备

2. 循环料除铁技术

在粉磨过程中,随着管磨机筒体旋转,研磨体个体之间,研磨体与衬板、物料之间摩擦、研磨,完成磨细物料作业的同时,研磨体及其他抗磨件磨损,被磨物料部分带入,这其中细铁屑或小铁粒会磨损管道、选粉机撒料盘、导风叶片、输送设备等,且循环量随磨机规格增大而增大,将严重影响粉磨效率,降低系统产量,予以去除有利于粉磨系统整体节能。

除铁器是一种产生强大磁场吸引力的设备,主要用于去除非磁性物料中所含的磁性杂质,对物料提纯或保护下游作业中的细碎设备(如雷蒙磨、立式破碎机、辊压机、包装机械等),保证生产线的正常运转。除铁器按安装方式分为悬挂式除铁器(图 5.1-31)、磁滑轮、管道式除铁器(图 5.1-32)。合适的除铁器选型、合理的除铁工艺,再加上相关粉磨设备的必要的技术改良,将成为水泥厂粉磨作业中消除铁质杂物影响的保障。

图 5.1-31　悬挂式除铁器

图 5.1-32　管道式除铁器

3. 选粉效率方面的改进

目前普遍应用于水泥企业的有 V 型选粉机、O-Sepa 选粉机等,在其使用后水泥强度有了提高,产品质量有了保证。但随着水泥行业单条水泥生产线产能不断扩大,在使用选粉机过程中也出现了选粉机物料分散不充分、不均匀,分级无法达到预期效果等问题,制约了选粉机效率的发挥,增加了水泥粉磨能耗。因此,许多企业从选粉效率入手,对选粉机采取了各类改造。以下为中国能建葛洲坝水泥公司在此方面的几项改造示例。

1) V 形折流板

经多条生产线统计,原 V 型选粉机下料多呈柱状,分散程度差,造成 V 选分级效率降低,大量的细粉无法从物料中被有效分选而返回辊压机。如此一来,整个系统循环量过大,产量偏低。企业通过自主设计和安装,在 V 选下料部位安装折流板,使下料分散均匀,避免选粉区两侧气流短路,从而提升分级效果,降低循环风机用风比例 10% 左右。V 形折流板的结构能够存料,有效减轻物料对其本体的冲击,使用寿命长。其实物图和使用效果如图 5.1-33、图 5.1-34 和表 5.1-3 所示。

图 5.1-33　V 形折流板

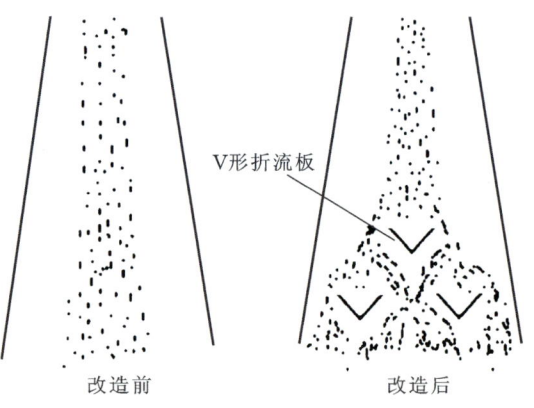

图 5.1-34　V 形折流板物料分散示意图

表 5.1-3　V 选改造前后对比

	入磨 45 μm 筛余 /(%)	入磨 80 μm 筛余 /(%)	入磨比表面积 /(m²/kg)	粉磨电耗 /(kW·h/t)	产量 /(t/h)
改造前	53.2	25	150	29.3	186
改造后	43.8	10.4	175	26.3	208

2) O-Sepa 选粉机结构优化

该项改造的主要内容是对选粉机的本体进行改造,整体流程不变,改造主要内容有:撒料盘的改造,使物料在整个圆周分选区域内充分均匀地分散到气流中;改良一、二次进风口,达到进风口底部不积料和改变二次风量,强化二次风选作用;改良导向叶片结构,调整一、二、三次风比例;改换下锥体和三次风进风管,将原来的几点进风改成环向切向进风,使三次风对沿锥体内壁下滑物料的二次分选作用得到明显强化,大幅度降低回磨物料中的合格成品,从而有助于成品的颗粒组成改善、比表面积和强度品级的提高;增强内锥,提高二次选粉能力。其改造前后回粉变化和节能效果如图5.1-35和表5.1-4所示。

改造前(含较多合格细粉)

改造后(细粉比例明显减小)

图 5.1-35 改造前后回粉扫描电镜变化

表 5.1-4 改造前后产量、电耗对比

	回粉 80 μm 筛余 /(%)	回粉 45 μm 筛余 /(%)	粉磨电耗 /(kW·h/t)	产量 /(t/h)
改造前	41.3	58	42	105
改造后	58	78	34	122

》》》 5.2 大力发展水泥窑协同处置技术

水泥窑协同处置技术是将生活垃圾、污泥等废弃物作为替代燃料返回生产环节进行再利用的过程。通过将废物投入热值高、温度高、氧气含量低的水泥窑中,经过高温煅烧、物理化学反应等过程,将废物转化成水泥窑所需的原料,实现了在环保和资源利用两方面的双赢。

5.2.1 水泥窑使用替代燃料的发展历程

发达国家从20世纪70年代就开始使用替代燃料,替代燃料的数量和种类不断扩大,水泥工业成为这些国家利用废物的首选行业。根据欧盟统计,欧洲18%的可燃废物被工业领域利用,其中有一半是水泥行业,是电力、钢铁、制砖、玻璃等行业的总和。发达国家政府已经认识到替代燃料对节能、减排和环保的重要作用,都在积极推动替代燃料的普及和替代率的提高,燃料替代率也越来越高。使用替代燃料能够在熟料生产能耗基本不变的情况下节约一次能源的使用,所产生的 CO_2 享受无组织排放待遇,同时实现利废、减排和降低成本效果,可谓一举多得,备受国外企业和政府推崇。

经过多年的探索,欧美等发达国家逐步建立起了贯穿于废物产生、分选、收集、运输、储存、预处理和处置、污染物排放、水化和混凝土质量安全的一系列法规和标准,水泥行业替代燃料技术和经验已经成熟。目前,发达国家约2/3的水泥厂使用替代燃料,可燃废物在水泥行业中的应用替代率平均达20%,荷兰及德国等部分国家替代率已经超过60%。

中国的水泥行业近年来已将部分生活垃圾投入生产实践,但与发达国家对比,其城市垃圾前端分类尚不完备,通过处置所生成的衍生替代燃料属于低品质燃料,其具有水分大、灰分大、粒度大、热值低的特点。种种原因导致中国衍生燃料的替代率仅为2%,还有很大的提升空间。2019年统计,中国水泥窑协同处置生产线已投产运行160余条,年处理废弃物1566万吨。其中,水泥窑协同处置生活垃圾投运57条生产线,年消纳处理生活垃圾约677万吨;水泥协同处置污泥投运41条生产线,年消纳处置污泥约357万吨。

5.2.2　协同处置物料种类及特性

1. 生活垃圾

目前,国际上对生活垃圾(图5.2-1)的处理以填埋、焚烧和堆肥为主,不同国家和地区由于经济发展、生活习惯的区别,在处理方式上有所差异。美国、意大利、英国以卫生填埋为主,丹麦、日本、荷兰、瑞士则以焚烧为主,而芬兰、比利时则以堆肥处理为主。将生活垃圾作为替代燃料使用时,通过预处理、破碎、压缩成型,成为可使用的替代燃料(图5.2-2)。

图5.2-1　生活垃圾　　　　　　　　　图5.2-2　处理后的生活垃圾替代燃料

2. 废旧轮胎

制造轮胎的橡胶一般由60%的挥发性有机物、30%的固定碳和10%的灰分构成,具有含碳高、热值高(达到35.6 MJ/kg)和水分低等优势,使得废旧轮胎可以作为水泥回转窑的替代燃料。如图5.2-3所示为废旧轮胎处理前后对比。如表5.2-1所示为废旧轮胎回收利用方式的对比。

处理前

处理后

图 5.2-3　废旧轮胎处理前后对比

表 5.2-1　废旧轮胎回收利用方式的对比

废旧轮胎回收利用方式	优点	缺点
轮胎翻新	可多次翻新,消耗材料少、成本低、寿命延长	企业规模小,产值不高,翻新轮胎质量存疑,可用于翻新的废旧轮胎数量有限,翻新率低
生产再生胶	产量高,可在一定程度上缓解橡胶资源供需矛盾	工艺流程复杂,生产能耗高,污染风险大
轮胎衍生燃料	废旧轮胎热值高,可在一定程度上代替化石燃料,发达国家广泛应用于水泥窑、发电厂、造纸厂等	燃烧过程存在排放污染问题,前期投资费用高,灰分难处理
热裂解	可得到高热值热解产品,收益高,百分之百减量化、资源化、无害化	热裂解技术装备的推广和应用还有待改进

3. 漂浮物/农业固废

农林废弃物(图 5.2-4)主要包括秸秆、稻壳、木质边角料、树皮、花生壳、刨花等,是一种可再生的生物质能源。据数据统计,仅中国每年就产生超过 9 亿吨农林废弃物。通过发电方式等能源化利用,年处理农林废弃物约 9000 万吨,仍有大量农林废弃物尚未得到有效处理,如果处置不当,将不可避免地加剧空气、水和土壤的污染。

4. 工业废弃物

工业废弃物是在工业生产和加工过程中产生的各种固态和液态废弃物的总称,主要包括废渣、污泥、废油和废水等。工业废弃物如果不严格按环保标准要求安全处置,直接排入环境,将对土地资源、水资源造成严重的污染。工业废弃物中有相当大比例的可燃废弃物,比如废油、废皮革、废塑料等,经过预处理后便可作为替代燃料供水泥窑使用(图 5.2-5、图 5.2-6)。

图 5.2-4　农林废弃物

图 5.2-5　工业废弃物粉状替代燃料

图 5.2-6　工业废弃物颗粒状替代燃料

5. 传统燃料与替代燃料的差异

传统燃料在工业应用时经常需要做一些常规的分析，主要有热值分析、工业分析、元素分析等。此外，传统燃料一般都无法直接用于工业生产，而是需要经过破碎或者粉磨等工序后方可投入使用，因此也需要关注传统燃料的易碎性和易磨性等。而替代燃料除了关注上述特性外，还需要额外关注孔隙率、黏度、卤族元素和重金属的含量、闪点、爆炸性和毒性等。这主要是由于替代燃料种类繁多、来源广泛，为了能够更好地用于工业生产，必须对替代燃料的固有特性做出限定。

从表 5.2-2 可以看出煤粉的平均粒径为 0.038 mm，比较均齐，呈现各相同性，在水泥窑系统燃烧效率更高。而替代燃料的粒度分布较广，整体粒度也远远大于煤粉，要想燃烧充分，就要确保其在窑系统内的停留时间更长。

表 5.2-2　RDF 与煤粉的粒度

样品	RDF 混合样	煤粉
平均粒径/mm	—	0.038
小于 5 mm	30.5%	100%

续表

样品	RDF 混合样	煤粉
5～10 mm	38.4%	—
10～15 mm	17.7%	—
15～20 mm	3.8%	—
大于 20 mm	9.6%	—

5.2.3　水泥窑使用替代燃料的技术现状

在替代燃料的使用方面,水泥窑烧成系统具有工况稳定、热容量巨大、高温高碱、烟气停留时间长等优势,替代燃料可在该系统内均匀、稳定地燃烧,真正地实现了废弃物的无害化、资源化和减量化。目前,水泥窑使用替代燃料技术主要由两部分组成:预处理系统和水泥窑接纳处置系统。通过两个系统的组合,将替代燃料送入水泥窑进行熟料的生产(图 5.2-7)。

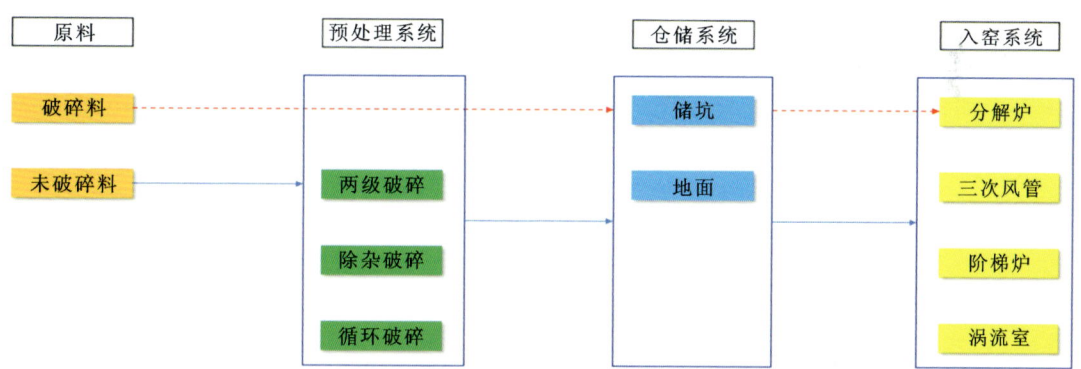

图 5.2-7　替代燃料处置

预处理系统主要用于原生废弃物的破碎、分选和干化等,经过预处理后的原生废弃物粒度减小、水分降低、热值提高,进一步保证了替代燃料进入窑系统后的稳定性(图 5.2-8)。

图 5.2-9 是汽化炉系统示意流程图。原生废弃物经过破碎后喂入汽化炉与流化砂混合产生高温汽化烟气,汽化烟气再送入分解炉内进一步燃烧。烟气中的可燃气体可作为替代燃料;同时烟气中的二噁英等有害物质在分解炉高温、足够的停留时间及碱性物料环境中分解、固化,实现彻底消除。该技术通过设置汽化炉,将高温烟气喂入分解炉,减少了替代燃料对分解炉内工况的影响,但没有做垃圾的预处理,含水率高,汽化后烟气量大,有效热焓低,对分解炉处理能力要求高。总体来看,系统的处置能力低,热替代率低。

图 5.2-10 是预燃炉废弃物处置技术示意流程图。原生废弃物经过破碎、筛分、烘干以及压实等工艺处理后,再喂入预燃炉内充分燃烧,产生的高温烟气再进入分解炉内供煤粉燃烧和生料分解。该技术经某 5000 t/d 熟料生产线使用验证,日处理垃圾量可达

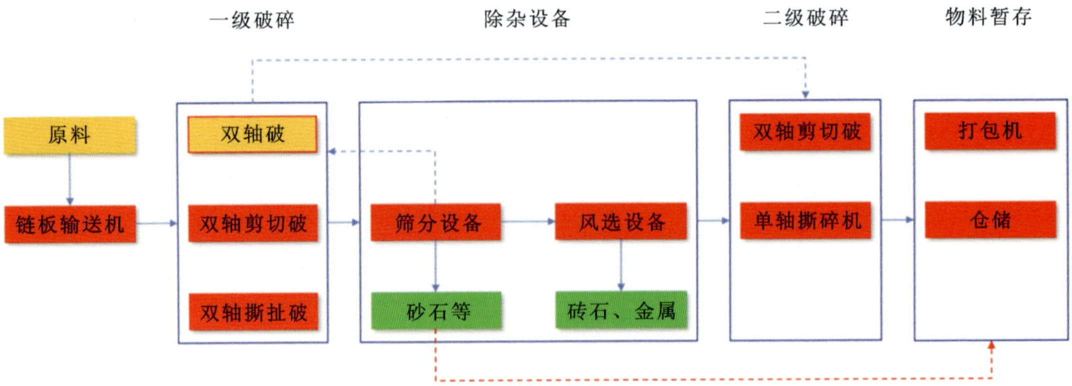

一级破碎
除杂设备
二级破碎
物料暂存
原料
链板输送机
双轴破
双轴剪切破
双轴撕扯破
筛分设备
风选设备
砂石等
砖石、金属
双轴剪切破
单轴撕碎机
打包机
仓储

图 5.2-8 预处理系统流程

臭气
原生态垃圾
垃圾坑
破碎
渗滤液
汽化炉
烟气
灰渣
分选
金属
无机物
灰渣
预处理部分
分解炉
生料配料
水泥厂接纳
部分底泥

图 5.2-9 汽化炉系统示意流程图

500 吨以上。根据预燃炉的结构设计，其可用于各种形状的废弃物的处置，但物料预燃后即进入分解炉，因此处置能力受分解炉燃烧空间限制。预燃炉现场使用效果及部件如图 5.2-11～图 5.2-14 所示。

生料粉
煤粉
进入预热器系统
催化
除臭
三次风
进入水泥回转窑

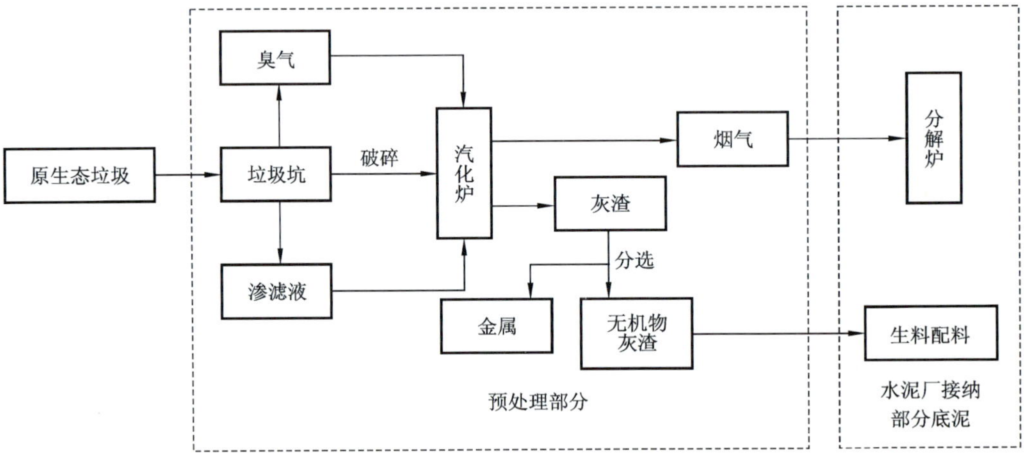

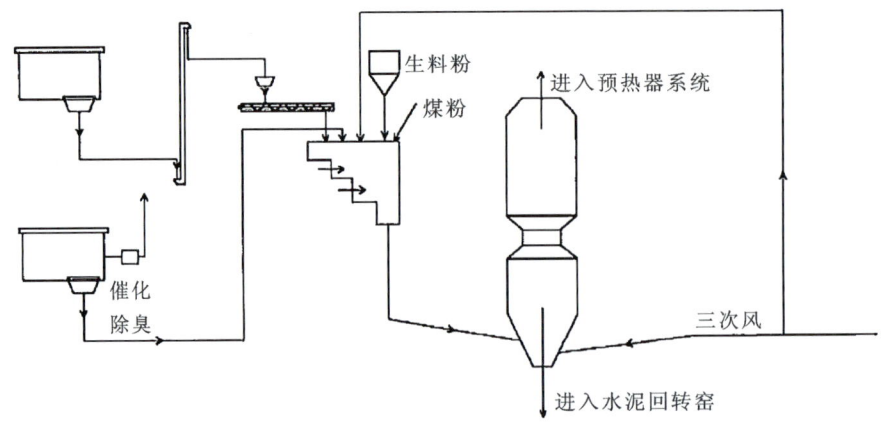

图 5.2-10 预燃炉替代燃料系统

图 5.2-11　阶梯炉底部空气炮

图 5.2-12　液压推杆

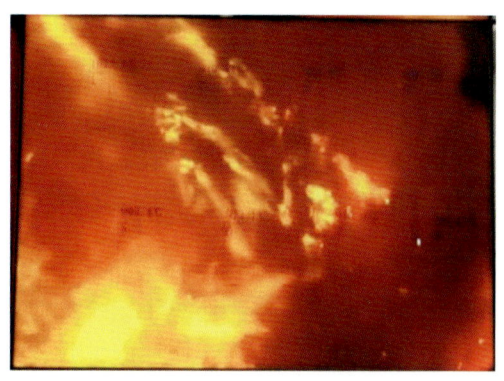

图 5.2-13　炉内看火摄像头

图 5.2-14　阶梯炉

5.2.4　新增辅助设施

水泥窑协同处置城市生活垃圾是一种能实现生活垃圾减量化、无害化和资源化的方法,同时对生活垃圾中的有害成分起到了很好的降解作用。垃圾在堆放和处置过程中由于压实、发酵等生物化学降解作用,会产生一种高浓度的有机或无机成分的液体,若不加处理而直接排入环境,会造成严重的环境污染。国内对渗滤液的处理技术主要包括物理法、化学法和生物法,具体工艺包含预处理＋UASB＋MBR 系统＋NF＋RO、两级 DTRO碟管式反渗透等工艺,渗滤液处置达标后,可用于城市绿化。

为降低化石燃料的消耗,替代燃料的使用量逐渐增加,然而替代燃料中不可避免地含有氯、钾、钠、硫等对熟料生产不利的有害元素,这些元素若超过某一限值,可对烧成系统的工况和熟料质量产生负面影响,如烟室及预热器结皮、窑筒体结皮、熟料氯含量偏高等。为有效解决此问题,新增一套旁路放风系统,其基本原理是在窑尾烟室附近新增一引风管,将窑内含有氯、钾、钠、硫等元素的无机盐类化合物或其离子态物质的高温含尘热烟气,强制引出窑系统,降低上述有害元素在窑系统内的浓度,降低系统结皮堵塞的概率。

5.2.5　水泥窑使用替代燃料的能耗情况

能耗是水泥窑协同处置技术的一个重要指标,替代燃料的使用就是为了减少常规能源的消耗。本节通过分析替代燃料使用过程中各因素对水泥窑产量、电耗、煤耗及熟料质量方面的影响,以权衡替代燃料使用利弊,提高替代燃料的实际使用效果。

1. 替代燃料种类的影响

替代燃料主要包括生物质燃料(如木材废弃物、农作物秸秆等)、工业废弃物(如废轮胎、塑料废弃物等)、生活垃圾衍生燃料(RDF)以及污泥等。每种燃料都具备独特的物理化学性质,进而在燃烧过程中对能耗产生不同的影响。其中天然气作为一种清洁高效的燃料,燃烧后产生的污染物较少,能量密度高,且储存和运输便利,因此在煅烧过程中能提供良好的燃烧效果和环境友好性。生物质燃料则是由可再生原料生产的,其使用有助于减轻能源压力并减少温室气体排放,但在燃烧过程中可能需要注意其灰分和其他杂质对产品质量的影响。生活垃圾和污泥中有害成分较多,可能含有重金属、有机污染物、病原体和有毒物质等有害成分,具有含水率高、易腐化发臭等特点,使用中需要通过添加特定添加剂来减少有害物质如 SO_2、HCl 和二噁英类物质的排放,从而减少二次污染。

2. 燃料低位发热量

低位发热量是评价燃料热值的关键指标,直接关系到水泥窑的能耗水平。不同种类的替代燃料,其低位发热量存在显著差异。例如,生物质燃料往往具有较低的低位发热量,而某些经过处理的工业废弃物则可能具有较高的低位发热量。因此,在选择替代燃料时,必须充分考虑其低位发热量,确保能够满足水泥窑的正常运行需求,同时实现能耗的有效控制。表 5.2-3 为部分替代燃料成分及低位发热量参考。

表 5.2-3　部分替代燃料成分和性质

品类	水分/(%)	灰分/(%)	挥发分/(%)	低位热值/(MJ/kg)
PP/PE	0.06	0.06	99.40	43.2
PET	0.12	0.02	99.80	39.9
PS	0.5	0.1	94.60	21.9
废轮胎	0.62	4.19	95.19	37.8
废纸张	7.10	17.10	75.60	12.1
纺织品	5.40	0.90	93.60	16.6
城市固废	31.20	35.17	33.63	1.54
生物质废弃物	73.80	1.10	21.40	4.1

3. 水分含量影响

水分含量是影响替代燃料燃烧效果的重要因素。高水分含量的燃料在燃烧过程中需要消耗更多的热量来蒸发水分，这会导致热效率的降低和能耗的增加。6500 t/d 熟料生产线，1 t 水对煤耗的影响约为 0.38 kg 标准煤。

1 t 水由环境温度 20 ℃升温至 320 ℃由 C_1 出口排出：

液态水在 0～100 ℃升温过程中，比热容为 4.2 kJ/(kg·℃)，水汽化热是 2260 kJ/kg，水蒸气 100～340 ℃平均比热容为 1.8922 kJ/(kg·℃)。水分吸收的热量包括液态水从环境温度加热至 100 ℃吸收的热量、100 ℃液态水转变成气态时吸收的热量和 100 ℃水蒸气升温至 320 ℃时吸收的热量。

$$Q_{液态} = cm\Delta T = 4.2 \times 1000 \times (100 - 20)\ \text{kJ} = 336000\ \text{kJ}$$

$$Q_{汽化} = 2260 \times 1000\ \text{kJ} = 2260000\ \text{kJ}$$

$$Q_{水蒸气} = cm\Delta T = 1.8922 \times 1000 \times (320 - 100)\ \text{kJ} = 416284\ \text{kJ}$$

每小时 1 t 水吸收热量：

$$Q = (336000 + 2260000 + 416284)\text{kJ} = 3012284\ \text{kJ}$$

对标煤耗的影响：

$$Q/29260/270 = 0.38\ \text{kg}$$

因此，在使用替代燃料时，必须严格控制其水分含量，通过干燥、破碎等预处理手段降低水分含量，提高燃料的燃烧效率。主要脱水措施有有氧发酵、机械挤压脱水、高速离心揉搓脱水等。

4. 燃烧速度差异

不同种类的替代燃料具有不同的燃烧速度。一些燃料燃烧速度快，能够快速释放热量，提高水泥窑的热效率；而另一些燃料燃烧速度较慢，可能导致热量释放不均匀，影响水泥窑的生产效率和能耗。在选择替代燃料时，需要考虑其燃烧速度特性，并优化水泥窑的燃烧系统。对于燃烧速度快的燃料，可以直接通过燃烧器或喂料装置喂入分解炉和窑内；而燃烧速率低的物料不仅要通过破碎增加其接触面积，还需要通过设置预燃炉提前进行燃烧，以此实现不同燃料的使用，保障稳定高效的燃烧。

5. 能耗降低效果

使用替代燃料可以在一定程度上降低水泥窑的能耗。随着替代燃料使用量的上升，系统的总热耗也可能上升，但替代燃料通常具有较低的成本和较高的可再生性，从整体而言可以降低生产成本；而且总热耗中煤热耗随替代率的提升逐步下降，对降低熟料煤耗和综合能耗有显著成效。然而，需要注意的是，不同种类的替代燃料对能耗的降低效果存在差异，因此在实际应用中需要根据具体情况进行选择和优化。表 5.2-4 为某公司使用废弃纺织物和生活垃圾作为替代燃料的能耗降低效果，可以看出，替代燃料使用后，该公司熟料标准煤耗下降 16.31 kgce/t，熟料综合能耗下降 16.61 kgce/t，节能降碳效果明显。

表 5.2-4　某公司替代燃料使用前后能耗对比表

考核项目	考核内容	使用目标	使用前	使用后
回转窑稳定性	产量/(t/d)	6400±50	6391	6358
	f-CaO 合格率/(%)	≥95	100	100
日处理量	可燃物日处理量/(t/d)	≥500	—	420
能耗	熟料综合能耗/(kgce/t)	95.77	106.88	90.27
	标准煤耗/(kgce/t)	93.27	104.22	87.91
进厂量	垃圾进厂量/(t/d)	300～350	—	356.94
	废纺进厂量/(t/d)	150～200	—	101.38

6. 替代燃料对熟料质量的影响

行业内多家工厂使用替代燃料后发现，危废替代燃料中重金属等有害物质含量最高，将含有合理热值的液体和固体形态的各类危废作为替代燃料经过 SMP 危废预处理系统进行破碎、混合，确保热值基本稳定后泵送到水泥窑系统的分解炉内进行燃烧，虽可以实现各类危废的无害化、减量化、资源化处理，还能够为分解炉提供热源，降低分解炉燃煤的用量，达到降低煤粉用量、减少 CO_2 排放量的目的，但水泥窑在协同处置危废的过程中，如果危废的热值配伍、含水量、投加量等参数控制不合理，会导致熟料质量波动大、强度降低、重金属控制难度加大等问题。下面为中国对某项危废替代燃料对水泥熟料的力学性能、凝结时间、矿物组成、重金属含量及节煤减碳的影响规律的研究结果。

实验根据危废替代燃料的特性，结合生产线的实际生产情况，由小到大确定了 6 个不同投加量，分别为 A0——0 m^3/h、A1——1.2 m^3/h、A2——1.6 m^3/h、A3——2.0 m^3/h、A4——2.4 m^3/h、A5——2.7 m^3/h。

由图 5.2-15 可见，随着危废替代燃料投加量的增大，熟料抗折、抗压强度出现小幅波动，总体呈降低趋势。根据熟料 28 d 抗折、抗压强度的规律，该危废替代燃料合理的投加量为 1.6～2.7 m^3/h。

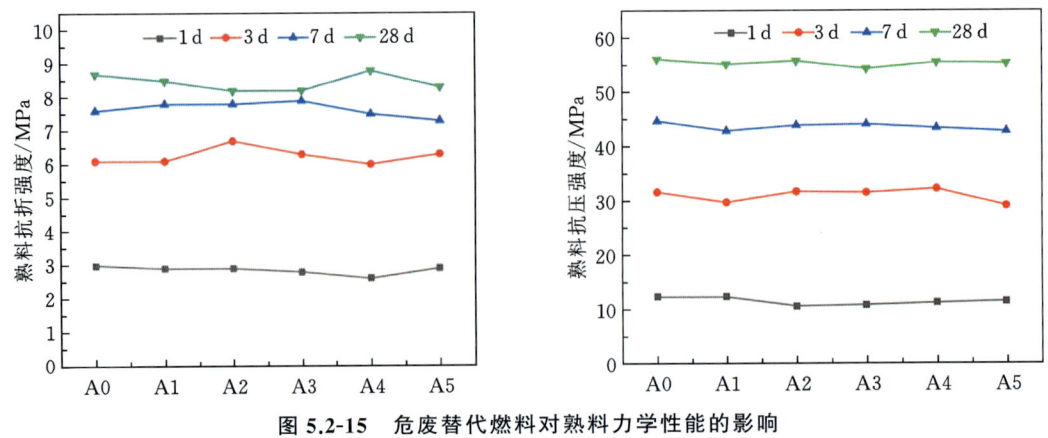

图 5.2-15　危废替代燃料对熟料力学性能的影响

从图 5.2-16 可以看出,危废替代燃料在分解炉内燃烧后,其剩余的未燃尽灰分进入熟料后,和未掺加危废替代燃料相比,对熟料中四种主要矿物含量的影响较小。

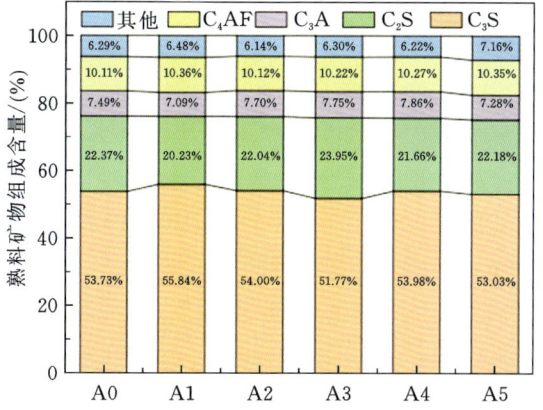

图 5.2-16　危废替代燃料对熟料矿物组成的影响

如图 5.2-17 所示,随着危废替代燃料投加量的增大,初凝和终凝之间的时间窗口基本保持稳定(45 min、48 min、47 min),没有较大的变化,熟料标准稠度用水量同样基本无变化。

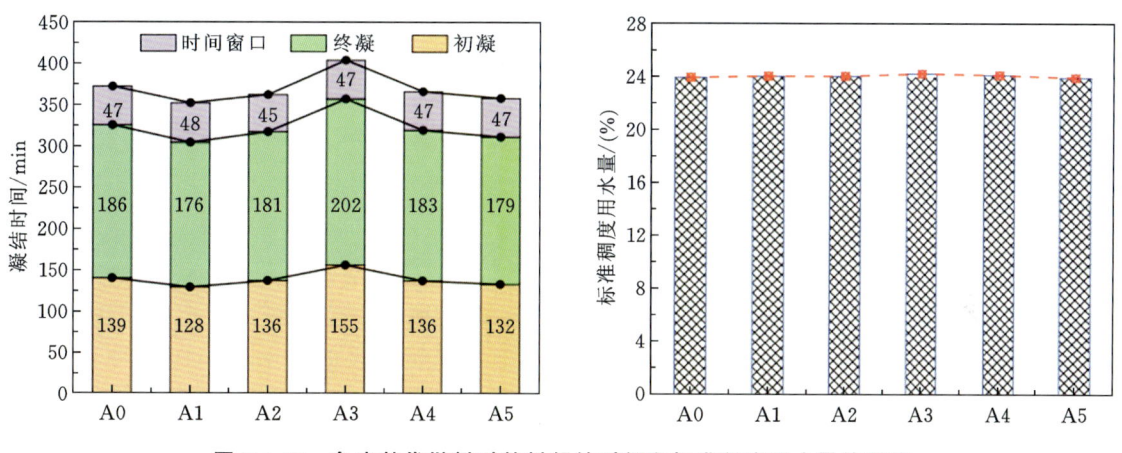

图 5.2-17　危废替代燃料对熟料凝结时间和标准稠度用水量的影响

由该项实验可以看出,危废替代燃料对熟料的力学性能产生一定的影响,但对凝结时间、标准稠度用水量等影响不大。

▶▶▶ 5.3　降低水泥单位熟料掺量

熟料煅烧过程伴随着大量的能源消耗,通过减少单位水泥所需的熟料量,可以直接减少整体水泥生产的能源消耗和二氧化碳排放,有助于全球碳减排目标的进一步推进。

本节着重从当前水泥颗粒级配这一研究方向介绍如何在水泥生产环节降低水泥单位熟料掺量。

5.3.1 改善水泥颗粒级配的意义

按照反应动力学的一般原理,在其他条件相同的情况下,反应物参与反应的表面积越大,其反应速率越快。因此,提高水泥细度,增加比表面积,水泥颗粒的水化速度加快,从而可达到更高的强度。一般来说,水泥强度和比表面积之间的关系有一定的规律性。有资料介绍,在布氏比表面积 3000～4000 cm²/g 范围内,比表面积增加或减少 100 cm²/g,28 d 耐压强度增减 0.5～1.0 MPa。但是,当比表面积超过一定限度后,水泥强度不再增加。水泥强度的高低最终决定于矿物组成,提高细度,主要提高的是早期强度,对于 3 个月后的后期强度影响不大。

以中国对水泥的比表面积要求举例,42.5 级水泥比表面积在 2600～3000 cm²/g,52.5 级水泥比表面积在 3000～3400 cm²/g。粉磨流程不同,选粉方式不同,即使比表面积相同,强度也会有所差别。圈流粉磨或高效选粉机生产的成品与开流粉磨或普通选粉机生产的成品相比,同样比表面积的水泥强度更高,同样强度则可以将比表面积降低一些。其原因就在于颗粒级配不同。

粉磨产品的颗粒大小与水化和硬化过程有着直接关系。研究表明,不同粒度的水泥水化速度差异很大。大于 60 μm 的颗粒对水泥强度的作用甚微,仅起填料的作用;而小于 3 μm 的颗粒的水化过程在硬化初期即已完成,所以只对水泥早期强度有利;3～30 μm 的颗粒是担负检验龄期强度增长的主要粒级。

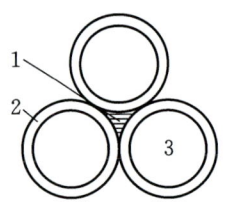

**图 5.3-1　水泥颗粒间的三角空隙水
及颗粒外围水膜厚度示意图**

1—三角空隙水;2—水膜厚度;3—水泥颗粒

水泥与水拌和后,水首先要充满粉体颗粒之间的空隙,并将颗粒润湿包围,在其表面形成一层水膜,使颗粒之间容易产生相对滑动,使砂浆有足够的流动性。如图 5.3-1 所示是用两维方式展示的充填于颗粒之间三角空隙区内的水及包围于水泥颗粒表面的水膜。1985 年,德国水泥工业研究所发表的一篇试验报告中指出,水泥粉体振实后空隙体积约占整个体积的 40%,占固体体积的 70%。若假设水泥颗粒为圆球形,不考虑表面不光滑特性和早期反应活性,根据标准稠度用水量和勃氏比表面积计算颗粒表面的水膜厚度平均为 0.22 μm。试验还得出,一般颗粒越大,为获得足够流动性所需的水膜厚度也越大;颗粒分布越窄,在 RRSB 坐标曲线上的均匀性系数 n 值越大,所需水膜厚度越大。试验水泥 n 值由 0.7 增大到 1.20,水膜厚度由 0.11 μm 增大到 0.36 μm,用水量相应增大。因此,调整水泥颗粒分布,增加细粉含量,实现最佳堆积密度的观点日益受到重视,这样便可最大限度地减小颗粒之间的三角空隙区,降低所需水膜厚度,达到降低用水量、提高砂浆流动性、提高混凝土强度和密实性的目的。

5.3.2　水泥最佳颗粒级配的确定

关于最佳堆积密度的颗粒分布问题,欧美学者多数主张使用 20 世纪 90 年代初 Fuller 和 Thompson 提出的理想筛析曲线,简称 Fuller 曲线。Fuller 曲线原本是计算粗集料的,其数学式为:

$$A = \sqrt{\frac{D}{D_1}} \times 100\%$$

式中:A——筛孔尺寸为 D 时的筛析通过量,%;

　　　D_1——体系中最大颗粒的粒径,mm;

　　　D——筛孔尺寸,mm。

然而如 Ulrich Hinze 等一些学者所指出的,Fuller 和 Thompson 所提出的颗粒分布规律,可以用于细粉部分。早期的 Fuller 曲线没有考虑颗粒形状和表面特性,后来将此式改为:

$$A = \left(\frac{D}{D_1}\right)^n \times 100\%$$

式中:n——指数,视集料颗粒形状特性而定。

堆积孔隙率随指数 n 值的减小而下降,当 n 值降至 1/3 时,粉体可获得最大堆积密度,孔隙率最小。采用球磨工艺生产水泥,其颗粒分布基本符合该公式,其分布曲线如图 5.3-2 所示。

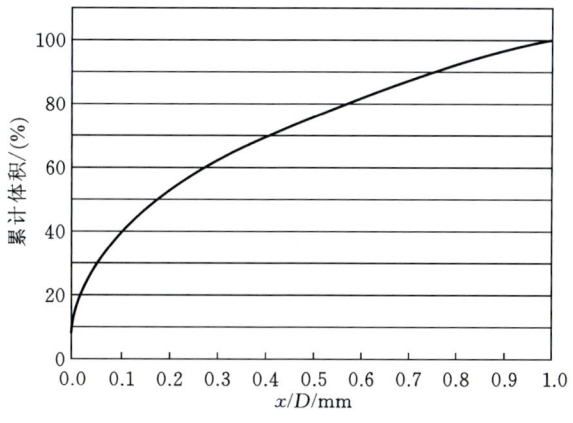

图 5.3-2　Fuller 曲线

目前,行业内部分研究者总结出"区间窄分布,整体宽分布"的颗粒级配规律,可得到水泥颗粒较完美的堆积模型。"区间窄分布"不仅有利于提高粉体的堆积密度,更有利于各粒度区间粉体的水化作用发挥。"整体宽分布"则有利于降低需水性,提升浆体流动性和水泥应用性能。

5.3.3 水泥颗粒级配的调控方法

1. 球磨机研磨体尺寸

由图 5.3-3 可知,研磨体的尺寸越小,粉磨的效率越高,产生的比表面积越大。当利用 $\phi 20$ mm 的球作为小磨机的研磨体,将水泥粉磨至 4500 cm²/g 时,磨机的产量为 15 kg/h,电耗为 47 kW·h/t。如果用 $\phi 13$ mm 的球,产量可提高到 25 kg/h,同时粉磨电耗降低到 30 kW·h/t。如果用 $\phi 8$ mm 的研磨体,磨机产量可提高到 30 kg/h,能量消耗仅为 18 kW·h/t。但同时水泥颗粒分布的斜率 n 值随研磨体球径尺寸的增大而减小。因此,使用小尺寸研磨体虽然有利于粉磨能量的节约,但水泥颗粒分布较窄,因而导致水泥具有较高的需水量。上述小磨试验结果表明,在追求能量节约方面,降低研磨仓的平均球径是非常有效的措施,但是由此会带来水泥颗粒分布变窄的不利影响,因此,从调配水泥颗粒分布的角度来讲,研磨仓的平均球径不宜过小。

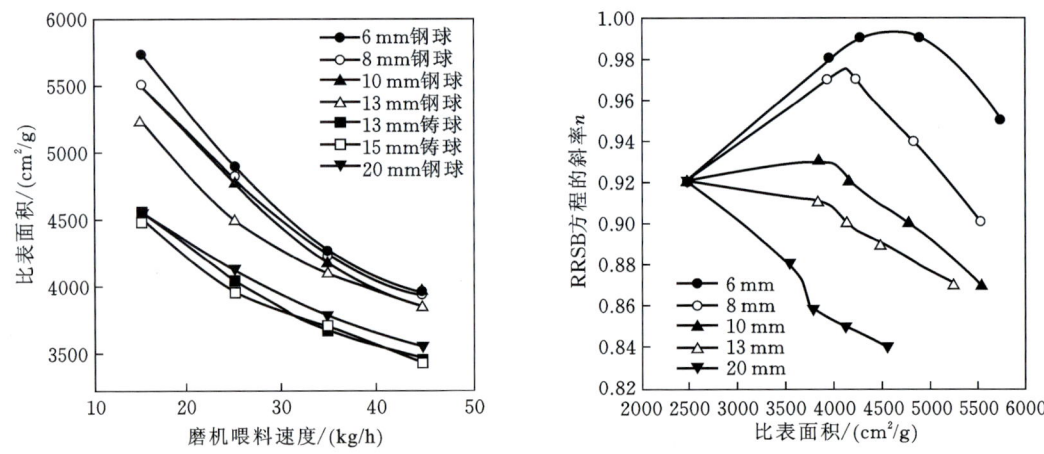

图 5.3-3　研磨体尺寸和水泥比表面积、颗粒分布的关系

2. 联合粉磨的操作参数

行业内开展的部分试验结论表明,降低辊压机配用选粉机的转速,球磨机喂料的比表面积会有所下降,因为球磨机的喂料是通过辊压机和选粉机流程的预粉磨来完成的。由于喂入球磨机中物料比表面积的降低,出磨产品的比表面积也同步下降。在获得比表面积基本相同的选粉机细粉的时候,较粗的选粉机喂料导致水泥成品的颗粒分布 n 值上升,这时对应的循环比例也有所增加,较窄的颗粒级配使水泥的需水量上升为 27.5%。因此,选粉机细粉的颗粒分布宽窄在很大程度上受选粉机喂料细度的影响。

通过降低选粉机的空气流量,球磨机选粉机的旁路值可获得提升。为了获得细度基本相同的选粉机细粉,选粉机的转速同样也需要调低。这样,选粉机回料的细度和流量都会增大。这种改变由于没有显著降低选粉机的喂料细度,因此没有产生更宽的颗粒分布,由此可以说明选粉机喂料细度是决定选粉机细粉颗粒分布的主要因素。相关试验结论已表明：在联合粉磨系统中，球磨机的喂料细度对最终水泥成品的颗粒分布宽度有明显的影响。球磨机的喂料细度越细，出磨物料的比表面积就越大，较细的选粉机喂料导致选粉机的细粉具有较宽的颗粒分布和较低的需水量；反之，即使降低选粉机的选粉效率（增大旁路值），水泥成品的颗粒分布也仍然较窄。因此，适当增大中间产品的比表面积，对拓宽水泥的颗粒分布有积极意义。

3. 混合材的优化匹配

对于熟料、混合材此类不同胶凝材料，因其种类的差别，在强度的贡献上，颗粒范围的选择也有所差异。国内外相关的研究也已表明，不同材料的最佳水化粒度有所不同，例如粒径小于 75 μm 的湿排粉煤灰才具有火山灰活性；5～10 μm 矿渣对水泥 7 d 强度的贡献较大，10～20 μm 矿渣对水泥 28 d 强度的贡献最大。2 μm 粉煤灰颗粒可以在 28 d 内完全水化，2～5 μm 粉煤灰颗粒能够快速水化，5～10 μm 粉煤灰颗粒也能够较快水化。

根据不同混合材粒度和水化特性，水泥混合材在颗粒级配上优化匹配的原则总结如下。

细粒度区间（<8 μm）应采用矿渣等高活性辅助性胶凝材料：水泥熟料需水量大、水化过快，早期水化程度过高，剩余水泥熟料量很少，水化后期生成的少量水化产物无法有效填充浆体空隙，导致对水泥早期强度和后期强度贡献均较小；矿渣等高活性辅助性胶凝材料需水量较低，水化速率较理想，水化程度较高（28 d 水化程度可达 70％左右），填充能力和强度贡献均超过水泥熟料。

中粒度区间（8～24 μm）应采用水泥熟料：水泥熟料需水量较小，水化较为温和、持续，各龄期水化程度较为理想，对水泥的早期强度和后期强度贡献最大。该区间辅助性胶凝材料的水化速率非常慢，其早期水化可被忽略，后期水化生成的水化产物也较少，导致其对水泥性能的贡献较小。

粗粒度区间（>24 μm）应采用低活性材料或惰性填料：水泥熟料水化较慢，各龄期水化程度均较低（28 d 水化程度不足 50％），胶凝性能未得到充分发挥，使其 3 d 和 28 d 强度也较低；辅助性胶凝材料的水化程度更低，生成的水化产物非常少，导致其强度贡献率非常低，说明无论胶凝材料的水化活性有多高，粗粒度区间胶凝材料的水化程度均较低，对水泥的早期强度和后期强度贡献较小。

部分厂家为进一步提高熟料利用效率，将部分混合材单独粉磨，并通过水泥磨磨尾掺入，以进一步精准控制混合材颗粒级配范围。

▶▶▶ 5.4　水泥工业二氧化碳排放核算方法及减碳路线

二氧化碳排放数据的统计与核算，对摸清碳排放底数，评估 IPCC（联合国政府间气候变化专门委员会）设定的 2 ℃甚至是 1.5 ℃的温室气体减排目标的实现带来深远的影响。随着第 26 届联合国气候变化大会（COP26）对《巴黎协定》6.4 款形成了初步的实施框架[将创建一个可持续发展机制（SDM）]以及未来欧盟碳边境调节机制的实施，预期在不久的将来,全球将会逐步形成统一规范的碳排放统计与核算体系。全面、准确地核算水泥工业的碳排放量是水泥企业参与全国碳市场的基础,同时也直接影响国家碳排放自主减排贡献。根据全球水泥工业通用碳排放核算方法及中国现有的碳排放核算指南,做好碳排放数据的统计与核算,指导水泥工业企业完整、准确地核算碳排放源,精准对标全球水泥工业碳排放绩效水平,可以为水泥工业的绿色低碳发展及水泥产品的全生命周期碳足迹评价提供技术支撑。

5.4.1 水泥工业二氧化碳排放来源

从水泥生产的工艺流程分析,水泥熟料生产碳排放源包括直接排放(范围1)和间接排放(范围2)以及原燃材料、水泥产品运输的排放(范围3)。各生产环节的二氧化碳排放来源见表5.4-1。

表 5.4-1 各生产环节的二氧化碳排放来源

生产环节	排放范围	排放来源
矿山开采及输送	范围1	开采设备、运输车辆等移动源排放
矿山开采及输送	范围2	矿山开采及破碎的电力消耗
水泥熟料生产	范围1	碳酸盐的煅烧以及原料中所含有机碳的燃烧
水泥熟料生产	范围1	1. 窑用传统化石燃料的燃烧 2. 水泥窑替代化石燃料(也称化石替代燃料)的燃烧 3. 混合燃料中生物炭的燃烧/生物质燃料(包括生物质废弃物)的燃烧
水泥熟料生产	范围2	生料制备、煤磨及水泥窑加工电力消耗
水泥加工	范围1	混合材烘干过程中传统化石燃料及替代燃料的燃烧
水泥加工	范围2	水泥粉磨及输送电力消耗
水泥厂区内部"短倒"运输	范围1	燃油车化石燃料燃烧,混合动力运输车辆中的化石燃料燃烧
外购熟料用于水泥生产	范围2	外购熟料生产过程中产生的排放
其他非工业环节燃料消耗	范围1	1. 传统化石燃料的燃烧 2. 替代化石燃料的燃烧 3. 混合燃料中生物炭的燃烧/生物质燃料(包括生物质废弃物)的燃烧
自备电厂(不纳入水泥核算范围)	范围1	1. 传统化石燃料的燃烧 2. 替代化石燃料的燃烧(也称化石替代燃料) 3. 混合燃料中生物炭的燃烧/生物质燃料(包括生物质废弃物)的燃烧

生产环节	排放范围	排放来源
混凝土骨料生产	范围 1	开采设备、运输车辆等移动源排放
混凝土骨料生产	范围 2	生产电力消耗
原燃材料及成品运输	范围 3	汽车、火车、轮船等运输工具输送熟料/水泥/混凝土/骨料等产品过程中产生的排放

5.4.2　水泥工业二氧化碳排放核算

水泥熟料生产企业温室气体排放核算内容包括：核算边界和排放源确定；燃料燃烧排放核算；过程排放核算；熟料生产消耗电力产生的排放及企业层级净购入使用电力和热力对应的排放核算；排放量计算等。本节主要参照中国生态环境部颁布的《企业温室气体排放核算与报告填报说明 水泥熟料生产》对水泥行业二氧化碳排放核算做参考说明。

5.4.2.1　熟料生产核算边界及排放源

1. 核算边界

熟料生产核算边界为从原燃料进入生产厂区到熟料入库为止的主要生产系统和辅助生产系统，不包括附属生产系统，核算边界见图 5.4-1。其中主要生产系统包括用于熟料生产的原燃料预处理系统、生料制备系统、煤粉制备系统、熟料烧成系统；辅助生产系统包括除尘、脱硫、脱硝及余热发电系统、机修车间、空压机站、化验室、中控室、生产照明等；不包括石灰石破碎、水泥粉磨及其相关原辅料预处理、替代燃料处理和协同处置系统、基建、技改、自备电厂及储能等。

企业层级核算是以水泥熟料生产为主营业务的单位为边界，核算边界内所有生产设施产生的温室气体排放，核算边界见图 5.4-1。生产设施范围包括主要生产系统、辅助生产系统以及直接为生产服务的附属生产系统。如果水泥熟料生产企业还生产其他产品，以企业层级核算边界合并核算。

2. 核算边界排放源

熟料生产核算边界内的排放源包括以下方面。

（1）化石燃料燃烧排放：熟料生产消耗的化石燃料在主要生产系统和辅助生产系统中燃烧产生的二氧化碳排放，不包括应急柴油发电机、移动源、食堂等其他设施消耗化石燃料燃烧产生的二氧化碳排放，也不包括替代燃料燃烧产生的二氧化碳排放。

（2）过程排放：熟料生产过程中石灰石等碳酸盐原料在水泥窑中煅烧分解产生的二氧化碳排放，不包括窑炉排气筒（窑头）粉尘和旁路放风粉尘对应的碳酸盐分解产生的二氧化碳排放，也不包括生料中非燃料碳煅烧产生的二氧化碳排放。

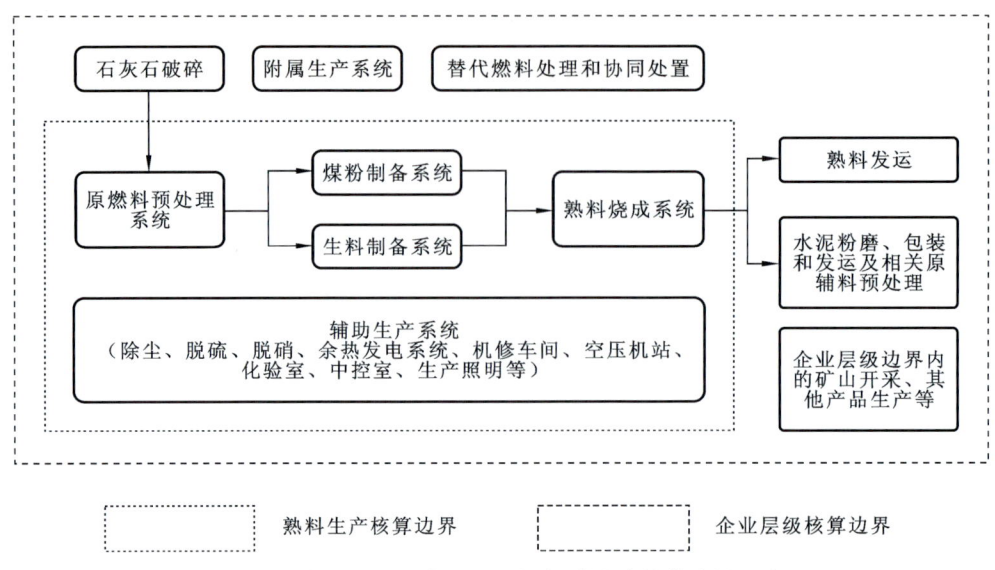

图 5.4-1　水泥熟料生产企业二氧化碳排放核算边界示意图

（3）消耗电力产生的排放：熟料生产消耗电力所对应的电力生产环节产生的二氧化碳排放。

企业层级核算边界内的排放源包括以下方面。

（1）燃料燃烧排放：包括化石燃料燃烧产生的二氧化碳排放、替代燃料中非生物质碳燃烧产生的二氧化碳排放。

（2）过程排放：包括熟料生产过程中石灰石等碳酸盐原料在水泥窑中煅烧分解产生的二氧化碳排放（包括熟料、窑炉排气筒（窑头）粉尘和旁路放风粉尘对应的二氧化碳排放），以及生料中非燃料碳煅烧产生的二氧化碳排放；如果水泥熟料生产企业层级核算边界内生产的其他产品存在过程排放，则参照相关核算方法进行核算。

（3）净购入使用电力和热力产生的排放。

5.4.2.2　化石燃料排放核算

熟料生产过程中化石燃料燃烧产生的二氧化碳排放量按公式（5.4-1）计算：

$$E_{ck燃烧} = \sum_{i=1}^{n} \left(FC_{cki} \times NCV_{ar,i} \times CC_i \times OF_i \times \frac{44}{12} \right) \tag{5.4-1}$$

式中：$E_{ck燃烧}$——统计期内，熟料生产过程中化石燃料燃烧产生的二氧化碳排放量，单位为吨二氧化碳（tCO_2）。

FC_{cki}——统计期内，熟料生产第 i 种化石燃料的消耗量。对于固体或液体燃料，单位为吨（t）；对于气体燃料，单位为万标立方米（10^4 Nm^3）。

$NCV_{ar,i}$——第 i 种化石燃料的收到基低位发热量，对于固体或液体燃料，单位为吉焦每吨（GJ/t）；对于气体燃料，单位为吉焦每万标立方米（GJ/10^4 Nm^3）。

CC_i——第 i 种化石燃料的单位热值含碳量，单位为吨碳每吉焦（tC/GJ）。

OF_i——第 i 种化石燃料的碳氧化率（%）。

$\dfrac{44}{12}$——二氧化碳与碳的相对分子质量之比。

熟料生产的热量替代率按公式（5.4-2）计算：

$$\varphi_f = \frac{\sum(FC_{aj} \times NCV_{aj})}{\sum(FC_{cki} \times NCV_{ar,i} + FC_{aj} \times NCV_{aj})} \tag{5.4-2}$$

式中：φ_f——统计期内，热量替代率（%）；

FC_{aj}——统计期内，第 j 种替代燃料消耗量，单位为吨（t）；

NCV_{aj}——统计期内，第 j 种替代燃料的收到基低位发热量，单位为吉焦每吨（GJ/t）。

月度固体燃料消耗量应根据每批次进厂量和库存变化确定，采用"进厂量＋期初库存－期末库存－外销量"的方法核算。每批次固体燃料进厂量和外销量应采用地磅、汽车衡等衡器计量。库存量应至少每月实际盘存。存在多条生产线共用原煤仓的，各生产线的月度燃煤消耗量根据生产线的入窑煤粉使用比例分摊计算。地磅、汽车衡、流量计等计量器具的管理应符合相关要求，并确保在有效的检验周期内。液体燃料、气体燃料及替代燃料消耗量计量同固体燃料。

5.4.2.3　过程排放核算

熟料生产过程中石灰石等碳酸盐原料在水泥窑中煅烧分解产生的二氧化碳排放量按公式（5.4-3）计算：

$$E_{ck过程} = \sum_i Q_i \times \left[(FR_1 - FR_{10}) \times \frac{44}{56} + (FR_2 - FR_{20}) \times \frac{44}{40}\right] \tag{5.4-3}$$

式中：$E_{ck过程}$——统计期内，熟料生产过程中碳酸盐原料煅烧分解产生的二氧化碳排放量，单位为吨二氧化碳（tCO_2）；

Q_i——统计期内，水泥熟料产量，单位为吨（t）；

FR_1——统计期内，熟料中氧化钙的含量（%）；

FR_{10}——统计期内，熟料中不是来源于碳酸盐分解的氧化钙的含量（%），按公式（5.4-4）计算；

FR_2——统计期内，熟料中氧化镁的含量（%）；

FR_{20}——统计期内，熟料中不是来源于碳酸盐分解的氧化镁的含量（%），按公式（5.4-5）计算；

$\dfrac{44}{56}$——二氧化碳与氧化钙之间的分子质量换算；

$\dfrac{44}{40}$——二氧化碳与氧化镁之间的分子质量换算。

$$FR_{10} = \frac{\sum(Q_{1i} \times FR_{1i})}{\sum_i Q_i} \tag{5.4-4}$$

式中：Q_{1i}——第 i 种非碳酸盐替代原料消耗量，单位为吨（t）；

FR_{1i}——第 i 种非碳酸盐替代原料中氧化钙的含量（%）。

$$FR_{20} = \frac{\sum (Q_{1i} \times FR_{2i})}{\sum_i Q_i} \tag{5.4-5}$$

式中：FR_{2i}——第 i 种非碳酸盐替代原料中氧化镁的含量（%）。

熟料生产的原料替代率按公式（5.4-6）计算：

$$\varphi_r = \frac{FR_{10}}{FR_1} \tag{5.4-6}$$

式中：φ_r——统计期内，原料替代率（%）。

5.4.2.4 消耗电力产生的排放核算

熟料生产线消耗电力产生的二氧化碳排放，采用公式（5.4-7）计算：

$$E_{电,j} = AD_{电,j} \times EF_{电} \tag{5.4-7}$$

式中：$E_{电,j}$——熟料生产线 j 消耗电力产生的二氧化碳排放量，单位为吨二氧化碳（tCO_2）；

$AD_{电,j}$——熟料生产线 j 消耗电量，单位为兆瓦时（$MW \cdot h$）；

$EF_{电}$——电网排放因子，单位为吨二氧化碳／兆瓦时 $[tCO_2/(MW \cdot h)]$；

j——生产线代号。

其中，熟料生产线消耗电量采用公式（5.4-8）计算：

$$AD_{电,j} = AD_{消耗电,j} - AD_{购入非化石能源电,j} - AD_{自发自用非化石能源电,j} - AD_{自产发电,j} \tag{5.4-8}$$

式中：$AD_{电,j}$——熟料生产线 j 消耗电量，单位为兆瓦时（$MW \cdot h$）；

$AD_{消耗电,j}$——熟料生产线 j 总消耗电量，单位为兆瓦时（$MW \cdot h$）；

$AD_{购入非化石能源电,j}$——熟料生产线 j 总消耗电量中包括该生产线分摊的直供企业使用且未并入市政电网的非化石能源电量，单位为兆瓦时（$MW \cdot h$）；

$AD_{自发自用非化石能源电,j}$——熟料生产线 j 总消耗电量中包括该生产线分摊的企业自发自用非化石能源电量，单位为兆瓦时（$MW \cdot h$）；

$AD_{自产发电,j}$——熟料生产线 j 核算边界内自产发电量（余热电站发电量），单位为兆瓦时（$MW \cdot h$）。

熟料生产线消耗电量依据电表读数统计，存在多条熟料生产线共用主要生产系统或辅助生产系统的，可根据各生产线的熟料产量分摊。存在熟料生产与水泥粉磨、骨料加工等共用辅助生产系统的，可根据主要生产系统耗电量按比例分摊。

5.4.2.5 熟料生产排放量计算

熟料生产核算边界二氧化碳排放量应按生产线统计。熟料生产二氧化碳年度排放量等于当年各月排放量之和。各月二氧化碳排放量等于各月度化石燃料燃烧产生的二

氧化碳排放量、碳酸盐原料煅烧分解产生的二氧化碳排放量和消耗电力产生的二氧化碳排放量之和,采用公式(5.4-9)计算:

$$E_{熟料生产} = E_{ck燃烧} + E_{ck过程} + E_{ck电} \qquad (5.4-9)$$

式中:$E_{熟料生产}$——统计期内,熟料生产二氧化碳排放量,单位为吨二氧化碳(tCO_2)。

5.4.3 水泥工业节能降碳的技术途径及潜力

水泥工业在节能降碳方面有着广阔的技术途径和潜力。通过应用碳捕获与封存技术、余热发电技术、原料替代技术、系统节能技术以及替代燃料利用、掺合料应用、数字化生产转型、深入挖掘减排潜力等措施,可以有效降低水泥工业的能耗和碳排放,推动行业的可持续发展。当前主要推广应用的碳减排技术途径如表 5.4-2 所示。

表 5.4-2 水泥工业碳减排技术途径

技术途径	降碳措施	措施内容
源头低碳技术	绿色矿山	通过植树造林、森林管理、植被恢复等实现部分碳汇
	替代原料	替代天然碳酸盐矿石原料的非碳酸盐工业废弃物,主要为工业废渣、经过高温煅烧废渣或明确不含碳酸钙或碳酸镁的原料
	替代燃料	使用生活垃圾、生物质等废弃物替代燃煤
过程减碳技术	燃料效率	六级预热器、低阻高效分解炉、高效熟料篦冷机、多通道高效燃烧器、富氧燃烧材料、新型隔热材料等燃烧系统改进技术
	余热利用	现有的余热发电技术循环热效率低,可深度提升余热热能利用效率
	熟料利用系数	超细粉磨＋分别粉磨,使用工业固体废弃物做混合材
	低碳熟料开发	LC3 煅烧黏土、阿利特-硫铝酸盐熟料等
	能源利用率	工艺管道低风阻设计、高效风机电机、节能粉磨技术、专家操作优化系统
	智能工业系统	能效管理系统等
	新型能源开发利用	光伏发电、风能发电、氢能等
末端去碳技术	碳捕集与利用	在没有新兴技术大规模代替熟料的情况下,碳捕集、利用与封存(CCUS)是水泥行业实现碳中和的重要途径

▶▶▶ 5.5 研发应用 CCUS 技术

二氧化碳碳捕集、利用与封存(CCUS)是指将 CO_2 从工业过程、能源利用或大气中分离出来,直接加以利用或注入地层,以实现 CO_2 永久减排的过程。

5.5.1　CCUS 主要技术环节

CCUS 按技术流程分为碳捕集、碳输送、碳利用与碳封存等环节,如图 5.5-1 所示。

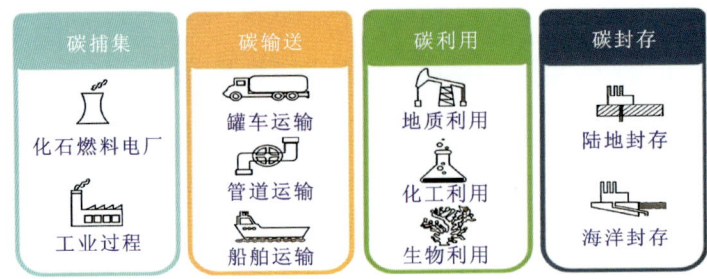

图 5.5-1　CCUS 流程

碳捕集:将 CO_2 从工业生产、能源利用或大气中分离出来的过程,主要分为燃烧前捕集、燃烧后捕集、富氧燃烧捕集等(表 5.5-1)。

表 5.5-1　碳捕集的方式

类别	内容	适用范围
燃烧后捕集	从燃烧设备(锅炉、燃机、石灰窑等)排出的烟气中捕集或分离 CO_2。燃烧后脱碳技术一般是利用物理或化学方法对燃烧后的烟气进行处理。目前主要的燃烧后捕集方法有吸收法、吸附法、膜法、低温蒸馏法等	适用于各类改造和新建的 CO_2 排放源
富氧燃烧捕集	富氧燃烧 CCUS 技术即燃料在纯氧或者富氧条件下燃烧,将产生的烟气进行循环,使燃烧气氛从 O_2/N_2 转化为 CO_2/O_2,使 CO_2 富集到一定浓度,通过一定手段分离收集起来(图 5.5-2)	可用于部分水泥窑窑头窑尾燃煤煅烧过程
燃烧前捕集	在煤炭燃烧前,将煤炭中的碳元素通过化学反应转化成 CO_2 去除	主要用于煤气化联合循环发电(IGCC)和部分化工过程

碳输送:将从排放源捕集并压缩的 CO_2 气体通过管道或其他运输方式输送至目标需求地的过程。CO_2 输送技术与其他气体的运输相似,因此在 CCUS 的四大环节中,碳输送技术是最为成熟的。如果 CO_2 排放源位于封存场地附近,则不需要输送过程。通常 CO_2 排放源与封存地不位于同一个区域,此时需要根据捕集和封存地点之间的距离选择运输方式。目前,商业规模的 CO_2 输送方式主要有管道运输、罐车运输和船舶运输三种,其中罐车运输包括汽车运输和铁路运输。

碳利用:通过工程技术手段将捕集的 CO_2 实现资源化利用的过程。其根据工程技术手段的不同可分为 CO_2 地质利用、CO_2 化工利用、CO_2 生物利用等。其中,CO_2 地质利

图 5.5-2　燃烧器上的富氧燃烧改造

用是将 CO_2 注入地下,进而实现强化能源生产、促进资源开采的过程,如提高石油、天然气采收率,开采地热、深部咸(卤)水、铀矿等多种类型资源。

碳封存:通过工程技术手段将捕集的 CO_2 注入深部地质储层,实现 CO_2 与大气长期隔绝的过程。CO_2 封存原则有:①封存必须安全;②环境影响最小;③封存地点可监测。

CO_2 封存按照封存位置不同,可分为陆地封存和海洋封存;按照地质封存体的不同,可分为咸水层封存、枯竭油气藏封存等。根据《2005 年 IPCC 国家温室气体清单指南》有关 CCS 的特别报告指出,目前 CO_2 的封存方法主要分为三大类:地质封存、海洋封存和矿石碳化。

5.5.2　CCUS 的作用

在碳中和目标下,以 CCUS/CCS 为基础的低成本、高效率的碳产业将是世界各国实现碳中和目标的关键产业和新兴产业之一,CCUS 技术是彻底消除"黑碳"的革命性技术。CCUS 是国际公认的三大减碳途径之一,是目前实现大规模化石能源零排放利用的唯一选择。以中国为例,其 CCUS 地质封存潜力为 1.21 万亿～4.13 万亿吨,预计 2050 年、2060 年减排 6～14 亿吨和 10 亿～18 亿吨。

1. CCUS 技术是唯一能够大量减少工业流程温室气体排放的手段

对于炼化、气电、水泥和钢铁行业来说,要想实现在生产过程中的深度减排,CCUS 技术是必不可少的,而且是可再生能源电力和节能技术不可替代的,对于我国践行低碳发展战略和实现绿色发展至关重要(图 5.5-3)。联合国政府间气候变化专门委员会报告曾指出:如果没有 CCUS,绝大多数气候模式都不能实现碳减排目标。国际能源署、联合国政府间气候变化专门委员会预估并指出,到 2070 年全球要实现净零排放目标,除能源结构调整之外,工业和运输行业仍有 29 亿吨 CO_2 无法去除,需要利用 CCUS 进行储存和消纳,CCUS 技术累计减少约 15% 的排放量。

2. CCUS 技术是未来具有一定经济性的减排手段

没有 CCUS 技术,碳减排成本将成倍增加。国内外大量实践证明,CCUS 技术可以

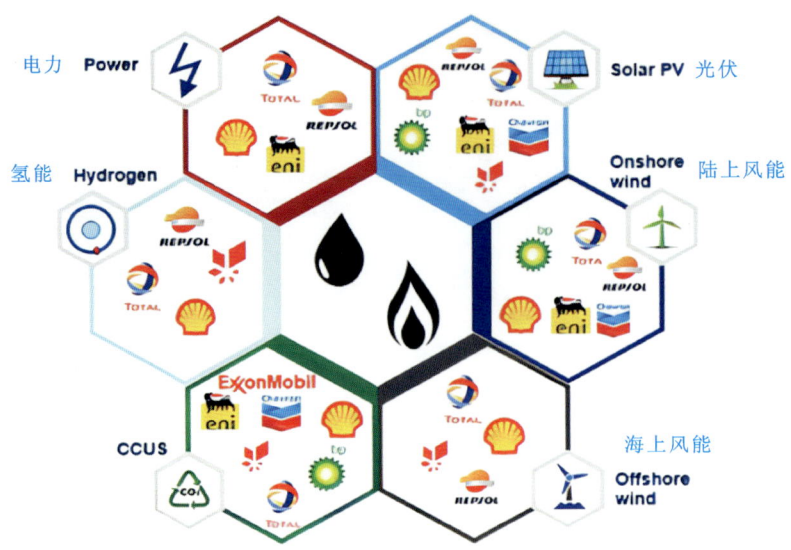

图 5.5-3 全球新能源的发展方向

提高油气采收率,实现化石能源利用近零排放,促进钢铁、水泥、玻璃、化工等难减排行业深度减排,增强碳约束条件下电力系统的灵活性,保障电力安全稳定供应,抵消难减排的 CO_2 和非 CO_2 温室气体排放等。更为重要的是,油气田可实现石油工业的"负碳化",即把捕集的 CO_2 注入油气地下腾出的空间中,广大的油气田可成为封存 CO_2 的"碳田",这是一个应对气候变化、构建生态文明和实现可持续发展的战场。

3. CCUS 是生产低碳氢的重要途径之一

国际能源署指出,除使用可再生能源电解水制氢外,经过 CCUS 技术改造的化石能源制氢设施也是低碳氢的重要来源。目前,全球经过 CCUS 技术改造的制氢厂每年可生产 40 万吨以上的氢气,是电解槽制氢量的 3 倍。未来,与制备低碳氢有关的 CCUS 项目将快速增加,带动碳捕集量不断增长。预计到 2070 年,全球 40% 的低碳氢将来自"化石燃料＋CCUS 技术"。

从经济效益的角度来看,CCUS 技术在水泥行业的应用虽然初期投资成本较高,但其长期效益是显著的。首先,通过降低碳排放,水泥企业可以规避未来可能面临的碳税收或排放配额等额外费用,从而减轻经营负担。其次,通过提高资源利用效率,企业可以在一定程度上降低生产成本,提升市场竞争力。此外,随着全球对环保要求的不断提高,具备 CCUS 技术的水泥企业将在市场中占据更有利的位置,赢得更多的市场机会和更高的声誉。

在具体实施中,水泥企业可以通过对 CCUS 技术的精准运用,实现减排和经济效益的双赢。例如,企业可以根据生产过程中的碳排放特点和需求,量身定制 CCUS 技术解决方案,确保技术的有效性和适用性。同时,企业还可以加强技术研发和创新,推动 CCUS 技术的持续优化和升级,以适应不断变化的市场需求和环保政策。

参 考 文 献

[1] 林宗寿. 水泥工艺学[M]. 2版. 武汉:武汉理工大学出版社,2017.

[2] 金容容. 水泥厂工艺设计概论[M]. 武汉:武汉理工大学出版社,1993.

[3] 林宗寿. 无机非金属材料工学[M]. 4版. 武汉:武汉理工大学出版社,2013.

[4] 严生,常捷,程麟. 新型干法水泥厂工艺设计手册[M]. 北京:中国建材工业出版社,2007.

[5] 赵晓东,乌洪杰. 水泥中控操作员[M]. 北京:中国建材工业出版社,2014.

[6] 田文富,李丽霞. 水泥熟料煅烧过程与操作[M]. 北京:中国建材工业出版社,2015.

[7] 王仲春. 水泥工业粉磨工艺技术[M]. 北京:中国建材工业出版社,1998.

[8] 李坚利,周惠群. 水泥生产工艺[M]. 3版. 武汉:武汉理工大学出版社,2020.

[9] 汪澜. 水泥工程师手册[M]. 北京:中国建材工业出版社,1997.

[10] 李琛,范永斌. 中国水泥"一带一路"研究系列——政策解读与挑战机遇分析[J]. 中国水泥,2016(11):60-63.

[11] 王健. 哈萨克斯坦矿产资源与开发现状[J]. 现代矿业,2013,29(10):83-84,89.

[12] 赵静,常非凡."一带一路"倡议下的水泥国际产能合作研究——基于投资机会和实现机制的分析[J]. 中国产经,2018(4):51-56.

[13] 张福滨. 纯低温余热发电闪蒸技术的应用分析[J].水泥,2006(11):25-28.

[14] 许清波. 纯低温余热发电技术经济评价及其应用研究[D].保定:华北电力大学(保定),2010.

[15] 付克明,杨林. 矿化剂的矿化机理、掺加方法和对水泥熟料产量、质量的影响[J]. 焦作大学学报,2000,14(2):43-46.

结　束　语

当 21 世纪步入第三个十年,作为现代文明基石的水泥工业,正站在历史性转型的十字路口。在全球碳中和进程加速的背景下,这个年产量约 40 亿吨的基础材料产业,经历着从生产范式到商业逻辑的深度重构。我们既见证了湿法工艺向新型干法技术的迭代,也目睹了智能制造系统对传统生产方式的革命性改造,这些变化不仅提高了水泥生产效率,降低了能耗水平,更显著减少了环境污染,从而推动了水泥行业的绿色发展。

本书虽已接近尾声,但水泥工艺、设备及技术发展的探索之路永无止境。我们期待,未来的水泥行业能够涌现出更多创新的技术与设备,推动行业向更加环保、高效、智能的方向发展。同时,我们也希望每一位读者都能够成为这一变革的参与者和推动者,将所学知识应用于实践,共同推动水泥行业的可持续发展。

在此,我们衷心感谢每一位读者的陪伴与支持,愿这本书能成为你探索水泥工艺、设备及技术发展趋势旅程中的一盏明灯,照亮你前行的道路。让我们携手并进,共同迎接水泥行业更加美好的未来,共筑绿色水泥新时代!